U0366971

 高等职业教育"十四五"新形态教材

有机化学

刘 超　王 磊　主编

化学工业出版社

·北京·

内容简介

本书以"思政引导,专业贴合,完善数字化资源"为目标,融入现代职业教育理念,强化教材的应用性,同时以"二维码"的形式链接教学视频、动画、图片等媒体资源,便于读者学习。

本书在编写时遵循有机化学学科特性,以官能团为纲,以结构、命名和性质为主线,阐明各类化合物的结构与性质之间的关系。 在内容安排上,分为理论和实训两部分内容,其中理论内容十六章,包含绪论、烷烃和环烷烃、烯烃、炔烃和二烯烃、芳香烃、卤代烃、醇酚醚、醛酮醌、羧酸和取代羧酸、立体化学基础、羧酸衍生物、含氮化合物、杂环化合物和生物碱、糖类、萜类和甾体化合物、氨基酸和蛋白质;实训部分包含十五个实训项目。 每章设有"知识拓展""岗位对接""科技前沿"等,可拓展学生的知识面。

本书可作为高职高专制药技术类、药学类、生物技术类、化工类、环境类、医学类等相关专业的教材,也可作为以上各相关专业成人教育、职业培训的参考书。

图书在版编目(CIP)数据

有机化学 / 刘超,王磊主编 . 一北京: 化学工业出版社,2024. 3
ISBN 978-7-122-44747-0

Ⅰ. ①有… Ⅱ. ①刘…②王… Ⅲ. ①有机化学-高等学校-教材
Ⅳ. ①O62

中国国家版本馆 CIP 数据核字(2024)第 028716 号

责任编辑:蔡洪伟　　　　　　　　　文字编辑:崔婷婷
责任校对:田睿涵　　　　　　　　　装帧设计:关　飞

出版发行:化学工业出版社
　　　　　(北京市东城区青年湖南街 13 号　邮政编码 100011)
印　　刷:北京云浩印刷有限责任公司
装　　订:三河市振勇印装有限公司
787mm×1092mm　1/16　印张 21　字数 612 千字
2024 年 7 月北京第 1 版第 1 次印刷

购书咨询:010-64518888
售后服务:010-64518899
网　　址:http://www.cip.com.cn
凡购买本书,如有缺损质量问题,本社销售中心负责调换。

定　　价:50.00 元　　　　　　　　　版权所有　违者必究

为了更好地贯彻《国家职业教育改革实施方案》，落实教育部《"十四五"职业教育规划教材建设实施方案》（教职成厅〔2021〕3号），做好职业教育药品类、药学类专业教材建设，化学工业出版社组织召开了职业教育药品类、药学类专业"十四五"教材建设工作会议，共有来自全国各地120所高职院校的380余名一线专业教师参加，围绕职业教育的教学改革需求、加强药品和药学类专业"三教"改革、建设高质量精品教材开展深入研讨，形成系列教材建设工作方案。在此基础上，成立了由全国药品行业职业教育教学指导委员会副主任委员姚文兵教授担任专家顾问，全国石油和化工职业教育教学指导委员会副主任委员张炳烛教授担任主任的教材建设委员会。教材建设委员会的成员由来自河北化工医药职业技术学院、江苏食品药品职业技术学院、广东食品药品职业学院、山东药品食品职业学院、常州工程职业技术学院、湖南化工职业技术学院、江苏卫生健康职业学院、苏州卫生职业技术学院等全国30多所职业院校的专家教授组成。教材建设委员会对药品与药学类系列教材的组织建设、编者遴选、内容审核和质量评价等全过程进行指导和管理。

本系列教材立足全面贯彻党的教育方针，落实立德树人根本任务，主动适应职业教育药品类、药学类专业对技术技能型人才的培养需求，建立起学校骨干教师、行业专家、企业专家共同参与的教材开发模式，形成深度对接行业标准、企业标准、专业标准、课程标准的教材编写机制。为了培育精品，出版符合新时期职业教育改革发展要求、反映专业建设和教学创新成果的优质教材，教材建设委员会对本系列教材的编写提出了以下指导原则。

（1）校企合作开发。本系列教材需以真实的生产项目和典型的工作任务为载体组织教学单元，吸收企业人员深度参与教材开发，保障教材内容与企业生产实际相结合，实现教学与工作岗位无缝衔接。

（2）配套丰富的信息化资源。以化学工业出版社自有版权的数字资源为基础，结合编者团队开发的数字化资源，在书中以二维码链接的形式或与在线课程、在线题库等教学平台关联建设，配套微课、视频、动画、PPT、习题等信息化资源，形成可听、可视、可练、可互动、线上线下一体化的纸数融合新形态教材。

（3）创新教材的呈现形式。内容组成丰富多彩，包括基本理论、实验实训、来自生产实践和服务一线的案例素材、延伸阅读材料等；表现形式活泼多样，图文并茂，适应学生的接受心理，可激发学习兴趣。实践性强的教材开发成活页式、工作手册式教材，把工作任务单、学习评价表、实践练习等以活页的形式加以呈现，方便师生互动。

（4）发挥课程思政育人功能。教材结合专业领域、结合教材具体内容有机融入课程思政元素，深入推进习近平新时代中国特色社会主义思想进教材、进课堂、进学生头脑。在学生学习专业知识的同时，润物无声，涵养道德情操，培养爱国情怀。

（5）落实教材"凡编必审"工作要求。每本教材均聘请高水平专家对图书内容的思想性、科学性、先进性进行审核把关，保证教材的内容导向和质量。

本系列教材在体系设计上，涉及职业教育药品与药学类的药品生产技术、生物制药技术、药物制剂技术、化学制药技术、药品质量与安全、制药设备应用技术、药品经营与管理、食品药品监督管理、药学、制药工程技术、药品质量管理、药事服务与管理等专业；在课程类型上，包括专业基础课程、专业核心课程和专业拓展课程；在教育层次上，覆盖高等职业教育专科和高等职业教育本科。

本系列教材由化学工业出版社组织出版。化学工业出版社从 2003 年起就开始进行职业教育药品类、药学类专业教材的体系化建设工作，出版的多部教材入选国家级规划教材，在药品类、药学类等专业教材出版领域积累了丰富的经验，具有良好的工作基础。本系列教材的建设和出版，既是对化学工业出版社已有的药品和药学类教材在体系结构上的完善和品种数量上的补充，更是在体现新时代职业教育发展理念、"三教"改革成效及教育数字化建设成果方面的一次全面升级，将更好地适应不同类型、不同层次的药品与药学类专业职业教育的多元化需求。

本系列教材在编写、审核和使用过程中，希望得到更多专业院校、一线教师、行业企业专家的关注和支持，在大家的共同努力下，反复锤炼，持续改进，培育出一批高质量的优秀教材，为职业教育的发展做出贡献。

本系列教材建设委员会

　　为加快发展现代职业教育，国家相继制定发布了《国务院关于加快发展现代职业教育的决定》《国家职业教育改革实施方案》等重要指导性文件，明确了职业教育的地位和发展目标。本教材是根据国务院和教育部有关现代职业教育方针政策，依据高等职业教育制药技术类专业学生的培养目标，结合医药工业的发展和新修订颁布的法律法规组织编写。以"思政引导，专业贴合，完善数字化资源"为目标，力求融入现代职业教育理念，强化教材的应用性，重点突出以下特点：

　　（1）思政引领，培养社会主义核心价值观。在教材编写中加入思政案例，如科学家的故事、食品药品安全事件、生活中的有机化学、环境污染事件等，对案例进行分析总结，提炼思政元素，让读者在学习知识的同时培养社会主义核心价值观。

　　（2）专业贴合，体现高职特色。本教材定位于高等职业教育制药类专业，充分考虑职业人才的全面发展和技术技能型人才的成长规律，体现现代职业教育的发展理念，突出高等职业教育特色。

　　（3）优化形式，提升学习兴趣。本教材在主体知识内容之外，增设多种活动板块。各章开始设置"学习目标""案例分析"，将读者引入学习情境；中间设置"课堂讨论""知识拓展""化学史话"等，丰富学习内容；设置"岗位对接""科技前沿"，提升读者专业素养；最后设置"思维导图"帮助读者进行总结，并附有"课后习题"，用于检测学习效果。

　　（4）纸数融合，完善数字化资源。本教材以"二维码"的形式链接教学视频、动画、图片等媒体资源，丰富纸质教材的表现形式，以期对线上线下混合式教学改革提供支撑。

　　本教材由刘超、王磊担任主编，彭颖、冯瑞、王振担任副主编，具体编写分工如下（按章节顺序排列）：沧州医学高等专科学校刘超老师编写第一、八、十章，沧州医学高等专科学校张蒙蒙老师编写第二、七章，南阳医学高等专科学校王振老师编写第三、四章，北京卫生职业学院彭颖老师编写第五、六章，南阳医学高等专科学校冯瑞老师编写第九、十一章，沧州医学高等专科学校王树印老师编写第十二、十三章，北京卫生职业学院郑晓丽老师编写第十四、十五章，北京卫生职业学院王晨曦老师编写第十六章，沧州医学高等专科学校吴蕊老师编写实训部分。全书由参编者互阅、研讨、修改，最后由王磊老师通读、定稿。

　　在教材编写过程中，全体编者以高度负责的态度、认真严谨的精神为编写工作付出了很多的精力和心血，参编院校给予了大力支持；此外，还有本教材的审阅专家和出版社的工作人员也付出了许多辛勤的劳动，在此一并致以衷心的感谢！

　　由于编者时间和水平有限，书中难免有不妥之处，恳请专家、同行和读者提出宝贵意见！

编　者
2024 年 2 月

目录

二维码目录

序号	二维码名称	资源类型	页码	序号	二维码名称	资源类型	页码
63	羧酸的酸性	微课	143	86	重氮化合物	微课	206
64	羧酸中羟基的取代反应	微课	144	87	杂环化合物的分类和命名	微课	212
65	羧酸的还原、α－H卤代和脱羧反应	微课	145	88	五元杂环化合物	微课	215
66	乙酸	微课	146	89	六元杂环化合物	微课	216
67	羟基酸的化学性质	微课	149	90	葡萄糖的结构	微课	227
68	乳酸	动画	151	91	果糖的结构	微课	227
69	乙酰水杨酸	动画	152	92	单糖的互变和氧化反应	微课	230
70	酮酸	微课	153	93	单糖的成脎、成苷、成酯和颜色反应	微课	231
71	偏振光和物质的旋光性	微课	161	94	蔗糖	微课	235
72	旋光度与比旋光度	微课	162	95	淀粉	微课	238
73	手性分子和旋光性	微课	164	96	萜类化合物	微课	251
74	对映异构体构型的命名方法	微课	167	97	氨基酸的化学性质	微课	265
75	含两个手性碳原子的化合物	微课	169	98	蛋白质	微课	267
76	对映异构体的性质差异	微课	170	99	走进有机化学实验室	微课	278
77	羧酸衍生物的命名	微课	176	100	熔点的测定	视频	282
78	羧酸衍生物的亲核取代反应	微课	179	101	玫瑰纯露的提取	视频	284
79	羧酸衍生物的特性	微课	181	102	苯甲酸的重结晶	视频	287
80	丙烯酰胺	动画	184	103	醇酚的化学性质	视频	291
81	油脂的组成和结构	微课	185	104	葡萄糖旋光度的测定	视频	299
82	胺的分类和命名	微课	200	105	乙酸异戊酯的制备	视频	301
83	胺的碱性和酰化反应	微课	202	106	阿司匹林的制备	视频	302
84	胺与亚硝酸的反应	微课	203	107	茶叶中咖啡碱的提取	视频	306
85	胺的氧化反应、芳环上的取代反应	微课	204				

第一章　绪论

课程介绍

学习目标

知识目标：

1. 掌握有机化合物的分类方法和反应类型。
2. 熟悉有机化合物的概念、特性及表示方法。
3. 了解有机化学与制药的关系。

能力目标：

1. 会写出有机化合物的官能团。
2. 能区分有机化学反应类型。

素质目标：

1. 培养爱国、敬业的社会主义核心价值观。
2. 增强劳动意识。

一、有机化合物和有机化学

　　人们对有机化合物的认识是由浅入深，不断发展的。最初有机物是指由动植物有机体得到的物质，例如糖、醋、酒、染料等。根据我国《周礼》记载，当时已设专门部门管理染色、制酒、制醋等工作；西周时期的《诗经》里最早提到了动物胶；汉代蔡伦改进了造纸术；我国最早的中药学著作《神农本草经》中记载了几百种重要药物，其中大部分是植物。

　　随着科学的发展，人们发现的物质种类逐渐增多。由于有机物和无机物在组成和性质上差异很大，化学家们将二者决然地划分开，1806 年，化学家贝采利乌斯首先引用了"有机化学"这个名字，以区别于其他矿物质的化学——无机化学。当时人们认为有机物只能由生命力创造出来，人工合成是不可能的，称为"生命力"学说。这种思想曾牢固地统治着有机化学界，阻碍了有机化学的发展。1828 年，德国化学家韦勒通过加热氰酸铵得到了尿素，这是首次通过人工合成的方法得到有机化合物，对"生命力"学说产生很大的冲击。此后，人们又陆续合成了成千上万的有机化合物，甚至许多蛋白质、核酸和激素等生命大分子物质都可以通过人工合成的方法得到了。

化学史话

尿素的合成打破了"生命力"学说

　　尿素，又称为脲、碳酰胺，化学式是 CH_4N_2O，由碳、氮、氧、氢组成，无色四方晶型晶体，熔点为 132.7℃，当温度高于熔点时即分解。可溶于水、乙醇，几乎不溶于乙醚或氯仿。尿素是哺乳动物和某些鱼类体内蛋白质代谢分解的主要含氮终产物。在人体内，氨基酸分解代谢产生的氨和二氧化碳在肝脏合成尿素，然后排出体外。

　　德国化学家韦勒在研究氰酸铵的同分异构体时，意外发现氰酸铵受热分解形成的一种白色晶体是尿素。1828 年韦勒发表论文《论尿素的人工合成》，这篇论文宣告了"生命力"学说的破产，开创了有机化学人工合成的新篇章。韦勒的这一发现被载入史册。

现在已经清楚地知道，有机化合物都含有碳元素，绝大多数还含有氢元素，有的还含有氧、氮、硫、磷、卤素等元素。所以根据有机化合物的组成，一般认为有机化合物是含碳的化合物。但有些含碳的化合物，如一氧化碳（CO）、二氧化碳（CO_2）、碳酸（H_2CO_3）及其盐（Na_2CO_3、$NaHCO_3$）、氢氰酸（HCN）等，具有典型的无机化合物的性质，所以仍归为无机化合物。因多数有机化合物除含碳元素外还含有氢元素，可将碳氢化合物看作是有机化合物的母体，其他有机化合物看作母体中的氢原子被其他原子或原子团取代后得到的衍生物，所以有机化合物也被定义为碳氢化合物及其衍生物。

邢其毅与牛胰岛素的合成

有机化学就是研究有机化合物的组成、结构、性质、反应、合成、反应机理以及化合物之间相互转化规律的一门科学。

二、有机化合物的特性

有机化合物是含碳的化合物，有其独特的结构特征和性质，有机化合物的性质特点如下。

有机化学发展史

（一）大多数容易燃烧

大多数的无机物不易燃烧，如玻璃、矿石、盐等；而大多数有机化合物容易燃烧，燃烧时主要产生二氧化碳和水，如甲烷、乙醇、石油醚等。通过能否燃烧、是否燃尽可以初步判断有机化合物和无机物。

（二）熔点和沸点较低

无机物多为原子晶体或离子晶体，熔点和沸点较高，如氧化镁的熔点为2852℃，沸点为3600℃。固态有机化合物多为分子晶体，分子间存在着微弱的范德华力，熔点和沸点较低，一般不超过300℃，如甲烷的熔点为−182.5℃，沸点为−161.5℃。纯净的有机化合物都有固定的熔点，可以通过测定熔点和沸点鉴别有机化合物和无机物。

（三）难溶于水，易溶于有机溶剂

化合物的溶解性通常遵循"相似相溶"的规律。水是极性较强的物质，以离子键结合的无机物大多数易溶于水，如氯化钠、氢氧化钾等；而有机化合物多为共价键化合物，极性很小或无极性，一般难溶或不溶于水，易溶于极性小或非极性的有机溶剂，如乙醇、丙酮、苯、氯仿等。

（四）一般不导电，是非电解质

有机化合物的化学键多是共价键，极性弱或无极性，在水溶液或熔融状态下难以电离出离子，不能导电，是非电解质。

（五）反应速率慢，副反应多

有机化合物之间的反应要经历旧共价键断裂和新共价键形成的过程，共价键的断裂比离子键困难，反应速率一般比较慢，通常采用加热、加正催化剂或加压等手段，以加速反应的进行。在有机反应进行时，有机化合物分子的各个部位均会受到影响，反应不局限在某一特定部位，常伴有副反应的发生。在有机合成中常需要对产物体系进行后处理，去除杂质，以得到较为纯净的目标产物。

（六）结构复杂，种类多

有机化合物虽然含有的元素种类不多，但其数目却极为庞大，迄今已达到上千万种，而且新合成的或被新分离鉴定的有机化合物还在与日俱增。有机化合物之所以数目众多，主要有两个原因：首先，由于碳原子之间相互结合力很强，结合的方式很多。碳原子与碳原子之间由于成键方式、连接方式、连接顺序的不同，使得有些有机化合物虽然分子组成相同，但分子结构不同，性质也就不同。另外，碳原子不仅能与碳原子及氢原子成键，也能与电负性较大的氧、硫、卤素等元素的原子形成化学键。

三、有机化合物的共价键

（一）碳原子的成键特点

碳元素位于元素周期表中第二周期第ⅣA族，碳原子有 6 个电子，核外电子排布为 $1s^2 2s^2 2p^2$，不容易得到电子，也不容易失去电子，每个碳原子能形成 4 个共价键，这是有机化合物结构的基础。碳原子可以与其他元素的原子或其他碳原子形成单键，也可以形成双键或三键；多个碳原子之间以共价键结合，可以形成链状化合物，也可以形成环状化合物。

碳碳单键   碳碳双键   碳碳三键

原子轨道重叠时有两种不同的形式，因此可以形成两类不同的共价键。一类是原子轨道沿着键轴（即两个成键原子的核间连线）方向以"头对头"方式重叠形成的共价键，称为 σ 键；另一类是两个成键原子轨道沿着键轴方向以"肩并肩"方式重叠形成的共价键，称为 π 键。σ 键和 π 键的特点如表 1-1 所示。

表 1-1 σ 键和 π 键的特点

类型	σ 键	π 键
形成方式	头碰头	肩并肩
对称方式	轴对称	面对称
能否旋转	可以旋转	不能旋转
重叠程度	重叠程度大，较稳定	重叠程度小，不稳定
存在	可以单独存在	不能单独存在，只能与 σ 键共存

（二）共价键的参数

能表征共价键性质的物理量称为键参数。共价键的参数主要有键长、键能、键角、键的极性等。根据共价键的参数能够判断分子的几何构型、热稳定性等性质。

1. 键长

形成共价键的两个原子核之间的距离称为键长，常用单位是 pm（皮米）。共价键的键长越小，共价键越强，形成的共价键越牢固。相同原子间的键长顺序为单键 > 双键 > 三键。

2. 键能

原子形成共价键所释放的能量或共价键断裂所吸收的能量称为键能，常用单位是 kJ/mol。将分子中某一特定共价键断裂所需的能量称为该共价键的解离能。对于双原子分子，其键能就和解离能是相同的；在多原子分子中，即使是相同的键，解离能也不相同，各个键的解离能的平均值与该键的键能相同。键能是衡量共价键强度的重要参数，键能越大，键就越牢固。

表 1-2 一些共价键的键长和键能

共价键	键长/pm	键能/(kJ/mol)	共价键	键长/pm	键能/(kJ/mol)
C—C	154	346	C—F	141	485.6
C=C	134	610	C—Cl	177	339.1
C≡C	120	835	C—Br	191	284.6
C—H	109	413	C—I	212	217.8
C—O	143	360	N—H	101	391
C—N	147	305	O—H	96	463

3. 键角

两个共价键之间的夹角称为键角，是决定分子几何构型的主要参数之一。双原子分子构型是直线型；对于多原子分子，原子在空间不同的排列方式会有不同的分子构型，如 CH_4 分子中 4 个 C—H 键之间的键角为 $109°28'$，则 CH_4 分子的构型为正四面体型；C_2H_2 分子中 C—C 键与 C—H 键之间的键角为 $180°$，所以 C_2H_2 分子的构型为直线型。

（三）共价键的极性

共价键的极性是由于成键原子电负性不同造成的。两个相同元素的原子之间形成的共价键，由于成键原子电负性相同，对共用电子对的吸引能力相同，共用电子对不偏向于任何一方，这种共价键称为非极性共价键，简称非极性键。例如 C—C、Cl—Cl 为非极性共价键。两个不同元素的原子之间形成的共价键，由于成键原子电负性不同，对共用电子对的吸引能力不同，共用电子对偏向于电负性大的原子，这种共价键称为极性共价键，简称极性键。其中电子云密度增大的一端具有部分负电荷性质，用 δ^- 表示；而电子云密度较小的一端具有部分正电荷性质，用 δ^+ 表示。例如 C—H、C—O 为极性共价键。成键原子间的电负性相差越大，键的极性越大。

共价键的极性大小可以用键的偶极矩来度量，偶极矩等于电荷与正负电荷中心之间距离的乘积，$\boldsymbol{\mu} = qd$，单位为 C·m。偶极矩是向量，一般用符号"$+\longrightarrow$"表示。双原子分子的偶极矩就是键的偶极矩；多原子分子的偶极矩是组成分子的所有共价键偶极矩的向量之和。

课堂讨论

尝试用 δ^+ 和 δ^- 表示各原子上带的部分正、负电荷。
1. N—H   2. I—Cl   3. O—H   4. C≡O   5. C—N

四、有机化合物的表示方法

在有机化合物中普遍存在着同分异构现象，一个相同的分子式可能具有不同的分子结构。因此不能只用分子式表示有机化合物，必须使用既可以表示分子组成又可以表示分子结构的结构式、结构简式或键线式来表示。

结构式最为详细，将所有原子和共价键全部写出，能够完整地表示一个有机化合物分子的原子连接方式和次序，但书写起来较为繁琐。在结构式的基础上，不再写出碳或其他原子与氢原子之间的共价键，并将氢原子合并，称为结构简式，一般使用结构简式表示有机化合物的分子结构。键线式就更加简化，一般只画出碳碳的骨架，碳和氢原子均省略，但其他杂原子（如 O、

N、S等）及与杂原子相连的氢原子不能省略，须保留。

$$H-\overset{\overset{\displaystyle H}{|}}{\underset{\underset{\displaystyle H}{|}}{C}}-\overset{\overset{\displaystyle H}{|}}{\underset{\underset{\displaystyle H}{|}}{C}}-\overset{\overset{\displaystyle H}{|}}{\underset{\underset{\displaystyle H}{|}}{C}}-\overset{\overset{\displaystyle H}{|}}{\underset{\underset{\displaystyle H}{|}}{C}}-H \qquad\qquad CH_3CH_2CH_2CH_3 \qquad\qquad \diagdown\diagup\diagdown$$

结构式 　　　　　　　　结构简式 　　　　　　　　键线式

科技前沿

青蒿素研究新进展

提起疟疾，人们自然会想到青蒿素和它的发现者屠呦呦。屠呦呦团队于 1972 年发现了青蒿素。青蒿素的问世，为全世界饱受疟疾困扰的患者带来福音。据世界卫生组织不完全统计，青蒿素作为一线抗疟药物，在全世界已挽救数百万人的生命，每年治疗患者数亿人，为全球疟疾防治、佑护人类健康作出了重要贡献。屠呦呦也因此获得诺贝尔生理学或医学奖及国家最高科学技术奖。

2019 年 6 月，屠呦呦团队对外公布，经过多年攻坚，团队在"抗疟机理研究""抗药性成因""调整治疗手段"等方面取得新进展，获得世界卫生组织和国内外权威专家的高度认可。屠呦呦团队成员、中国中医科学院青蒿素研究中心研究员王继刚介绍，青蒿素在人体内半衰期（药物在生物体内浓度下降一半所需时间）很短，仅 1 至 2 小时，而临床推荐采用的青蒿素联合疗法疗程为 3 天，青蒿素真正高效的杀虫时间只有有限的 4 至 8 小时。而现有的耐药虫株充分利用青蒿素半衰期短的特性，改变生活周期或暂时进入休眠状态，以规避敏感杀虫期。同时，疟原虫对青蒿素联合疗法中的辅助药物"抗疟配方药"也可产生明显的抗药性，使青蒿素联合疗法出现失效。对此，团队提出了新的应对治疗方案：一是适当延长用药时间，由三天疗法增至五天或七天疗法；二是更换青蒿素联合疗法中已产生抗药性的辅助药物。科学家不满足于现有研究成果，坚持不懈的精神值得同学们学习。

青蒿素的结构简式如下：

屠呦呦和青蒿素

五、有机化合物的分类方法

有机化合物种类繁多，需要完整的分类系统来阐明有机化合物的结构、性质以及它们之间的关系。常见的分类方法有两种，一种是按照碳架分类，另一种是按照官能团来分类。

（一）按照碳架分类

按照碳架的不同，有机化合物可分为开链化合物、碳环化合物和杂环化合物三类。

1. 开链化合物

开链化合物的结构特点是：碳架呈开链状，或长或短，碳链可以是直链，也可以带有支链。开链化合物最初是从动植物油脂中获得的，所以也叫作脂肪族化合物。例如：

乙烷　　　　　　　丙烯　　　　　　　　　乙酸

2. 碳环化合物

全部由碳原子组成的单环或多环化合物称为碳环化合物。按照环上碳原子的成键方式，分为脂环化合物和芳环化合物。

（1）脂环化合物　脂环化合物的结构特点是：分子中含有由碳原子连接而成的环状结构（苯环除外）。它们的性质与脂肪族化合物类似，称为脂环化合物。例如：

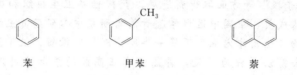

甲基环丙烷　　　环戊烷　　　环己醇

（2）芳环化合物　芳环化合物的结构特点是：分子中含有由碳原子连接而成的特殊环状结构（大多含有苯环）。它们的性质与脂肪族化合物有较大差距，因最初从某些含芳香气味的物质中获得，也称为芳香化合物。例如：

苯　　　　　　　甲苯　　　　　　　　　萘

3. 杂环化合物

杂环化合物的结构特点是：分子中有环状结构，环中除碳原子外，还有其他元素的原子（杂原子），称为杂环化合物。杂原子通常是 N、O、S 等，多数杂环化合物有芳香性。例如：

吡咯　　　　　　呋喃　　　　　　吡啶

（二）按照官能团分类

官能团是有机化合物分子中容易发生反应的原子、原子团或特征的化学结构，它们决定了有机化合物的性质。含有相同官能团的有机物具有相似的化学性质，所以将它们归为一类学习，不仅体现"结构决定性质"的特点，还有利于比较各类有机化合物之间的相互关系。常见的官能团及化合物类别见表 1-3。

表 1-3　常见的官能团及化合物类别

官能团结构	官能团名称	化合物类别	举例
—COOH	羧基	羧酸	CH_3COOH
—SO$_3$H	磺酸基	磺酸	$CH_3CH_2SO_3H$
—COOR	烃氧羰基	酯	$CH_3COOCH_2CH_3$
—COX	卤甲酰基	酰卤	CH_3COCl
—CONH$_2$	氨甲酰基	酰胺	CH_3CONH_2
$-\overset{O}{\overset{\|}{C}}-O-\overset{O}{\overset{\|}{C}}-$	—	酸酐	$CH_3COOCOCH_3$

官能团结构	官能团名称	化合物类别	举例
$-C\equiv N$	氰基	腈	CH_3CN
$-CHO$	醛基	醛	$HCHO$
$\diagdown C=O$	酮基	酮	CH_3COCH_3
$-OH$	羟基	醇	CH_3CH_2OH
$-OH$	羟基	酚	C_6H_5OH
$-NH_2$	氨基	胺	$C_6H_5NH_2$
$-OR$	烃氧基	醚	$CH_3CH_2OCH_2CH_3$
$\diagup C=C\diagdown$	碳碳双键	烯	$CH_2=CH_2$
$-C\equiv C-$	碳碳三键	炔	$HC\equiv CH$
$-X$	卤原子	卤代烃	CH_3Cl
$-NO_2$	硝基	—	$C_6H_5NO_2$
$-NO$	亚硝基	—	$(CH_3)_3CNO$

注：当有机物分子中含有多种官能团时，可按照以上官能团顺序确定母体官能团。

六、有机化合物的反应类型

（一）按照共价键的断裂方式分类

有机化合物的特性与分类

有机化合物是共价化合物，其反应过程涉及旧键的断裂和新键的生成过程，共价键的断裂有均裂和异裂两种方式，按照其断裂方式可以分为均裂和异裂两种反应类型。

1. 均裂反应（自由基反应）

在有机化合物中，连接两个原子或基团（例如 X 和 Y）之间的共价键断裂时，一种是电子平均分配，X 和 Y 之间共用电子对中的一个电子属于 X，另一个电子属于 Y。X 和 Y 各带有一个未配对的电子，是自由基。也就是说，共价键均裂的结果是生成两个自由基。共价键的这种断裂方式称为均裂，发生均裂的反应称为均裂反应，也叫自由基反应。

$$X\overset{|}{\underset{\bullet}{:}}Y \longrightarrow X\cdot + \cdot Y$$

2. 异裂反应（离子型反应）

另一种共价键的断裂方式是共用电子对给一方，两个电子全部属于 X，或全部属于 Y，生成正、负离子。共价键的这种断裂方式称为异裂，发生异裂的反应称为异裂反应，也叫离子型反应。

$$X|\!\overset{\bullet}{\underset{\bullet}{}}Y \longrightarrow X^+ + Y^-$$
$$X\overset{\bullet}{\underset{\bullet}{}}\!|Y \longrightarrow X^- + Y^+$$

在离子型反应中，按照试剂本身是亲核的还是亲电的，离子型试剂分为亲核试剂和亲电试剂。亲核试剂的特点是富电子，一般为负离子或含有孤对电子的中性分子，如 HO^-、RO^-、H_2O、ROH、NH_3 等。由亲核试剂引发的反应称为亲核反应。亲电试剂的特点是缺电子，一般为正离子，如 H^+、Br^+ 等。由亲电试剂引发的反应称为亲电反应。

（二）按照反应物与生成物的结构变化分类

1. 取代反应

有机化合物分子中的原子或原子团被其他的原子或原子团所替代的反应称为取代反应。例如氯乙烷的水解反应。

$$CH_3CH_2Cl + NaOH \xrightarrow[\triangle]{H_2O} CH_3CH_2OH + NaCl$$

2. 加成反应

有机化合物与另一物质作用生成一种产物的反应称为加成反应。例如丙烯与溴化氢的加成反应。

$$CH_2=CH-CH_3 + HBr \longrightarrow CH_3-\overset{Br}{\underset{|}{CH}}-CH_3$$

3. 消除反应

从一个有机化合物分子中消去一个小分子（HX 或 H_2O 等）生成不饱和化合物的反应称为消除反应。例如乙醇的脱水反应。

$$CH_3CH_2OH \xrightarrow[170℃]{浓 H_2SO_4} CH_2=CH_2 + H_2O$$

4. 聚合反应

由低分子聚合形成高分子化合物的反应称为聚合反应。例如乙烯的聚合反应。

$$nCH_2=CH_2 \xrightarrow{催化剂} \left[CH_2-CH_2 \right]_n$$

5. 重排反应

有机化合物由于自身稳定性较差，在常温、常压下或在其他试剂、加热或外界因素的影响下，分子中的某些基团发生转移或分子中的碳原子骨架发生改变的反应称为重排反应。例如乙炔在硫酸汞和硫酸催化下加水生成乙烯醇，乙烯醇不稳定发生分子内重排生成乙醛。

$$HC\equiv CH + H_2O \xrightarrow[H_2SO_4]{HgSO_4} \left[HC=CH_2 \atop OH \right] \xrightarrow{重排} H-\overset{}{\underset{O}{C}}-CH_3$$

七、有机化学与制药

制药的历史源远流长，我国东汉时期的《神农本草经》记载了365味中药，大多数至今仍在习用。而明代伟大的医药家李时珍所撰写的《本草纲目》更是将草药学的发展推向了顶端，其在药物分类、药性理论、生药研究等方面取得了极大的进展。

有机化合物
的反应类型

有机化学相对来说是一个十分年轻的学科。但其发展之迅速让人惊叹。从 1806 年左右，首次由贝采利乌斯提出"有机化学"这一名词开始。两百多年的时间，有机化学迅速发展，合成出大量实用的有机化合物，建立了一系列经典有机结构理论，并迅速发展成为一门具有完备体系的学科。

那为什么制药与有机化学存在如此密切的联系呢？

制药的历史经历了天然药物大发现阶段、合成药物的开始阶段、合成药物的发展阶段和设计药物阶段四个不同的时期。从制药的历史发展来看，有机化学在其中发挥了不可磨灭的作用。可以说，没有有机化学的产生与发展，便没有如今制药业的繁荣。

目前使用的药物按来源可分为三大类：①天然来源的植物药、矿物药及来源于动物组织的药物；②微生物来源的药物，如抗生素等；③化学合成的药物，就是所谓的化学药物或西药，绝大多数是化学合成的药物。有些来源于天然物或微生物的药物，现在也可以用化学合成的方法制得；有些还可以天然产物中的成分为主要原料经化学合成制得，即所谓的"半合成"药物。尽管有些药物的有效成分还不清楚，或化学结构尚未阐明，但无论如何它们均属于化学物质。

现代制药是在筛选得到可以优化的先导物之后，通过优化减少毒性和副作用使先导化合物转变为一种新药的化合物。在这个过程中有机化学的原理知识为药物的研发提供了理论基础，发挥了巨大的作用。同时，有机化学原理不仅在药物研制中起到至关重要的作用，而且在药物检测与临床试验阶段也起到很重要的指导作用。无视有机化学的理论基础或者忽视药物成分的微小差异，会导致患者病情严重，甚至危及生命。"反应停"事件便是其中最好的反证。有机化学几乎贯穿了现代新药研制的全过程。

有机化学是创造性的科学。与其他关注生命物质的科学不同，有机化学不仅关注非生命物质，更关注有生命的活的物质，所以是"活"的科学。这便注定了有机化学与医学将会始终纠结在一起，毕竟关注的焦点都是"活"的物质。而药学又是化学与医学的桥梁，所以药学与有机化学密不可分的原因也不难理解了。

天然有机物的提取拉开了药物化学的序幕，化学合成药的发现与使用，药物构效关系和基本研究方法在19～20世纪初相继建立，为药物化学奠定了物质基础。现代有机化学的发展，为药学的进步提供了充足的动力。在制药的发展中，有机化学作为药学的基础一直发挥着无可替代的作用，并且我们有理由相信，在未来很长的一段时间，这样的关系还会一直保持下去。

⚙ 岗位对接

药品生产质量管理规范

《药品生产质量管理规范》（Good Manufacturing Practice，GMP）是药品生产和质量管理的基本准则，适用于药品制剂生产的全过程和原料药生产中影响成品质量的关键工序。

GMP标准，是为保证药品在规定质量下，持续生产的体系。它是为把药品生产过程中的不合格的危险降低到最小而订立的，是一种特别注重在生产过程中实施对产品质量与卫生安全的自主性管理制度。要求企业从原料、人员、设施设备、生产过程、包装运输、质量控制等方面按国家有关法规，达到卫生质量要求，形成一套可操作的作业规范，帮助企业改善企业卫生环境，及时发现生产过程中存在的问题，加以改善。简要地说，GMP要求生产企业应具备良好的生产设备、合理的生产过程、完善的质量管理和严格的检测系统，确保最终产品质量符合法规要求。

八、学习建议

有机化学是制药专业的专业基础课程，由于有机化合物的结构特点，使其在性质上与无机物有较大差异。学习有机化学，需注意以下几点。

（一）明确学习目标，提升学习效率

对于专科层次的学生来说，有机化学的学习目标为"熟悉结构、学会命名、掌握性质"。每

种有机化合物都会学习结构、命名和性质三个基本知识点，贯穿于整个学习过程。所以我们首先要明确自己的学习目标，有侧重地学习，在有限的时间里提升学习效率。

（二）理解基本思想，掌握反应规律

有机化学的基本思想是"结构决定性质"，从官能团开始入手，会区分不同的官能团，掌握各种官能团的性质。抓住有机化合物的结构特点，学会归纳总结，掌握物质结构-理化性质-化学反应之间的相互联系。在学习有机化学反应时要掌握反应的规律性，对比反应物与产物之间的结构变化与反应规律，便于书写有机化学反应方程式，这也是有机化学学习的难点之一。

（三）注重实践培养，提升综合技能

有机化学是以实验为基础的学科，实验对理论的理解至关重要。在实验实训中，首先要认真预习，明确实验过程；其次要规范操作，重视实验安全；最后分析实验结果，完成实验报告。在实验中不仅要学会实验操作，更要培养团队合作能力，提升综合素质。

（四）汲取课程思政，培养职业素养

有机化学是一门古老又年轻的科学，悠久的历史蕴含了很多思政元素，有的是化学家的感人故事，有的是结构中蕴含的哲理，有的是知识点与当前社会热点的联系，我们在学习知识的同时，逐步培养爱国、敬业、诚信、友善的社会主义核心价值观。同时化学实验强调实验操作的规范性、实验数据的准确性和实验结果的客观性，逐步培养学生规范意识和劳动意识。

（五）采用信息技术，拓展学习空间

本书不仅有文本资料，还有丰富的数字资源，包含教学微课、动画、实验视频等，同时在智慧职教平台开设慕课。学生课前预习，了解学习的基本内容，根据自己的情况制订学习计划；课中针对性听讲，积极参加课堂讨论和练习；课后复习，完成线上测试，进行总结和归纳。通过线上线下混合式学习，能和教师无距离沟通，拓展了学习的时间与空间。

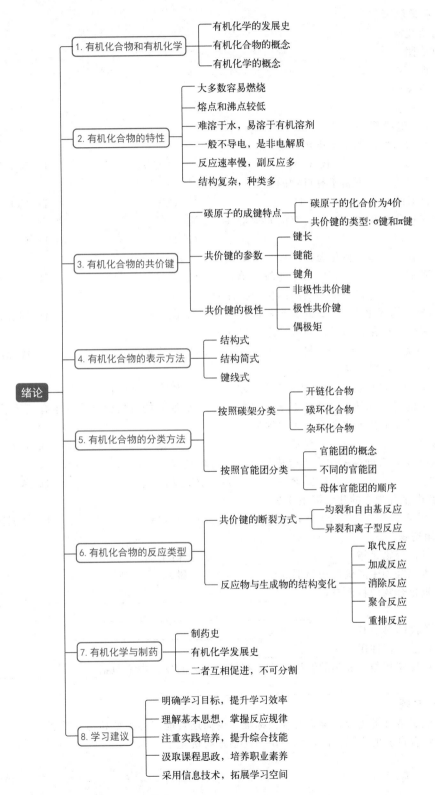

绪论

1. 有机化合物和有机化学
— 有机化学的发展史
— 有机化合物的概念
— 有机化学的概念

2. 有机化合物的特性
— 大多数容易燃烧
— 熔点和沸点较低
— 难溶于水，易溶于有机溶剂
— 一般不导电，是非电解质
— 反应速率慢，副反应多
— 结构复杂，种类多

3. 有机化合物的共价键
— 碳原子的成键特点
— 碳原子的化合价为4价
— 共价键的类型: σ键和π键
— 共价键的参数
— 键长
— 键能
— 键角
— 共价键的极性
— 非极性共价键
— 极性共价键
— 偶极矩

4. 有机化合物的表示方法
— 结构式
— 结构简式
— 键线式

5. 有机化合物的分类方法
— 按照碳架分类
— 开链化合物
— 碳环化合物
— 杂环化合物
— 按照官能团分类
— 官能团的概念
— 不同的官能团
— 母体官能团的顺序

6. 有机化合物的反应类型
— 共价键的断裂方式
— 均裂和自由基反应
— 异裂和离子型反应
— 反应物与生成物的结构变化
— 取代反应
— 加成反应
— 消除反应
— 聚合反应
— 重排反应

7. 有机化学与制药
— 制药史
— 有机化学发展史
— 二者互相促进，不可分割

8. 学习建议
— 明确学习目标，提升学习效率
— 理解基本思想，掌握反应规律
— 注重实践培养，提升综合技能
— 汲取课程思政，培养职业素养
— 采用信息技术，拓展学习空间

一、名词解释

1. 有机化学

2. 官能团

3. 键能

4. 消除反应

5. 聚合反应

二、单项选择题

1. 下列物质中，属于有机物的是（   ）。

A. CO   B. CH_4 C. H_2CO_3 D. K_2CO_3

2. 下列物质中，不属于有机物的是（   ）。

A. CH_3CH_2OH B. CH_4 C. CCl_4 D. CO_2

3. 在有机化合物中，一定含有的元素是（   ）。

A. O   B. N   C. H   D. C

4. 下列叙述不是有机化合物一般特性的是（   ）。

A. 可燃性   B. 反应比较简单   C. 熔点低   D. 溶于水

5. 具有相同分子式但结构不同的化合物称为（   ）。

A. 同分异构现象   B. 同分异构体   C. 同系物   D. 同位素

6. 大多数有机化合物具有的特性之一是（   ）。

A. 易燃烧   B. 易溶于水   C. 反应速率快   D. 沸点高

7. 下列说法正确的是（   ）。

A. 所有的有机化合物都难溶或不溶于水   B. 所有的有机化合物都易燃烧

C. 所有的有机化学反应速率都十分缓慢   D. 所有的有机化合物都含有碳元素

8. 下列不属于有机化合物官能团的是（   ）。

A. 羧基   B. 羟基   C. 甲基   D. 氨基

9. 1828 年，韦勒第一次人工合成的有机化合物是（   ）。

A. 油脂   B. 尿素   C. 醋酸   D. 苯

10. 有机化合物中的化学键主要是（   ）。

A. 离子键   B. 共价键   C. 配位键   D. 金属键

三、填空题

1. 有机化合物是指_____ 及其衍生物。

2. 有机化合物中的碳原子易形成_____个共价键。

3. 有机化合物的特性有：_____、_____、_____、

_____、_____、_____。

4. 共价键的参数有_____、_____、_____。

5. 共价键的极性用_____表示。

6. 按照反应物与生成物的结构变化，有机化合物的反应类型包括_____、_____、

_____、_____、_____。

四、问答题

1. 官能团是有机化合物重要的分类标准，请简述官能团的类型和物质类别。

2. 请结合自己的实际情况，说一说如何学好有机化学。

第二章　烷烃和环烷烃

 学习目标

知识目标：

1. 掌握烷烃、环烷烃的命名方法及主要化学性质。
2. 熟悉烷烃的结构特点；熟悉乙烷、丁烷、环己烷的构象。
3. 了解重要的烷烃在医药领域中的应用。

能力目标：

1. 会用系统命名法命名烷烃、环烷烃。
2. 能运用化学方法鉴别烷烃、环烷烃。

素质目标：

1. 培养爱国、敬业的社会主义核心价值观。
2. 增强环境保护意识。

 案例分析

　　2013 年 3 月 29 日 21 时 56 分，吉林省白山市江源区吉煤集团通化矿业集团公司八宝煤业公司（以下简称八宝煤矿）发生特别重大瓦斯爆炸事故。爆炸造成 36 人遇难、12 人受伤，直接经济损失 4708.9 万元。那什么是瓦斯呢？瓦斯的主要成分是什么呢？

　　分析：瓦斯，又名沼气、天然气，其主要成分为甲烷。它是种无色、无味、易燃、易爆的气体。瓦斯爆炸会产生高温、高压冲击波，并放出有毒气体。瓦斯爆炸是煤矿中最严重的灾害，具有较强的破坏性、突发性，往往造成大量的人员伤亡和财产损失。

　　只由碳和氢两种元素组成的化合物称为碳氢化合物，也常被称为烃。中国汉字文化博大精深，"烃"字是恰好由碳中的"火"和氢中的"圣"组成。读音取碳字的声母"t"和氢字的韵母"ing"，读"ting"。在烃分子中碳原子均以单键（C—C）相连者，称为饱和烃，其中碳骨架是开链的称为烷烃。在汉字造法中，声旁一般不表意，但化学家们为了让人们容易理解，在给某些物质命名时，常常赋予声旁一定的含义。这是化学家的独创，通过对这类字的组成分析，可加深对该类物质的理解。"烷"中形旁"火"取自于碳字，表示可以燃烧；声旁"完"，表示"原子剩余价键完全被氢原子饱和"的意思。在饱和烃中，碳骨架中包含环状结构的称为环烷烃。

第一节　烷烃

一、烷烃的通式、同系列和同系物

　　烷烃是指分子中碳原子与碳原子之间均以单键相连成链状，碳原子的其余价键均与氢原子相连的化合物。在烷烃分子中，碳原子数和氢原子数的数目之间存在着一定的关系。表 2-1 列出了一些简单烷烃的结构简式。

表 2-1　一些简单烷烃的结构简式

名称	分子式	结构简式
甲烷	CH_4	CH_4
乙烷	C_2H_6	CH_3CH_3
丙烷	C_3H_8	$CH_3CH_2CH_3$
丁烷	C_4H_{10}	$CH_3CH_2CH_2CH_3$
戊烷	C_5H_{12}	$CH_3CH_2CH_2CH_2CH_3$

可以看出，当碳原子数为 n（n 为正整数）时，则氢原子数一定是 $2n+2$。因此，可用通式 C_nH_{2n+2}（$n \geqslant 1$）来表示烷烃的分子组成。

这种结构相似，具有同一通式，且在组成上相差 1 个或多个 CH_2 基团的一系列化合物称为同系列。同系列中的各化合物之间互称同系物，CH_2 称为系差。同系物具有相似的化学性质，它们的物理性质也随着系差的增多或减少而显示一定的规律变化，因此，可以从一种化合物大致推测其同系物的性质。

 知识拓展

烷烃的来源

烷烃化合物的主要来源是石油和天然气。石油是一种深色的黏稠状液体，所含的烷烃是甲烷以上的直链和支链的烷烃。石油作为加工的产品，根据需要可分馏出汽油、煤油、柴油等轻质油和润滑油、液体石蜡和凡士林等重油，以及固体石蜡、沥青等固态物质。

天然气也广泛存在于自然界，其主要成分为低级烷烃的混合物，主要由甲烷（85%）和少量乙烷（9%）、丙烷（3%）、氮（2%）和丁烷（1%）组成。天然气主要用作燃料，也用于制造乙醛、乙炔、乙醇、甲醛等化学物质。

二、烷烃的结构和构造异构

（一）烷烃的结构

烷烃分子中碳原子均为 sp^3 杂化。碳原子的外层电子构型为 $2s^2 2p_x^1 2p_y^1$，碳原子杂化时，1 个 2s 轨道上的一个电子吸收能量后被激发到 $2p_z$ 空轨道上，使碳原子处于激发态 $2s^1 2p_x^1 2p_y^1 2p_z^1$，碳原子的 1 个 2s 轨道与 3 个 2p 轨道发生杂化，形成 4 个等同的 sp^3 杂化轨道，见图 2-1。

杂化之后轨道的电子云由原来的 s 球形对称和 p 纺锤形对称变成一头大、一头小的形状。这 4 个 sp^3 杂化轨道在碳原子核周围对称分布，2 个相邻轨道的对称轴间夹角为 $109°28'$，相当于由正四面体的中心伸向四个顶点，见图 2-2。

碳原子的杂化

烷烃的结构

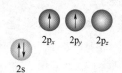 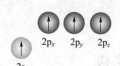 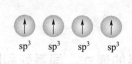

图 2-1　碳原子轨道的 sp^3 杂化

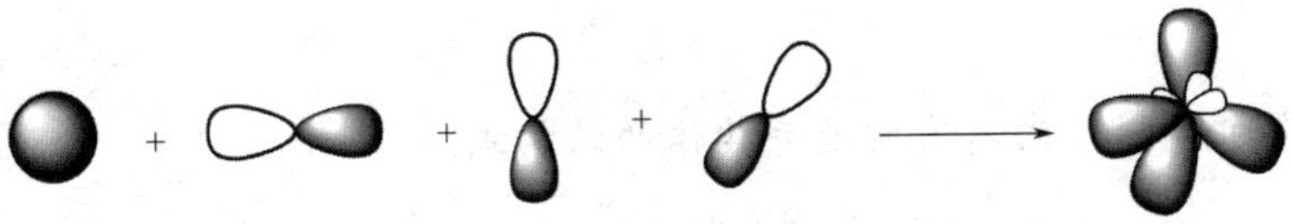

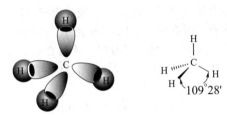

图 2-2　烷烃分子中碳原子的空间几何形状

甲烷是烷烃中最简单的分子，结构简式为 CH_4，甲烷中碳原子的 4 个 sp^3 杂化轨道分别与 4 个氢原子的 1s 轨道沿键轴方向正面重叠形成 4 个 C—Hσ 键。甲烷分子呈正四面体结构，碳原子处于正四面体的中心，4 个氢原子位于正四面体的 4 个顶点，相邻 2 个 C—Hσ 键的夹角均为 $109°28'$，见图 2-3。

图 2-3　甲烷的结构

(二) 构造异构现象

构造异构是指分子中的原子或原子团连接方式或顺序不同而产生的同分异构现象。烷烃分子中的构造异构是由于碳链的骨架不同而引起的，所以又称为碳架异构。在烷烃系列中，甲烷、乙烷和丙烷分子中原子只有一种连接顺序，不产生构造异构现象。从含四个碳原子的烷烃开始，碳原子不仅可以连接成直链形状的碳链，也可连接成带支链的碳链。如分子式为 C_4H_{10} 的丁烷有两种结构式，它们的碳架结构不相同，其中正丁烷无支链而异丁烷有支链，这是两种不同的化合物，它们互为构造异构体。

C_4H_{10}：　　　　　　$CH_3—CH_2—CH_2—CH_3$　　　　　　　　　　$\begin{array}{c} CH_3—CH—CH_3 \\ | \\ CH_3 \end{array}$

　　　　　　　　　　　　　正丁烷　　　　　　　　　　　　　　　　异丁烷

图 2-4 列出了己烷的 5 种构造异构体的结构式。

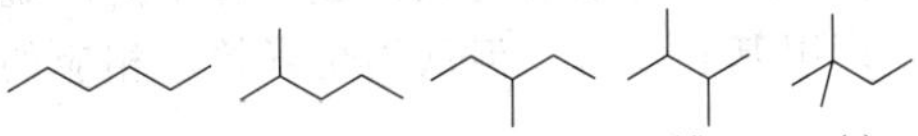

(a)　　　(b)　　　(c)　　　(d)　　　(e)

图 2-4　己烷的构造异构体

随着烷烃碳原子数的增加，构造异构体的数目显著增多，如表 2-2 所示。异构现象是造成有机化合物数量庞大的原因。

表 2-2　烷烃构造异构体的数目

碳原子数	异构体数	碳原子数	异构体数
1～3	1	8	18
4	2	9	35
5	3	10	75
6	5	15	4347
7	9	20	366319

课堂讨论

写出分子式为 C_7H_{16} 的所有构造异构体的结构式。

（三）烷烃分子中碳、氢原子的种类

观察烷烃的碳架异构体的结构式可以发现，碳原子在碳链中所处的位置不尽相同，碳原子上连接的氢原子的数目也不一定相同。在烷烃分子中，根据碳原子上所连接的碳原子数目，可将碳原子分为 4 类。只与一个碳原子相连的碳原子称为伯碳原子，又称为一级碳原子（以 1°表示）；与两个碳原子相连的碳原子称为仲碳原子，也称为二级碳原子（以 2°表示）；与三个碳原子相连的碳原子称为叔碳原子，也称为三级碳原子（以 3°表示）；与四个碳原子相连的碳原子称为季碳原子，也称为四级碳原子（以 4°表示）。与此相对应，连接在伯、仲、叔碳原子上的氢原子分别称为伯氢原子（1°H）、仲氢原子（2°H）和叔氢原子（3°H）。

$$\begin{array}{c} \quad\quad CH_3 \quad CH_3 \\ \quad\quad | \qquad | \\ {}^{1°}CH_3 - \overset{4°}{C} - \overset{3°}{CH} - \overset{2°}{CH_2} - \overset{1°}{CH_3} \\ \quad\quad | \\ \quad\quad CH_3 \end{array}$$

课堂讨论

指出如下烷烃中的伯、仲、叔、季碳原子。

$$\begin{array}{c} CH_3 - CH_2 - CH - CH_2 - CH_3 \\ | \\ CH - CH_3 \\ | \\ CH_3 \end{array}$$

三、烷烃的命名

烷烃的命名

（一）烷基的概念

烷烃分子中去掉 1 个氢原子后所剩余的基团，称为烷基，通式为 $C_nH_{2n+1}-$，用 R—表示。当烷烃分子中的氢原子种类不同时，一种烷烃可以形成几种不同的烷基。甲烷和乙烷分子中只有一种氢，相应烷基只有一种，即甲基和乙基，但从丙烷开始，相应的烷基就不止一种，表 2-3 列出了一些常见的烷基。

表 2-3 常见的烷基

烷基	烷基名称	烷基	烷基名称
CH_3-	甲基	$CH_3CH_2\overset{\textstyle \ }{\underset{\textstyle \ }{C}}HCH_3$	仲丁基
CH_3CH_2-	乙基	$CH_3\overset{\textstyle \ }{\underset{\textstyle CH_3}{C}}HCH_2-$	异丁基
$CH_3CH_2CH_2-$	正丙基	$CH_3-\overset{\textstyle CH_3}{\underset{\textstyle CH_3}{C}}-$	叔丁基

烷基	烷基名称	烷基	烷基名称
 CH_3CHCH_3	异丙基	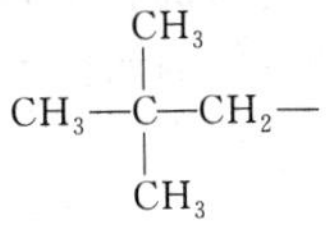 $CH_3-\overset{\underset{\displaystyle CH_3}{\displaystyle CH_3}}{\underset{\displaystyle}{C}}-CH_2-$	新戊基
$CH_3CH_2CH_2CH_2-$	正丁基	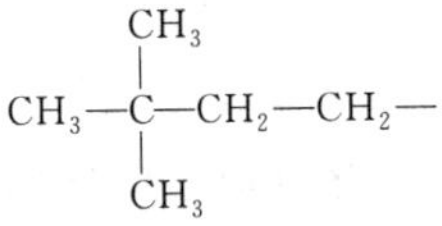 $CH_3-\overset{\underset{\displaystyle CH_3}{\displaystyle CH_3}}{\underset{\displaystyle}{C}}-CH_2-CH_2-$	新己基

表 2-3 中，正某基和仲某基分别表示直链烷烃的伯碳和仲碳原子上去掉一个氢原子后剩下的烷基，叔某基表示除去叔碳原子上的氢原子留下来的烷基。异某基表示碳链末端含有异丙基 $(CH_3)_2CH-$ 的烷基，新某基表示碳链末端含有 $(CH_3)_3C-$ 的烷基。

(二) 烷烃的命名

烷烃的命名法有普通命名法和系统命名法两种。

1. 普通命名法

普通命名法又称习惯命名法，只适用于结构较简单的烷烃，其命名原则如下。

(1) 根据烷烃所含碳原子的数目称"某烷"，碳原子数≤10 的烷烃，分别用天干中的甲、乙、丙、丁、戊、己、庚、辛、壬、癸来表示；碳原子数＞10 的烷烃，则用中文数字十一、十二、十三等来表示。例如：

$$CH_4 \quad C_6H_{14} \quad C_9H_{20} \quad C_{20}H_{42} \quad C_{25}H_{52}$$

甲烷　　己烷　　壬烷　　二十烷　　二十五烷

(2) 从丁烷开始的烷烃有同分异构体，为了区别异构体，常把直链烷烃称为"正"某烷；具有 $CH_3-\overset{\underset{\displaystyle CH_3}{}}{CH}-$ 结构的，即从链端数第 2 个碳原子上连有 1 个甲基，且无其他侧链的烷烃称为"异"某烷；具有 $CH_3-\overset{\underset{\displaystyle CH_3}{\overset{\displaystyle CH_3}{}}}{C}-$ 结构的，即从链端第 2 个碳原子上连有 2 个甲基，且无其他侧链的烷烃称为"新"某烷。例如：

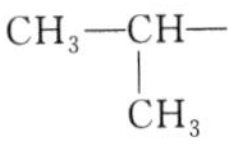

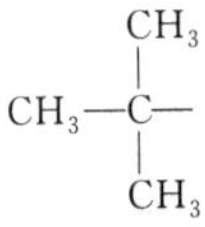

$CH_3CH_2CH_2CH_2CH_3$　　　　$CH_3\overset{\underset{\displaystyle CH_3}{}}{CH}CH_2CH_3$　　　　$H_3C-\overset{\underset{\displaystyle CH_3}{\overset{\displaystyle CH_3}{}}}{C}-CH_3$

正戊烷　　　　　　　　　　异戊烷 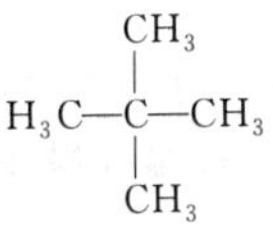　　　　　　　　　　新戊烷

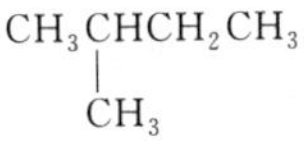

这种命名方法应用有限，从含六个碳原子以上的烷烃开始便不能用本法区分所有的碳链异构体。因此需要一个系统的命名法。

2. 系统命名法

IUPAC 命名法是系统命名化学物质的方法，该命名法是由国际纯粹与应用化学联合会（IUPAC）规定的。系统命名法是中国化学会在英文 IUPAC 命名法的基础上，再结合汉字的特点制定的。1960 年修订了《有机化学物质的系统命名原则》，在 1980 年又加以补充，出版了《有机化学命名原则》增订本，这是目前我国使用的命名方法的依据。

根据系统命名法，直链烷烃的命名和普通命名法基本一致，某烷前不用写"正"字。而带有支链的烷烃则看成直链烷烃的取代衍生物，把支链作为取代基（为烷基），名称中包含母体和取代基两部分，取代基部分在前，母体部分在后。其命名规则如下：

（1）选主链　选择分子中连续的最长碳链为主链，依据主链上碳原子的数目称为"某烷"，并以它作为母体，支链作为取代基。例如：下列化合物主链为五个碳原子的戊烷而不是四个碳原子的丁烷。

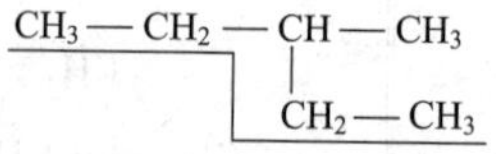

$$CH_3 — CH_2 — \underset{\underset{CH_2 — CH_3}{|}}{CH} — CH_3$$

当分子中有几种等长碳链可选择时，应选择含有支链（取代基）数目最多的碳链为主链。例如：下列化合物的主链虽有两种选择，但只有虚线标出的碳链作为主链才是正确的，因为实线标出的碳链为主链时，取代基只有一个为异丙基，虚线标出的碳链为主链时取代基有两个，分别是甲基和乙基。

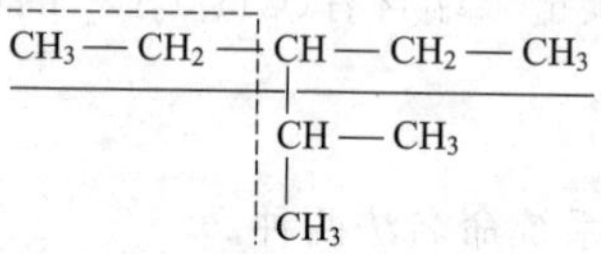

$$CH_3 — CH_2 — \underset{\underset{\underset{CH_3}{|}}{CH — CH_3}}{\overset{}{CH}} — CH_2 — CH_3$$

（2）编序号　从距离取代基最近的一端开始，依次用阿拉伯数字给主链碳原子编号，使取代基编号最小。例如：下列化合物中甲基的编号为 3。

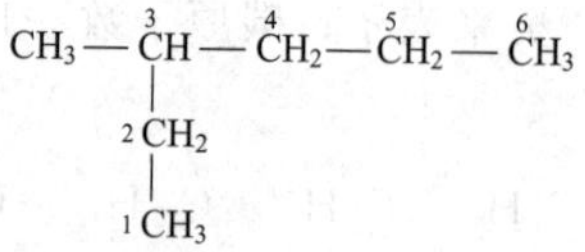

$$\overset{3}{CH_3} — \underset{\underset{\underset{\overset{1}{CH_3}}{|}}{\overset{2}{CH_2}}}{CH} — \overset{4}{CH_2} — \overset{5}{CH_2} — \overset{6}{CH_3}$$

对于含有多个取代基的烷烃，在第一个取代基编号最小的同时，要能使第二个取代基的编号处于最小的位置，即遵循"最低序列"原则。例如：下列化合物中三个甲基的编号分别为 2，3，5。

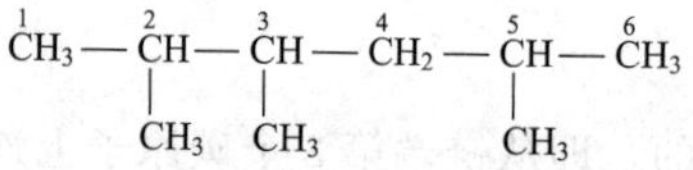

$$\overset{1}{CH_3} — \underset{\underset{CH_3}{|}}{\overset{2}{CH}} — \underset{\underset{CH_3}{|}}{\overset{3}{CH}} — \overset{4}{CH_2} — \underset{\underset{CH_3}{|}}{\overset{5}{CH}} — \overset{6}{CH_3}$$

两种不同的取代基距离链端相同位次，且两种主链编号方式都能遵循最低序列原则时，应遵循"次序规则"（详见烯烃顺反异构体的命名中"次序规则"）确定取代基的编号，使小的取代基编号最小。这里只列出几种烷基的先后顺序，次序为甲基、乙基、丙基、丁基、戊基、异戊基、异丁基、新戊基、异丙基、仲丁基、叔丁基。例如：下列化合物中既有甲基，又有乙基，编号时应该使甲基的编号最小。

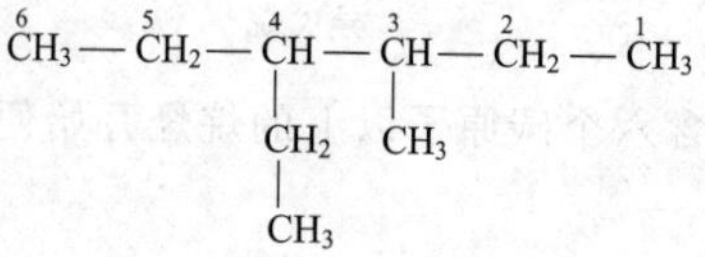

$$\overset{6}{CH_3} — \overset{5}{CH_2} — \underset{\underset{\underset{CH_3}{|}}{CH_2}}{\overset{4}{CH}} — \underset{\underset{CH_3}{|}}{\overset{3}{CH}} — \overset{2}{CH_2} — \overset{1}{CH_3}$$

（3）定名称　①书写化合物名称时取代基写在前面，母体写在后面；②取代基位次用阿拉伯数字表示，写在取代基名称前面；③有几个相同的取代基时，要合并在一起，用汉字表示其数目，写在该取代基的位次和名称之间，在表示取代基位次的阿拉伯数字之间应加逗号"，"；④阿拉伯数字与汉字之间应加一短线"-"；⑤当含有几种不同的取代基时，名称的先后顺序应按"次序规则"排列，较小的基团先列出，较大基团后列出。

$$\begin{array}{c}
CH_3 \\
| \\
CH_2 \\
| \\
\overset{1}{C}H_3\overset{2}{C}H_2\overset{3}{C}H\overset{4}{C}H\overset{5}{C}H_2\overset{6}{C}H_2\overset{7}{C}H_3 \\
| \\
CH_3
\end{array}$$

4-甲基-3-乙基庚烷

$$\begin{array}{c}
\overset{9}{C}H_3\overset{8}{C}H_2\overset{7}{C}H\overset{6}{C}H_2\overset{5}{C}H_2\overset{4}{C}H\overset{3}{C}H_2\overset{2}{C}H_3 \\
| \qquad\qquad\qquad | \\
CH_3 \qquad\quad \overset{3}{C}H\overset{2}{C}H_2\overset{1}{C}H_3 \\
| \\
CH_3
\end{array}$$

3,7-二甲基-4-乙基壬烷

课堂讨论

对下列烷烃进行命名或写结构式。

1.
$$\begin{array}{c}
CH_3-CH-CH_3 \qquad\qquad CH_3 \\
\quad\quad | \qquad\qquad\qquad\qquad | \\
CH_3-CH-CH-CH_2-CH-CH_3 \\
\quad\quad | \qquad\quad | \\
\quad\quad CH_3 \qquad CH_2-CH_3
\end{array}$$

2. 2,3,4-三甲基-3-乙基己烷

3.
$$\begin{array}{c}
\qquad\qquad\qquad\qquad CH_3 \\
\qquad\qquad\qquad\qquad | \\
CH_3-CH_2-CH-CH_2-CH_2-CH-CH_3 \\
\quad\quad\quad | \\
\quad\quad CH(CH_3)_2
\end{array}$$

4. 2-甲基-4乙基己烷

四、烷烃的性质

烷烃的性质

（一）烷烃的物理性质

1. 物质状态

常温常压下，含有 1～4 个碳原子的直链烷烃是气体，含有 5～17 个碳原子的直链烷烃是液体，含有 18 个及 18 个碳原子以上的直链烷烃是固体。

2. 熔点和沸点

烷烃的沸点随分子量增加而升高较明显。烷烃为非极性分子，分子间作用力为色散力，由于碳原子数和氢原子数的增加，色散力增大，分子更易聚集，因此烷烃的沸点随分子量的增加而有规律地提高。同碳原子数烷烃的构造异构体中，直链的异构体比含支链的异构体沸点高，支链越多，沸点越低。如正戊烷沸点 36℃，异戊烷沸点 28℃，而新戊烷沸点只有 9.5℃。

直链烷烃熔点与沸点变化规律相似，C_4 以上的烷烃随分子量的增加而升高，但与沸点的升高有所不同，偶数碳原子的烷烃比奇数碳原子的烷烃升高的幅度大一些，分子对称性越高，熔点也越高。如新戊烷是高度对称的，其熔点（−17℃）比正戊烷熔点（−130℃）高很多。

3. 溶解性

烷烃为非极性分子，根据"相似相溶"原理，烷烃难溶于极性溶剂水，但能溶于非极性溶剂乙醚、四氯化碳等。

4. 密度

烷烃是所有有机化合物中密度最小的一类化合物，相对密度都小于 1。相对密度也随分子量的增加而增大，但是增大得不明显。

（二）烷烃的化学性质

烷烃分子中的C—H和C—C键都是σ键。因为σ键比较牢固，所以在常温下，烷烃表现出较为稳定的化学性质，不易与强酸、强碱、强氧化剂及强还原剂反应。但是，烷烃的稳定性也是相对的，例如在高温、光照、催化剂的作用下，烷烃也可以发生氧化、取代反应等。

1. 氧化反应

（1）高级烷烃如石蜡，在二氧化锰催化下，部分氧化可制得高级脂肪酸。

$$R—CH_2—CH_2—R' + O_2 \xrightarrow[107\sim110℃]{MnO_2} RCOOH + R'COOH + 其他脂肪酸$$

$C_{12}\sim C_{18}$ 的脂肪酸可作为生产肥皂的原料，可以代替动植物油脂，工业上称为皂用酸，因其可以节约食用油脂，现已被广泛采用。

（2）在氧气充足的情况下，烷烃燃烧后，可完全氧化生成二氧化碳和水，同时放出大量的热。

$$C_nH_{2n+2} + \left(\frac{3n+1}{2}\right)O_2 \longrightarrow nCO_2 + (n+1)H_2O + 热量$$

因烷烃燃烧能放出大量热量，所以烷烃是人类应用的重要能源之一。比如汽油、柴油的主要成分是不同碳原子数烷烃的混合物，燃烧时可放出大量的热量，它们都是重要的燃料。但烷烃在燃烧时供氧不足，燃烧不完全，就会有大量的一氧化碳等有毒物质产生。

2. 取代反应

有机化合物中的原子或基团被其他原子或基团所取代的反应，称为取代反应，被卤原子取代称为卤代反应。

烷烃的卤代
反应历程

（1）甲烷的卤代　甲烷与氯气在室温下的黑暗环境中不发生任何反应，但在紫外线（$h\nu$）照射下或在 $250\sim400℃$ 的高温下，氯原子可取代甲烷中的氢原子首先生成氯化氢和一氯甲烷。甲烷的氯代反应较难停留在一取代阶段，一氯甲烷可继续氯代生成二氯甲烷、三氯甲烷（氯仿）、四氯化碳。

$$CH_4 + Cl_2 \xrightarrow{光照} CH_3Cl + HCl$$

$$CH_3Cl + Cl_2 \xrightarrow{光照} CH_2Cl_2 + HCl$$

$$CH_2Cl_2 + Cl_2 \xrightarrow{光照} CHCl_3 + HCl$$

$$CHCl_3 + Cl_2 \xrightarrow{光照} CCl_4 + HCl$$

甲烷与溴的反应与氯相仿，但溴代反应比氯代反应慢。甲烷与碘很难反应，因为碘化反应生成的HI对碘代物具有强烈的还原作用，要使反应顺利进行必须加氧化剂，破坏反应生成的碘化氢。甲烷与氟的反应十分剧烈，即使在暗处和室温的条件下也会产生爆炸现象，很难控制。因此，卤素与甲烷的反应活性顺序为：$F_2 > Cl_2 > Br_2 > I_2$，这一活性顺序规律对卤素与其他高级烷烃反应也是适用的。

（2）其他烷烃的卤代反应　其他烷烃的卤代和甲的卤代相类似，但随着烷烃碳链的增长，同一烷烃分子中，可存在着伯、仲、叔不同类型的氢原子，所以卤代反应取代的位置各异，得到不同的产物。如丙烷经氯代的一氯代物，由于氢原子所处的位置不同，得到1-氯丙烷和2-氯丙烷的混合物。

$$CH_3CH_2CH_3 + Cl_2 \xrightarrow[\text{or } h\nu]{\triangle} CH_3\underset{|}{\overset{}{C}}HCH_3 + CH_3CH_2CH_2Cl$$
$$\qquad\qquad\qquad\qquad\qquad Cl$$

丙烷　　　　　　2-氯丙烷（55%）　1-氯丙烷（45%）

实验证明1-氯丙烷与2-氯丙烷之比为45：55，丙烷中伯氢有6个，仲氢有2个，可计算出仲氢与伯氢的相对反应活性为：

$$\frac{仲氢}{伯氢}=\frac{(55/2)}{(45/6)}\approx\frac{3.7}{1}$$

同样的，异丁烷具有叔氢和伯氢两种类型的氢，它的一氯代物有两种，占比如下：

$$CH_3CHCH_3 \ +Cl_2 \xrightarrow[\text{or } h\nu]{\triangle} \ CH_3 \underset{CH_3}{\overset{Cl}{|}} CCH_3 \ + \ CH_3CHCH_2Cl$$

异丁烷　　　　2-甲基-2-氯丙烷（36%）　2-甲基-1-氯丙烷（64%）

可计算出叔氢与伯氢的相对反应活性为：

$$\frac{叔氢}{伯氢}=\frac{(36/1)}{(64/9)}\approx\frac{5}{1}$$

综合上述实验结果，可以得出三种氢的反应活性之比为：

$$叔氢：仲氢：伯氢=5：3.7：1$$

一般，不同的氢原子被卤原子取代时，由易到难的次序是叔氢＞仲氢＞伯氢。

五、重要的烷烃

（一）石油醚

常见的烷
烃化合物

石油醚为无色透明液体，有煤油气味，主要为低分子量的烃（主要是戊烷及己烷）的混合物。不溶于水，溶于乙醇、苯、氯仿、油类等多数有机溶剂。石油醚易燃易爆，与氧化剂可强烈反应，且具有毒性，使用及贮存时要特别注意安全。其主要用作有机高效溶剂、医药萃取剂、精细化工合成助剂等，也可用于有机合成和化工原料。

（二）石蜡

石蜡是烃类的混合物，主要组分为直链烷烃，可用通式 C_nH_{2n+2} 表示。按照石蜡的物理状态，可以分为液体石蜡、固体石蜡和微晶蜡。液体石蜡不溶于水，具有透明性好、易流动、无生物毒性且与生物胶性能相近等特点，液体石蜡在医药领域主要用于创面清洁、气道保护、细胞封片、肠道润滑等方面。固体石蜡在医药上用作蜡疗、中成药的密封材料、药丸的包衣等。微晶蜡可以用作药用辅料，主要在乳膏和软膏中作为增硬剂。此外石蜡以其储能密度大、相变熔高、无毒无腐蚀和不过冷等优点而得到关注，建筑材料中，相变石蜡主要用作相变储能石膏板、建筑保温隔热材料、相变储能砂浆等。

🌐 **科技前沿**

石蜡相变材料热性能提升研究进展

近年来，随着能源消耗的加快和环境问题的日益严重，热能的有效储存问题急需解决。相变材料被认为是一种有吸引力的储能材料，它在熔化/固化过程中具有良好的储能性能。在大量相变材料中，石蜡因其无毒、过冷度可忽略、化学稳定性好、相变温度可调、潜热容量大等优异性能而被广泛应用。目前提升石蜡相变材料热性能主要是从组合相变材料、复合相变材料、相变材料微胶囊化三个方面进行提升。

王慧儒研究组针对填充三种石蜡的相变蓄热腔体的熔化/凝固循环过程进行可视化实验。结果显示，与单一石蜡相比，填充了三种石蜡的蓄热腔体改善了各单元相变速率均匀性，增加了潜热蓄热量，提高了平均相变速率和相变蓄热腔体的总蓄热量。赵志广研究组以脲醛树脂为囊壁，切片石蜡为囊芯，运用原位聚合法合成相变储能微胶囊。采用光学显微镜观察微胶囊成形，扫描电子显微镜观察微胶囊的表观形貌和壁厚，红外光谱表征微胶囊的结构组成，差示扫描量热研究微胶囊的相变储能性能。实验结果表明，制备的微胶囊外形结构完整，直径约 $25\mu m$，相变潜热为 $43.884J\cdot g^{-1}$，具有良好的储能效果。

（三）凡士林

凡士林是一种烷系烃或饱和烃类半液态的混合物，凡士林的学名叫石油脂，它的主要原料是从原油经过常压和减压蒸馏后留下的渣油中脱出的蜡膏，黄色蜡膏中含有诸多杂质，所以还必须要加以深度的精制，充分脱除各种杂质后才能使用。凡士林可溶于乙醚、氯仿、汽油及苯等有机溶剂但不溶于水，化学稳定性和抗氧化性良好。因其化学性质稳定，不易和软膏中的药物反应，所以在医药上常用作软膏基质。凡士林涂抹在皮肤上可以保持皮肤湿润，有伤口的人涂抹凡士林能加速恢复。这是因为凡士林的特性让它能使伤口部位的皮肤组织保持最佳状态，并减少空气接触不受外界细菌的侵害，加速皮肤的修复能力。

化学史话

凡士林的发现

凡士林的发现者是一位美国的科学家，名叫罗伯特·切森堡。切森堡擅长从鲸鱼脂肪里提取煤油，1859 年，美国宾夕法尼亚州发现了石油，切森堡失业了。他不甘心失败，跑到宾州油田参观。细心的他很快发现，油田的工人喜欢收集钻井台边上常见的一种黑乎乎的凝胶，把它抹在受伤的皮肤上，据说能加快伤口愈合的速度。于是切森堡好奇地拿了一点回去研究，知道这是一种高分子碳氢化合物，在石油里有很多。经过试验，切森堡找到了提纯它的方法，最后得到了一种无色透明的胶状物质，无臭无味，不溶于水，所有常见的化学物质都不会和它起化学反应。他在自己身上故意制造的伤口上实验，把该胶状物质涂了上去，结果伤口很快愈合了。1870 年，切森堡向美国专利局申请了专利，把这种东西命名为"凡士林"（vaseline）。切森堡 1933 年逝世，享年 96 岁，他临终前曾风趣地说，他的长寿完全是凡士林之功。

第二节　环烷烃

如果把直链烷烃两端的两个碳原子连接起来形成环状结构，就形成了环烷烃。

一、环烷烃的分类与结构

（一）环烷烃的分类

（1）按成环碳原子数目分　环上碳原子数为 3 到 4 时，称为小环；为 5 到 6 时，称为普通环；为 7 到 12 时，称为中环；大于 12 时，称为大环。

环烷烃的分类、命名和性质

小环

普通环

中环

（2）按分子中碳环的数目分　分子中只有一个环的称为单环烷烃；两个环的称为双环烷烃；有三个或三个以上环的称为多环烷烃。

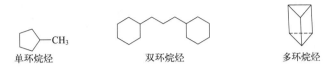

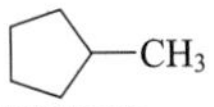

单环烷烃　　　　双环烷烃 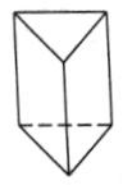　　　　多环烷烃

（3）按环的结合方式分　两个碳环共用一个碳原子的环烃称为螺环烃；两个碳环共用两个或两个以上碳原子的环烃称为桥环烃。

螺环烃 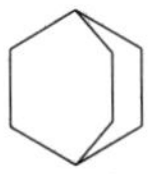　　　　　桥环烃

（二）环烷烃的结构

1. 构造异构

环丙烷是最小的环烷烃，从四个碳原子的环烷烃开始，就出现了构造异构现象。例如，分子式同为 C_4H_8 的环烷烃有两种不同环结构的异构体，同为 C_5H_{10} 的环烷烃有五种不同环结构的异构体。

C_4H_8：

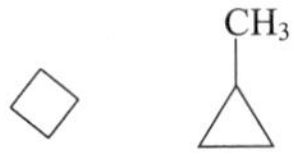

C_5H_{10}：

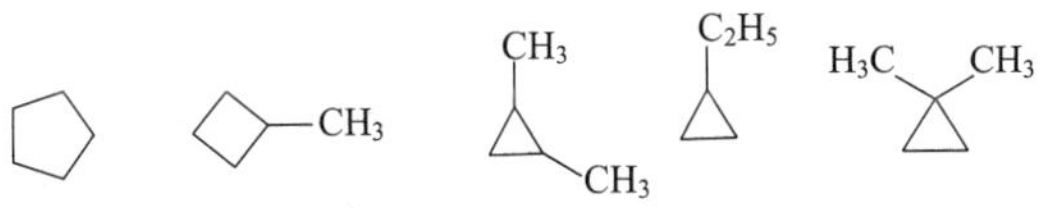

2. 顺反异构

在环烷烃分子中，由于 C—Cσ 键受环的限制不能自由旋转，绕环上两个碳原子间的键旋转必定导致开环。所以在二取代或多取代的环烷烃分子中，环上的取代基可以形成不同的空间排列形式，从而产生异构体。如 1,2-二甲基环丙烷分子中，环上的 2 个甲基位于在三元环平面的同侧时称为顺式异构体，位于在三元环平面的异侧为反式异构体。

顺-1,2-二甲基环丙烷 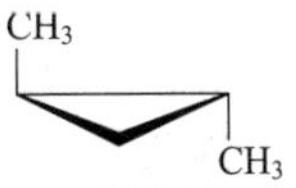　　　　　　反-1,2-二甲基环丙烷

除非断键后再成键，顺式异构体和反式异构体不能经由键的旋转而相互转化。这种由于 C—Cσ 键不能自由旋转，导致分子中的原子或原子团在空间的排列形式不同而引起的异构现象称为顺反异构。

二、单环烷烃的命名

（一）环烷基

环烷烃分子去掉一个氢原子后余下的基团称为环烷基，最常见的环烷基有：

环丙基　　　　环丁基　　　　环戊基　　　　　环己基

（二）单环烷烃的命名

单环烷烃的命名与烷烃相似，根据成环碳原子个数称为"环某烷"，将环上的支链作为取代基，其名称放在"环某烷"之前。如果环上不止一个取代基时，需对环上碳原子数进行编号，编号时，应遵循"最低系列"原则使所有取代基的位次尽可能小；如果仍有选择，应按照"次序规则"给较小基团以较小的位次。例如：

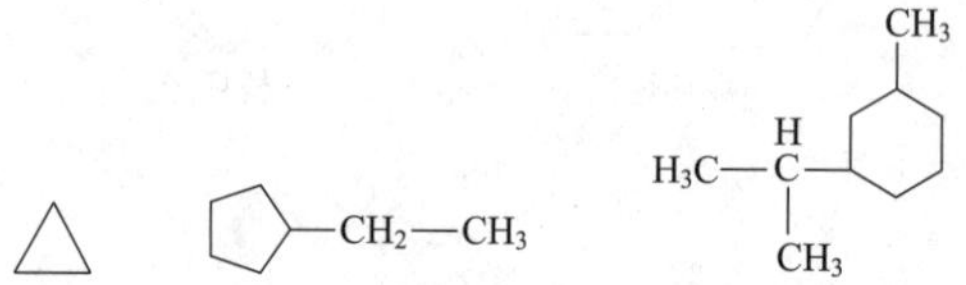

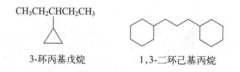

环丙烷　　　　乙基环戊烷　　　　1-甲基-3-异丙基环己烷

当环上碳原子数比与环相连的碳链上的碳原子数少时，或碳链连有多个环时，通常以开链烷烃为母体，环作为取代基来命名。例如：

3-环丙基戊烷　　　　　　　1,3-二环己基丙烷

👥 **课堂讨论**

对下列环烷烃进行命名。

1. 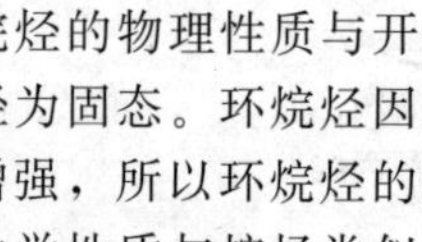 $(CH_3)_2CHCHCH(CH_3)_2$

2.

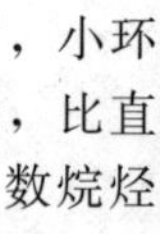

三、单环烷烃的性质

环烷烃的物理性质与开链烷烃相差不大，常温下，小环烷烃（环丙烷和环丁烷）为气态，高级环烷烃为固态。环烷烃因其结构更具刚性和对称性，比直链烷烃排列得更紧密，因此导致范德华引力增强，所以环烷烃的熔点、沸点较相同碳原子数烷烃高，相对密度也较大，但比水轻。环烷烃的化学性质与烷烃类似，但也有一些特殊性质。

（一）取代反应

环烷烃较稳定，与强酸（如硫酸）、强碱（如氢氧化钠）、强氧化剂（如高锰酸钾）等试剂都不发生反应，在高温或光照下能发生自由基取代反应。

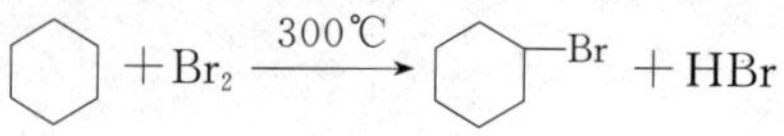

$$\bigcirc + Br_2 \xrightarrow{300℃} \bigcirc{-}Br + HBr$$

（二）开环加成反应

环丙烷和环丁烷等小环烷烃，由于分子中存在较大的角张力和扭转张力，容易进行开环加成反应，形成相应的链状化合物。这是小环烷烃的特殊反应。

1. 加氢

在催化剂的作用下，环丙烷、环丁烷和环戊烷与氢气反应，开环并一边加上一个氢原子，生成丙烷、丁烷和戊烷。

$$\triangle + H_2 \xrightarrow[80℃]{Ni} CH_3CH_2CH_3$$

$$\square + H_2 \xrightarrow[200℃]{Ni} CH_3CH_2CH_2CH_3$$

$$\pentagon + H_2 \xrightarrow[300℃]{Ni} CH_3CH_2CH_2CH_2CH_3$$

由以上反应式不难看出，环丁烷比环丙烷开环加氢要求更高的反应温度，说明环丁烷比环丙烷稳定。环戊烷更稳定，需要更强烈的反应条件才能开环加氢，而环己烷很难与氢气发生加成反应。

2. 加卤素

小环烷烃与卤素也可发生开环加成反应得到二卤代物，例如：环丙烷与溴在常温条件下即可进行开环加成反应，生成1,3-二溴丙烷。

$$\triangle + Br_2 \xrightarrow{室温} \underset{\underset{Br}{|}}{CH_2} - CH_2 - \underset{\underset{Br}{|}}{CH_2}$$

环丁烷需要在加热的条件下才能与卤素反应。例如：环丁烷与溴加热才能发生加成反应生成1,4-二溴丁烷。

$$\square + Br_2 \xrightarrow{加热} \underset{\underset{Br}{|}}{CH_2} - CH_2 - CH_2 - \underset{\underset{Br}{|}}{CH_2}$$

环戊烷及更高级的环烷烃难以与溴进行开环加成反应，在高温下则发生自由基取代反应。例如：环戊烷与溴在高温下发生取代反应，生成1-溴环戊烷。

$$\pentagon + Br_2 \xrightarrow{300℃} \pentagon\!-Br$$

3. 加卤化氢

小环烷烃与卤化氢可以发生加成反应，例如：环丙烷与溴化氢反应，生成1-溴丙烷。

$$\triangle + HBr \longrightarrow \underset{\underset{H}{|}}{CH_2} - CH_2 - \underset{\underset{Br}{|}}{CH_2}$$

当烷基取代的环丙烷与溴化氢发生加成反应时，遵循马氏规则，氢加在含氢较多的碳原子上，而溴则加到含氢较少的碳原子上。

$$CH_3 - \triangleleft + HBr \longrightarrow CH_3 - \underset{\underset{Br}{|}}{CH} - CH_2 - \underset{\underset{H}{|}}{CH_2}$$

环丁烷及更高级的环烷烃在常温下则难以与溴化氢进行开环加成反应。

🌱 **知识拓展**

环丙烷结构——药物化学中的常备"武器"

环丙烷（cyclopropane），一种具有高度张力的三元环状结构，在药物化学中被广泛应用。其在药物化学中发挥着众多作用：可以增强药物药效；降低脱靶作用；提高代谢稳定性；增加血脑屏障渗透率；降低血浆清除率；增强对受体的亲和力；限制多肽构象，减缓其水解作用；改善药物的解离度等。目前，美国 FDA 批准上市的含有环丙烷的药物分子超过 60 个。在日常生活中，人们比较常见的含有环丙烷结构的药物就是环丙沙星这一喹诺酮类抗生素。

环丙烷的结构特点有：①三个碳原子在同一个平面，为内角 60 度等边三角形；②相对较短的 C—C 键长；③环丙烷结构中的 C—C 键不是单纯的单键或双键，而是在介于两种键之间，有类似于双键的性质；④环丙烷结构中的 C—C 键比直链烷烃的 C—C 键的化学活性要高，键长更短，键能更高。自从 1882 年环丙烷被合成以来，越来越多的结构复杂的环丙烷类化合物被合成，并且用于药物化学研究中。比如螺环-环丙基吡咯烷环来取代吡咯烷环，可以增强药效和改善蛋白质调节。

化学是药学的基础，药物的研发都离不开有机化学的知识。一定要学好基础的文化知识，为以后的专业学习打下基础！

第三节　烷烃的构象

当烷烃分子中的 C—Cσ 键沿键轴旋转时，分子中的氢原子或烷基在空间的排列方式即分子的立体形象不断地变化。由于围绕 σ 键键轴旋转而导致分子中原子或基团在空间排列成不同方式，称为构象。

一、乙烷的构象

在乙烷分子中，如果使一个甲基固定，而使另一个甲基绕 C—C 键轴旋转，则两个碳原子上的六个氢原子的相对位置将不断改变，从而产生各种不同的空间排列方式，一种排列方式相当于一种构象。其中，重叠式构象和交叉式构象是乙烷分子的两种典型构象（又称极限构象），如图 2-5 所示。乙烷中两个碳原子上的氢原子相距最近的构象，即前后两个甲基相互重叠的构象，称为重叠式构象；前后两个碳原子上的氢原子相距最远的构象，即一个甲基上的氢原子处于另一个甲基上的两个氢原子正中间的构象，称为交叉式构象。

构象常用锯架式或纽曼投影式来表示。锯架式是从分子斜侧面观察分子模型的形象，可以看到分子中碳原子和氢原子在空间的排布情况，但氢原子间的相对位置不易表达清楚。纽曼投影式是沿 C—C 键的键轴方向投影而得。在纽曼投影式中，从圆圈中心伸出的三条线表示离观察者近

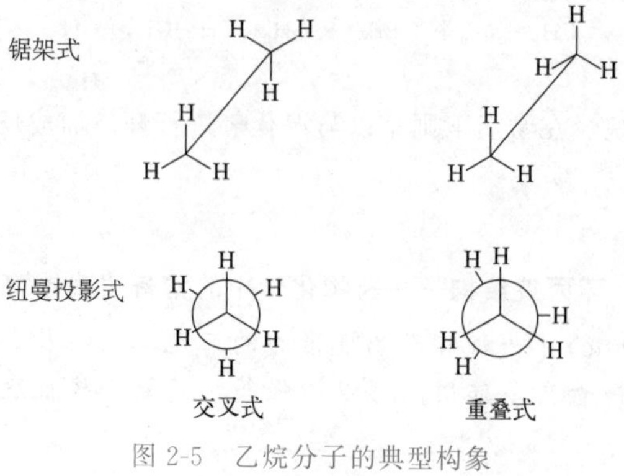

乙烷和丁烷的构象

图 2-5　乙烷分子的典型构象

的碳原子上的 C—Hσ 键，而连在圆周上的三条线表示离观察者远的碳原子上的 C—Hσ 键。

乙烷分子的重叠式构象中，前后两个碳原子上连接的氢原子之间距离最近，斥力最大，因而重叠式构象内能最高，最不稳定。交叉式构象中，前后两个碳原子上连接的氢原子之间距离最远，斥力最小，因而交叉式构象内能最低，最稳定。

乙烷的重叠式构象和交叉式构象之间的能量差约为 12.6kJ/mol，如图 2-6 所示，重叠式构象比交叉式构象能量高，交叉式构象绕 C—Cσ 键旋转 60° 可以转变成重叠式构象，再进一步绕 C—Cσ 键旋转，又可变成交叉式构象，必须给予乙烷分子 12.6kJ/mol 的能量越过这个能垒才能实现。由此可见，σ 单键旋转并不是完全自由，其实是由于在室温下分子所具有的

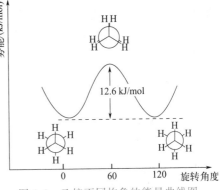

图 2-6　乙烷不同构象的能量曲线图

动能已超过此能量，足够使 σ 键自由旋转，所以构象之间可以相互转化。在室温条件下，乙烷分子处于交叉式、重叠式和介于两者之间无数构象的动态平衡混合体系，很难分离出单一构象的乙烷分子。只是在这个动态平衡中，交叉式构象出现的概率较大，是优势构象。

二、丁烷的构象

丁烷可以看作是乙烷分子中每个碳原子上各有一个氢原子被甲基取代的化合物，其构象更为复杂，现主要讨论绕 C_2 和 C_3 之间的 σ 键旋转所形成的四种典型构象，即为对位交叉式、邻位交叉式、部分重叠式和全重叠式构象。

对位交叉式　　邻位交叉式　　　部分重叠式　　　全重叠式构象

图 2-7 为丁烷围绕 C_2—C_3σ 键旋转时，四种丁烷构象与能量的关系。对位交叉式构象中，两个体积较大的甲基相距最远，排斥力最小，其能量最低，最为稳定，是正丁烷的优势构象。其次是邻位交叉式，能量较低，较稳定。全重叠式中，两个体积较大的甲基及氢原子都各处于重叠位置，存在着最大的范德华斥力，能量最高，因而相对最不稳定，在动态平衡体系中含量最少。部分重叠式也有甲基和氢、氢与氢的重叠，能量较高，但比全重叠式稳定一些。因此这四种极端构

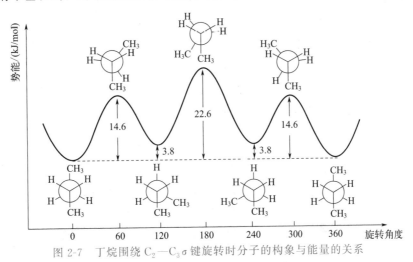

图 2-7　丁烷围绕 C_2—C_3σ 键旋转时分子的构象与能量的关系

象的稳定性大小顺序为：对位交叉式＞邻位交叉式＞部分重叠式＞全重叠式。

由图 2-7 可见，正丁烷各种构象之间的能量差别不太大，对位交叉式和全重叠式间能量差最高约为 22.6kJ/mol。室温条件下丁烷的这几种构象也能相互转化，因此正丁烷实际上也是由无数个构象组成的处于动态平衡状态的混合体系，只是对位交叉式占比比较大（约占 68％），而其他构象所占比例很小。

三、环己烷的构象

环己烷的构象

（一）椅式和船式构象

环己烷分子也是许多构象异构体的动态平衡体系。这些构象中，有两种典型的构象，即椅式构象和船式构象。

环己烷椅式构象的透视式和纽曼投影式可用图 2-8(a) 表示。仔细观察可发现相邻的碳原子均为交叉式，因而没有扭转张力。碳原子上连接的氢原子相距较远，故不产生空间张力，椅式构象是环己烷多种构象中最稳定的构象。

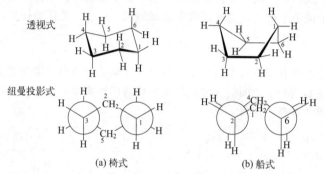

图 2-8　环己烷的椅式构象和船式构象

船式构象的透视式和纽曼投影式见图 2-8(b)。在这种构象中，可以看出作为船底的四个碳原子 C_2、C_3、C_5、C_6 在同一平面上，C_2、C_3 与 C_5、C_6 这两对碳原子的构象是重叠式的，C_1 和 C_4 则处于该平面的上方，一个碳作为"船头"，另一个碳作为"船尾"。C_1 和 C_4 上伸向环内侧的氢原子间的距离约为 0.183nm，小于范德华半径之和 0.240nm。因而存在空间拥挤引起的范德华斥力，所以船式构象不如椅式构象稳定，其能量比椅式构象高 28.9kJ/mol。

环己烷的船式和椅式两种构象在室温条件下可以相互转变，达到动态平衡，所以难以拆分环己烷分子中的任一构象异构体。

（二）椅式构象中的竖键和横键

环己烷的椅式构象中，存在着两种不同类型的 C—H 键。其中六个 C—H 键彼此基本平行，垂直于环平面，三根键向上、三根键向下交替排列，称为直立键或竖键，也称为 a 键。另外六个 C—H 键与直立键呈接近 109°28′ 的角，三根向上倾斜、三根向下倾斜，分布于环平面的四周，称为平伏键或横键，又叫 e 键。如图 2-9 所示。

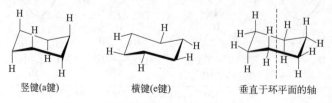

竖键(a键)　　　　横键(e键)　　　　垂直于环平面的轴

图 2-9　环己烷椅式构象中的竖键和横键

（三）椅式构象的翻环作用

环己烷可通过环内 C—C 键的旋转，可以从一种椅式构象转变为另一种椅式构象，称为椅式构象的转环作用。翻转的结果是原来 a 键转为 e 键，e 键转为 a 键，见图 2-10。

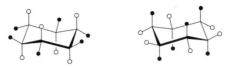

图 2-10　环己烷椅式构象中的翻环作用

 学习小结

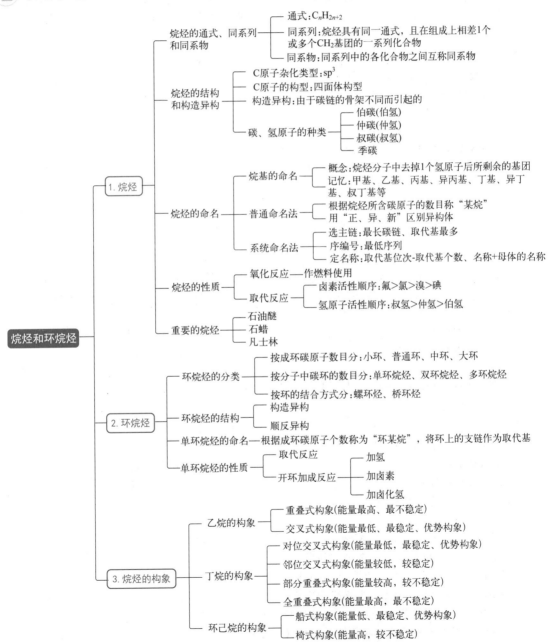

一、名词解释

1. 烷烃

2. 烷基

3. 取代反应

4. 环烷烃

5. 同分异构现象

二、单项选择题

1. 甲烷分子中碳原子的杂化形式是（   ）。

A. sp 杂化   B. sp^2 杂化   C. sp^3 杂化   D. sp^3d 杂化

2. 在 $CH_3—CH_2—\overset{\displaystyle |}{\underset{\displaystyle CH_3}{CH}}—CH_3$ 分子中，不存在下述哪种碳原子（   ）。

A. 伯碳原子   B. 仲碳原子   C. 叔碳原子   D. 季碳原子

3. 下列化合物中含有叔碳原子的是（   ）。

A. $CH_3CH(CH_3)_2$ B. $CH_3(CH_2)_2CH_3$ C. $C(CH_3)_4$ D. CH_3CH_3

4. 下列环烷烃中加氢开环最容易的是（   ）。

A. 环丙烷   B. 环丁烷   C. 环戊烷   D. 环己烷

5. 乙烷的交叉式与重叠式之间的相互关系是（   ）。

A. 对映异构体   B. 顺反异构体   C. 互变异构体   D. 构象异构体

6. $(CH_3CH_2)_2CHCH_3$ 的正确命名是（   ）。

A. 3-甲基戊烷   B. 2-甲基戊烷   C. 2-乙基戊烷   D. 3-乙基戊烷

7. 下列环烷烃中有顺反异构体的是（   ）。

A. ▵   B. ▢   C. ⬠   D. ⬡

8. 烷烃分子发生氯代反应，不同氢原子活性不同，下列氢原子活性最大的是（   ）。

A. $1°H$ B. $2°H$ C. $3°H$ D. $CH_3—H$

9. 关于甲烷下列说法错误的是（   ）。

A. 碳原子采用 sp^3 杂化   B. 四个 $C—H$ 键为 σ 键

C. 空间形状为正四面体   D. 键不能自由旋转

10. 在 $CH_3—\overset{\displaystyle CH_3}{\underset{\displaystyle CH_3}{\overset{\displaystyle |}{\underset{\displaystyle |}{C}}}}—CH_2—\underset{\displaystyle CH_3}{\overset{\displaystyle |}{CH}}—CH_3$ 结构式中，伯碳原子有（   ）。

A. 5 个   B. 4 个   C. 3 个   D. 2 个

11. 下列有机物命名正确的是（   ）。

A. 2-乙基丁烷   B. 2,4-二甲基丁烷

C. 2,3-二甲基丙烷   D. 2,2-二甲基丙烷

12. C_5H_{12} 的构造异构体有（   ）种。

A. 2   B. 3   C. 4   D. 5

13. 环丙烷与 $KMnO_4/H^+$ 溶液和 Br_2/CCl_4 溶液反应，现象是（   ）。

A. $KMnO_4/H^+$ 和 Br_2/CCl_4 溶液都褪色

B. $KMnO_4/H^+$ 褪色，Br_2/CCl_4 溶液不褪色

C. $KMnO_4/H^+$ 和 Br_2/CCl_4 溶液都不褪色

D. $KMnO_4/H^+$ 不褪色，Br_2/CCl_4 溶液褪色

14. 烷烃分子中碳原子的空间几何形状是（   ）。

A. 四面体形　　　　　　　B. 平面四边形　　　　　C. 线形　　　　　　D. 六面体形

15. 下列化合物属于构象异构体的是（　　　）。

A. 环己烷的船式与椅式　　　　　　　　B. 乙烯醇与乙醛

C. D-葡萄糖与 L-葡萄糖　　　　　　　D. 正丁烷与异丁烷

16. $\underset{\underset{CH_3}{|}}{\overset{\overset{CH_3}{|}}{CH_3-CH-CH_2-CH_3}}$ 化合物中包含（　　　）类型的氢原子。

A. 1 种　　　　　　　　B. 2 种　　　　　　　C. 3 种　　　　　　D. 4 种

17. 以下关于烷烃化学性质的叙述中，正确的是（　　　）。

A. 烷烃分子中的键都是 σ 键，因此分子不稳定

B. 能与强酸、强碱、强氧化剂和强还原剂反应

C. 室温下与卤素发生取代反应

D. 在紫外光照射或高温下与卤素（Cl_2，Br_2）发生取代反应

18. 下列物质在光照条件下，能与丙烷发生取代反应的是（　　　）。

A. H_2　　　　　　　　B. H_2O　　　　　　C. HCl　　　　　　D. Cl_2

19. 下列化合物中，无顺反异构的是（　　　）。

A.　　　　　　　　　B.　　　　　　　　C.　　　　　　　　D.

20. 下列化合物中，含有季碳原子的是（　　　）。

A. 2-甲基丁烷　　　　　　　　　　　　B. 2,2-二甲基丁烷

C. 2,3-二甲基丁烷　　　　　　　　　　D. 3-甲基丁烷

三、命名下列化合物或写出其结构简式

1. $\underset{\underset{CH_3}{|}}{\overset{}{CH_3-CH-CH_2-CH-CH_2-CH_2-CH_3}}$ （含 $CH-CH_3$ 和 CH_3 支链）

2.

3.

4.

5.

6. $(CH_3CH_2)_4C$

7. 2-甲基-4-乙基庚烷

8. 1-甲基-2-乙基环丁烷

四、完成下列方程式

1. + HCl ⟶

2. $\underset{\underset{CH_3}{|}}{CH_3-CH-CH_3}$ + Br_2 $\xrightarrow{h\nu}$

3. + Br_2 $\xrightarrow{h\nu}$

五、用化学方法鉴别下列各组物质

1. 环丙烷、丙烷

2. 1,2-二甲基环丙烷、环戊烷

六、推断结构

某化合物的分子式为 C_4H_8，不能使高锰酸钾溶液褪色，但室温条件下可以使得溴水褪色，A 与溴水反应生成化合物 B，B 的分子式 C_4H_8Br，A 经催化氢化后生成正丁烷。写出 A、B 的结构式及涉及的反应方程式。

七、问答题

1. 不参阅物理常数表，试推测下列化合物沸点高低的一般顺序。

（A）正庚烷　　　　　（B）正己烷　　　　　（C）2-甲基戊烷

（D）2,2-二甲基丁烷　　（E）正癸烷

2. 已知烷烃的分子式为 C_5H_{12}，一元氯代产物只有一种，推测并写出该烷烃的结构式及系统名称。

第三章 烯烃

 学习目标

知识目标：

1. 掌握烯烃的命名方法及主要化学性质。
2. 熟悉烯烃的定义、结构（sp^2 杂化、π键）、同分异构。
3. 了解医药中常见的烯烃。

能力目标：

1. 会用系统命名法命名烯烃。
2. 能运用化学方法鉴别烯烃。

素质目标：

1. 培养爱国、敬业、诚信、友善的社会主义核心价值观。
2. 培养学生养成良好的劳动习惯，进一步提升自主学习能力。

案例分析

  1901 年，一个名叫奈留波夫（Dimitry Neljubow）的俄国植物生理学家在圣彼得堡的一个实验室里种豌豆苗。他发现在室内长出的豌豆苗比室外长出来的更短、更粗，不垂直向上长而是往水平方向长；1917 年，一个叫达伯特（Doubt）的科学家发现乙烯会促进水果从果树上脱落；中国古人采下青的梨，会放在密封的房间里对它们"熏香"，家中如果有未成熟的香蕉、橘子等水果，可以把这些生的水果和熟苹果放在一起密封保存，发现这样可以促进生水果的成熟。

  分析： 1. 科学家们找出了影响豌豆苗生长以及促进水果成熟的成分——乙烯。1934 年，英国科学家甘恩从成熟的苹果中检测到了乙烯的存在，乙烯作为一种"植物激素"引起了更多的关注。植物学家、农学家们不仅搞清楚了乙烯如何产生、如何影响水果成熟，更重要的是学会了利用它来调节水果的成熟时间。

  2. 乙烯属于哪一类物质，有什么样的结构，还有哪些性质和用途？

  不饱和烃是指分子中含有碳碳双键（ >C=C< ）或碳碳三键（ —C≡C— ）的烃。主要有：烯烃、二烯烃和炔烃。含有碳碳双键的烃类称烯烃，按照所含双键的数目可以分为单烯烃和多烯烃等。单烯烃指分子中只有一个碳碳双键的烃，简称烯烃，分子通式为 C_nH_{2n}（$n \geq 2$），其官能团为碳碳双键。

第一节　烯烃的结构和异构现象

一、烯烃的结构

最简单的烯烃是乙烯（C_2H_4），我们以乙烯的结构来说明烯烃分子中碳碳双键的结构。乙烯是一个平面型分子，它的两个碳原子和四个氢原子均在同一平面上，烯键的平均键长为 134pm，比碳碳单键的键长短。乙烯分子的键长、键角及模型如图 3-1 所示。

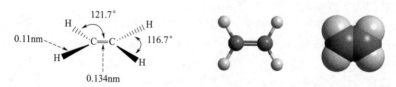

图 3-1　乙烯分子的键长、键角及模型

乙烯分子中碳原子在成键时采取了不同于烷烃碳原子的杂化方式，杂化轨道理论认为，两个碳原子都采取了 sp^2 杂化方式，各形成三个相同的 sp^2 杂化轨道。每个碳原子各以一个 sp^2 杂化轨道重叠形成 C—Cσ键，又分别各以两个 sp^2 杂化轨道与两个氢原子的 1s 轨道重叠形成四个 C—Hσ键，这五个 σ 键都处在同一平面上。此外，每个碳原子还剩下一个未参与杂化的 p 轨道垂直于上述平面，彼此平行地从侧面重叠，形成两个碳原子之间的另一种共价键，即 π 键（见图 3-2）。

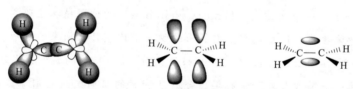

图 3-2　乙烯分子中的 σ 键和 π 键

由一个 σ 键与一个 π 键组成的碳碳双键是烯烃的结构特征，为了书写方便，一般以两条短线 C＝C 表示，但它并不是两个等同的单键。由于 π 键是由两个未杂化的 p 轨道侧面相互重叠形成的，电子云的重叠度较小，故 π 键不如 σ 键稳定。

🌐 科技前沿

塑料降解新路线

近日，中国科学技术大学某课题组在塑料循环升级领域取得突破性进展。研究人员设计出一种"氢呼吸"策略，在无需额外添加氢气或溶剂的情况下将高密度聚乙烯塑料转化为高附加值的环状烃类，为废弃塑料的"人工碳循环"提供了新方法。该研究成果发表在国际知名学术期刊《自然·纳米技术》上。

一位中国科学院院士、石油化工专家认为："这项工作巧妙地结合了炼油工业中催化重整和加氢裂化两个过程的基本原理，以氢的完美平衡实现塑料降解新路线，是塑料降解科学技术的重大突破。"

二、烯烃的异构现象

烯烃的结构和异构现象

（一）构造异构

由于碳碳双键的存在，使烯烃的异构现象比烷烃更为复杂。除了由于碳原子的连接顺序不同可以形成碳链异构外，还因其官能团双键在碳链中的位置不同可形成官能团位置异构。

此外，烯烃与环烷烃之间又可形成官能团异构。例如丁烷只有两种构造异构体，而丁烯有五种：

$$H_2C=CHCH_2CH_3 \qquad CH_3CH=CHCH_3 \qquad H_2C=CCH_3$$
$$\qquad\qquad\qquad\qquad\qquad\qquad\qquad\qquad\qquad\qquad\qquad | $$
$$\qquad\qquad\qquad\qquad\qquad\qquad\qquad\qquad\qquad\qquad\quad CH_3$$

1-丁烯　　　　　　　2-丁烯　　　　　　　2-丙烯

$$\begin{array}{cc} H_2C-CH_2 \\ | \qquad\quad | \\ H_2C-CH_2 \end{array} \qquad \begin{array}{c} CH_2 \\ \diagup \quad \diagdown \\ H_2C-CH-CH_3 \end{array}$$

环丁烷　　　　　　　甲基环丙烷

（二）顺反（几何）异构

顺反异构属于立体异构，烯烃分子由于 π 键的存在，限制了碳碳双键的自由旋转，导致连接在 C=C 键上的原子或基团在空间的排列方式是固定不变的，有机化学中常将这种不能轴向旋转 180°的结构因素称为刚性因素。当双键碳原子上分别连有两个不同的原子或基团时，就能在空间产生两种不同的排列方式，例如 2-丁烯有如下两种异构体：

$$\begin{array}{cc} H_3C \qquad CH_3 \\ \diagdown\quad\diagup \\ C=C \\ \diagup\quad\diagdown \\ H \qquad\quad H \end{array} \qquad\qquad \begin{array}{cc} H_3C \qquad\quad H \\ \diagdown\quad\diagup \\ C=C \\ \diagup\quad\diagdown \\ H \qquad\quad CH_3 \end{array}$$

（Ⅰ）　　　　　　　　　　　　（Ⅱ）

顺-2-丁烯　　　　　　　　　　反-2-丁烯

（Ⅰ）和（Ⅱ）的分子式相同，构造也相同，但双键碳原子上的原子或基团的空间排列方式有两种不同的情况。这种因分子中含有不能自由旋转的双键或碳环导致分子中原子或基团在空间的排列方式不同而产生的构型异构现象叫作顺反异构，两种异构体的平面几何形状不一样，因此也叫作几何异构。

产生顺反异构体的必要条件，一是分子中必须含有像碳碳双键那样的不能自由旋转的双键或碳环，二是连接于刚性结构单元的两个碳原子必须分别连接两个不同的原子或基团。即：

$$\begin{array}{cc} a \qquad\quad c \\ \diagdown\quad\diagup \\ C=C \\ \diagup\quad\diagdown \\ b \qquad\quad d \end{array} \qquad\qquad \begin{array}{cc} a \qquad\quad d \\ \diagdown\quad\diagup \\ C=C \\ \diagup\quad\diagdown \\ b \qquad\quad c \end{array}$$

a≠b 且 c≠d 时可产生顺反异构；a=b 或 c=d 时，则没有顺反异构。

📖 知识拓展

顺反异构体对药物的生理活性影响

顺反异构体属于不同的化合物，产生性质差异的原因主要是碳碳双键中碳原子所连的原子或基团的空间距离存在差异，其相互作用力大小也不同，导致物理性质有所不同，使药物的吸收、分布和排泄速率不同，因而药物的生理活性存在差异。比如：人工合成的己烯雌酚是一种雌性激素，反式构型的生物活性比顺式构型的高7～10倍，而维生素A分子中所有的双键全部都为反式构型，具有降血脂作用的亚油酸及花生四烯酸分子的碳碳双键都是顺式构型，若改变上述化合物的构型，将导致生理活性的降低甚至丧失。现已发现顺式 $PtCl_2(NH_3)_2$ 具有抑制肿瘤的作用，可作抗癌药物，而反式 $PtCl_2(NH_3)_2$ 则无此活性。

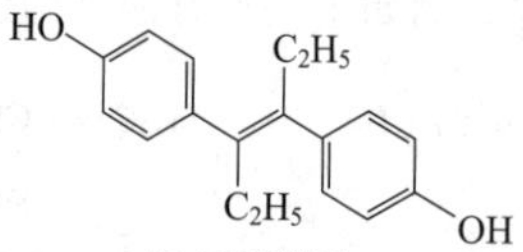

反-己烯雌酚

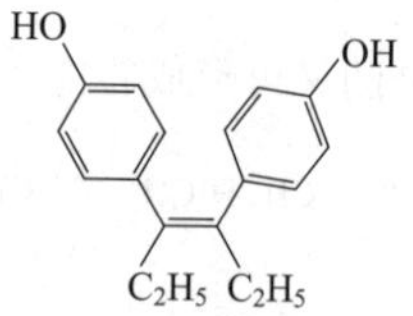

顺-己烯雌酚

反己烯雌酚两个羟基间距离较大，生理活性较强，是可供药用的雌性激素，而顺式异构体由于两个羟基间距离较小，其生理活性较弱。

第二节 烯烃的命名

一、普通烯烃的命名

结构简单的烯烃可采用普通命名法进行命名，与烷烃相似，只需将“烷”改为“烯”即可，如：

$H_2C{=}CH_2$	$H_2C{=}CHCH_3$	$H_2C{=}C(CH_3)CH_3$
乙烯	丙烯	异丁烯

烯烃的系统命名法

当烯烃结构比较复杂时可采用系统命名法进行命名。烯烃的系统命名法与烷烃相似，基本原则如下：

(1) 选主链　选择包括双键的最长的连续碳链作为主链，按照主链碳原子数目称作“某烯”，侧链作为取代基。10个碳原子以上的烯烃用中文数字加“碳烯”来表示母体名称。

(2) 编序号　从靠近双键的一端开始，将主链碳原子依次编号，使双键碳原子编号最小。如双键在中间，则主链编号从靠近取代基的一端开始。

(3) 定名称　取代基的位次、数目和名称写在前面，其次是双键的位次、烯烃的名称，注意位次、数目和名称之间用短横线隔开。例如：

$CH_3CH_2C(CH_2CH_3){=}CH_2$	$CH_2{=}C(CH_2CH_3)CH_2CH_2CH_3$	$CH_3C(CH_3){=}CHCH_2CH(CH_3)CH_3$
2-乙基-1-丁烯	2-乙基-1-戊烯	2,5-二甲基-2-己烯

烯烃分子中去掉一个氢原子的余下基团，称为烯基。常见的烯基有：

$CH_2{=}CH—$	$CH_3CH{=}CH—$	$CH_2{=}CHCH_2—$	$CH_2{=}C(CH_3)—$
乙烯基	丙烯基	烯丙基	异丙烯基

二、顺反异构体的命名

顺反异构体
的命名

（一）顺反命名法

对于双键的两个碳原子上分别连有相同原子或基团的烯烃，可用顺反命名法标注顺反异构体的构型，相同基团在同侧为顺式，在异侧为反式，相应的分别在系统命名前以词头"顺""反"表示。

$$
\begin{array}{cc}
\underset{H}{\overset{H_3C}{>}} C = C \underset{H}{\overset{CH_3}{<}} & \underset{H}{\overset{H_3C}{>}} C = C \underset{CH_3}{\overset{H}{<}} \\
\text{顺-2-丁烯} & \text{反-2-丁烯}
\end{array}
$$

顺反命名法主要适用于命名两个双键碳原子上连有相同的原子或基团的烯烃，如双键的两个碳原子上没有相同的原子或基团，则需采用以"次序规则"为基础的 Z-E 命名法进行命名。

（二）Z-E 命名法

对于两个双键碳原子上没有相同原子或基团的烯烃，不能使用顺反命名法，IUPAC 规定了另一种以 Z、E 为词头的标示方法，称为"Z-E 命名法"。

1. 次序规则

要确定 Z 型还是 E 型，首先要按"次序规则"分别确定两个双键碳原子上各自的"较优"原子或基团。次序规则的要点如下：

次序规则

（1）如果基团中与双键上碳原子直接相连的原子不相同，将其按照原子序数从大到小排序，原子序数较大的为优先基团。常见原子或基团的优先次序为：

$$—I>—Br>—Cl>—SH>—OH>—NH_2>—CH_3>—H$$

（2）如果基团中与双键碳原子直接相连的原子相同，则延伸比较与该原子相连的其他原子的原子序数，以此类推，直至确定出优先基团。例如—CH_2CH_3 和—CH_3：

$$
\begin{array}{cc}
\overset{H}{\underset{H}{-C}}\overset{H}{\underset{H}{-C}}-H & \overset{H}{\underset{H}{-C}}-H
\end{array}
$$

这两个基团第一个原子都是 C，则延伸比较与碳原子连接的其他原子的原子序数，在—CH_2CH_3 中，和第一个碳相连的三个原子分别是 H、H、C；而在—CH_3 中和第一个碳相连的三个原子分别是 H、H、H。将其对比，我们发现—CH_2CH_3 中碳原子原子序数大于氢原子，所以判断乙基为优先基团。依此类推，我们可以得到一些常见的基团的优先次序：

$$—C(CH_3)_3>—CH(CH_3)_2>—CH_2CH_2CH_3>—CH_2CH_3>—CH_3$$

（3）如果基团中含有不饱和键，则将双键或者三键看成是以单键和两个或三个相同的原子相连接。例如：

$$
\begin{array}{cc}
\overset{}{\underset{}{}} C = O \longrightarrow \overset{O}{\underset{(O)}{}} C & —C \equiv N \longrightarrow \overset{N}{\underset{(N)}{-C}} (N)
\end{array}
$$

2. Z-E 命名法

首先按照次序规则判断出每一个双键碳原子所连的两个原子（或基团）的优先次序。两个碳原子所连的两个较优原子（或基团）在双键同侧的为 Z（德语 zusammen 的首字母，"共同"的意思，指同一侧）构型，在异侧的为 E（德语 entgegen 的首字母，"相反"的意思，指异侧）构型。书写时，将 Z 或 E 书写在化合物的前面，用短横线隔开。例如，当 a 和 c 为优先基团时，a

和 c 在同一侧为 Z 构型，在不同侧为 E 构型：

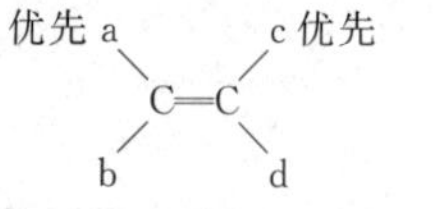

$$优先\ a \quad c\ 优先$$
$$\overset{\displaystyle |}{C} = \overset{\displaystyle |}{C}$$
$$b \qquad d$$

Z 构型

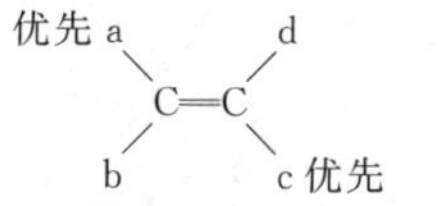

$$优先\ a \quad d$$
$$\overset{\displaystyle |}{C} = \overset{\displaystyle |}{C}$$
$$b \qquad c\ 优先$$

E 构型

Z-E 命名法适用于所有顺反异构体，它与顺反命名法相比，更具广泛性。这两种命名法之间没有必然的联系，顺式构型不一定是 Z 构型，反式构型不一定是 E 构型。

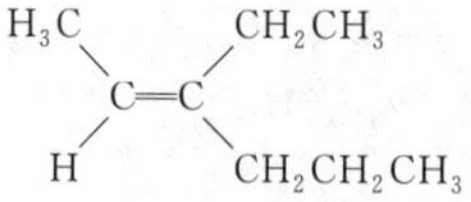

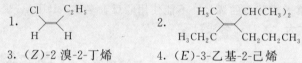

(*E*)-3-乙基-2-己烯 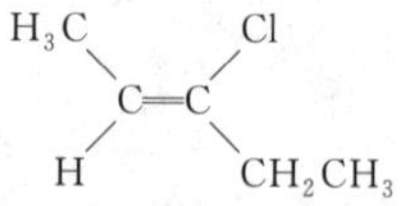 　　　　　(*Z*)-3-氯-2-戊烯

课堂讨论

对下列化合物进行命名或写结构式。

1.

2.

3. (*Z*)-2 溴-2-丁烯　　4. (*E*)-3-乙基-2-己烯

第三节　烯烃的性质

一、物理性质

（1）物质状态　烯烃的物理性质跟相应的烷烃相似。在常温下，含 4 个碳原子以下的烯烃是气体，含 5～18 个碳原子的烯烃是液体，含 19 个碳以上的烯烃是固体。

（2）熔点和沸点　与烷烃相似，在同系列中，烯烃的熔、沸点随着分子量的增加而升高。同碳数的直链烯烃的沸点比带支链的烯烃高。碳架相同的烯烃，双键由链的端部（端烯烃）移向链的中间（内烯烃）时，沸点、熔点都将升高。

而对于烯烃的顺反异构体，其熔沸点表现为：反式熔点大于顺式，沸点则小于顺式。

（3）溶解性　烯烃为非极性分子，根据"相似相溶"原理，其难溶于极性溶剂水而易溶于非极性的有机溶剂。烯烃在水中的溶解度比相应的烷烃略大。

（4）密度　相对密度比相应的烷烃大，但仍小于 1，这主要是因为烯烃的极性略大于烷烃。

科技前沿

烯烃的不对称氢氟化

烯烃的氢氟化是合成含氟化合物最有效的方法之一。但是，现有主要的技术途径均很难引入手性因素，如何实现高效的烯烃不对称氢氟化一直是化学家们关注的重要问题。

中国科学院科学家团队——成都生物研究所天然产物研究中心某团队研究发展了一个有效的催化体系，实现了芳基烯烃的不对称氢氟化，合成了系列手性苄基氟化合物，包括实现天然产物的后期手性氟化修饰；并通过低温核磁共振技术，对反应机理进行系统深入的研究。该研究为解决烯烃氢氟化领域长期存在的关键问题（缺乏有效的手性催化体系）提供了解决方案，为药物、材料等的设计与研究提供了技术支撑。研究成果以论文形式发表在《ACS Catalysis》上。研究工作得到国家自然科学基金委、中科院战略生物资源项目、四川省科技厅等的经费资助。

二、化学性质

    烯烃分子中的碳碳双键是由一个 σ 键和一个 π 键所组成，由于 π 键的键能较小，π 键电子受原子核的束缚较弱，电子流动性较大，容易受外界影响而发生变化，因此烯烃的多数化学反应都发生在碳碳双键的位置。

（一）加成反应

    烯烃的加成反应是指烯烃分子中 π 键断裂，双键中的两个碳原子各引入一个原子或基团，形成两个新的 σ 键，使烯烃变为饱和化合物。

1. 催化加氢

    在无催化剂的情况下，烯烃与氢气很难发生反应，但在催化剂作用下与氢气发生加成反应生成烷烃，该反应称为催化加氢反应，反应放热。常用的催化剂多为过渡金属，如铂（Pt）、钯（Pd）和镍（Ni）。

$$RCH=CHR' + H_2 \xrightarrow{Ni} RCH_2CH_2R'$$

    催化加氢反应的转化率接近 100%，产品易分离，可得到很纯的烷烃。因此可根据该反应中氢气的消耗体积，推算分子中双键数目。

    该反应一般认为发生在催化剂的表面上，催化剂将烯烃和氢吸附到金属表面，使 π 键和烯烃的 σ 键变得松弛，降低了反应所需的活化能。随着双键碳原子上的取代基增多，空间位阻变大，导致烯烃不易被催化剂吸附，反应速率降低。

2. 与卤素加成

    烯烃易与卤素发生加成反应，生成邻位二卤代烷，是制备邻二卤代烷的重要方法。反应通常在三氯甲烷或四氯化碳溶剂中进行。烯烃与溴的加成反应产物为无色化合物，此反应现象为红棕色溴的四氯化碳溶液褪色，通常用此反应来鉴定化合物是否含有双键。

$$RCH=CHR' + X_2 \xrightarrow{CCl_4} \underset{\underset{X\ \ \ X}{|\ \ \ |}}{RCHCHR'}$$

邻二卤代烷

    不同的卤素与同一烯烃进行加成的活性是不同的，活性顺序为：$F_2 > Cl_2 > Br_2 > I_2$。氟太活泼，与烯烃反应剧烈，不易控制，通常还伴有副反应发生；碘的活性偏低，与烯烃不能直接进行反应。因此，烯烃与卤素的加成反应有应用价值的主要是与溴或氯的加成。

    乙烯与溴发生加成反应时，加入氯化钠介质，发现反应产物中除了二溴代产物外，还有含氯的加成产物，说明加成反应发生时两个溴原子不是同时加成到双键碳原子上，而是分步进行的。

$$CH_2=CH_2 + Br_2 \xrightarrow{NaCl} \underset{\underset{Br\ \ \ Br}{|\ \ \ \ |}}{CH_2-CH_2} + \underset{\underset{Br\ \ \ Cl}{|\ \ \ \ |}}{CH_2-CH_2}$$

环己烯与溴的加成反应，产物为反-1,2-二溴环己烷，烯烃与卤素的加成反应通常生成反式加成产物，具有立体选择性。

$$\text{（环己烯）} + Br_2 \xrightarrow{CCl_4} \text{（反-1,2-二溴环己烷）}$$

烯烃的加成反应

知识拓展

烯烃与卤素的亲电加成反应机理

大量实验结果表明，烯烃与溴的加成反应机理为共价键异裂的离子型亲电加成反应，分两步进行。

第一步，溴单质与烯烃接近时，溴分子受到 π 电子的影响极化成 $Br^{\delta+}$—$Br^{\delta-}$，正电荷的一端进攻双键的 π 电子云，$Br^{\delta+}$—$Br^{\delta-}$ 异裂，与碳碳双键形成一个不稳定的含 $Br^{\delta+}$ 的三元环活性中间体，即溴鎓离子。该步反应速率较慢，是决定反应速率的一步。

$$\underset{\text{溴鎓离子}}{C{=}C + Br^{\delta+}{-}Br^{\delta-} \xrightarrow{\text{慢}} C{-}CH + Br^-}$$

第二步，溴负离子从溴鎓离子背面进攻碳原子，生成反式加成产物，若反应介质中有氯负离子，也可以进攻溴鎓离子，生成相应的产物。该步反应速率较快。

$$\underset{\text{反-1,2-二溴乙烷}}{C{-}C + Br^- \xrightarrow{\text{快}} C{-}C}$$

烯烃与卤化氢、硫酸、次卤酸等加成反应也按亲电加成反应机理进行。

3. 与卤化氢加成

烯烃与卤化氢反应生成相应的卤代烷。

$$CH_2{=}CH_2 + HX \longrightarrow CH_3CH_2X$$
$$\text{卤代乙烷}$$

对卤化氢来说，酸性越强，与烯烃加成反应越容易，其活性顺序为：HI＞HBr＞HCl。加氯化氢时通常可以直接通入 HCl 气体，如用浓盐酸，常常要用 $AlCl_3$ 等催化剂。HF 与烯烃加成时能使烯烃聚合。

结构对称的烯烃（如乙烯）与卤化氢加成只得到一种加成产物。结构不对称的烯烃（如丙烯）与卤化氢发生加成反应可得到两种不同的加成产物。

$$CH_3CH{=}CH_2 + HX \longrightarrow \underset{X}{CH_3CH_2CH_2} + \underset{X}{CH_3CHCH_3}$$
$$\text{1-卤丙烷} \qquad \text{2-卤丙烷（主）}$$

俄国化学家马尔科夫尼科夫（V. V. Markovnikov）根据大量的实验事实，总结出一个经验规则：当不对称烯烃和不对称试剂（如卤化氢、硫酸等）加成时，不对称试剂中带负电部分总是加到含氢较少或不含氢的双键碳原子上，而带正电部分则加到含氢较多的双键碳原子上。这一规律称为马尔科夫尼科夫规则，简称马氏规则。利用马氏规则，可以预测反应的主要产物。如丙烯与溴化氢的反应主要产物为 2-溴丙烷。

烯烃与卤化氢的加成反应，当有过氧化物存在时，则主要生成反马式规则的产物。

$$CH_3CH = CH_2 + HBr \xrightarrow{CH_3COOOH} CH_3CH_2CH_2Br$$

这是因为过氧化物改变了加成反应的历程，这种由于过氧化物存在而改变反应历程的现象称为过氧化物效应。

马氏规则

4. 与硫酸加成

烯烃与硫酸在低温下发生加成反应，加成产物为硫酸氢酯，加成过程遵循马氏规则。硫酸氢酯可溶于浓硫酸，实验室常利用这一性质，除去混在烷烃中的少量烯烃杂质。

$$CH_3CH = CH_2 + HOSO_2OH \longrightarrow CH_3\underset{\underset{OSO_2OH}{|}}{C}HCH_3$$

烷基硫酸氢酯可以水解成相应的醇，把烯烃与硫酸的加成反应和硫酸氢酯的水解反应组合起来，相当于烯烃与水的加成反应（又称烯烃间接水合法），这是工业上和实验室中以烯为原料制备醇的一种方法。例如：

$$CH_3\underset{\underset{OSO_2OH}{|}}{C}HCH_3 + H_2O \xrightarrow{\triangle} CH_3\underset{\underset{OH}{|}}{C}HCH_3$$

硫酸氢丙酯　　　　　　　　　　　　2-丙醇

在硫酸、磷酸等催化下，烯烃可以与水直接加成制得醇，称为烯烃的直接水合法。例如：

$$CH_3CH = CH_2 + H_2O \xrightarrow[300℃，7MPa]{H_3PO_4} CH_3\underset{\underset{OH}{|}}{C}HCH_3$$

2-丙醇

5. 与次卤酸的加成

烯烃与卤素的水溶液（主要是氯或溴的水溶液，卤素与水作用生成次卤酸）反应生成 β-卤代醇。次卤酸分子极化为 $HO^{\delta-}-X^{\delta+}$，$X^{\delta+}$ 为亲电试剂，加成到含氢原子较多的双键碳原子上，反应遵循马氏规则。例如：

$$CH_2 = CH_2 + HOCl \longrightarrow CH_2\underset{\underset{OH}{|}}{C}H_2Cl$$

$$CH_3CH = CH_2 + HOBr \longrightarrow CH_3\underset{\underset{OH}{|}}{C}HCH_2Br$$

（二）氧化反应

在有机化学中通常把有机化合物分子得氧或去氢的反应叫作氧化反应。烯烃易发生氧化的位置多在碳碳双键处，π 键首先断裂，当反应条件剧烈时 σ 键也可断裂。所以，当氧化剂和反应条件不同时，可得到不同的氧化产物。

烯烃易被氧化，例如在室温下将乙烯通入中性（或碱性）稀高锰酸钾水溶液，π 键断裂，双键碳原子上各引入一个羟基生成乙二醇，分子中两个羟基连接相邻的两个碳原子，称为邻二醇。该反应现象为高锰酸钾的紫色立即褪去，生成褐色的二氧化锰沉淀，常用来鉴别双键的存在。

$$R-CH=CH_2 \xrightarrow[OH^-]{KMnO_4} \underset{\underset{OH\quad OH}{|\quad\ |}}{R-CH-CH_2}$$

在较强烈的条件下（如加热或用酸性高锰酸钾溶液），烯烃双键完全断裂，生成碳链较短的含氧化合物，氧化产物取决于烯烃的结构。高锰酸钾溶液褪色。

不同结构的烯烃经氧化所得的产物不同，若双键碳原子上没有氢（$R_2C=$）则生成酮；有一个氢（$RCH=$）则生成醛，并可被进一步氧化成羧酸；有两个氢（$CH_2=$）则生成二氧化碳和水。因此通过分析烯烃氧化后的产物成分，即可推断原烯烃的结构。

（三）α-H 的卤代反应

烯烃分子中，与碳碳双键直接相连的碳原子称为 α-碳原子，α-碳原子上的氢原子称为 α-氢原子。由于受到双键的影响，α-H 表现出较强的活性，可在高温或光照条件下与卤素发生取代反应，生成卤代烯烃。如丙烯在高温下与氯气反应，生成 3-氯丙烯。

$$CH_3-CH=CH_2+Cl_2 \xrightarrow{500\sim600℃} \underset{3\text{-氯丙烯}}{ClCH_2-CH=CH_2}$$

烯烃的氧化
和聚合反应

（四）聚合反应

烯烃在催化剂或引发剂作用下，π 键断裂发生分子间加聚反应，相当数量的分子间自身加成，形成分子量较大的大分子，称为聚合物。这种由低分子化合物聚合生成高分子化合物的过程称为聚合反应，发生聚合反应的小分子化合物称为单体。例如：

$$nCH_2=CH_2 \xrightarrow{催化剂} \underset{聚乙烯}{\left[CH_2-CH_2\right]_n}$$

生活中的塑料

⚙ **岗位对接**

克罗米通的鉴别及含量测定

《中华人民共和国药典》（简称《中国药典》）中用于治疗疥疮及皮肤瘙痒的克罗米通的鉴别方法之一是：取本品的饱和水溶液约 10mL，加高锰酸钾试液数滴，即显棕色，静置后形成棕色沉淀。

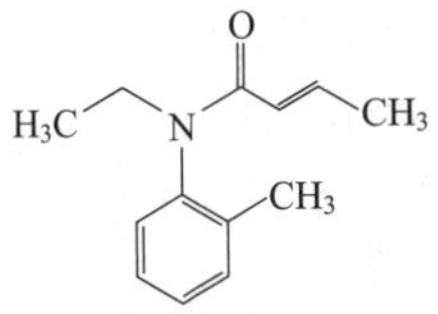

克罗米通

含量测定：按照高效液相色谱法（通则 0512）测定。

色谱条件：用硅胶为填充剂；以环己烷-四氢呋喃（92∶8）为流动相，检测波长 242nm；进样体积 20μL。

系统适用性试验：克罗米通顺式异构体峰的相对保留时间在 0.5～0.6 之间，理论板数按克罗米通反式异构体峰计算不低于 5000，克罗米通反式异构体峰与顺式异构体峰之间的分离度应大于 8.0。

对照品溶液的制备：取克罗米通对照品适量，精密称定，加流动相溶解并定量稀释制成每 1mL 中约含 25μg 的溶液。

供试品溶液的制备：取本品约 50mg，精密称定，置 100mL 量瓶中，加流动相溶解并稀释至刻度，摇匀，精密量取 5mL，置 100mL 量瓶中，用流动相稀释至刻度，摇匀。

测定法：精密量取供试品溶液和对照品溶液，分别注入液相色谱仪，记录色谱图。按外标法以克罗米通顺、反异构体峰面积之和计算。

三、诱导效应

化合物分子中，由不同的原子形成的共价键中，电子云会偏向电负性较大的原子的一方，使共价键表现出极性。在分子中引入一个原子或基团，能使分子中的电子云分布发生变化，并沿着碳链的某一方向移动或偏移。例如氯原子取代丁烷分子中的氢原子后，使共价键的电子云密度分布发生了变化。

诱导效应

由于氯原子的电负性比碳原子强，C—Cl 键的电子云偏向氯原子一端，产生偶极，箭头所指的方向即为电子云偏移的方向，C_1 上带有部分正电荷。受 C_1 上正电荷的影响，C_2 和 C_1 共价键之间的电子云也发生偏移，偏向 C_1，使 C_2 也带有少量的正电荷，同理，C_3 也带有微量的正电荷。这种由于成键原子或基团的电负性不同，引起分子中的电子云沿着碳链向某一方向偏移的现象称为诱导效应，常用符号"I"标示。随着传递距离的增加，诱导效应逐渐减弱，一般传递到第三个碳原子时就可忽略不计。诱导效应使 C—C 非极性键变成了极性键。

诱导效应中电子移动的方向一般以 C—H 键中的氢作为比较标准，其他原子或原子团取代 C—H 键中的氢原子后，键的电子云分布将发生一定程度的改变。如果取代基 X 的电负性大于氢原子，C—X 键的电子云移向 X。与氢原子相比，X 具有吸电子性，称为吸电子基团，由它所引起的诱导效应叫作吸电子诱导效应，用 −I 表示。相反，如果取代基 Y 的电负性小于氢原子，C—Y 键的电子云移向碳原子。与氢原子相比，Y 具有给电子性，称为给电子基团，由它所引起的诱导效应叫作给电子诱导效应，一般用 ＋I 表示。

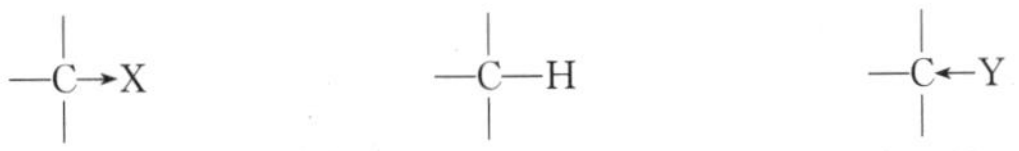

−I 效应　　　比较标准　　　＋I 效应

根据实验结果，一些常见的给电子基团和吸电子基团的强弱次序如下。

给电子基团（+I）：

—O$^-$>—COO$^-$>—C(CH$_3$)$_3$>—CH(CH$_3$)$_2$>—C$_2$H$_5$>—CH$_3$>—H。

吸电子基团（-I）：

—NR$_3^+$>—NO$_2$>—CN>—COOH>—F>—Cl>—Br>—I>—OCH$_3$>—OH>—NHCOCH$_3$>—C$_6$H$_5$>—CH=CH$_2$>—H。

在丙烯分子中，连接于双键上的甲基电负性小于 H，更小于 sp^2 杂化的双键碳原子，甲基对双键产生给电子诱导效应。由于 π 键容易极化，在烷基+I 效应的影响下，双键上电子云分布的对称性被破坏，π 键电子云偏移，C$_1$ 带有部分负电荷，C$_2$ 带有部分正电荷，当与卤化氢进行反应时，亲电试剂 H$^+$ 首先加成到带部分负电荷的 C$_1$ 上，形成碳正离子中间体，然后卤素负离子加成到带正电荷的 C$_2$ 上。故诱导效应可以很好地解释不对称烯烃加成的马氏规则。

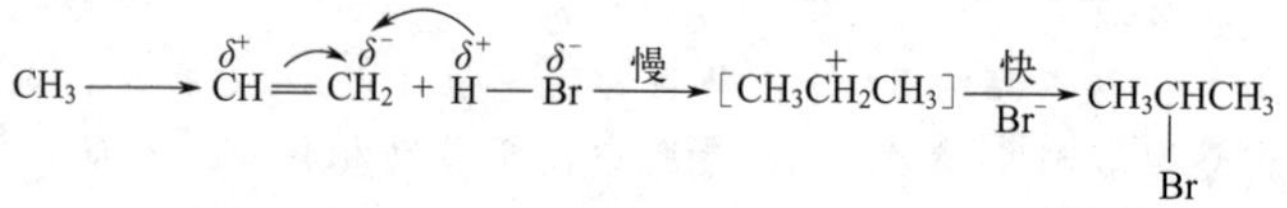

$$CH_3 \longrightarrow \overset{\delta^+}{CH} = \overset{\delta^-}{CH_2} + \overset{\delta^+}{H} - \overset{\delta^-}{Br} \xrightarrow{\text{慢}} [CH_3 \overset{+}{C}H CH_3] \xrightarrow[Br]{\text{快}} CH_3CHCH_3 \\ \quad\quad\quad\quad\quad\quad\quad\quad\quad\quad\quad\quad\quad\quad\quad\quad\quad\quad\quad\quad\quad\quad\quad\quad\quad | \\ \quad\quad\quad\quad\quad\quad\quad\quad\quad\quad\quad\quad\quad\quad\quad\quad\quad\quad\quad\quad\quad\quad\quad\quad\quad Br$$

📖 生活常识

反式脂肪酸的危害

反式脂肪酸是所有含有反式双键的不饱和脂肪酸的总称，其双键上两个碳原子结合的两个氢原子分别在碳链的两侧，其空间构象呈线形，与之相对应的是顺式脂肪酸，其双键上两个碳原子结合的两个氢原子在碳链的同侧，其空间构象呈弯曲状。日常生活中，凡是松软香甜、口味独特的含油（植物奶油、人造黄油等）食品，都含有反式脂肪酸。

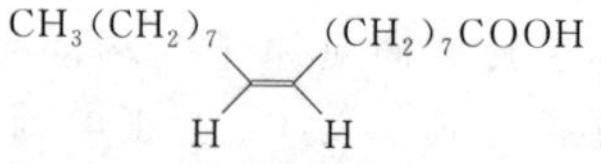

顺式脂肪酸 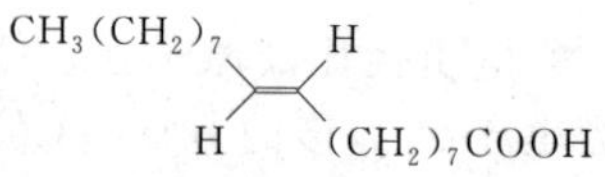   反式脂肪酸

由于它们的立体结构不同，二者的物理性质也有所不同，例如顺式脂肪酸多为液态，熔点较低；而反式脂肪酸多为固态或半固态，熔点较高。其次，二者的生物学作用也相差甚远，主要表现在反式脂肪酸对机体多不饱和脂肪酸代谢的干扰、对血脂和脂蛋白的影响及对胎儿生长发育的抑制作用，严重影响人体的健康。

第四节　常见的烯烃

一、乙烯

乙烯是最简单的烯烃，分子式为 C$_2$H$_4$，由两个碳原子和四个氢原子组成，两个碳原子之间以双键连接。乙烯为无色稍带有甜味的易燃气体，熔点为 -169℃，沸点为 -103.7℃，难溶于水，略溶于乙醇，易溶于乙醚和丙酮。少量存在于植物体内，是植物的一种代谢产物，能使植物生长减慢，促进叶落和果实成熟。

乙烯是合成纤维、合成橡胶、合成塑料（聚乙烯及聚氯乙烯）、合成乙醇（酒精）的基本化工原料，也用于制造氯乙烯、苯乙烯、环氧乙烷、乙酸、乙醛、乙醇和炸药等，还可用作水果和蔬菜的催熟剂，是一种已证实的植物激素。乙烯具有麻醉作用，人体吸入 $75\%\sim90\%$ 乙烯和氧气的混合气体，则会失去知觉，产生的不良反应少，故可用作麻醉剂。但乙烯对人体也有一定的伤害，长期接触乙烯会出现头晕、全身不适、乏力等症状。

二、丙烯

丙烯常温下为无色、稍带有甜味的气体。分子式为 C_3H_6，熔点为 $-185.3℃$，沸点为 $-47.4℃$。它稍有麻醉性，易燃。不溶于水，溶于有机溶剂，是一种低毒类物质。主要用以生产多种重要有机化工原料、合成树脂、合成橡胶及多种精细化学品等。丙烯用量最大的是生产聚丙烯，另外丙烯可制备丙烯腈、异丙醇、苯酚、丙酮、丙烯酸及其酯类、环氧丙烷、丙二醇等。丙烯有麻醉性，人吸入丙烯可引起意识丧失，当吸入浓度 40% 以上时，仅需 6 秒钟，并引起呕吐。长期接触可引起头昏、乏力、全身不适、思维不集中等。丙烯对环境有危害，对水体、土壤和大气可造成污染。

三、丁烯

丁烯（C_4H_8）有三种异构体：包括正丁烯（$CH_3CH_2CH=CH_2$）、2-丁烯（$CH_3CH=CHCH_3$）和异丁烯（$CH_3C(CH_3)=CH_2$），其中 2-丁烯有顺式和反式。丁烯各异构体的理化性质基本相似，常态下均为易燃、易爆的无色气体，不溶于水，溶于有机溶剂。丁烯各异构体毒性相似，均属低毒类。毒性基本上与其他烯烃相似，但低于戊烯，大于丙烯，主要是单纯窒息、弱麻醉和弱刺激作用。液态丁烯可引起皮肤冻伤。

正丁烯主要用于制造丁二烯，其次用于制造甲基酮、乙基酮、仲丁醇、环氧丁烷及丁烯聚合物和共聚物。异丁烯主要用于制造丁基橡胶、聚异丁烯橡胶及各种塑料。

🌱 知识拓展

聚烯烃在医学领域的应用

低密度聚乙烯（LDPE）特点：具有良好的热稳定性和透明性；用途：制造医用包装袋和静脉输液容器。

高密度聚乙烯（HDPE）特点：质地坚韧、机械强度高、最高使用温度100℃，可煮沸消毒；用途：制造人工肺、人工气管、人工喉、人工肾、人工尿道、人工胃、矫形外科修补材料及一次性医疗用品。

超高分子量聚乙烯（UHMWPE）特点：高耐磨性、摩擦系数小、蠕动变形小、化学稳定性高、疏水性好、优良的自润滑性和抗冲性、无毒副作用和强的生理适应性；用途：是制作人工肺、肘、指关节的最佳材料。

据预测，医用塑料的应用呈持续上升趋势，形成了医用产品的巨大潜在市场。

▶ **学习小结**

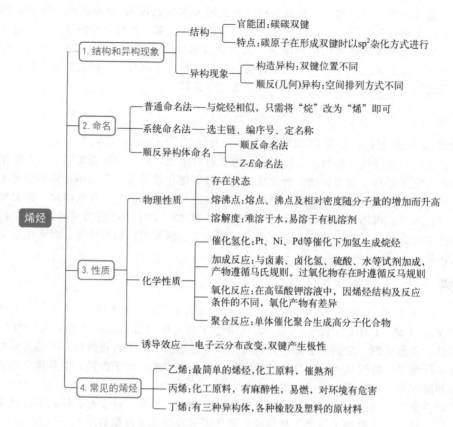

```
                                        ┌─ 官能团:碳碳双键
                    ┌─ 结构 ──────────┤
    ┌─ 1.结构和异构现象 ┤             └─ 特点:碳原子在形成双键时以sp²杂化方式进行
    │               │            ┌─ 构造异构:双键位置不同
    │               └─ 异构现象 ──┤
    │                            └─ 顺反(几何)异构:空间排列方式不同
    │
    │               ┌─ 普通命名法 ── 与烷烃相似,只需将"烷"改为"烯"即可
    ├─ 2.命名 ──────┤ 系统命名法 ── 选主链、编序号、定名称
    │               │                      ┌─ 顺反命名法
    │               └─ 顺反异构体命名 ──────┤
    │                                      └─ Z-E命名法
烯烃 ┤                              ┌─ 存在状态
    │               ┌─ 物理性质 ────┤ 熔沸点:熔点、沸点及相对密度随分子量的增加而升高
    │               │              └─ 溶解度:难溶于水,易溶于有机溶剂
    │               │              ┌─ 催化氢化:Pt、Ni、Pd等催化下加氢生成烷烃
    ├─ 3.性质 ──────┤              │ 加成反应:与卤素、卤化氢、硫酸、水等试剂加成,
    │               │              │          产物遵循马氏规则。过氧化物存在时遵循反马规则
    │               ├─ 化学性质 ────┤ 氧化反应:在高锰酸钾溶液中,因烯烃结构及反应
    │               │              │          条件的不同,氧化产物有差异
    │               │              └─ 聚合反应:单体催化聚合生成高分子化合物
    │               └─ 诱导效应 ── 电子云分布改变,双键产生极性
    │               ┌─ 乙烯:最简单的烯烃,化工原料,催熟剂
    └─ 4.常见的烯烃 ─┤ 丙烯:化工原料,有麻醉性,易燃,对环境有危害
                    └─ 丁烯:有三种异构体,各种橡胶及塑料的原材料
```

✎ **课后习题**

一、名词解释

1. 烯烃

2. 加成反应

3. 诱导效应

4. 聚合反应

二、单项选择题

1. 下列化合物能使溴水褪色的是（　　）。

A. 乙烷　　　　　　B. 苯　　　　　　　C. 丁烷　　　　　　D. 1-丁烯

2. 下列物质,在常温下一定能使酸性高锰酸钾溶液褪色的是（　　）。

A. C_2H_4　　　　　B. C_6H_{12}　　　　C. C_4H_{10}　　　　D. C_6H_6

3. 下列化合物中无顺反异构的是（　　）。

A. 2-甲基-2-丁烯　　　　　　　　　　B. 4-甲基-3-庚烯

C. 2,3-二氯丁烯　　　　　　　　　　D. 1-苯基丙烯

4. 下列物质中,既能起加成反应,也能起取代反应的是（　　）。

A. 氯仿　　　　　　B. 苯　　　　　　　C. 乙炔　　　　　　D. 乙烯

5. 不饱和烃和卤素的反应属于（　　）。

A. 亲电加成　　　　B. 亲核加成　　　　C. 亲电取代　　　　D. 亲核取代

6. 丙烯与氢溴酸反应的主要产物是（　　）。

A. 1-溴丙烷　　　　　B. 2-溴丙烷　　　　　C. 丙烷　　　　　D. 1,2-二溴丙烷

7. 下列属于给电子基团的是（　　　）。

A. —NO_2　　　　　B. —OH　　　　　C. —Cl　　　　　D. —C_2H_5

8. 在乙烯分子中碳原子的杂化形式为（　　　）。

A. sp^3 杂化　　　　　B. sp^2 杂化　　　　　C. sp 杂化　　　　　D. 没有杂化

9. 以下适用于马尔科夫尼科夫规则的是（　　　）。

A. 烯烃与溴的加成反应　　　　　　　　B. 烯烃的氧化反应

C. 不对称烯烃与不对称试剂的加成反应　　D. 烯烃的卤代反应

10. 1-丁烯和 2-丁烯互为（　　　）。

A. 碳链异构　　　　　B. 位置异构　　　　　C. 官能团异构　　　　　D. 顺反异构

11. 下列说法不正确的是（　　　）。

A. 分子为 C_3H_8 与 C_6H_{14} 的两种有机物一定互为同系物

B. 具有相同通式的有机物不一定互为同系物

C. 两个相邻同系物的分子量数值一定相差 14

D. 分子组成相差一个或几个 CH_2 原子团的化合物必定互为同系物

12. 化合物 $\underset{H_3C}{\overset{H_3CH_2C}{>}}C=C\underset{CH_3}{\overset{CH_2CH_2CH_3}{<}}$ 的名称是（　　　）。

A.（顺）-3,4-二甲基-3-庚烯　　　　　　B. 3,4-二甲基-3-庚烯

C.（反）-3,4-二甲基-3-庚烯　　　　　　D.（E）-3,4-二甲基-3-庚烯

13. 石蜡的主要成分是（　　　）。

A. 烷烃的混合物　　　　　　　　　　　B. 烯烃的混合物

C. 卤代烷烃的混合物　　　　　　　　　D. 芳香烃的混合物

14. 下列可以用来鉴别环丙烷和乙烯的试剂是（　　　）。

A. HCl　　　　　B. H_2/Ni　　　　　C. Br_2/CCl_4　　　　　D. $H^+/KMnO_4$

三、命名或写出下列化合物的结构式

1. $CH_3CH_2CHCH=CCH_2CH_3$
　　　　　　$\underset{CH_3}{|}$　　$\underset{CH_3}{|}$

2. $\underset{H_3C}{\overset{H}{>}}C=C\underset{CH_3}{\overset{CH_2CH_3}{<}}$

3. $CH_3CH=CCH_2CH_3$
　　　　　　　$\underset{CH_2CH_3}{|}$

4. $CH_3CHCH=CHCH_2CH_3$
　　　$\underset{CH_3}{|}$

5. 2-甲基戊烯

6. 2,3-二甲基-1-戊烯

7. 顺-4-甲基-2-戊烯

8.（Z）-3-甲基-4-异丙基-3-庚烯

四、写出下列方程式的主要产物

1. $CH_3CH_2C=CH_2 + HCl \longrightarrow$
　　　　$\underset{CH_3}{|}$

2. $CH_3CH_2C=CHCH_3 \xrightarrow[H^+]{KMnO_4}$
　　　　$\underset{CH_3}{|}$

3. $CH_3CH_2C=CH_2 + Br_2 \longrightarrow$
　　　　$\underset{CH_3}{|}$

4. $CH_3CH{=}CH_2 + HBr \xrightarrow{\text{过氧化物}}$

五、鉴别

试写出鉴别乙烷和乙烯的两种化学方法。

六、推测结构

1. 分子式为 C_6H_{12} 的三种化合物 A、B、C，三者都能使酸性高锰酸钾溶液褪色，经加氢后都生成 3-甲基戊烷；三种化合物中只有 A 有顺反异构体；A 和 C 与 HBr 加成主要得到同一化合物 D；试推测 A、B、C、D 的结构简式并命名。

2. 某烯烃的分子式为 $C_{10}H_{20}$，经臭氧氧化、水解后得到 $CH_3COCH_2CH_2CH_3$，推导该烯烃的结构式。

第四章　炔烃和二烯烃

📧 学习目标

知识目标：

1. 掌握炔烃和二烯烃的命名方法和主要化学性质。
2. 熟悉炔烃和二烯烃的定义、结构和同分异构。
3. 了解医药中常见的炔烃和二烯烃。

能力目标：

1. 能熟练地命名炔烃和二烯烃。
2. 能运用化学方法鉴别炔烃和二烯烃。
3. 会书写有关反应的反应方程式。

素质目标：

1. 培养敬业、诚信的社会主义核心价值观。
2. 培养学生的规范操作意识和严谨的工作态度。

🌱 案例分析

维生素 A 的功能

案例

维生素 A 含量比较丰富的食物有很多，首先是肉类食物，比如动物肝脏、牛奶、鸡蛋。其次，坚果类的食物，比如花生、夏威夷果等，再者是蔬菜类的食物，比如辣椒、洋葱、胡萝卜、西兰花等。最后是水果类的食物，比如红色的番茄以及樱桃等。对孕妈妈来说，缺乏维生素 A 会导致干眼症、夜盲症、皮肤干燥，严重者会导致胎儿宫内发育迟缓、低出生体重儿、早产等。

分析

维生素 A 的主要作用是维持正常视觉功能、细胞生长和分化、维护皮肤和机体保护层（如肺、肠道等）、提高免疫、抗氧化、抑制肿瘤生长。β-胡萝卜素在进入人体后可转换为维生素 A。

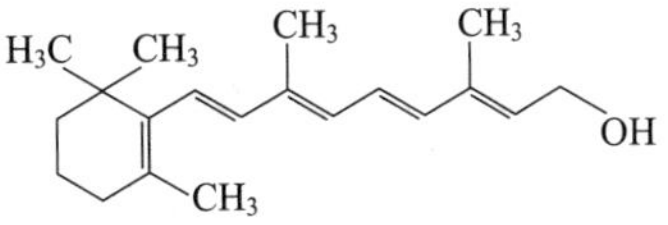

维生素A

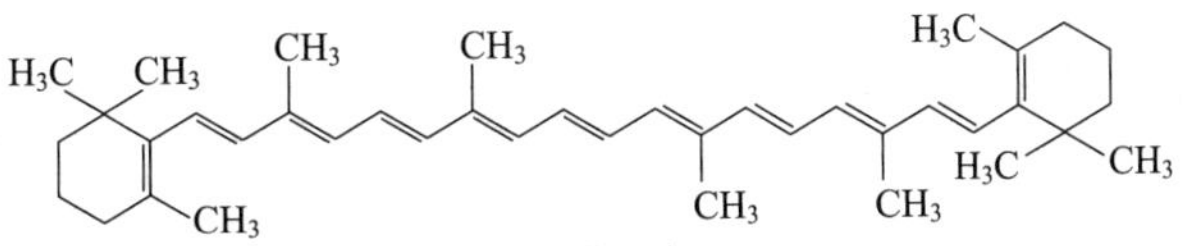

β-胡萝卜素

胡萝卜素有α、β、γ3种异构体，其中β-胡萝卜素的活性最高，摄入人体消化器官后，可以转化成维生素A。维生素A、β-胡萝卜素的结构中存在多个共轭双键，为天然的共轭多烯。

第一节　炔烃

分子中含有碳碳三键（—C≡C—）的烃称为炔烃，单炔烃的分子通式为 C_nH_{2n-2}（$n \geqslant 2$）。

一、炔烃的分子结构

乙炔是最简单的炔烃，乙炔分子中的四个原子均在同一直线上，为直线形分子。如图 4-1 所示。

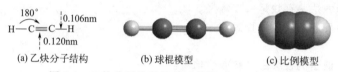

(a) 乙炔分子结构　　(b) 球棍模型　　(c) 比例模型

图 4-1　乙炔分子的结构、球棍模型及比例模型

乙炔分子中两个碳原子采取 sp 杂化，形成两个等同的 sp 杂化轨道，这两个杂化轨道呈 180°夹角同处一条直线上。两个碳原子各以 sp 杂化轨道沿对称轴重叠形成 C—C σ 键，同时两个碳原子的另一个 sp 杂化轨道又各与一个氢原子的 1s 轨道形成 C—H σ 键。所以分子中的四个原子同在一条直线上，如图 4-2 所示。

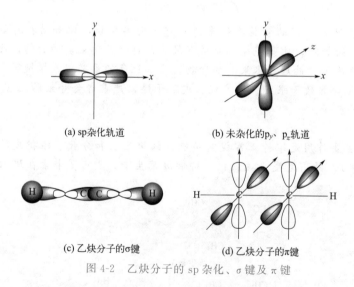

(a) sp杂化轨道　　　　　　(b) 未杂化的p_y、p_z轨道

(c) 乙炔分子的σ键　　　　(d) 乙炔分子的π键

图 4-2　乙炔分子的 sp 杂化、σ 键及 π 键

另外，每个 sp 杂化的碳原子还各有两个未杂化且相互垂直的 p 轨道（$2p_y$、$2p_z$），其对称轴两两平行，从侧面相互重叠形成两个互相垂直的 π 键。两个 π 键的电子云对称地分布在 C—C σ键的周围。

炔烃分子中的碳碳三键（—C≡C—）一般以三条短横线表示，但其并不是简单的三个 σ

单键之和，而是由一个 σ 键和两个 π 键所组成。

炔烃的结构和命名

二、炔烃同分异构现象和命名

（一）炔烃的异构现象

由于碳碳三键的几何形状为直线形，所以炔烃无顺反异构体，与相同碳原子的烯烃相比，同分异构体数目较少。其异构体主要是由三键的位置异构和碳链异构而产生的。例如：

丁炔有两种位置异构体：

$$H-C\equiv C-CH_2CH_3 \qquad H_3C-C\equiv C-CH_3$$

戊炔有三种异构体：

$$H-C\equiv C-CH_2CH_3 \qquad H_3C-C\equiv C-CH_2CH_3 \qquad H-C\equiv C-\underset{\underset{CH_3}{|}}{C}HCH_3$$

（二）炔烃的命名

炔烃的系统命名法与烯烃相似，只需将"烯"改为"炔"。例如：

$$HC\equiv CCHCH_2CH_3 \qquad HC\equiv C-\underset{\underset{CH_3}{|}}{C}HCH_3 \qquad CH_3CH\equiv CCH_2CH_3$$

1-戊炔　　　　　　　　3-甲基-1-丁炔　　　　　　2-甲基-3-己炔

当分子中同时存在双键和三键时，命名时先选出含双键和三键的最长碳链为主链，称作"某烯炔"，然后对主链上碳原子进行编号。编号从靠近双键或三键的一端开始，并以双键在前，三键在后的原则命名。如果双键和三键距离碳链末端的位置相同，则从靠近双键的一端开始编号。例如：

$$CH_3CH\equiv CH-C\equiv CH \qquad CH_2\equiv CH-CH_2-C\equiv CH$$

3-戊烯-1-炔　　　　　　　　　　1-戊烯-4-炔

对于某些复杂的炔烃，有时也将分子中三键结构部分作为取代基来命名。炔烃分子中失掉一个氢原子余下的基团称为炔基。常见的炔基有：

$$HC\equiv C- \qquad CH_3C\equiv C- \qquad HC\equiv CCH_2-$$

乙炔基　　　　　　　　丙炔基　　　　　　　　炔丙基

🌱 案例分析

2022 年 5 月 9 日下午，黑龙江省某市委宣传部向新闻媒体通报，9 日 10 时 10 分，肇东市应急管理局接到黑龙江某锅炉辅机有限公司报告称，在锅炉辅机总装车间内发生爆炸，导致 2 人死亡，1 人受伤送往医院救治。工作人员称，是车间的乙炔气瓶爆炸。

分析： 1. 乙炔气体属于易燃易爆物质，使用、储存及运输时均应小心谨慎，避免接触明火或剧烈震动。

2. 炔烃化合物结构中含有碳碳三键，性质活泼。

三、炔烃的性质

（一）炔烃的物理性质

炔烃的物理性质与烷烃、烯烃相似。随着分子量的增加，炔烃的性质也呈现规律性的变化。

1. 物质状态

乙炔、丙炔和1-丁炔在常温常压下为气体，2-丁炔及5个碳原子以上的低级炔烃为液体，高级炔烃为固体。

2. 熔点和沸点

炔烃的沸点、熔点、相对密度随分子量的增加而升高。由于炔烃分子较短小、细长，在液态和固态中，分子可以彼此很靠近，分子间的范德华力很强，故其熔、沸点比相应的烷烃、烯烃高一些。

3. 溶解度

炔烃分子极性比烯烃略强，难溶于水，炔烃在水中的溶解度比烯烃、烷烃稍大。乙炔、丙炔、1-丁炔属弱极性，三键在链端极性较低。炔烃易溶于氯仿、乙醚、四氯化碳、丙酮和苯等有机溶剂。

4. 相对密度

炔烃的相对密度都小于1，比水轻，相同碳原子数的烃的相对密度：炔烃＞烯烃＞烷烃。

（二）炔烃的化学性质

炔烃分子中由于有π键的存在，所以可以发生与烯烃相似的亲电加成、氧化、聚合等反应。碳碳三键的p轨道重叠程度比碳碳双键的p轨道重叠程度大，碳碳三键π电子与碳原子结合得更紧密，不易被极化。所以碳碳三键没有碳碳双键活泼。此外，炔氢（直接连接在三键碳原子上的氢）具有微弱的酸性，炔烃还可以发生亲核加成反应。

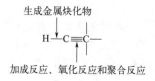

1. 加成反应

炔烃与烯烃一样能与氢气、卤素、卤化氢、水等试剂发生加成反应，反应分步进行并遵循马氏规则。

（1）催化加氢　在Pt、Ni、Pd等催化剂作用下，炔烃能与两分子氢发生加成反应，生成相应的烯烃或烷烃。炔烃的催化氢化反应分两步进行，首先加氢生成烯烃，继续加氢生成烷烃。反应通常不能停留在生成烯烃的一步，而是直接生成烷烃。如：

炔烃的加成反应

$$R—C≡C—R' + 2H_2 \xrightarrow{\text{Pt 或 Ni}} R—CH_2CH_2—R'$$

若使用活性较低的催化剂，如林德拉（Lindlar）催化剂（Pd-BaSO$_4$/喹啉），则可实现部分加氢，使炔烃的催化加氢停留在生成烯烃阶段，得到顺式烯烃。

$$R—C≡C—R' + H_2 \xrightarrow{\text{Lindlar}} \underset{H}{\overset{R}{\diagdown}} C= C \underset{H}{\overset{R'}{\diagup}}$$

（2）加卤素　炔烃可以和卤素发生加成反应，较常见的为炔烃与氯和溴的加成。反应分两步进行，先加一分子卤素生成二卤代烯，继续加成得到四卤代烷。例如：

$$R—C≡C—R' + Br_2 \longrightarrow \underset{Br}{\overset{}{R—C}}=\underset{Br}{\overset{}{C—R'}} \xrightarrow{Br_2} \underset{Br\ Br}{\overset{Br\ Br}{R—C—C—R'}}$$

炔烃与溴加成，使溴的颜色褪去，由于碳碳三键的活性没有碳碳双键强，所以炔烃的加成反应比较慢，常常需要几分钟才能使溴的颜色褪去，可利用这一性质来区别烯烃和炔烃。

（3）加卤化氢　炔烃和卤化氢的加成反应也是分两步进行，首先与一分子卤化氢加成生成卤代烯，继续加成生成二卤代烷。炔烃与氯化氢的加成反应在常温常压下较为困难，因为氯化氢的反应活性较小，需在催化剂存在下才能进行。若用溴化氢加成，则在暗处即能反应。卤化氢与炔烃的反应活性顺序：$HI > HBr > HCl$。

$$R-C\equiv C-R' + HBr \longrightarrow R-\underset{\underset{Br}{|}}{C}=CH-R' \xrightarrow{HBr} R-\underset{\underset{Br}{\overset{Br}{|}}}{C}-\underset{\underset{H}{\overset{H}{|}}}{C}-R'$$

与烯烃一样，炔烃与卤化氢加成反应的产物遵循马氏规则。若存在过氧化物，则生成反马规则产物。

（4）加水　炔烃直接水合较困难，一般在汞盐作催化剂的酸溶液中，乙炔可以比较顺利地与水进行加成反应。例如乙炔在10％硫酸和5％硫酸汞的水溶液中发生加成反应，最终生成乙醛。

$$HC\equiv CH + H_2O \xrightarrow[H_2SO_4]{HgSO_4} \left[\begin{array}{c} H-O:\\ CH_2=CH \end{array} \right] \longrightarrow CH_3-\overset{\overset{O}{\|}}{C}H$$

$$HC\equiv CR + H_2O \xrightarrow[H_2SO_4]{HgSO_4} \left[\begin{array}{c} H-O:\\ CH_2=C-R \end{array} \right] \longrightarrow CH_3-\overset{\overset{O}{\|}}{C}-R$$

该反应相当于三键先与水加成，生成一个不稳定的加成产物——烯醇，由于烯醇中羟基直接和双键碳原子相连不稳定，会很快发生结构重排，形成稳定的羰基化合物。烯醇式结构和酮式结构二者可以互变，同时又处在一个动态平衡体系之中，像这种处在动态平衡体系中的官能团异构体，称为互变异构体，这种现象叫作互变异构现象。互变异构是构造异构中的一种特殊形式。上述烯醇式和酮式互变异构，可简单表示为：

$$-\underset{|}{\overset{|}{C}}=\underset{|}{\overset{|}{C}}-OH \rightleftharpoons -\underset{|}{\overset{|}{C}}-\underset{\underset{H}{|}}{\overset{|}{C}}-O$$

烯醇式　　　　　　酮式

不对称炔烃的催化加水反应，也遵循马氏规则，所以除乙炔加水得乙醛外，其他炔烃和水的加成产物都是酮，端基炔烃催化加水得到甲基酮。

2. 氧化反应

炔烃能被高锰酸钾、重铬酸钾、臭氧等氧化剂氧化，在碳链的三键处断裂，生成相应的羧酸和二氧化碳。例如：

$$RC\equiv CR' \xrightarrow[H^+]{KMnO_4} RCOOH + R'COOH$$

$$RC\equiv CH \xrightarrow[H^+]{KMnO_4} RCOOH + CO_2$$

若三键碳原子上有一个氢原子，则氧化断键后得到的产物是二氧化碳，若碳碳三键碳原子上没有氢原子，则氧化后得相应的羧酸。因此可以根据炔烃氧化的产物推断炔烃的结构。炔烃能使酸性的高锰酸钾溶液褪色，利用高锰酸钾溶液颜色变化，可以定性检查三键的存在，但应与烯烃的存在区别开。

3. 聚合反应

与烯烃相比，炔烃难以聚合形成高分子化合物，但在不同催化剂存在下，可以发生二聚或三聚反应生成链状或环状的低聚化合物。例如：

$$HC\!\equiv\!CH \xrightarrow[\text{NH}_4\text{Cl}]{\text{Cu}_2\text{Cl}_2} HC\!\equiv\!C\!-\!CH\!=\!CH_2$$

1-丁烯-3-炔

$$3HC\!\equiv\!CH \xrightarrow[\text{高温、高压}]{\text{催化剂}} \bigcirc$$

苯

4. 端基炔氢反应

乙炔和具有端基炔（$RC\!\equiv\!H$）结构特征的炔烃中，有氢原子直接与碳碳三键相连，该氢原子称为炔氢。由于碳碳三键碳原子的 sp 杂化，s 成分较高，电子云靠近碳原子核，使三键碳原子电负性较大，使 C—H 键的成键电子更靠近碳原子，成为弱极性共价键，炔氢原子带有部分正电荷，当遇到某些强碱性试剂时，炔氢能表现一定酸性而发生反应。

（1）与碱金属反应　乙炔和具有端基炔（$RC\!\equiv\!H$）结构的炔烃与强碱氨基钠反应生成炔化钠。

$$HC\!\equiv\!CH \xrightarrow[\text{NH}_3]{\text{NaNH}_2} HC\!\equiv\!CNa \xrightarrow[\text{NH}_3]{\text{NaNH}_2} NaC\!\equiv\!CNa$$

乙炔钠　　　　　　乙炔二钠

$$RC\!\equiv\!CH \xrightarrow[\text{NH}_3]{\text{NaNH}_2} RC\!\equiv\!CNa$$

炔化钠

炔化钠性质活泼，是非常有用的有机合成中间体，可与卤代烷反应，合成高级炔烃。例如：

$$RC\!\equiv\!CNa + R'X \longrightarrow RC\!\equiv\!CR'$$

（2）与重金属反应　将乙炔或端基炔加入硝酸银或氯化亚铜的氨溶液中，立即有炔化银的白色沉淀或炔化亚铜的棕红色沉淀生成。

$$RC\!\equiv\!CH + [Ag(NH_3)_2]^+ \longrightarrow RC\!\equiv\!CAg\!\downarrow$$

炔化银，白色

$$RC\!\equiv\!CH + [Cu(NH_3)_2]^+ \longrightarrow RC\!\equiv\!CCu\!\downarrow$$

炔化亚铜，棕红色

炔烃的其他反应

反应很灵敏且现象明显，可用于乙炔和端炔烃的鉴定。炔化银、炔化亚铜在干燥状态或震动时容易爆炸，实验后应立即用盐酸或硝酸分解处理。

重金属炔化物用硝酸或盐酸处理后，可生成原来的炔烃，所以也是用作分离和纯化端基炔烃的一种方法。

🌳 **课堂讨论**

　　1. 写出 6 个碳原子的炔烃 C_6H_{10} 的同分异构体，并命名。
　　2. 用化学方法鉴别乙烷、乙烯和乙炔。

四、重要的炔烃

　　乙炔（acetylene），分子式 C_2H_2，俗称电石气。在常温常压下为无色气体，熔点 $-80.8\,℃$，沸点 $-84\,℃$，纯净的乙炔没有气味，但是在有杂质时有大蒜气味。密度比空气轻，能与空气形成爆炸性混合物，极易燃烧和爆炸，微溶于水，溶于乙醇、丙酮、苯、乙醚等。

乙炔化学性质很活泼，能发生加成、氧化、聚合及金属取代等反应。

乙炔是重要的基本有机化工原料之一，从乙炔出发可以合成数千种化合物。乙炔及其衍生物在合成塑料、合成纤维、合成橡胶、医药、农药、染料、香料、溶剂、黏合剂、表面活性剂以及有机导体和半导体等许多工业领域有广泛的用途，特别是烧焊金属方面。

乙炔具有弱麻醉作用。吸入高浓度乙炔时，初期兴奋、多语、哭笑不安，后出现眩晕、头痛、恶心、呕吐、共济失调、嗜睡；严重者昏迷、紫绀、瞳孔对光反应消失、脉弱而不齐。当混有磷化氢、硫化氢时，毒性增大。

🌐 科技前沿

聚苯乙炔及其衍生物的合成

北京大学化学与分子工程学院某课题组报道了一种独特的两亲性均聚物组装策略。所合成的聚苯乙炔均聚物具有疏水性和亲水性的两种树枝状侧链，采取类似 DNA 的双螺旋构象。通过成核和外延生长过程，在 THF/EtOH 混合溶剂中形成了规整的六方纳米片。刚性聚苯乙炔螺旋链沿六方片层法线方向取向，层内六方有序堆积。改变二元溶剂的组成可以在纳米到微米尺度范围内调控纳米片的尺寸，而单层纳米片的厚度则与分子量呈线性相关。具有紧密 cis-cisoid 螺旋构象的聚苯乙炔均聚物还可以通过组装体生长，显著提升聚合物的圆偏振发光性能，不对称因子高达 0.1。该工作以 "2D Hexagonal Assemblies of Amphiphilic Double Helical Poly（phenylacetylene）Homopolymers with Enhanced Circularly Polarized Luminescence and Chiral Self-Sorting" 为题发表在 Angew. Chem. Int. Ed 上（Angew. Chem. Int. Ed. 2022，61，e202214293）。此项工作得到了国家自然科学基金、北京分子科学国家研究中心的资助。该工作是该团队近期关于螺旋聚苯乙炔的合成和功能化研究的最新进展之一。聚苯乙炔衍生物是一类重要的共轭螺旋高分子，具有丰富可调的动态螺旋构象以及优异的光电性能，其在分子识别传感、对映体拆分、不对称催化、手性液晶以及圆偏振发光等领域具有良好应用前景。

第二节　二烯烃

二烯烃是指分子中含有两个碳碳双键的不饱和烃，又称双烯烃。它与同数碳原子的炔烃互为同分异构体，开链的二烯烃通式是 C_nH_{2n-2}（$n \geq 3$）。

一、二烯烃的分类和命名

1. 二烯烃的分类

二烯烃分子中的两个碳碳双键的位置和他们的性质关系密切。根据两个双键的相对位置不同，二烯烃可以分为聚集二烯烃、隔离二烯烃和共轭二烯烃三类。

（1）聚集二烯烃　两个双键共用一个碳原子，即双键聚集在一起的，叫作聚集二烯烃，又叫累积二烯烃，如丙二烯 $H_2C{=}C{=}CH_2$，此类二烯烃性质不稳定，一般较少见。其骨架为：

$$\diagdown C{=}C{=}C\diagdown$$

聚集二烯烃

（2）隔离二烯烃　隔离二烯烃又称孤立二烯烃，指分子中两个双键间隔两个或两个以上单键的二烯烃。例如，1,4-戊二烯 $CH_2=CH-CH_2-CH=CH_2$，这类二烯烃两个双键距离较远，可看作独立的双键，其性质和一般烯烃相似。其骨架为：

$$C=C-C\underset{n}{\underbrace{}}C=C$$

隔离二烯烃（$n \geqslant 1$）

🌐 **科技前沿**

间隔二烯的合成

间隔二烯（1,4-二烯烃）不仅是多种有机转化中的重要中间体，而且广泛存在于生物碱、脂肪酸、萜类等天然产物分子中。化学家们开发了一系列方法来合成这类化合物，但获得结构多样、高区域选择性间隔二烯胺仍是当今有机合成化学家面临的一大难题。发展温和条件下合成高化学选择性和高区域选择性的烯丙位氨基化的间隔二烯结构新方法意义重大。近日，上海交通大学某教授团队长期致力于丰产金属催化体系研究，特别是丰产金属催化的交叉偶联反应研究，他们设想使用丰产金属镍和多功能烯基硼酸协同催化，在温和的条件下通过乙烯基氮杂环丙烷的高区域、(E)-立体和直链选择性 S'_{N2} 型开环偶联，实现结构多样间隔二烯胺的合成。该课题组在该研究领域取得了新进展，相关研究成果发表在 Chin. J. Chem.（DOI：10.1002/cjoc.202300313）。

（3）**共轭二烯烃**　两双键中间隔一单键，即单、双键交替排列的，叫作共轭二烯烃，例如 1,3-丁二烯 $CH_2=CH-CH=CH_2$，是最简单的共轭二烯烃，该化合物是一类重要的烯烃，具有特殊的结构和性质。其骨架为：

$$C=C-C=C$$

共轭二烯烃

具有聚集二烯骨架的化合物数目不多，性质不稳，制备困难，没有实际应用价值。隔离二烯烃中的两个双键相隔较远，影响甚小，各自呈现单烯烃的通性。共轭二烯烃中的两个双键相互影响明显，使其具有单烯烃的通性外还具有某些独特的性质，是二烯烃中最重要的一类，本节重点讨论此类烯烃。

2. 二烯烃的命名

二烯烃的系统命名原则与烯烃相似，首先选择包括两个双键的最长碳链为主链，根据主链上碳原子数目称为"某二烯"。从靠近碳碳双键的一端开始编号，将两个双键的位次标示于某二烯之前，由小到大排列，并用逗号隔开。命名时将取代基位次及名称写在前，某二烯名称及位次写在后。例如：

$$CH_2=\underset{\underset{CH_3}{|}}{C}-CH=CH_2$$

2-甲基-1,3-丁二烯

$$CH_2=\underset{\underset{CH_3}{|}}{C}-\underset{\underset{C_2H_5}{|}}{C}-CH=CH_2$$

2-甲基-3-乙基-1,4-戊二烯

当二烯烃的双键两端连接的原子或基团各不相同时，也存在顺反异构现象。而且由于两个双键的存在，异构现象比单烯烃更复杂，命名时要逐个标明每一个双键的构型。例如：

($2Z,4E$)-3-甲基-2,4-己二烯

($2E,4E$)-2,4-庚二烯

二烯烃的分类、命名及结构

二、共轭二烯烃的结构和共轭效应

（一）共轭二烯烃的结构

1,3-丁二烯是最简单的共轭二烯烃，其结构如图 4-3 所示。近代实验方法测定结果表明，它是一个平面分子，分子中三个 C—Cσ 键和六个碳氢键均在同一平面内，所有键角都接近 120°。

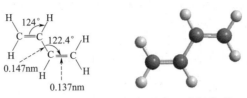

图 4-3　1,3-丁二烯的平面结构和球棍模型

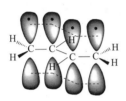

图 4-4　1,3-丁二烯的共轭 π 键

1,3-丁二烯分子中四个碳原子均是 sp^2 杂化，相邻碳原子之间以 sp^2 杂化轨道沿键轴方向重叠形成三个 C—Cσ 键，每个碳原子上剩余的 sp^2 杂化轨道分别与氢原子的 1s 轨道重叠形成六个 C—Hσ 键，分子中所有原子在同一平面上。每个碳原子未杂化的 p 轨道垂直于 σ 键骨架所在平面且互相平行，从侧面互相重叠。分别在 C_1 和 C_2 及 C_3 和 C_4 之间形成两个 π 键。由于两个 π 键离得很近，C_2 与 C_3 之间的 p 轨道也发生了一定程度的重叠，也具有 π 键的性质。中间两个碳原子（C_2 和 C_3）的 p 轨道重叠的结果是把整个键体系连成了一片，常被说成是形成了一个大 π 键或称离域大 π 键。如图 4-4 所示。

这样原来分别定域于 C_1 和 C_2 之间以及 C_3 和 C_4 之间的两对 π 电子，不再局限于两个相邻原子之间，而是发生了离域，在整个共轭的大 π 键体系中运动。每一对 π 电子不只被两个碳原子核所吸引而是被四个碳原子核所吸引，电子有了更大的活动空间。

（二）共轭效应

在不饱和化合物中，如果有三个或三个以上互相平行的 p 轨道形成离域大 π 键，这种体系称为共轭体系。

在共轭体系中，π 电子扩展到整个体系的现象称为电子离域。由于电子离域，使能量降低、分子趋于稳定、键长趋于平均化、在受到外电场影响时电子云的分布沿着碳链出现交替极化现象等被称为共轭效应，常用符号"C"表示。共轭体系的结构特征是共轭体系内各个 σ 键都在同一平面内，参加共轭的 p 轨道互相平行且垂直于这个平面，相邻 p 轨道侧面重叠，发生电子离域。若 p 轨道平行不好，不能有效地侧面重叠，共轭效应随之减弱或完全消失。需要强调的是共轭效应存在于整个共轭体系之中。

共轭体系大致上可以分为 π-π 共轭体系（如 1,3-丁二烯、苯），p-π 共轭体系（如苯酚、氯乙烯），σ-π、σ-p 超共轭体系（如丙烯、甲苯）三类。

共轭体系和共轭效应

三、共轭二烯烃的性质

（一）物理性质

共轭二烯烃的物理性质和烷烃、烯烃相似。低级的共轭二烯烃为气体，例如 1,3-丁二烯为气体，沸点 −4℃。高级的共轭二烯烃为液体。均不易溶于水，易溶于有机溶剂。

（二）化学性质

共轭二烯烃除具有单烯烃碳碳双键的性质（如能发生加成、氧化、聚合等反应）外，由于两个双键处于共轭状态，还表现出一些特殊的化学性质。

1. 1,2-加成和 1,4-加成

与烯烃一样，共轭二烯烃能与卤素、卤化氢等发生亲电加成反应，也能进行催化加氢反应。但 1,3-丁二烯与一分子试剂加成时，可生成两种产物。例如，1,3-丁二烯与溴或溴化氢加成，可得到 1,2-加成产物和 1,4-加成产物。

$$CH_2\!=\!CH\!-\!CH\!=\!CH_2$$

Br₂ 路径：
$$CH_2\!-\!CH\!-\!CH\!=\!CH_2 \ (\underset{Br}{\ }\underset{Br}{\ }) \quad + \quad CH_2\!-\!CH\!=\!CH\!-\!CH_2 \ (\underset{Br}{\ }\ \underset{Br}{\ })$$

1,2-加成产物 　　　　1,4-加成产物

HBr 路径：
$$CH_3\!-\!CH\!-\!CH\!=\!CH_2 \ (\underset{Br}{\ }) \quad + \quad CH_3\!-\!CH\!=\!CH\!-\!CH_2 \ (\underset{Br}{\ })$$

1,2-加成产物 　　　　1,4-加成产物

🌿 知识拓展

1,3-丁二烯与 HBr 的加成反应机理

从 1,3-丁二烯与 HBr 的加成反应历程可知，第一步亲电试剂 H^+ 进攻 π 键，H^+ 优先加到共轭碳链末端的碳原子，生成比较稳定的烯丙基型碳正离子：

$$CH_2\!=\!CH\!-\!CH\!=\!CH_2 \ + \ H^+ \longrightarrow CH_2\!=\!CH\!-\!\overset{+}{C}H\!-\!CH_3$$

烯丙基型碳正离子中间体

正电荷较为分散的烯丙基碳正离子，由于 p-π 共轭的交替极化，正电荷主要分布在共轭体系两端的两个碳原子（即 C2 和 C4）上：

$$\left[CH_3\!-\!\overset{+}{C}H\!=\!CH\!-\!\overset{+}{C}H_2 \longleftrightarrow CH_2\!=\!CH\!-\!\overset{+}{C}H_2\!-\!CH_3 \right] \equiv CH_3\overset{\delta^+}{C}H\!=\!CH\!=\!\overset{\delta^+}{C}H_2$$

共振式 　　　　　　　　　　　　　　共振杂化体

所以反应中间体为第二步负离子的亲核进攻提供了两个反应点，即 Br^- 既可与 C2 结合，也可与 C4 结合，因此形成了 1,2-加成和 1,4-加成的混合产物：

$$CH_3\overset{\delta^+}{C}H\!=\!CH\!=\!\overset{\delta^+}{C}H_2 + HBr \longrightarrow$$

共振杂化体

$$CH_3\!-\!CH\!-\!CH\!=\!CH_2 \ (\underset{Br}{\ })$$
1,2-加成产物

$$CH_3\!-\!CH\!=\!CH\!-\!CH_2 \ (\underset{Br}{\ })$$
1,4-加成产物

1,2-加成产物和 1,4-加成产物的比例取决于反应物的结构、产物的稳定性以及反应条件。在低温下，非极性溶剂中以 1,2-加成产物为主。在较高温度下，极性溶剂中以 1,4-加成产物为主。1,4-加成又称共轭加成，是共轭二烯烃的特殊反应。

$$CH_2=CH-CH=CH_2 + HBr$$

40℃ 极性溶剂 → $CH_3-CH-CH=CH_2$ (Br) 1,2-加成产物 20% + $CH_3-CH=CH-CH_2$ (Br) 1,4-加成产物 80%

-80℃ 非极性溶剂 → $CH_3-CH-CH=CH_2$ (Br) 1,2-加成产物 80% + $CH_3-CH=CH-CH_2$ (Br) 1,4-加成产物 20%

2. 双烯合成

共轭二烯烃及其衍生物与含有碳碳双键、三键等不饱和化合物进行1,4-加成生成具有六元环状化合物的反应，称为双烯合成反应，亦称狄尔斯-阿尔德（Diels-Alder）反应。这是共轭二烯烃的特有反应，是合成六元环状化合物的重要方法。通常把双烯合成反应中的共轭二烯烃称作双烯体，与其进行反应的不饱和化合物称作亲双烯体。

$$\text{(丁二烯)} + CH_2=CH_2 \xrightarrow[\text{高压}]{200\sim300℃} \text{环己烯}$$

简单的1,3-丁二烯与乙烯进行的双烯合成产率较低。但具有给电子基团的双烯体和具有吸电子基团的亲双烯体的反应则较易进行。例如：

$$\text{(双烯)} + \text{(CHO)} \xrightarrow{100℃} \text{(CHO)}$$

共轭二烯烃
的特征反应

$$\text{(双烯)} + \text{(顺丁烯二酸酐)} \xrightarrow[\text{苯}]{100℃} \text{(产物)}$$

双烯合成反应经过一个环状过渡态形成产物，反应是一步完成的，没有活性中间体生成，旧键的断裂和新键的形成同时进行。双烯体或亲双烯体的不饱和碳原子换成杂原子（如氧、硫、氮），仍能进行双烯加成，这也是合成杂环化合物的一个重要方法。

📖 化学史话

狄尔斯-阿尔德（Diels-Alder）反应

1921年，狄尔斯和其研究生巴克（Back）研究偶氮二羧酸乙酯（半个世纪后因光延反应而在有机合成中大放光芒的试剂）与胺发生的酯变胺的反应，当他们用2-萘胺做反应的时候，根据元素分析，得到的产物是一个加成物而不是期待的取代物。狄尔斯敏锐地意识到这个反应与十几年前阿尔布莱希特做过的古怪反应的共同之处。这使他开始以为产物是类似阿尔布莱希特提出的双键加成产物。狄尔斯很自然地仿造阿尔布莱希特用环戊二烯替代萘胺与偶氮二羧酸乙酯作用，结果又得到第三种加成物。通过计量加氢实验，狄尔斯发现加成物中只含有一个双键。如果产物的结构是如阿尔布莱希特提出的，那么势必要有两个双键才对。这个现象深深地吸引了狄尔斯，他与另一个研究生阿尔德一起提出了正确的双烯加成物的结构。1928年他们将结果发表。这标志着狄尔斯-阿尔德反应的正式发现。从此狄尔斯、阿尔德两个名字开始在化学史上闪闪发光。

四、重要的共轭二烯烃

1,3-丁二烯（1,3-butadiene），最简单的共轭二烯烃。分子式 $CH_2=CH-CH=CH_2$。分子中的两个碳碳双键被一个单键隔开。具有微弱芳香气味的无色气体，易液化。常压下为无色气体，熔点 $-108.9℃$，沸点 $-4.4℃$。溶于醇和醚，也可溶于丙酮、苯、二氯乙烷、醋酸戊酯和糠醛、醋酸铜氨溶液中。不溶于水。

在合成橡胶方面，用于生产丁苯橡胶、顺丁橡胶、乙丙橡胶、丁腈橡胶、氯丁橡胶、丁苯胶乳等；在合成树脂方面，用于生产 ABS、BS、SBS、MBS、环氧化聚丁二烯树脂、液体丁二烯齐聚物等；在有机化工生产中，用于合成环丁砜、1,4-丁二醇、己二腈、合成蒽醌、1,4-己二烯、环辛二烯、环十二碳三烯等。

1,3-丁二烯毒性较小，其毒性与乙烯类似，但对皮肤和黏膜的刺激较强，高浓度时有麻醉作用。液态丁二烯因低温可造成冻伤。丁二烯在贮存中易聚合，主要由于容器中存在空气以致生成过氧化物。较长时间贮存及运输时，为防止其自动聚合，需考虑加入一定量的阻聚剂。加入阻聚剂的丁二烯在使用前必须进行酸洗（无机酸）脱除阻聚剂。

▶ 学习小结

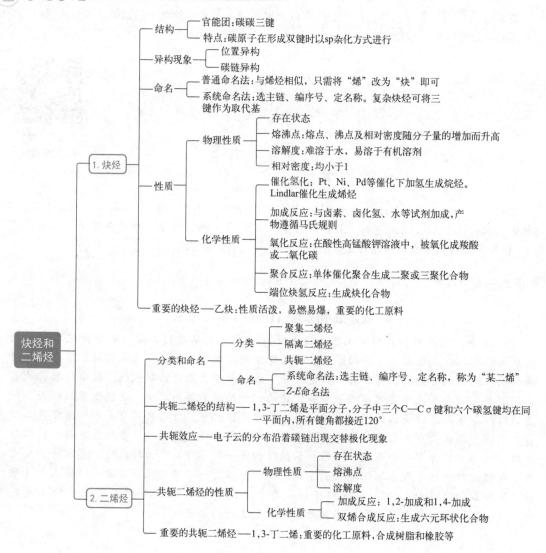

课后习题

一、名词解释

1. 共轭二烯烃

2. 炔烃

3. 共轭效应

4. 亲双烯体

二、单项选择题

1. 所有碳原子处于同一平面的分子是（　　）。

A. $CH_3CH=CHCH_2CH_3$　　　　　　B. $CH_2=CHC\equiv CH$

C. $CH_2=CHCH_2CH_3$　　　　　　　D. ⬡—CH_2CH_3

2. 室温下能与硝酸银的氨溶液作用生成白色沉淀的是（　　）。

A. $CH_3CH_2CH_3$　　　B. $CH_3CH=CH_2$　　　C. $CH_3C\equiv CH$　　　D. $CH_3C\equiv CCH_3$

3. 下列物质中，与乙炔不发生加成反应的是（　　）。

A. H_2O　　　　　B. Br_2　　　　　C. HBr　　　　　D. O_2

4. 下列说法中错误的是（　　）。

A. 乙炔是无色无嗅的气体　　　　　　B. 乙炔分子是直线形结构

C. 乙炔化学性质活泼　　　　　　　　D. 乙炔与溴化氢的加成产物为1,2-二溴乙烷

5. 下列化合物能与银氨溶液反应，产生白色沉淀的是（　　）。

A. 1,3-丁二烯　　B. 1-丁烯　　　　　3. 1-丁炔　　　　D. 2-丁炔

6. 下列化合物不能使高锰酸钾溶液褪色的是（　　）。

A. 4-甲基-2-戊炔　　B. 3-甲基己烷　　　C. 环己烯　　　　D. 甲基环己烯

7. 下列化合物被酸性高锰酸钾氧化，生成的产物全是酸的是（　　）。

A. 1-戊炔　　　　B. 2-戊炔　　　　　C. 1-戊烯　　　　D. 2-甲基-2-戊烯

8. 下列物质中，不属于烃类的是（　　）。

A. 丙烷　　　　　B. 丁烯　　　　　　C. 乙炔　　　　　D. 氯仿

9. 下列化合物加氢后不可能得到2-甲基丁烷的是（　　）。

A. 3-甲基-1-戊炔　　　　　　　　　　B. 3-甲基-1-丁烯

C. 3-甲基-1-丁炔　　　　　　　　　　D. 2-甲基-2-丁烯

10. 下列化合物被酸性高锰酸钾氧化，能生成酮的是（　　）。

A. 2-戊炔　　　　　　　　　　　　　B. 1-丁烯

C. 3-甲基环己烯　　　　　　　　　　D. 3-甲基-2-戊烯

11. 结构简式为 $CH_3C(CH_3)_2C\equiv CH$ 的化合物的名称为（　　）。

A. 3,3-二甲基-1-丁炔　　　　　　　　B. 3,3-二甲基-3-丁炔

C. 2,2-二甲基-1-丁炔　　　　　　　　D. 2,2-二甲基-3-丁炔

12. 化合物 $CH_2=CH—CH=CH—CH_3$ 分子中存在（　　）。

A. π-π 共轭效应　　　　　　　　　　B. p-π 共轭效应

C. σ-π 超共轭效应　　　　　　　　　D. σ-p 共轭效应

13. 下列化合物结构中，不属于共轭二烯烃的是（　　）。

A. 2,4-庚二烯　　　　　　　　　　　B. 1,3-戊二烯

C. 1,3-丁二烯　　　　　　　　　　　D. 1,4-戊二烯

14. 分子中存在 π-π 共轭的化合物是（　　）。

A. 1,4-戊二烯　　　　　　　　　　　B. 环戊烯

C. 1,4-环己二烯　　　　　　　　　　D. 2,4-己二烯

15. 下列基团属于吸电子基的是（　　　）。

A. —CH$_3$　　　　　B. —CH$_2$CH$_3$　　　　　C. —OH　　　　　D. —CH(CH$_3$)$_2$

三、命名下列化合物或写出化合物的结构简式

1. 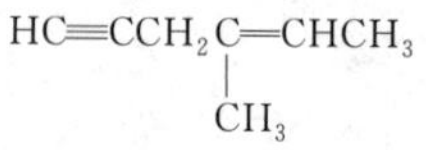 HC≡CCH$_2$C=CHCH$_3$
　　　　　　|
　　　　　　CH$_3$

2. H$_3$C—CHC=CCHCH$_3$
　　　　|　　　|
　　　　CH$_3$　　CH$_3$

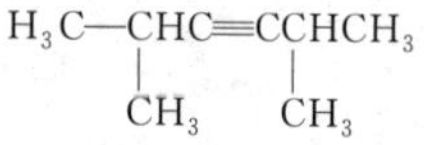

3. CH$_3$—C≡C—CH$_2$—C(CH$_3$)$_3$

4. H$_2$C=CH—CH$_2$—C≡CH

5. 4-甲基-2-戊炔

6. 1,4-己二烯

7. 3,3-二甲基-1-戊炔

8. 3-乙基-1-戊烯-4-炔

四、完成下列反应式

1. 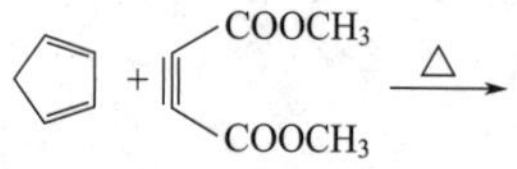 环戊二烯 + COOCH$_3$／COOCH$_3$ 的烯烃 $\xrightarrow{\triangle}$

2. 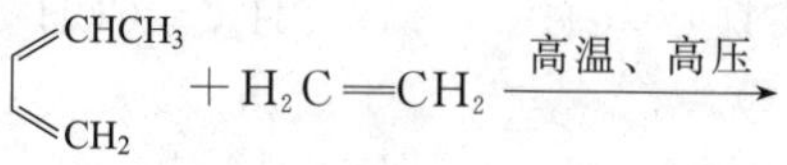 CHCH$_3$／CH$_2$ + H$_2$C=CH$_2$ $\xrightarrow{\text{高温、高压}}$

3. CH$_3$CHC≡CH $\xrightarrow[\text{H}^+]{\text{KMnO}_4}$
　　|
　　CH$_3$

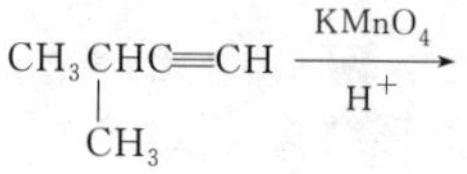

4. CH$_3$CH$_2$C≡CH + H$_2$O $\xrightarrow[\text{H}_2\text{SO}_4]{\text{HgSO}_4}$

5. CH$_3$CH$_2$C≡CH + [Ag(NH$_3$)$_2$]$^+$ $\longrightarrow$

五、区分下列各组化合物

1. 1-戊炔和 2-戊炔

2. 2-甲基丁烷、3-甲基-1-丁炔和 3-甲基-1-丁烯

3. 1,3-丁二烯和 1-丁炔

六、推断题

1. 分子式同为 C$_4$H$_6$ 的链烃 A、B、C，它们氢化后都生成丁烷；A 可与硝酸银的氨溶液反应产生白色沉淀；B 被酸性高锰酸钾氧化后得到的产物只有一种酸。写出 A、B、C 的结构简式并命名。

2. 分子组成为 C$_6$H$_{10}$ 的 A、B 两个化合物互为构造异构体，都能使溴的四氯化碳溶液褪色。A 与 Ag(NH$_3$)$_2$NO$_3$ 反应生成白色沉淀，用 KMnO$_4$ 溶液氧化生成戊酸和 CO$_2$；B 不与 Ag(NH$_3$)$_2$NO$_3$ 反应，而用 KMnO$_4$ 溶液氧化只生成丙羧酸。试写出 A 和 B 的结构简式及各步反应式。

第五章　芳香烃

知识目标：

1. 掌握芳香烃命名方法和主要化学性质。
2. 熟悉芳香烃的分类和单环芳烃的物理特性；熟悉稠环芳烃的命名和性质。
3. 了解常见的芳香烃。

能力目标：

1. 会用系统命名法命名芳香烃。
2. 能运用化学方法鉴别苯、苯的同系物和环烯烃。

素质目标：

1. 培养爱国、诚信的社会主义核心价值观。
2. 培养沟通能力和认真、严谨、坚持不懈的职业素养。
3. 培养科学精神和社会责任感。

　　芳香族化合物简称芳香烃或芳烃，"芳香"二字源于有机化学发展初期，从树脂和香精油中提取得到的有芳香气味的物质，并发现它们大多含有苯环（ ⬡ ）结构，因此将含有苯环结构的化合物称为芳香族化合物。但实际上含有苯环的化合物不一定具有香气，因此"芳香"一词早已失去了原有的含义。

　　与脂肪族不饱和烃相比，在化学性质方面，一般情况下芳香族化合物易发生取代反应，而不易进行加成反应和氧化反应，这一性质被称为芳香性，是芳香族化合物的特性。具有该性质的芳香族化合物分为两类：一类是具有苯环结构的芳烃，称为苯型芳烃；一类是不具有苯环结构的芳烃，称为非苯型芳烃。本章只讨论苯型芳烃。

岗位对接

医药中的芳香族化合物

　　苯及其衍生物是很多药品的基本结构。例如药品布洛芬，是常用的解热镇痛药，属于芳香族羧酸，是苯的衍生物。其结构为：

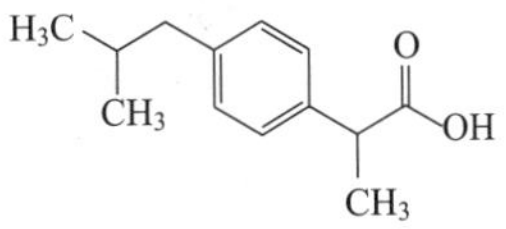

　　2020 版《中国药典》中，规定布洛芬的性状是：本品为白色结晶性粉末；稍有特异臭。在乙醇、丙酮、三氯甲烷或乙醚中易溶，在水中几乎不溶；在氢氧化钠或碳酸钠试液中易溶。本品的熔点（通则 0612 第一法）为 74.5～77.5℃。受苯环性质的影响，布洛芬易溶于有机溶剂。

　　其鉴别方式是：①取本品，加 0.4％氢氧化钠溶液制成每 1mL 中约含 0.25mg 的溶液，按照紫外-可见分光光度法（通则0401）测定，在265nm与273nm的波长处有最大吸收，在245nm与271nm的波长处有最小吸收，在259nm的波长处有一肩峰。②本品的红外光吸收图谱应与对照的图谱（光谱集943图）一致。

紫外光谱可以推导有机化合物的分子骨架中是否含有共轭体系，例如苯环、共轭二烯烃结构等。鉴定化合物主要是根据光谱图的一些特征吸收，特别是最大吸收波长等，来进行鉴别。

第一节　苯的结构

一、凯库勒结构式

苯是最简单的单环芳烃，由碳、氢两种元素组成，碳和氢之比为1∶1（与乙炔的碳氢比例相同）。苯应是一个高度不饱和的化合物，但实际上苯不易发生加成反应，也难被强氧化剂如高锰酸钾氧化，相反却能够发生取代反应，可见苯的性质与不饱和烃有很大差别，而决定这一差别的是苯的结构。

1865年凯库勒（Kekule）提出苯的分子是一个正六边形的环状结构。为了满足碳原子的四价，六个碳原子以碳碳单键、碳碳双键交替的形式连接，每个碳原子上连接有一个氢原子，称为

凯库勒式（⬡或⬡）。苯结构式表示为：（结构式）。

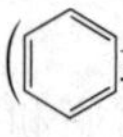

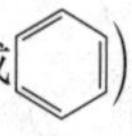

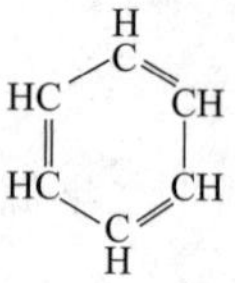

化学史话

苯结构的发现历程

生产煤气的原料中制备出煤气之后，剩下一种油状的液体长期无人问津，迈克尔·法拉第（Michael Faraday，1791—1867）是第一位对这种液体感兴趣的人。1825年，法拉第通过蒸馏这种液体，首先发现了苯，并且测定了苯的一些物理性质和它的化学组成，阐述了苯分子的碳氢比，并确定实验式（最简式）为CH，将它称为"氢的重碳化合物"。1834年，德国科学家米希尔里希（Ernst Eilhard Mitscherlich，1794—1863）通过蒸馏苯甲酸和石灰的混合物，得到了与法拉第所制液体相同的一种液体，并命名为苯。在有机化学中的建立了正确的分子概念之后，法国化学家日拉尔（即查理·弗雷德里克·日拉尔，Charles Frederic Gerhardt，1816—1856）等人又确定了苯的分子量为78，分子式为C_6H_6。1861年，化学家约翰·约瑟夫·洛斯密德（Johann Josef Loschmidt）首次提出了苯的单、双键交替结构，但他的成果未受到重视。

1865年，弗里德里希·凯库勒在论文《关于芳香族化合物的研究》中，再次确认了四年前苯的结构，为此，苯的这种结构被命名为"凯库勒式"。他通过对苯的一氯代物、二氯代物种类的研究，发现苯是环形结构，每个碳连接一个氢。

从苯结构的发现历程历经几十年的研究，化学家在这一过程中披荆斩棘，随着技术手段的发展和科学家的坚持不懈的努力，真理也将拨云见日。

在一定条件下，苯可以与卤素发生取代反应，苯的一元取代物只有一种结构，邻位的二元取代物也只有一种结构。苯的凯库勒式较好地描述了在苯分子中碳原子和氢原子的结合状态，但它不能解释苯为什么能发生取代反应而不是像不饱和烃那样易发生加成反应，也不能解释为什么苯的邻位取代物（邻二卤代苯）只有一种结构，而是不像凯库勒式中书写的两种。

邻二卤代苯： 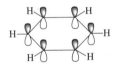 。

这说明苯的凯库勒式不能全面说明苯的结构特征。

二、杂化轨道理论解释

现代物理学方法证明苯分子是正六边形结构，分子中的六个碳原子和六个氢原子处于同一平面。苯分子中的 C—C 键键长均为 0.139nm，C—H 键长为 0.108nm，键角∠CCH 及∠CCC 均为 120°，没有单双键之分。如图 5-1 所示。

图 5-1　苯分子的键长及键角

现代杂化轨道理论认为，苯环中的 6 个碳原子均采取 sp^2 杂化，每个碳原子的三个 sp^2 杂化轨道分别与两个相邻碳原子的 sp^2 杂化轨道和氢原子的 s 轨道"头碰头"正面重叠，形成两个 C—Cσ 键和一个 C—Hσ 键。此外，每个碳原子未参加杂化的一个 p 轨道的对称轴均垂直于苯环平面，彼此相互平行，"肩并肩"侧面重叠形成一个闭合的环状大 π 键（图 5-2），π 电子云对称而均匀地分布在整个正六边形平面的上下，形成闭合的环状共轭体系，如图 5-3 所示。在这个共轭体系中 π 电子高度离域。由于 π 电子离域，体系能量显著降低，苯比较稳定；又因为 π 电子云密度平均化，因此苯环上没有单、双键之分。

图 5-2　苯分子共轭大 π 键的形成　　图 5-3　苯分子大 π 键的电子云

苯的结构

苯（动画）

目前苯的结构式采用两种表示方法，一种是凯库勒式 ⬡ 或 ⬡，另一种是在苯环正六边形中间，用一个圆圈表示闭合大 π 键 ⬡。目前，这两种书写方式都在使用。

第二节　芳香烃的分类和命名

一、芳香烃的分类

根据分子中苯环的数目的不同，苯型芳烃可以分为单环芳烃和多环芳烃。根据苯环之间的连接方式不同，多环芳烃还可以分为多苯代脂烃、联苯和稠环芳烃。

1. 单环芳烃

单环芳烃是分子中只含有一个苯环的芳烃，当苯环上的氢原子被脂肪族烃基取代后，该物质为苯的同系物。苯及其同系物都是单环芳烃，其通式为 C_nH_{2n-6}（$n \geqslant 6$），例如甲苯 C_7H_8，邻二甲苯 C_8H_{10} 等。

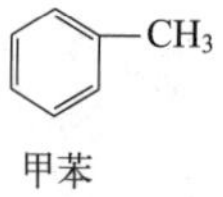

甲苯 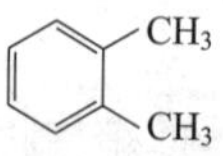　　　　　　　　　　　邻二甲苯

单环芳烃的命名

2. 多环芳烃

多环芳烃是分子中含有两个或两个以上苯环的芳烃。又可分为以下三类。

（1）多苯代脂烃　多个苯基取代脂肪烃中的氢原子得到的化合物称为多苯代脂烃。例如：

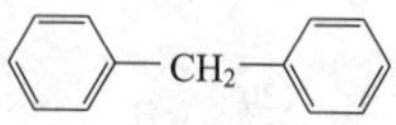

（2）联苯芳烃　两个或多个苯环以单键直接相连的芳烃称为联苯或联多苯。例如：

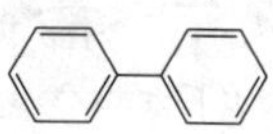

（3）稠环芳烃　分子中含有两个或两个以上的苯环，彼此间共用两个相邻碳原子稠合而成的芳烃称为稠环芳烃。例如：

二、芳香烃的命名

（一）单环芳烃

1. 芳香烃基的名称

芳香烃分子中去掉一个 H 后剩下的基团称为芳香烃基或芳基，常用"Ar-"表示。常见的芳基有：苯基 C_6H_5—，可用"Ph-"表示，苯甲基或苄基 $C_6H_5CH_2$—，可用"Bz-"或"Bn-"表示。

苯基　　　　　　　苯甲基或苄基

2. 单环芳烃的命名

苯及其同系物的命名以苯为母体，烷基为取代基进行命名，编号原则是所有取代基位次之和最小。

一元取代苯的命名以苯为母体，烷基为取代基进行命名，称为"某基苯"。其中，"基"字常常省略，称为"某苯"。如：

甲苯　　　　　乙苯　　　　　丙苯　　　　　异丙苯

当两个取代基相同时，除了可以用阿拉伯数字表示取代基位置之外，还可用"邻或

o(ortho)、间或 m(meta)、对或 p(para)" 来表示取代基的相对位置。如：

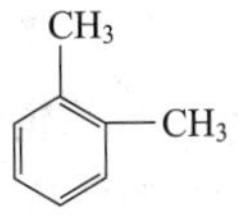

1,2-二甲苯　　　　　1,3-二甲苯　　　　　1,4-二甲苯
邻二甲苯　　　　　　间二甲苯　　　　　　对二甲苯
o-二甲苯　　　　　　m-二甲苯　　　　　　p-二甲苯

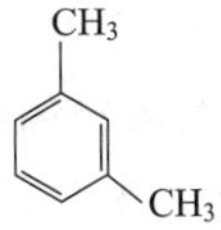

当三个取代基相同时，除了可以用阿拉伯数字表示取代基位置之外，还可用"连、偏、均"来表示取代基的相对位置。如：

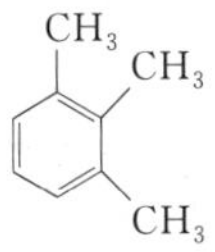

1,2,3-三甲苯　　　　　1,2,4-三甲苯　　　　　1,3,5-三甲苯
连三甲苯　　　　　　　偏三甲苯　　　　　　　均三甲苯

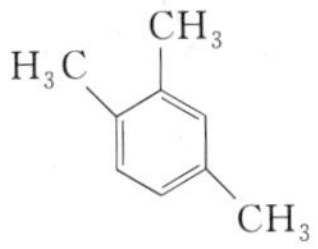

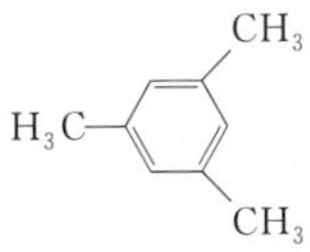

当苯环上连有不同烷基，以苯为母体，烷基为取代基进行命名，编号原则是，将烷基按照"次序规则"排序，由小到大依次编号并且所有烷基位次之和最小。当其中一个烷基是甲基时，还可以甲苯为母体，此时甲基为 1-位，其他烷基的编号原则同上。如：

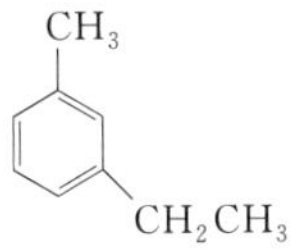

3-乙基甲苯

当苯环上连接有较复杂的烃基或不饱和碳链时，以碳链为母体，苯环为取代基。如：

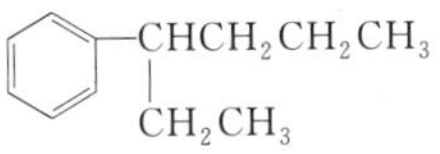

3-苯基己烷 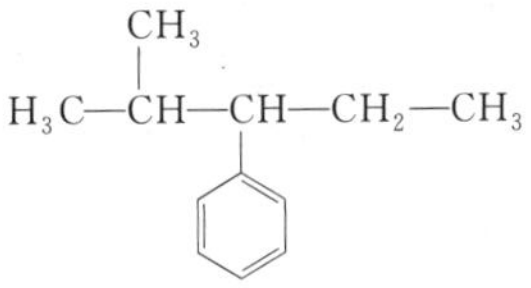　　　　　　　　　　　　2-甲基-3-苯基戊烷

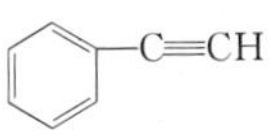

苯乙炔 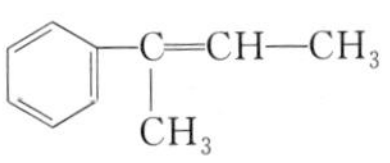　　　　　　　　　　　　　　2-苯基-2-丁烯

（二）多环芳烃

（1）多苯代脂烃　命名时，脂肪烃为母体，将苯环看作取代基。如：

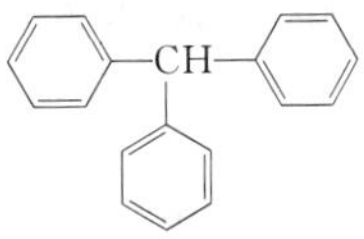

三苯甲烷

（2）联苯芳烃　命名时，用二、三、四表示苯环数目，用化学介词"联"表示环间的关系。如：

二联苯（简称联苯） 　　　　　　三联苯

（3）稠环芳烃　简单的稠环芳烃具有特定名称，例如萘、蒽、菲。每种稠环芳烃取代基编号有所不同。萘分子的 1，4，5，8 号位等同，称为 α-位，2，3，6，7 号位等同，称为 β-位。蒽和菲中间环的 9，10 号位等同，称为 γ-位。

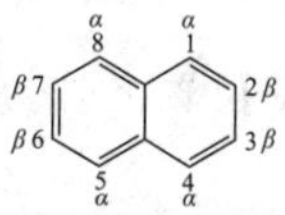

萘 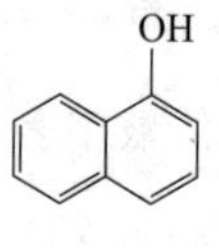　　　　　　　　　α-萘酚 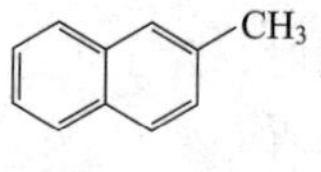　　　　　　β-甲基萘

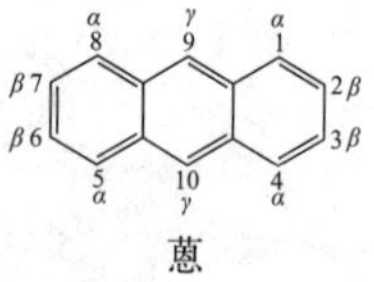

蒽 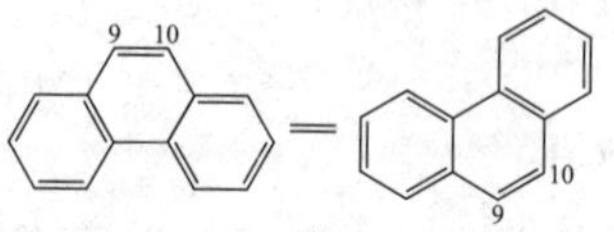　　　　　　　　　　　菲

更复杂的稠环芳烃命名可以化学介词"并"表示环之间的关系。如：

2,3-苯并蒽

课堂讨论

写出分子式为 C_7H_8 芳香烃的所有同分异构体的结构简式，并命名。

第三节　苯及其同系物的性质

岗位对接

局部麻醉药应用于患者局部，穿透神经细胞膜发挥作用。药物必须有一定的脂溶性才能穿透细胞膜，维持麻醉作用；但脂溶性又不能太大，否则不能保持麻醉作用。现在使用的麻醉药，大部分由普利卡因和利多卡因衍生而来，这些药物的结构可以归纳为三个部分：亲水部分，亲脂部分和介于两者之间的连接部分，其基本麻醉骨架为：

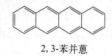

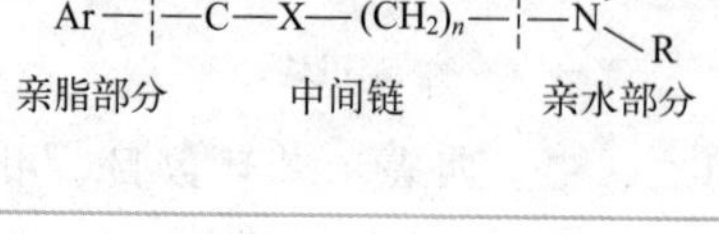

亲脂部分　　　中间链　　　亲水部分

其中，亲脂部分一般为芳环或芳杂环。在苯环的对位引入—OH、—OR、—NH₂等给电子基，可增强局部麻醉作用；而对位引入吸电子基则会减小麻醉作用。若再有其他基团如氯、羟基等在邻位取代，则可因立体位阻延迟酯的水解而增强麻醉作用，延长麻醉时长。芳环具有什么性质？

芳环属于亲脂性基团，脂溶性较好；芳环上可以发生亲电取代反应，苯及其同系物常作为药品合成的原料。

一、物理性质

1. 物理状态

苯及其同系物一般是无色、有特殊气味的液体。

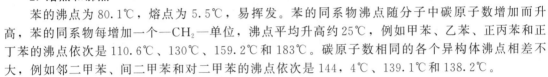

单环芳烃的性质

2. 熔点和沸点

苯的沸点为80.1℃，熔点为5.5℃，易挥发。苯的同系物沸点随分子中碳原子数增加而升高，苯的同系物每增加一个—CH₂—单位，沸点平均升高约25℃，例如甲苯、乙苯、正丙苯和正丁苯的沸点依次是110.6℃、130℃、159.2℃和183℃。碳原子数相同的各个异构体沸点相差不大，例如邻二甲苯、间二甲苯和对二甲苯的沸点依次是144，4℃、139.1℃和138.2℃。

3. 溶解度

苯及其同系物不溶于水，可溶于有机溶剂。特别是二甘醇、环丁砜、N,N-二甲基甲酰胺等溶剂对芳香烃有很好的选择性溶解，因此，工业上常用以上溶剂将芳香烃从烃的混合物中萃取（抽提）蒸馏出来。

4. 密度

苯及其同系物的相对密度小于1，但比同碳数的脂肪烃和脂环烃大，例如苯的密度为0.86～0.90g/cm³（密度小于水）。

苯及其同系物有毒，长期吸入它们的蒸气或皮肤接触，都可导致中毒，损害造血系统和神经系统，使用时需要采取防护措施。

案例分析

据悉某鞋材有限公司几位员工都不约而同地患上再生障碍性贫血，他们认为这和自己的工作有关。鞋厂前不久进了一批刷鞋底的胶气味特别大，一些工人们陆续晕倒，之后在公司组织的体检中，多名员工发现自己患上了再生障碍性贫血，严重的甚至需要做骨髓移植，同时那批胶送检后，测出严重的苯超标。此后，工厂立即进行调整，更换鞋胶，加强通风，改善工人作业环境。

苯及其衍生物有一定毒性，但该类物质在生产生活中有哪些重要的应用？在使用时又应该注意什么？

分析：苯是一种重要的化工原料。经过反应后生成的一系列化合物可以用来制作塑料、橡胶、纤维染料、去污剂、杀虫剂等。例如尼龙的主要成分环己烷就是由苯合成的。农药中的氯苯，也是由苯通过加成反应而制得。由于苯及其同系物以及苯的衍生物都具有较强的毒性，同学们在今后的工作中如果有所接触，一定要严格遵守实验室规定，强化安全责任意识，注意自身防护，认真仔细实验。

二、化学性质

单环芳烃的反应主要发生在苯环及与苯环直接相连的碳原子上。主要的反应类型是苯环的亲电取代反应，苯环的加成反应，以及苯环侧链 α-H 的活性引发的氧化反应和取代反应等。

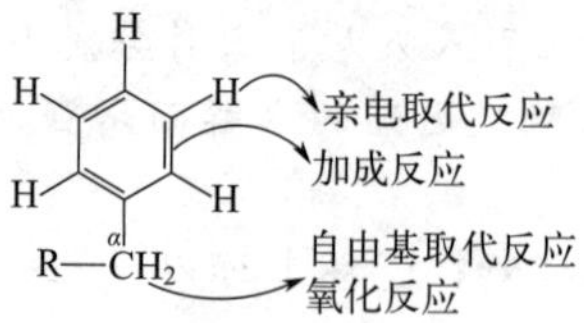

（一）苯环的亲电取代反应

苯环的 π 电子云分布在环平面上，容易受到亲电试剂的进攻，发生苯环上的氢原子被取代的反应，因此苯环上的取代反应属于亲电取代反应。

苯环的亲电取代反应历程可用以下通式表示：

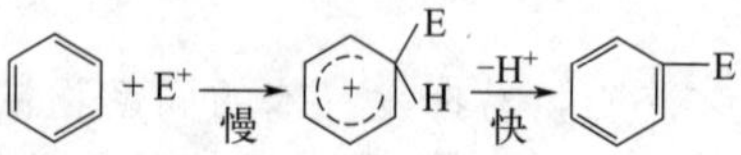

在反应历程的第一步中，由稳定的苯环结构变成不稳定的碳正离子中间体，反应速率慢，是决定整个取代反应速率的一步。

1. 卤代反应

在 FeX_3 或 Fe 粉的催化下，苯与卤素作用，苯环上的氢原子被卤素（—X）取代生成卤苯，此反应称为卤代反应。由于氟代反应太过剧烈，而碘不活泼难以反应，所以苯的卤代反应通常是氯代和溴代反应。

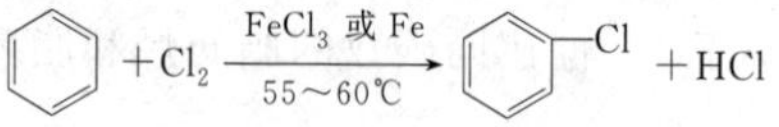

氯苯

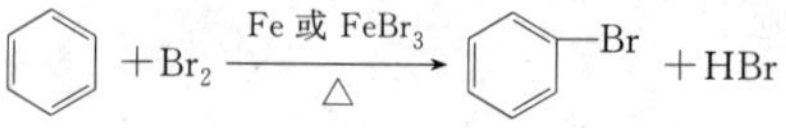

溴苯

烷基苯的卤代反应比苯更容易，主要生成邻位和对位产物。例如乙苯和氯发生取代反应，主要生成的是邻氯乙苯和对氯乙苯。

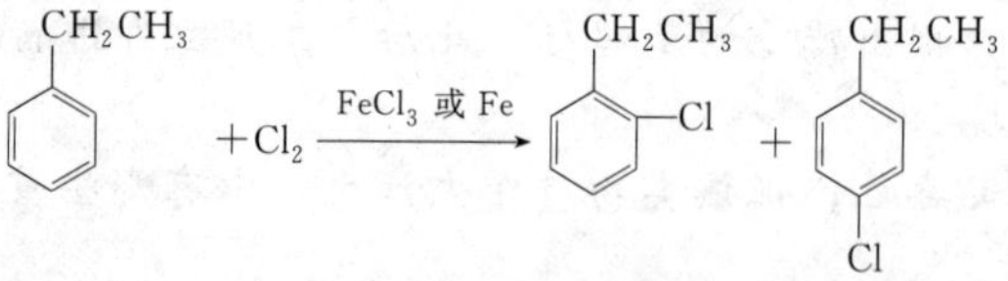

邻氯乙苯　对氯乙苯

2. 硝化反应

浓硝酸和浓硫酸的混合物（混酸）与苯共热，苯环上的氢原子被硝基（$-NO_2$）取代生成硝基苯，此反应称为硝化反应。

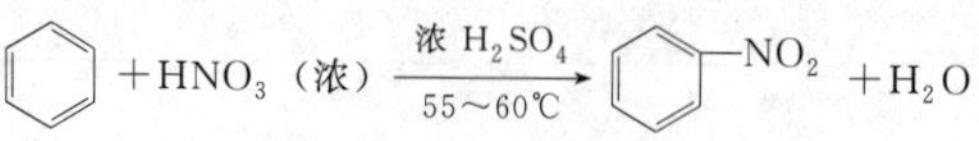

硝基苯

在增加硝酸浓度和提高反应温度的条件下，硝基苯可进一步硝化，主要生成间二硝基苯。

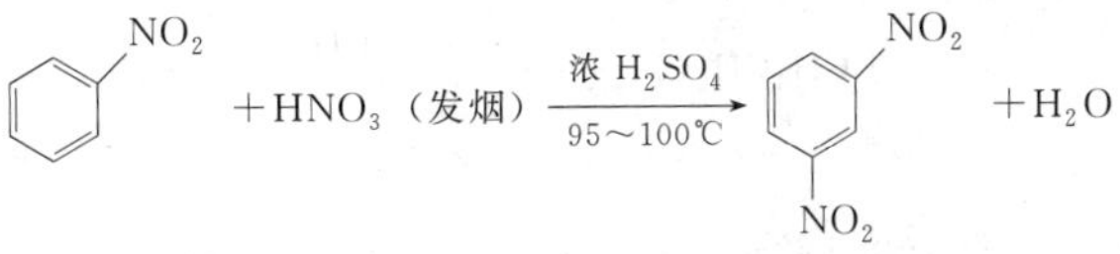

间二硝基苯

烷基苯的硝化反应比苯更容易，主要生成邻位和对位产物。例如：甲苯与混酸反应，生成的产物是对硝基甲苯和邻硝基甲苯。

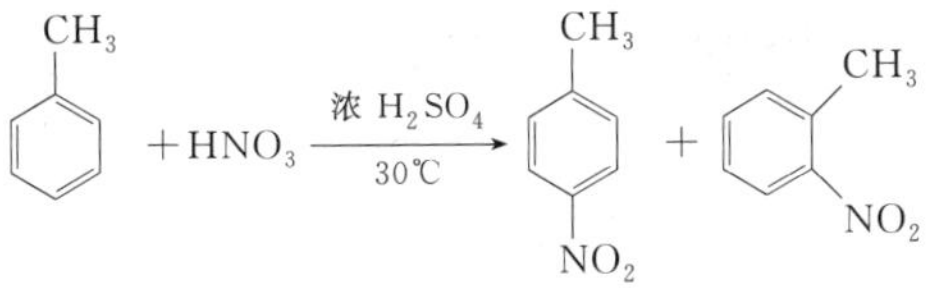

对硝基甲苯　邻硝基甲苯

如果硝化产物继续进行硝化反应，则主要产物是 2,4-二硝基甲苯、2,4,6-三硝基甲苯（TNT）。

知识拓展

硝基化合物的作用与危害

2,4,6-三硝基甲苯，又名 TNT，1863 年由 TJ·威尔伯兰德发明，三硝基甲苯是一种威力很强而又相当安全的炸药，即使被子弹击穿一般也不会燃烧和起爆。它在 20 世纪初开始广泛用于装填各种弹药和进行爆炸，在第二次世界大战结束前，TNT 一直是综合性能最好的炸药，被称为"炸药之王"。

但该物质也具有毒性，人长期暴露于 2,4,6-三硝基甲苯中，会增加患贫血症和肝功能不正常的概率。

3. 磺化反应

苯与浓硫酸或发烟硫酸作用，苯环上的氢原子被磺酸基（—SO_3H）取代生成苯磺酸，此反应称为磺化反应。磺化反应是可逆反应，苯磺酸遇到过热水蒸气可以发生水解反应，生成苯和稀硫酸。

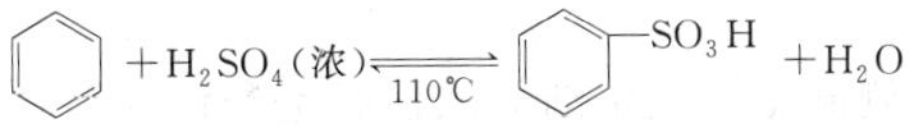

苯磺酸

烷基苯的磺化反应比苯更容易，在室温下就能与浓硫酸反应，主要得到邻位和对位产物。

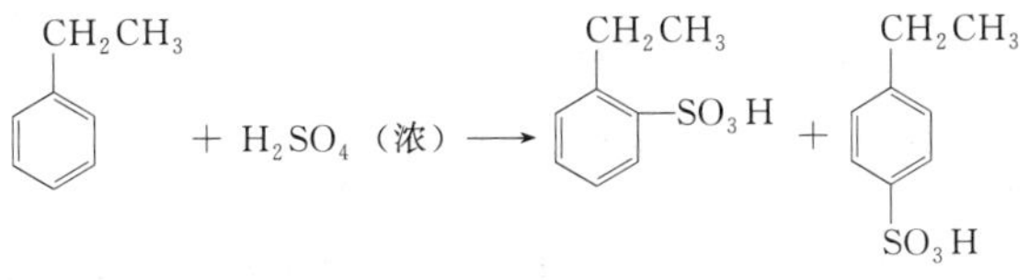

邻乙苯磺酸　对乙苯磺酸

4. 傅-克烷基化反应

苯环上引入烷基的反应称为傅-克烷基化反应。在无水 $AlCl_3$、$SnCl_4$ 等催化剂的条件下，苯与卤代烷作用，苯环上的氢原子被烷基（—R）取代生成烷基苯。例如苯和氯乙烷在 $AlCl_3$ 催化的条件下，生成乙苯。

$$\text{⟨benzene⟩} + CH_3CH_2Cl \xrightarrow[25℃]{AlCl_3} \text{⟨benzene-CH}_2CH_3\text{⟩} + HCl$$

乙苯

傅-克烷基化反应中，若烷基化试剂含有 3 个或 3 个以上碳原子，反应中常发生烷基异构化。例如苯与 1-氯丙烷反应，主要产物是异丙苯，丙苯则是反应副产物。

$$\text{⟨benzene⟩} + CH_3CH_2CH_2Cl \xrightarrow[\triangle]{\text{无水 } AlCl_3} \text{⟨benzene-CH(CH}_3)_2\text{⟩} + \text{⟨benzene-CH}_2CH_2CH_3\text{⟩}$$

异丙苯（主要）   丙苯

（二）苯环的加成反应

与不饱和烃相比，苯不易发生加成反应，但在高温、高压等特殊条件下，也能与氢气、氯气发生加成反应。

1. 与氢气加成

苯以镍作催化剂，在高温、加压的条件下，和氢气发生加成反应，生成环己烷。

$$\text{⟨benzene⟩} + 3H_2 \xrightarrow[400\sim500℃]{Ni} \text{⟨cyclohexane⟩}$$

环己烷

2. 与氯气加成

在紫外光或高温条件下，苯和氯气发生加成反应，生成六氯环己烷。

$$\text{⟨benzene⟩} + 3Cl_2 \xrightarrow{\text{光照}} \text{⟨hexachlorocyclohexane⟩}$$

六氯环己烷

六氯环己烷又称为六氯化苯，分子式为 $C_6H_6Cl_6$，俗称六六六，它曾作为农药大量使用，由于残毒严重而逐渐被淘汰，很多国家禁止使用。

（三）苯环侧链发生的反应

1. 烷基苯的氧化反应

苯环侧链上含 α-H 时，侧链能被氧化剂如酸性高锰酸钾或酸性重铬酸钾溶液氧化。一般来说，不论碳链长短，最终都只保留 1 个碳原子，氧化成苯甲酸。

$$\overset{\alpha}{\text{⟨benzene-CH}_2CH_3\text{⟩}} \xrightarrow{KMnO_4 + H_2SO_4} \text{⟨benzene-COOH⟩}$$

苯甲酸

若苯环上有两个含 α-H 的烷基，两个含 α-H 的烷基均可被氧化为羧基，生成二元羧酸。

$$\text{⟨benzene-(CH}_3)_2\text{⟩} \xrightarrow{KMnO_4 + H_2SO_4} \text{⟨benzene-(COOH)}_2\text{⟩}$$

间二甲苯   间苯二甲酸

若苯环上有不含 α-H 的烷基，在上述条件下不被氧化。

2. 侧链卤代反应

当无催化剂存在时，在紫外光或高温条件下，烷基苯与卤素作用，苯环侧链 α-碳上的氢原子被卤素取代。苯环侧链的卤代反应属于自由基取代反应。卤原子优先取代与苯环直接相连的碳原子（α-C）上的氢原子（α-H），因为 α-H 受苯环影响较为活泼，而且苯甲型自由基较稳定，氯原子自由基进攻侧链比进攻苯环更加有利。

由此可见，苯及其同系物能够发生卤代反应，但反应条件不同，生成的产物不同。

课堂讨论

1. 请同学们比较苯和甲苯在化学性质方面的差异，并设计实验区分苯和甲苯。
2. 请同学们比较在不同条件下，甲苯的卤代反应的产物有何差别。

第四节　苯环上取代反应的定位效应及其应用

科技前沿

余金权与碳氢键活化

"碳氢键活化是有机化学中的圣杯"，这句科学界的名言，说明了碳氢键活化在有机化学中的重要性和独特地位。碳氢键活化的提出，已经有 100 年的历史；世界知名的化学家们集中精力前仆后继去攻克，也有 60 多年了，却一直没有人成功。

2002 年开始，华人化学家余金权把目光聚焦到这一百年难题的破解上来。C—H 键活化研究及其在新药研发和天然产物全合成领域的应用。他在惰性 C—H 键的选择性活化和重组研究方面开展了非常原创的工作，例如弱配位作用促进的金属钯催化的 C—H 键活化、远程 C—H 键活化和不对称催化的 C—H 键活化等。

配体参与的过渡金属催化芳烃远程 C—H 键官能化反应能够专一地将官能团引入芳烃的特定位置，有效控制反应的区域选择性，实现多种芳烃 meta-C—H 键及含氮杂芳烃 C(3)—H 键的选择性官能化反应，包括烯基化反应、芳基化反应、烷基化反应、卤化反应、羟基化反应及乙酰氧基化反应等。这些反应为配体促进过渡金属催化芳烃间位选择性 C—H 键活化提供了新方法，表现出无可替代的优越性。

余金权教授是国际上 C—H 键活化领域最为活跃的华人学者。他的研究领域主要为：C—H 键活化研究及其在新药研发和天然产物全合成领域的应用。余金权教授已在 Nature、Science、Nature Chemistry、JACS 和 ACIE 等国际著名期刊上发表 100 多篇学术论文，并获得了 Elias J. Corey Award（2014）、Raymond and Beverly Sackler Prize in the Physical Sciences（2013）、ACS Cope Scholar Award（2012）、Mukaiyama Award（2012）等诸多国际著名奖项。

一、定位效应与定位基

（一）定位规则

苯能够发生亲电取代反应，由于苯环上六个氢原子所处的地位相同，苯的一元取代物仅有一种，没有同分异构体。但一元取代物进一步发生取代反应时，第二个取代基的位置就有三种，即第一个取代基的邻位、间位和对位。通过之前的学习，我们发现乙苯和氯气取代反应，主要生成的是邻位和对位的产物；而硝基苯进一步发生硝化反应，主要生成的是间二硝基苯。这是因为苯环上的取代基改变苯环的电子云密度，并且对第二个取代基进入苯环的位置有定位作用，因此将苯环上的第一个取代基称为定位基。定位基主要分为以下两类：

1. 邻、对位定位基（第一类定位基）

它使新引入的取代基进入其邻位和对位，同时使苯环活化（卤素除外）。邻、对位定位基的结构特点是定位基中与苯环直接相连的原子都是饱和的即以单键与其他原子或原子团相连，且大多带有孤对电子或负电荷。常见的邻、对位定位基（按由强至弱排列）有：

$$—NR_2 > —NHR > —NH_2 > —OH > —OR > —NHCOR > —OCOR > —R > —Ar > —X。$$

2. 间位定位基（第二类定位基）

它能使新引入的取代基进入其间位，同时使苯环钝化。间位定位基的结构特点是定位基中与苯环直接相连的原子都是不饱和的或带正电荷。常见的间位定位基（按由强至弱排列）有：

$$—\overset{+}{N}R_3 > —NO_2 > —CN > —SO_3H > —CHO > —COR > —COOH。$$

（二）定位规则的理论解释

苯环的结构特征是闭合环状共轭体系，当有一个取代基时，取代基通过诱导效应和共轭效应，使苯环的电子云密度增大或减小，而且使苯环上出现电子云密度大小交替的现象，使得环上各个位置取代难易程度不同。

1. 邻、对位定位基的影响

邻、对位定位基一般有给电子效应，能使苯环电子云密度增大而活化苯环，尤其是邻位和对位的电子云密度增加更为显著，更有利于亲电加成。

（1）甲基（—CH₃） 甲基是给电子基，通过给电子诱导效应（＋I）使苯环上的电子云密度增加。同时甲基的 C—Hσ 键与苯环的大 π 键存在部分重叠，形成了 σ-π 超共轭效应。甲基的诱导效应和超共轭效应方向一致，从而活化苯环。给电子诱导效应沿共轭体系传递给苯环，使甲基的邻、对位电子云密度比间位的要大，所以当发生亲电取代反应时，主要生成甲基的邻、对位产物。其他烷基也是如此。如图 5-4 所示。

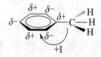

图 5-4 甲基对苯环的给电子诱导效应（＋I）

（2）羟基（—OH） 由于氧、氮等原子的电负性较大，羟基是吸电子基，通过吸电子诱导效应（－I）使苯环上的电子云密度降低；同时羟基中的氧原子 p 轨道上的孤对电子与苯环形成 p-π 共轭体系，具有给电子共轭效应（＋C）。在这里给电子共轭效应起主导作用，所以总的结果是苯环上的电子云密度增大，从而使苯环活化。且电子云密度邻、对位比间位的要大，所以当发生亲电取代反应时，主要生成羟基的邻、对位产物。—OR、—NH₂ 等取代基的定位效应与 —OH 类似。如图 5-5 所示。

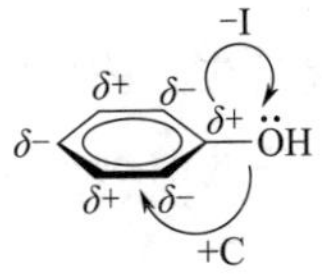

图 5-5　羟基对苯环的吸电子诱导效应（－I）

（3）卤素（－X）　卤原子电负性较大，是强吸电子基，通过吸电子诱导效应（－I）使苯环上的电子云密度降低；同时卤素原子 p 轨道上的未共用电子对与苯环形成 p-π 共轭体系，具有给电子共轭效应（＋C），其中卤素的吸电子诱导效应起主导作用，使苯环上的电子云密度降低，从而钝化苯环。共轭效应又会使其邻位和对位的电子云密度减小得比间位少，所以主要生成卤素的邻、对位产物。如图 5-6 所示。

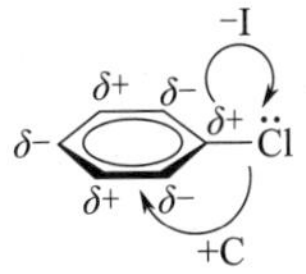

图 5-6　卤原子对苯环的吸电子诱导效应（－I）和给电子电子共轭效应（＋C）

2. 间位定位基的影响

间位定位基中与苯环直接相连的原子大多数是不饱和的。以硝基为例，硝基（—NO_2）是吸电子基，当硝基连接在苯环上时，通过吸电子诱导效应（－I）和吸电子 π-π 共轭效应（－C），使苯环电子云密度降低，从而使苯环钝化，如图 5-7 所示。且硝基的间位电子云密度比邻、对位的要大，所以当发生亲电取代反应时，主要生成硝基的间位产物。带正电荷的取代基也会使苯环钝化。

图 5-7　硝基对苯环的吸电子诱导效应（－I）和吸电子 π-π 共轭效应（－C）

二、定位效应的应用

定位规则可以用于预测芳香族化合物取代反应的主要产物和选择合理的反应方案以合成苯的衍生物。

例如，以甲苯为原料制备间硝基苯甲酸。

合成路线是：甲苯中的甲基先氧化为羧基，羧基为第二类定位基，因此发生硝化反应时，硝基取代羧基间位的苯环上的氢原子。

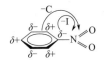

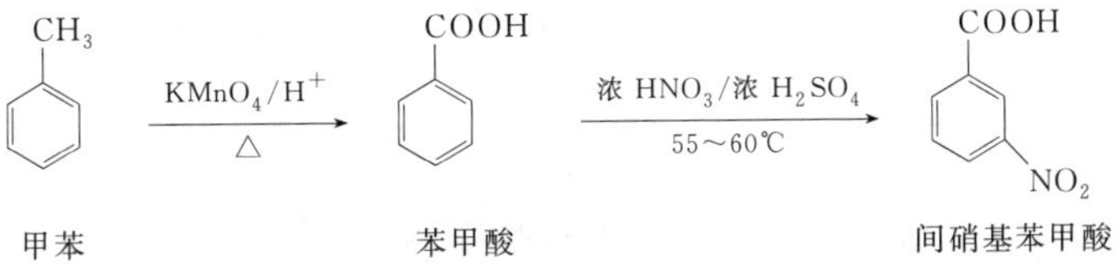

苯环取代反应在药学中的应用

苯环取代反应的定位效应应用于药品盐酸利多卡因的合成。盐酸利多卡因的主要合成步骤如下：

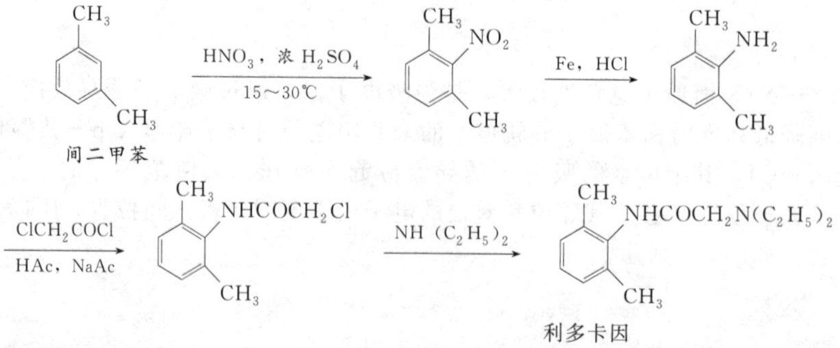

间二甲苯 →（HNO₃，浓 H₂SO₄，15～30℃）→ 2-硝基-1,3-二甲基苯 →（Fe, HCl）→ →（ClCH₂COCl，HAc, NaAc）→ →（NH(C₂H₅)₂）→ 利多卡因

$$\text{间二甲苯} \xrightarrow[15\sim30℃]{HNO_3,\ 浓\ H_2SO_4} \xrightarrow{Fe,\ HCl} \xrightarrow[HAc,\ NaAc]{ClCH_2COCl} \xrightarrow{NH(C_2H_5)_2} \text{利多卡因}$$

起始原料间二甲苯通过硝化反应得到 2-硝基-1,3-二甲基苯中间产物，就是定位规则的应用。间二甲苯中甲基是邻、对位定位基，发生硝化反应时，通过控制条件，使硝基取代了甲基邻位苯环上的氢原子。

第五节　稠环芳烃

🌐 科技前沿

富勒烯

富勒烯是一族只有碳元素组成的笼状化合物。分子形状像个足球，故称为足球烯。从组成看，富勒烯是碳的同素异形体，属于无机化合物，但富勒烯及其衍生物的分子结构和化学性质与芳香烃分子很像，因此也可以归属于有机化合物，属于多环芳烃。

1996 年，三位化学家罗伯特·柯尔（Robert Curl）、哈罗德·克罗托（Harold Kroto）和理查德·斯莫利（Richard Smalley）因富勒烯的发现获诺贝尔化学奖。

富勒烯 C_{60} 以其独特的结构和理化性质，决定了它及其衍生物潜在的应用前景。富勒烯及其衍生物在生物医药领域得到广泛应用，并且取得了可喜的成果，其中对生物特性，如细胞毒性、促使 DNA 选择性断裂、抗病毒活性和药理学等的研究，是最有前景的应用领域之一。富勒烯同样在计算机、通信、新型材料等领域也有广泛应用。

2022 年，厦门大学化学化工学院谢素原院士、袁友珠教授团队发现"纳米王子"——富勒烯的新功能，从而打通乙二醇常压合成的"卡点"。这一历时七年的研究成果，发表在 2022 年 4 月 15 日出版的美国的《科学》杂志。

富勒烯C_{60}平面投影式

一、萘

（一）萘的结构

萘是最简单的稠环芳烃，分子式为 $C_{10}H_8$，是由 2 个苯环共用 2 个相邻碳原子稠合而成。

在萘分子中，每个碳原子均为 sp^2 杂化，分别与相邻的两个碳原子以 sp^2 杂化轨道形成 C—Cσ 键，除了两个苯环共用的两个碳原子之外的每个碳原子与氢原子形成一个 C—Hσ 键。各碳原子还以 p 轨道侧面重叠形成闭合的共轭大 π 键。萘分子中 π 电子处于离域状态，具有芳香性。萘的结构特征是具有环状闭合共轭体系，如图 5-8 所示。

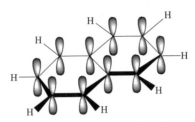

图 5-8　萘的环状闭合共轭体系

（二）萘的物理性质

萘为白色片状结晶，熔点 80.5℃，沸点 218℃，有特殊气味，易升华，不溶于水，易溶于乙醇、乙醚等有机溶剂，常用作防蛀剂。以前市售的"卫生球"就是用萘压成的。由于有一定毒性，现已禁止生产使用。

萘可从煤焦油中分离得到，是重要的化工原料，主要用途是生产邻苯二甲酸酐。

（三）萘的化学性质

1. 取代反应

萘的分子结构与苯相似，但分子中 π 电子云分布不如苯环均匀，萘环上 α-位的电子云密度要比 β-位的大，所以发生取代反应时，主要得到 α-位取代产物。

（1）卤代反应　萘在 $FeCl_3$ 的催化下，与卤素反应，主要生成 α-卤萘。萘的卤代反应主要有氯代反应和溴代反应。

$$\text{萘} + Cl_2 \xrightarrow[\triangle]{FeCl_3} \text{α-氯萘} + HCl$$

（2）硝化反应　萘的硝化反应比苯容易，与混酸（HNO_3 和 H_2SO_4）在常温下即可反应，主要生成 α-硝基萘。

$$\text{萘} + \xrightarrow[25℃]{HNO_3/H_2SO_4} \text{α-硝基萘} + H_2O$$

（3）磺化反应　萘与浓硫酸发生的磺化反应，当温度不同时，所得产物不同。低温时主要生成 α-萘磺酸，高温时则主要生成 β-萘磺酸。

这是由于磺酸基体积较大，α-位的取代反应具有较大的空间位阻。磺化反应是一个可逆反应。α-萘磺酸在硫酸溶液中共热至165℃，将转变为β-萘磺酸。

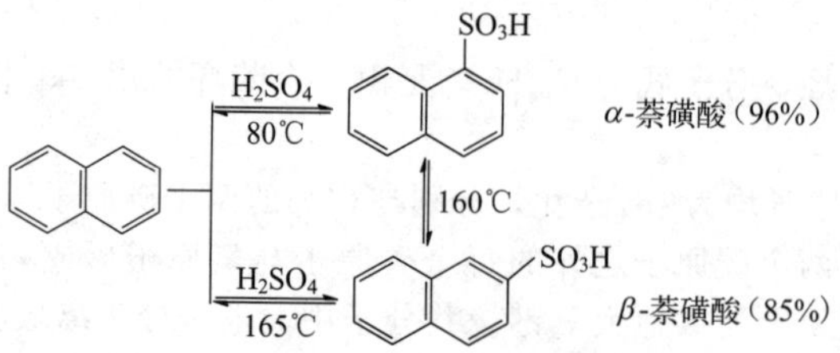

α-萘磺酸（96%）

β-萘磺酸（85%）

2. 加成反应

萘的芳香性比苯弱，易发生加成反应。在不同的条件下催化加氢，可生成不同的加成产物。

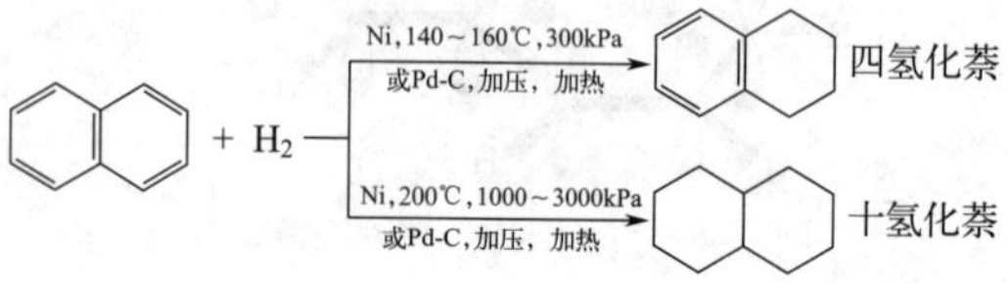

四氢化萘

十氢化萘

3. 氧化反应

萘比苯更容易被氧化，遇强氧化剂时，其中一个环被氧化而破裂。萘可被氧化成邻苯二甲酸酐。它们是重要的化工原料。

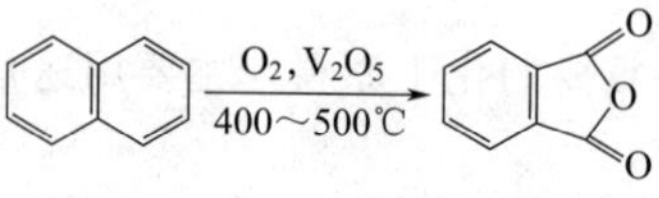

邻苯二甲酸酐

二、蒽和菲

1. 蒽和菲的结构

蒽和菲互为同分异构体，分子式都为 $C_{14}H_{10}$，由 3 个苯环稠合而成。它们的结构与萘相似，分子中所有原子都在同一平面，存在着闭合的共轭大 π 键。

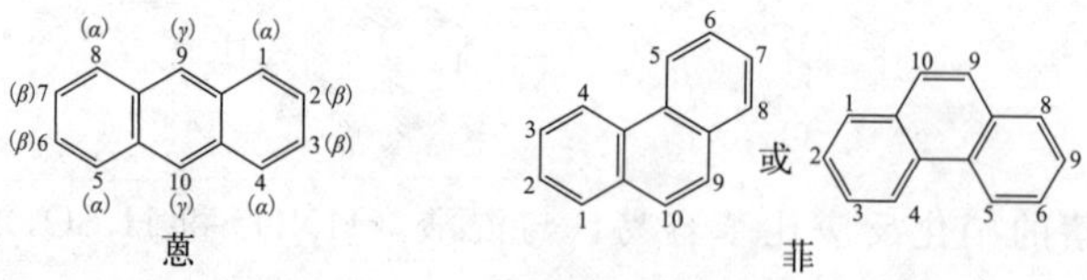

蒽

或

菲

2. 蒽和菲的性质

蒽和菲存在于煤焦油中。蒽为无色片状晶体，有蓝紫色荧光，熔点216℃，沸点342℃，易升华，不溶于水，也难溶于乙醇和乙醚，但易溶于热苯。菲为无色片状结晶，有金属光泽，熔点100℃，沸点340℃，不溶于水，易溶于乙醚和苯中。各种甾体药物结构中都含有环戊烷多氢菲的结构。

蒽和菲的芳香性比苯和萘都要差，容易发生氧化、加成等反应。蒽和菲的 9 位、10 位最活泼，易氧化成醌。

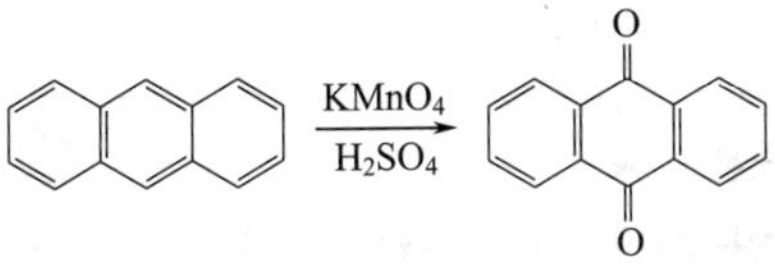

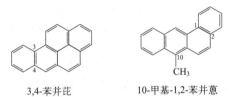

三、致癌芳烃

某些由四个或四个以上苯环稠合而成的稠环芳烃有致癌作用。例如烟草雾中，3,4-苯并芘有较强的致癌作用；10-甲基-1,2-苯并蒽同样具有致癌作用。

3,4-苯并芘　　　　　10-甲基-1,2-苯并蒽

📖 生活常识

煤炭烧烤食物的安全隐患

煤炭烧烤的食物食用过多，可能有致癌的风险。你知道这些致癌物质是什么吗？致癌的原理是什么？致癌物又有怎样的性质呢？

烧烤中的致癌物质是草本芳烃及其衍生物。4环和5环的稠环芳烃和他们的部分甲基衍生物有致癌性，六环的稠环芳烃部分有致癌性，其中3,4-苯并芘是一种强致癌物质，煤的燃烧干馏以及有机物的燃烧焦化等都可以产生此类致癌物质。其致癌作用是由于代谢产物能够与DNA结合，从而导致DNA突变增加致癌的可能性。而在烧烤食品中，由于肉直接在高温下进行烧烤，被分解的脂肪滴落在炭火上，再与肉中的蛋白质结合，就会产生一种叫苯并芘的致癌物。该类物质多在体内蓄积，有诱发癌症的风险，因此专家提示烧烤食品应少吃，莫用健康换口福。

同学们在今后的工作中对患者进行健康宣教时，要专业、耐心、细致，用科学知识服务患者，提示患者养成良好饮食习惯，才能保持健康的身体状态。

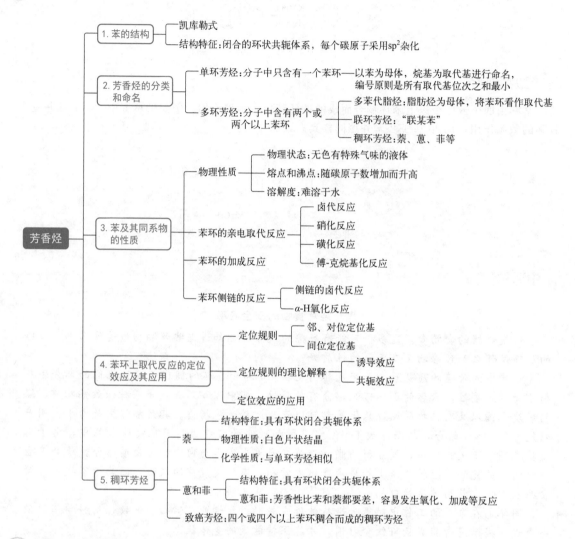

一、名词解释

1. 芳香性:

2. 邻、对位定位基:

3. 间位定位基:

4. 傅-克烷基化反应:

5. 致癌芳烃:

二、单项选择题

1. 在书写时，一般用（　　）（凯库勒式）表示苯的结构。

A. C_6H_6

B. C_7H_8

C.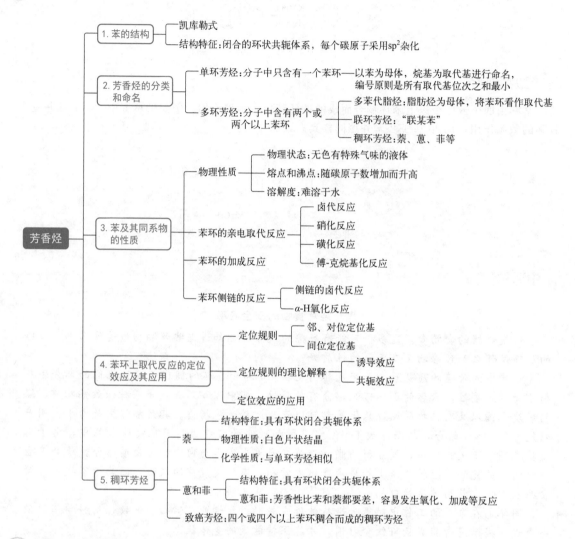

D.

2. 苯环上的每个碳原子均采用（　　）。

A. sp 杂化 　　　　B. sp² 杂化 　　　　C. sp³ 杂化 　　　　D. sp³d 杂化

3. 以下为甲苯的同系物的是（　　）。

A. 乙苯 　　　　B. 氯苯 　　　　C. 蒽 　　　　D. 菲

4. 与乙苯互为同分异构体的是（　　）。

A. 甲苯 　　　　B. 氯苯 　　　　C. 二甲苯 　　　　D. 甲乙苯

5. 关于有机物 H_2C=HC—〇—C≡CH ，下列说法正确的是（　　）。

A. 所有的碳原子不可能在同一平面上

B. 最多有 9 个碳原子在同一平面上

C. 有 7 个碳原子可能在一直线上

D. 最多有 5 个碳原子在同一直线上

6. 浓硝酸和浓硫酸的混合物与苯共热，生成硝基苯，这个反应的反应类型是（　　）。

A. 取代反应 　　　　B. 加成反应 　　　　C. 聚合反应 　　　　D. 氧化反应

7. 异丙苯和氯气在光照或加热条件下反应，卤原子易取代苯环侧链 α-碳上的氢原子，反应的产物是（　　）。

A. ［结构式：邻位Cl的苯，侧链CH—CH₃/CH₃］

B. ［结构式：苯连C(Cl)(CH₃)CH₃］

C. ［结构式：环己基连C(Cl)(CH₃)CH₃］

D. ［结构式：苯连CH—CH₃，侧链CH₂Cl］

8. 间位定位基的结构特征是与苯环相连的原子带正电荷或是极性不饱和基团，下列属于间位定位基的是（　　）。

A. —NH_2 　　　　B. —OH 　　　　C. —CH_3 　　　　D. —NO_2

9. 由苯制备 ［邻溴硝基苯结构式］ 和 ［对溴硝基苯结构式］ 所经历的反应是：［苯→溴苯→邻溴硝基苯］ +

这两步反应的反应类型为（　　）。

A. 第一步是取代反应，第二步是加成反应 　　　　B. 第一步是取代反应，第二步是氧化反应

C. 两步反应都是取代反应 　　　　D. 两步反应都是加成反应

10. 下列关于甲苯的说法错误的是（　　）。

A. 甲苯是苯的衍生物 　　　　B. 甲苯不能使溴水褪色

C. 甲苯能使酸性高锰酸钾溶液褪色 　　　　D. 甲苯是苯的同系物

11. ［邻二甲苯结构式］ 与酸性高锰酸钾反应的产物是（　　）。

A. ［邻甲基苯甲酸结构式，COOH和CH₃］

B. ［邻苯二甲酸结构式，两个COOH］

C. ［环己烷二甲酸结构式，两个COOH］

D. ［苯结构式］

12. 菲的分子式为（ ）。

A. $C_{10}H_8$ B. $C_{14}H_{10}$ C. $C_{10}H_{14}$ D. $C_{14}H_{14}$

13. 下列物质中，属于致癌烃的是（ ）。

A. 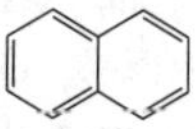 B. 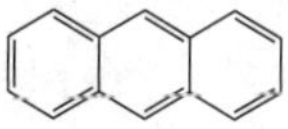 C. 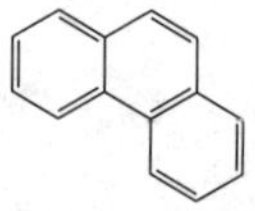 D.

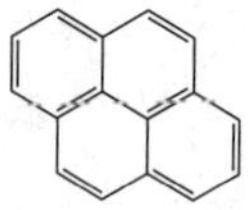

14. 萘是由两个苯环稠合而成的，因此成键方式与苯类似，萘分子中每个碳原子均为 sp^2 杂化，有由 p 轨道组成的（ ）。

A. 平面环状大 π 键 B. 肩并肩的 π 键

C. 头碰头的 σ 键 D. sp^3d 杂化轨道

15. 下列物质能与溴单质发生取代反应的是（ ）。

A. 丁烯 B. 丁炔 C.  D.

16. 下列各组能发生卤代反应的是（ ）。

A. 苯与氯气 B. 苯与溴水

C. 甲苯与浓硫酸 D. 乙苯与浓硝酸

17. 下列关于苯的说法错误的是（ ）。

A. 一般情况下，苯是无色有特殊气味的液体 B. 苯及其蒸气都有毒

C. 苯的化学性质比较稳定 D. 苯不容易燃烧

18. 下列物质中能使酸性高锰酸钾溶液和溴水都褪色的是（ ）。

A. C_5H_{12} B. C_4H_8 C. C_6H_6 D. $C_6H_5—CH_3$

三、命名下列化合物或写出其结构简式

1. 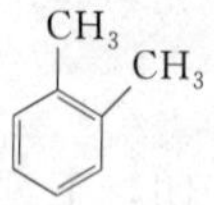 2. 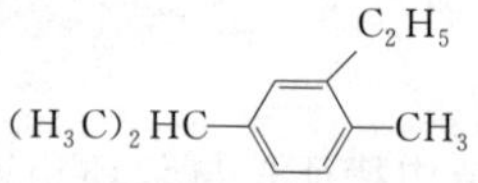 $(H_3C)_2HC$

3. 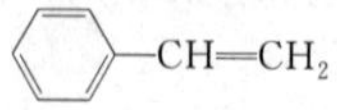 —CH=CH₂ 4. 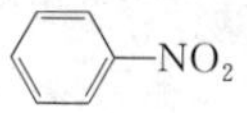 —NO₂

5. 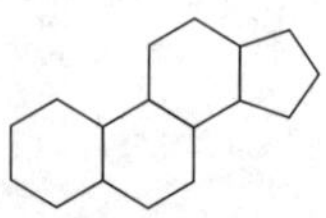 6. 乙苯

7. 3-乙基-4-丙基甲苯 8. α-甲基萘

四、完成下列反应式

1.

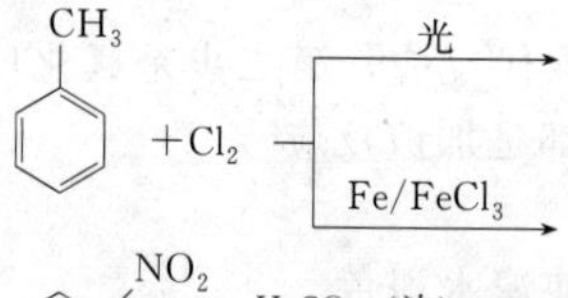

2.

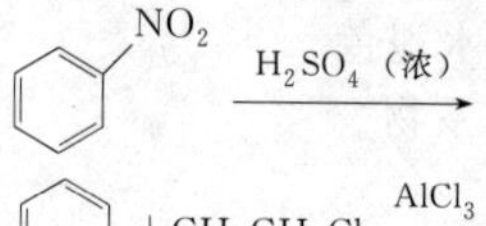

3.

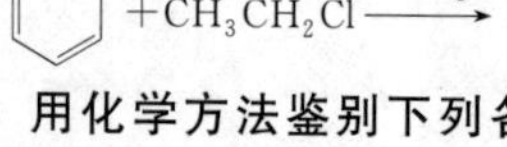

五、用化学方法鉴别下列各组物质

苯、甲苯、环己烯

六、推断结构

1. 芳香烃 A、B、C 互为同分异构体 C_9H_{12}，被高锰酸钾氧化后，A 生成一元羧酸，B 生成二元羧酸，C 生成三元羧酸。硝化时，A 和 B 分别得到两种一硝基化合物，C 只生成一种一硝基化合物。写出 A、B、C 的结构简式。

2. 某化合物 A 的分子式为 $C_{10}H_{14}$，有五种可能的一溴衍生物 $C_{10}H_{13}Br$。A 经 $KMnO_4$ 酸性溶液氧化生成化合物 $C_8H_6O_4$，进一步硝化只生成一种硝基取代产物，试写出 A 和 5 种可能的一溴衍生物的结构简式及相关的化学反应式。

七、问答题

以下是局部麻醉药盐酸利多卡因的合成，请根据合成路线回答下列问题：

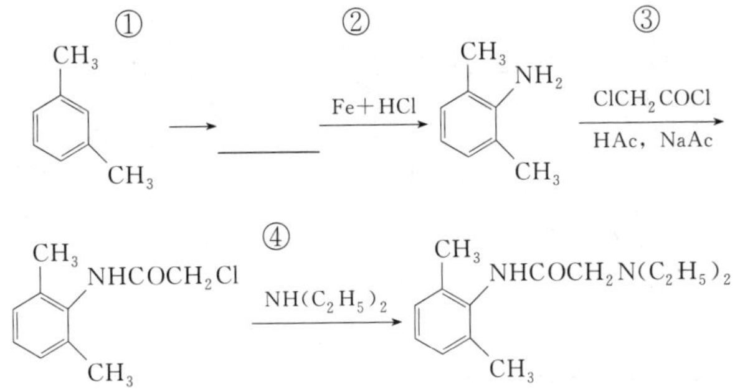

1. 写出反应物间二甲苯的同分异构体。
2. 第①步反应的反应类型是间二甲苯的硝化反应，反应的产物是什么？
3. 第④步反应的反应类型是什么？

第六章　卤代烃

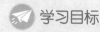

学习目标

知识目标：
1. 掌握卤代烃的命名方法和主要化学性质。
2. 熟悉卤代烃分类和卤代烃的物理特性。
3. 了解重要的卤代烃。

能力目标：
1. 会用系统命名法命名卤代烃。
2. 能运用化学方法鉴别卤代烃。

素质目标：
1. 培养诚信、爱国的社会主义核心价值观。
2. 增强环境保护意识和社会责任感。

　　烃分子中的氢原子被卤素原子取代后的化合物称为卤代烃，简称卤烃。卤代烃的结构通式为（Ar）R-X，其中-X代表卤素原子。自然界中存在的卤代烃并不多，主要分布在海洋生物里，烷烃发生卤代反应或不饱和烃与卤素、卤化氢发生加成反应均可以得到卤代烃。

科技前沿

陈庆云和有机氟的研究

　　陈庆云是中国科学院院士、著名有机化学家、国际知名有机氟化学家。他是我国第一位科班出身从事有机氟化学研究的博士；他开创了全氟酮化学，获得了制备六氟双酚 A 的苏联专利，直到现在仍被世界各大化学公司沿用；他研制出我国独创新型铬雾抑制剂F-53，被全国千余家电镀厂使用，为国家环保节能事业作出了重要贡献；他系统研究了全氟磺酸化学，基于对二氟卡宾化学的研究，合成和发展了多种能高效实现三氟甲基化的试剂和体系，应用最广的氟磺酰基二氟乙酸甲酯被称为"陈庆云试剂"，迄今仍被各大试剂公司收入目录；他将当代有机化学最重要理论之一的单电子转移反应引入氟化学研究，成果多次获国家、省、市等奖项；他被誉为我国有机氟化学领域的创始人之一，为我国的有机化学学科的发展作出了重要贡献。

第一节　卤代烃的分类和命名

一、卤代烃的分类

　　（1）根据卤素原子所连接的烃基种类不同，可将卤代烃分为脂肪族卤代烃和芳香族卤代烃。如：

$$CH_3CH_2Cl$$

脂肪族卤代烃

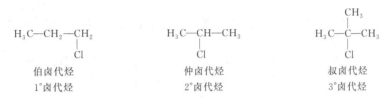

芳香族卤代烃

（2）对于脂肪族卤代烃，根据烃基中是否有不饱和键，可分为饱和卤代烃和不饱和卤代烃。如：

$$\underset{\underset{Cl}{|}}{H_3C-CH_2-CH_2}$$

饱和卤代烃

$$\underset{\underset{Cl}{|}}{H_2C=CH-CH_2}$$

不饱和卤代烃

（3）根据卤原子所连接的饱和碳原子的种类不同，将卤代烃分为伯卤代烃（1°卤代烃）、仲卤代烃（2°卤代烃）和叔卤代烃（3°卤代烃）。如：

$$\underset{\underset{Cl}{|}}{H_3C-CH_2-CH_2}$$

伯卤代烃
1°卤代烃

$$\underset{\underset{Cl}{|}}{H_3C-CH-CH_3}$$

仲卤代烃
2°卤代烃

$$\underset{\underset{Cl}{|}}{\overset{\overset{CH_3}{|}}{H_3C-C-CH_3}}$$

叔卤代烃
3°卤代烃

（4）根据卤代烃中所含卤原子的数目不同，分为一卤代烃、二卤代烃和多卤代烃。

$$CH_3Cl$$
一卤代烃

$$CH_2Cl_2$$
二卤代烃

$$CHCl_3$$
多卤代烃

（5）根据卤代烃分子中的卤原子的种类不同，分为氟代烃、氯代烃、溴代烃和碘代烃。

$$CH_3Cl$$
氯代烃

$$CH_3Br$$
溴代烃

$$CHI_3$$
碘代烃

卤代烃的
分类和命名

案例分析

氯乙烷是一种冷冻皮肤的局部麻醉药，具有麻醉作用，临床上局部使用，用于缓解肌内注射、静脉注射、静脉穿刺、小手术（如疖、切口和小脓肿切开引流）的疼痛等。氯乙烷还可用于减轻烧伤和昆虫叮咬，及擦伤、割伤、肿胀、轻微扭伤和轻微运动损伤引起的疼痛。氯乙烷的结构简式如何写？它属于哪类卤代烃呢？

分析：氯乙烷的结构简式为 CH_3CH_2Cl，根据卤素原子所连接烃基不同分类，属于脂肪族卤代烃；根据卤原子所连接的饱和碳原子的种类不同分类，属于伯卤代烃；根据卤代烃中所含卤原子的数目不同分类，属于一卤代烃；根据卤代烃分子中的卤原子的种类不同分类，属于氯代烃。

二、卤代烃的命名

（一）普通命名法

简单的一元卤代烃可以用普通命名法，称为"某烃基卤"。例如：

$$\begin{array}{ccc} \text{CH}_3 & \text{CH}_3 & \\ | & | & \\ \text{H}_3\text{C}-\overset{|}{\underset{|}{\text{C}}}-\text{CH}_3 & \text{H}_3\text{C}-\overset{|}{\underset{|}{\text{C}}}-\text{CH}_2-\text{Br} & \langle\text{benzene}\rangle-\text{CH}_2-\text{Cl} \\ \text{Cl} & \text{CH}_3 & \end{array}$$

叔丁基氯　　　　　　　　新戊基溴　　　　　　　　苄基氯

也可以在烃名称面前直接加上"卤代"二字，称为"卤代某烃"，"代"字常省略。例如：

$$\text{CH}_3\text{CH}_2\text{Cl} \qquad\qquad \text{CH}_2=\text{CH}-\text{Cl} \qquad\qquad \langle\text{benzene}\rangle-\text{Cl}$$

氯乙烷　　　　　　　　　氯乙烯　　　　　　　　　氯苯

（二）系统命名法

1. 卤代烷烃

饱和卤代烃（卤代烷）的命名规则与烷烃的命名规则基本一致，以烷烃为母体，卤素原子为取代基。

首先选主链，以烃为母体，选择包含与卤原子相连接的碳原子在内的最长碳链作主链，卤原子与其他支链作为取代基。

再给主链编号，支链或卤原子的位次最小。当卤原子与烷基有相同编号时，优先考虑烷基；当有不同卤素原子时，按 F、Cl、Br、I 的次序排列，遵循小基团优先的原则。例如：

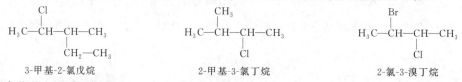

3-甲基-2-氯戊烷　　　　　　2-甲基-3-氯丁烷　　　　　　2-氯-3-溴丁烷

2. 卤代烯烃和卤代炔烃

不饱和卤代烃（卤代烯烃或卤代炔烃）的命名规则与不饱和烃的命名规则基本一致，以不饱和烃为母体，卤素原子为取代基。

首先，选择含有不饱和键及与卤原子相连接的碳原子在内的最长碳链作主链。编号时，要使不饱和键的位次尽可能小，若不饱和键在 1-位，则"1"可省略。例如：

$$\text{CH}_2=\text{CH}-\text{CH}_2-\text{Br} \qquad\qquad \begin{array}{c}\text{HC}\!\equiv\!\text{C}-\text{CH}_2 \\ | \\ \text{Cl}\end{array}$$

3-溴(-1-)丙烯　　　　　　　　3-氯(-1-)丙炔

3. 芳香族卤代烃

一般以芳香烃为母体，卤原子为取代基，按芳香烃的命名规则命名。若卤素原子所连的侧链比较复杂，也可以把卤原子和苯基作为取代基，按烷烃命名，例如：

$$\begin{array}{cc} \langle\text{CH}_3\text{-benzene-Cl}\rangle & \text{H}_3\text{C}-\langle\text{benzene}\rangle-\text{CH}_2-\text{CH}_2-\text{Cl} \end{array}$$

间氯甲苯　　　　　　　　　　　3-苯-1-氯丁烷

👥 **课堂讨论**

对下列卤代烃进行命名或写结构式。

1. $\text{CH}_3\text{CHClCH}_3$　　　　　　　　2. $\text{C}_6\text{H}_5-\text{Cl}$

$$\begin{array}{c}\text{CH}_3 \\ | \\ 3.\quad \text{CH}_3\text{CHCH}_2\text{CHClCH}_2\text{CH}_3\end{array}$$　　　4. 2-氯-2-丁烯

第二节 卤代烃的性质

📖 生活常识

制冷剂氟利昂的使用和发展

卤代烃的化学性质稳定，主要作用是制冷剂，在空调、冰箱的制冷系统中应用广泛。氟利昂是饱和烃（主要指甲烷、乙烷和丙烷）的卤代物的总称，例如二氯二氟甲烷（CCl_2F_2）或三氯一氟甲烷（CCl_3F）。制冷剂的制冷原理是利用物质由液态变为气态吸热，而气态变为液态放热这一性质。用氟利昂作制冷剂，是由于其没有气味，低毒性，且易液化。

以空调为例介绍其制冷过程。首先压缩机将液态的氟利昂压缩成高温高压的氟利昂，然后送至空调外机（冷凝器）处，此时高温高压的氟利昂在冷凝器的作用下就会不断散热，变成液态的氟利昂，所以我们在空调外机处感受到的都是热风。接着液态的氟利昂会被送到蒸发器处，此时液态氟利昂就会变成低温汽化的氟利昂，这一过程吸热，经过室内机的吹风，室内温度因热被吸收而降低。

但氟利昂并不是环境友好型物质。这是由于在光照条件下，氟利昂产生氯自由基，氯自由基进一步和臭氧反应经过了两步反应后生成了氧气，同时重新生成的氯自由基会继续和臭氧反应，使得臭氧不断被消耗。因此氟利昂对臭氧的破坏能力非常强。

既然氟利昂对环境破坏这么严重，现在还在使用吗？最开始使用的氟利昂为 R12（二氯二氟甲烷），是导致臭氧层破洞的罪魁祸首。在 2010 年 01 月 01 日已经全面禁止使用。目前使用较多的氟利昂是 R22（二氟一氯甲烷），这种制冷剂不会污染大气层，但是也存在一个问题就是会导致温室效应，所以根据《蒙特利尔议定书》在 2040 年禁用。目前有部分厂家开始使用 R401A（二氟一氯甲烷、一氯四氟乙烷、1,1-二氟乙烷三元混合物），这类制冷剂目前研究表明既不破坏大气臭氧层，又不产生温室效应，未来制冷剂将主要采用 R401A。

解释了这一环境问题，相信大家今后在购买冰箱、空调时也会关注制冷剂，选择一款对环境友好的家电，保护地球生态环境。化学使生活更加便利舒适，我们要用化学知识保护地球母亲。

一、物理性质

1. 物理状态

卤代烃的物理性质因烃基及卤原子的种类和数目的不同而异。常温下，除一氯甲烷、一氯乙烷、一溴甲烷等低级卤代烃是气体外，其他常见的一卤代烷为液体，C_{15} 以上的高级卤代烷为固体。

2. 熔点和沸点

一卤代烃的熔点、沸点变化规律与烷烃相似，即随分子中碳原子数的增多，熔点、沸点升高。具有相同烃基的卤代烃，碘代烃的沸点最高，其次是溴代烃和氯代烃。碳原子数相同、卤原子相同的异构体中，支链越多，沸点越低。由于 C-X 键的极性使卤代烃分子具有极性（个别分子结构对称的除外，如四氯化碳），因此卤代烃比相应的烷烃的熔点、沸点高。

3. 溶解性

卤代烃不易溶于水，在醇和醚等有机溶剂中有良好的溶解性，卤代烃没有颜色。$C_2 \sim C_4$ 的多卤代烃以及氯代烯烃对油污有很强的溶解能力，有的可用作干洗剂。

4. 密度

卤代烃的密度也表现出随分子量增加而升高的规律。除氟代烃和氯代烃外，其他卤代烃的均密度大于 1。一些卤代烃的物理常数，如表 6-1 所示。

表 6-1 卤代烃的物理常数

卤代烃	Cl		Br		I	
	沸点/℃	相对密度(20℃)	沸点/℃	相对密度(20℃)	沸点/℃	相对密度(20℃)
CH_3X	-24	0.9159	4	1.6755	42	2.279
C_2H_5X	12	0.8978	38	1.4604	72	1.9358
C_3H_7X	47	0.8909	71	1.3537	103	1.7489
CH_2X_2	40	1.3266	97	2.4970	182	3.3254
CHX_3	62	1.4832	150	2.8899	218	4.008
CX_4	77	1.5940	189	3.273	升华	4.23

二、化学性质

卤素原子是卤代烃的官能团，除碘外，其他卤原子的电负性都大于碳原子。当形成 C—X 键时，它们的共用电子对偏向于卤素，碳卤键具有极性，易断裂，因此卤化烃化学性质较活泼。主要体现为能发生亲核取代反应，消除反应，此外卤代烃也能与某些金属发生反应。

（一）亲核取代

亲核试剂（用 Nu^- 或 $Nu:$ 表示）一般具有较大的电子云密度，它们易进攻带部分正电荷的碳原子。卤代烃中由于卤素原子的电负性强，使得与卤素原子相连的碳原子带有部分正电荷，因而 C—X 键断裂，卤素原子被亲核试剂取代。由亲核试剂进攻带部分正电荷的碳原子而引起的取代反应称为亲核取代反应。可以用通式表示为：

$$\overset{\delta+}{—}\overset{}{C}\overset{\delta-}{—}X + Nu^- \longrightarrow \overset{\delta+}{—}\overset{}{C}\overset{\delta-}{—}Nu + X^-$$

卤代烃　亲核试剂　　产物　　离去基（卤素离子）

卤代烃能够发生上述反应是由于 C—X 键的共用电子对偏向卤原子，使得卤原子带有部分负电荷，碳原子带有部分正电荷，因此 α-碳原子易受到带负电荷试剂或含有未共用电子对试剂的进攻，使 C—X 键发生异裂，卤原子以阴离子形式离去。

在一定条件下（常为碱性条件），卤代烃分子中的卤原子可被—OH、—OR、—CN、—NH₂、—ONO₂ 等原子团所取代，分别生成醇、醚、腈、胺、硝酸酯等化合物，发生取代反应。

1. 与碱的水溶液反应

将卤代烃与强碱（NaOH、KOH）的水溶液共热，卤原子被羟基（—OH）取代生成醇。此反应也称为卤代烃的水解反应。例如：

$$CH_3CH_2Cl + NaOH \xrightarrow[\triangle]{H_2O} CH_3CH_2OH + NaCl$$

乙醇

2. 与醇钠反应

卤代烷与醇钠在加热条件下生成醚。这是制备醚的一种常用方法，称为威廉姆森（Williamson）合成法。例如：

$$CH_3CH_2Cl+CH_3CH_2ONa \xrightarrow{\triangle} CH_3CH_2OCH_2CH_3+NaCl$$

乙醇钠 　　　　　　　　乙醚

3. 与氰化物反应

卤代烷和氰化物 NaCN、KCN（剧毒）在醇溶液中反应生成腈。氰基经水解可以生成羧基（—COOH），用于制备羧酸及其衍生物，该反应是有机合成中增长碳链的方法之一。例如：

$$CH_3CH_2Cl+NaCN \xrightarrow[\triangle]{乙醇} CH_3CH_2CN+NaCl$$

氰化钠 　　　　乙腈

4. 与氨反应

卤代烃与 NH_3 反应生成相应的铵盐，经氢氧化钠等强碱处理可制得胺。这是制备胺类化合物的方法之一。例如：

$$CH_3CH_2Cl+NH_3 \xrightarrow[加热加压]{乙醇} CH_3CH_2NH_2+HCl$$

乙胺

5. 与硝酸银的醇溶液反应

卤代烷与硝酸银的乙醇溶液作用生成硝酸酯和卤化银沉淀。例如：

$$CH_3CH_2Cl+AgNO_3 \xrightarrow{乙醇} CH_3CH_2-O-NO_2+AgCl\downarrow$$

硝酸乙酯

卤代烃的
取代反应

（二）消除反应

有机物分子内消去一个简单分子（如 H_2O、HX）形成不饱和化合物的反应称为消除反应。对于卤代烃来说，其分子中消去卤化氢生成烯烃的反应称为卤代烃的消除反应。在该反应中，卤代烷除 α 碳原子上脱去 X 外，还从 β 碳上脱去 H 原子，故称为 β-消除反应。例如：

$$\overset{\beta}{C}H_3\overset{\alpha}{C}H_2Cl+NaOH \xrightarrow[\triangle]{乙醇} CH_2{=\!=}CH_2+NaCl+H_2O$$

消除反应的难易与卤代烷的结构有关，不同卤代烷发生消除反应的活性次序为：叔卤代烷＞仲卤代烷＞伯卤代烷。

消除反应也存在消除方向问题，结构不对称的仲卤代烷和叔卤代烷发生消除反应可生成两种不同的烯烃。如：

$$CH_3-\overset{\beta}{C}H-\overset{\alpha}{C}H-\overset{\beta}{C}H_2 \xrightarrow[\triangle]{KOH,乙醇} CH_3-CH{=\!=}CH-CH_3 + CH_3-CH_2-CH{=\!=}CH_2$$

（H｜ Cl ｜H）

2-丁烯　　　　　　1-丁烯
81%　　　　　　　19%

大量实验表明：卤代烷脱卤化氢时，氢原子总是从含氢较少的 β-碳上脱除，生成双键碳上连接烃基较多的烯烃。这个经验规律称为扎依采夫（Saytzeff）规则。

卤代烷与强碱共热时，消除反应与取代反应往往同时发生并相互竞争。在强极性溶剂如水中反应，则加速卤代烷 C—X 键的解离，有利于亲核取代。在弱极性溶剂如醇中反应，则易发生消除反应，因为弱极性溶剂不利于 C—X 键的断裂。消除反应除了断裂 C—X 键外，还断裂卤代烃 β-位的碳氢键，比亲核取代只断碳卤键要多付出一份能量，因此高温有利于消除反应。例如：

卤代烃的
消除反应

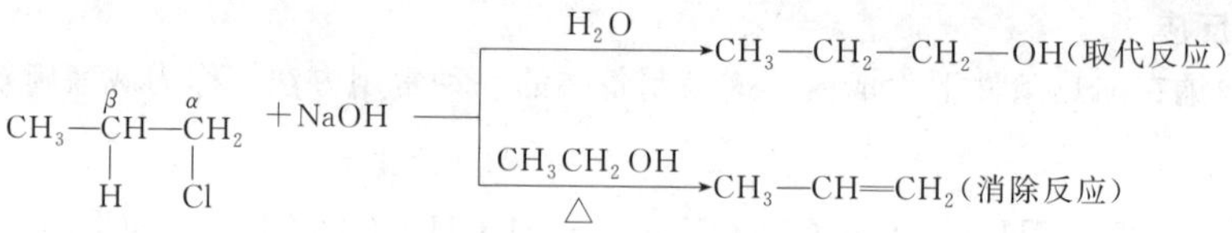

$$CH_3-\underset{\underset{H}{|}}{\overset{\beta}{C}H}-\underset{\underset{Cl}{|}}{\overset{\alpha}{C}H_2}+NaOH \Big< \begin{array}{l} \xrightarrow{\text{H}_2\text{O}} CH_3-CH_2-CH_2-OH(\text{取代反应}) \\ \xrightarrow[\triangle]{\text{CH}_3\text{CH}_2\text{OH}} CH_3-CH=CH_2(\text{消除反应}) \end{array}$$

（三）与金属的反应

卤代烃可以与 K、Na、Mg、Al、Li 等金属反应生成金属有机物，如卤代烃和金属镁在无水乙醚中反应，生成性质非常活泼的有机镁化合物，称为格林雅（Grignard. V）试剂，其结构式为 RMgX，简称格氏试剂。

$$R-X+Mg \xrightarrow{\text{无水乙醚}} RMgX$$

格氏试剂性质非常活泼，能与醇、卤化氢、胺等多种有机物反应生成相应的烃。格氏试剂可以用来制备烷烃、醇、醛、羧酸等，在有机合成应用很广。

🌐 **科技前沿**

格氏试剂反应机理的进一步探究

1901 年，化学家格林尼亚发现具有亲核性的格氏试剂可与羰基化合物（醛、酮、酯等）发生加成反应，且该反应通常在醚类溶剂中进行。以醛和酮为例，加成后产生的醇镁盐经水解后获得醇类化合物。1953 年，经法国化学家诺尔芒改进，获得了以四氢化呋喃（THF）作为溶剂的格氏试剂。该项改进称为"格林尼亚-诺尔芒反应"。格氏试剂被广泛使用了 100 多年，但涉及格氏试剂的反应机理仍然难以捉摸，既没有定量的信息，也缺乏共识。

为了回答"格氏试剂之谜"，挪威奥斯陆大学的 Odile Eisenstein 教授和 Michele Cascella 教授合作，使用量子化学计算和从头算的分子动力学模拟研究了四氢呋喃中的甲基格氏试剂（CH_3MgCl）与乙醛和芴酮的加成反应。

该研究工作以"The Grignard Reaction-Unraveling a Chemical Puzzle"为题，发表在化学领域顶级期刊《JACS》上。本文通讯作者 Odile Eisenstein 教授认为：确定格氏反应的机理不是故事的结局。相反，这仅仅是一个开始。长期以来人们通过各种添加剂（例如盐和其他金属化合物等）来优化金属有机反应。但是，没人真正知道它们如何起了作用。在对格氏试剂充分了解的基础上，人们可以进一步明确添加剂的作用。

（四）卤代烯烃卤原子的反应活性

1. 乙烯型卤代烯烃（RCH=CHX）

这类化合物的结构特征是卤原子直接连在双键碳原子上。例如：

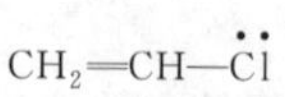

$$CH_2=CH-\overset{\cdot\cdot}{Cl}$$
氯乙烯

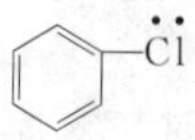

氯苯

这类不饱和卤代烃中的卤原子很不活泼，一般条件下很难发生取代反应。这是由于卤素原子与不饱和碳原子直接相连，氯原子的一对未共用电子对所占据的 p 轨道与不饱和碳原子的 π 轨道互相平行，形成 p-π 共轭体系，如图 6-1 和图 6-2 所示，氯原子的电子向双键碳原子方向移动，电子离域，体系稳定。因此，氯原子与不饱和碳原子结合得更紧密，使得氯原子活性显著降低，氯原子很难被取代。

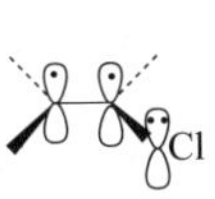

图 6-1　氯乙烯分子中 p-π 共轭体系示意图 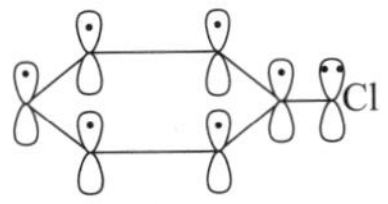　　　　图 6-2　氯苯分子中 p-π 共轭体系示意图

氯乙烯、氯苯以及有类似结构的卤代烃与硝酸银的醇溶液在加热的条件下也不发生反应。

2. 烯丙型卤代烯烃（RCH ═ CHCH$_2$X）

这类化合物的结构特点是卤原子与双键相隔一个饱和碳原子。例如：

CH_2 ═ CH—CH_2—Cl

3-氯丙烯（烯丙基氯）

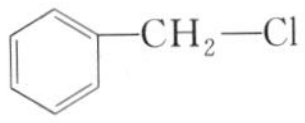

—CH_2—Cl

α-氯甲苯（苄氯）

这类卤代烃中的卤原子比较活泼，易发生取代反应，其反应活性略强于叔卤代烷。这是由于卤素原子与碳碳双键间隔了饱和碳原子，使卤素原子和碳碳双键不能形成共轭效应。由于卤素原子电负性较大，通过吸电子诱导效应使双键碳原子上的 π 电子云发生偏移，促使氯原子获得电子发生离解，生成较为稳定的烯丙基碳正离子，如图 6-3 所示。在碳正离子中，带正电荷的碳原子的空 p 轨道与相邻的 π 电子轨道互相平行形成 p-π 共轭体系，该体系使正电荷分散趋于稳定，因而利于取代反应的进行。苄卤也是如此，苄基碳正离子的 p 轨道与苯中的大 π 键形成 p-π 共轭体系，使正电荷得到分散，苄基中的碳正离子也很稳定。如图 6-4 所示。

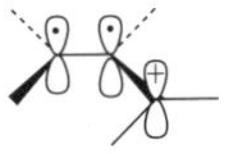

图 6-3　烯丙基碳正离子中电子的离域 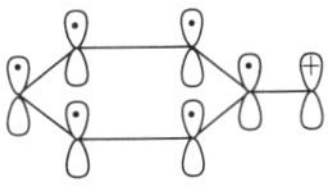　　　　图 6-4　苄基碳正离子中电子的离域

因此，3-氯丙烯、α-氯甲苯与硝酸银的醇溶液在室温下就能反应生成白色的氯化银沉淀。

3. 隔离型卤代烯烃 ［CH_2 ═ CH(CH_2)$_n$X，$n \geqslant 2$］

这类化合物的结构特点是卤原子与双键相隔 2 个及 2 个以上饱和碳原子，距离较远，也称孤立型卤代烯烃。例如：

CH_2 ═ CH—CH_2—CH_2—Cl

4-氯丁烯

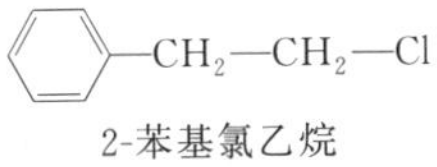

—CH_2—CH_2—Cl

2-苯基氯乙烷

由于卤素与碳碳双键间隔较远，相互影响小。因此，孤立卤代烯烃中卤原子活性与卤代烷烃相似，在加热的条件下才能与硝酸银的醇溶液缓慢反应，生成卤化银沉淀。

不同类型卤代烃的鉴别

可见，三种卤化银的活性顺序：烯丙型卤代烯烃＞隔离型卤代烯烃＞乙烯型卤代烯烃。

课堂讨论

写出结构简式，并用化学方法并鉴别下列化合物：

2-氯丁烯，3-氯丁烯，4-氯丁烯

第三节　重要的卤代烃

吸入性麻醉剂的发展

吸入性全身麻醉药是一类化学性质不活泼的气体或易挥发的液体，按化学结构可分为卤代烷烃类、醚类及无机化合物等。

其发展历程为 1842 年发现麻醉剂乙醚，1844 年发现氧化氮，1847 年发现三氯甲烷等。在将近一个世纪的时间里，乙醚、氧化氮和三氯甲烷应用于大多数外科手术的麻醉。但乙醚有易燃易爆、对呼吸道黏膜刺激性较大、诱导期较长和苏醒缓慢的缺点；三氯甲烷毒性较大，因而很快被淘汰。而氧化亚氮由于其理想的活性，应用至今。

为克服上述药物的不足之处，科学家不断寻找更好的麻醉药物。发现在烃类或醚类中引入卤素原子，能增强麻醉作用，其中引入氟原子后麻醉药物的毒性最小，并且稳定性最强，从而开发出了一类含氟的全麻药，如氟烷、甲氧氟烷、恩氟烷等。

$$F-\overset{\overset{\displaystyle F}{|}}{\underset{\underset{\displaystyle F}{|}}{C}}-\overset{\overset{\displaystyle Cl}{|}}{\underset{\underset{\displaystyle Br}{|}}{CH}}$$ 氟烷　　　$$H_3C-O-\overset{\overset{\displaystyle F}{|}}{\underset{\underset{\displaystyle F}{|}}{C}}-\overset{\overset{\displaystyle Cl}{|}}{\underset{\underset{\displaystyle Cl}{|}}{CH}}$$ 甲氧氟烷　　　$$HC-O-\overset{\overset{\displaystyle F}{|}}{\underset{\underset{\displaystyle F}{|}}{C}}-\overset{\overset{\displaystyle Cl}{|}}{\underset{\underset{\displaystyle F}{|}}{CH}}$$ 恩氟烷

以氟烷为例，氟烷属于卤代烃。氟烷在临床应用上对气道刺激反应小，麻醉诱导快，循环干扰小，麻醉之后苏醒快，对于肝脏的毒性无需顾虑，因此更适合对儿童实施麻醉诱导。

氟烷具有高脂溶性，在肺泡内的浓度比七氟烷更稳定，有着比七氟烷更好的条件，对儿童实施麻醉时更会被采用。

1. 三氯甲烷（$CHCl_3$）

三氯甲烷俗称氯仿，是较为重要的多卤代烃。是一种无色透明液体，有特殊气味，不燃，质重，易挥发。三氯甲烷是有机合成原料，主要用来生产氟利昂、染料和药物，氯仿能溶解很多有机物，常用于中草药有效成分的提取。在医学上，曾用作外科手术的全身麻醉剂，但因其毒性较大，目前临床上已很少使用。

2. 四氯化碳（CCl_4）

四氯化碳为无色液体，在实验室和工业中常用作有机溶剂和萃取剂，也可用作干洗剂、灭火剂、制冷剂等。

四氯化碳不可燃，其蒸气较空气重 5 倍左右，利用这种特性常用以灭火，尤其能够扑灭汽油、火油及其他各种不能与水相混合的油类火灾，以及电器所发生的火灾。因四氯化碳一化成蒸气，便沉于空气的下部，将空气逐出，火焰自然熄灭。四氯化碳溶液从喷嘴喷出后，在与空气接触过程中，能很快挥发为气体聚集在着火面上，隔绝空气，达到了窒息灭火的目的。

但是四氯化碳与金属钠在较高温度时能猛烈反应以致爆炸，所以当金属钠着火时，不能使用四氯化碳灭火。

四氯化碳的高浓度蒸气会刺激黏膜，对中枢神经系统有麻醉作用，对肝肾存在严重损伤，使用时应注意防护。

3. 氟烷（CF₃—CHClBr）

氟烷又称为三氟氯溴乙烷，是一种无色透明、易流动的、易挥发香味的重质液体，可作为全身吸入麻醉药。麻醉作用较乙醚强而迅速，诱导期很短，但镇痛和肌肉松弛作用不强，用量少，无刺激性。可用于小手术或复合麻醉。但该品用量大时，可积蓄于体内造成危害，对肝肾功能不全、心力衰竭的患者慎用或禁用。

目前，临床上常用的麻醉药为恩氟烷（CHF₂—O—CF₂—CHClF）或其同分异构体异氟烷（CHF₂—O—CHCl—CF₃），它们的镇痛作用优于氟烷，其中异氟烷的副作用最小。

⚙ **岗位对接**

氟烷的含量测定

《中国药典》中规定氟烷的鉴别方法为：

（1）取本品 1mL，置试管中，加硫酸 2mL 后，本品应在酸层下面（与甲氧氟烷的区别）。

（2）本品有机氟化物的鉴别反应：取供试品约 7mg，照氧瓶燃烧法进行有机破坏，用水 20mL 与 0.01mol/L 氢氧化钠溶液 6.5mL 为吸收液，待燃烧完毕后，充分振摇；取吸收液 2mL，加茜素氟蓝试液 0.5mL，再加 12% 醋酸钠的稀醋酸溶液 0.2mL，用水稀释至 4mL，加硝酸亚铈试液 0.5mL，即显蓝紫色；同时做空白对照试验。

《中国药典》中规定氟烷的检查方法为：

（1）酸度：取本品 20mL，加水 20mL，振摇 3 分钟后，分取水层，加溴甲酚紫指示液 2 滴与氢氧化钠滴定液（0.01mol/L）0.10mL，应显淡紫色。

（2）卤化物与游离卤素：取本品 15mL，加新沸过的冷水 30mL，振摇 3 分钟后，照下述方法试验。分取水层 5mL，加水 5mL，加硝酸 1 滴与硝酸银试液 0.2mL，如出现浑浊，与对照液（取水层 5mL，加水 5mL，加硝酸 1 滴制成）比较，不得更浓。

---

4. 氯乙烯与聚氯乙烯

氯乙烯，结构简式为 CH_2═$CHCl$，是一种有机化合物，是高分子化工的重要单体，主要用以制造聚氯乙烯的均聚物和共聚物。

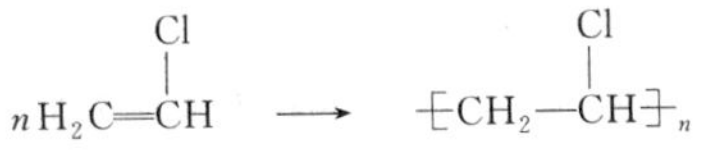

氯乙烯 → 聚氯乙烯

聚氯乙烯（polyvinyl chloride），英文简称 PVC，PVC 曾是世界上产量最大的通用塑料，应用非常广泛。

学习小结

- 卤代烃
  - 1. 卤代烃的分类和命名
    - 卤代烃的分类
      - 按烃基不同分类
        - 脂肪族卤代烃
          - 饱和卤代烃
          - 不饱和卤代烃
        - 芳香族卤代烃
      - 按卤原子所连碳原子数目不同分类——伯卤代烃、仲卤代烃、叔卤代烃
      - 按卤原子数目不同分类
        - 一卤代烃——例:一氯乙烷，局部麻醉冷却
        - 二卤代烃
        - 多卤代烃
          - 例:氯仿，局部麻醉(副作用大，已不用)
          - 例:氟烷，局部麻醉药
      - 按卤素原子不同分类—氟代烃、氯代烃、溴代烃和碘代烃
    - 卤代烃的命名
      - 普通命名法—按烃基进行命名
      - 系统命名法
        - 脂肪族卤代烃
          - 饱和卤代烷烃:以烷烃为母体，卤素原子为取代基
          - 不饱和卤代烃：以不饱和烃为母体，卤素原子为取代基
        - 芳香族卤代烃—卤原子为取代基，按芳香烃的命名规则命名
  - 2. 卤代烃的性质
    - 卤代烃的物理性质
      - 熔点和沸点:变化规律与烷烃相似，比相应的烷烃高
      - 溶解性:难溶于水
    - 卤代烃的化学性质
      - 亲核取代反应
        - 与氢氧化钠水溶液反应生成醇
        - 与醇钠反应生成醚
        - 与氰化钠的醇溶液反应生成腈
        - 与氨反应生成胺
        - 与硝酸银的醇溶液反应生成硝酸酯
      - 消除反应—与氢氧化钠的醇溶液反应生成烯烃
      - 与金属的反应—与Mg在无水乙醚中反应生成格林雅试剂
    - 不同类型卤代烃的鉴别—活性:烯丙型卤代烯烃＞隔离型卤代烯烃＞乙烯型卤代烯烃
  - 3. 重要的卤代烃
    - 三氯甲烷
    - 四氯化碳
    - 氟烷
    - 氯乙烯和聚氯乙烯

课后习题

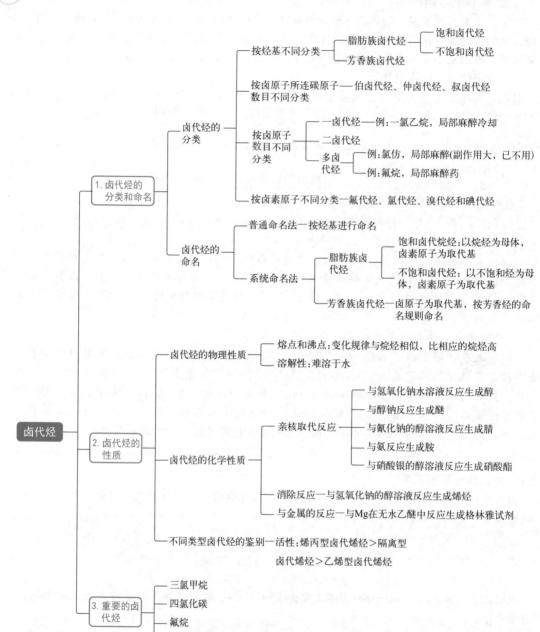

一、名词解释

1. 卤代烃
2. 亲核取代反应
3. 消除反应
4. 格氏试剂
5. 烯丙型卤代烯烃

二、单项选择题

1. 属于不饱和脂肪族卤代烃的是（　　　）。

A. $H_3C-CH_2-\overset{\overset{\displaystyle Cl}{|}}{CH_2}$　　　B. $H_2C=CH-CH_3$　　　C. $H_2C=CH-\overset{\overset{\displaystyle Cl}{|}}{CH_2}$　　　D.

2. 下列属于叔卤代烃的是（　　　）。

A. 3-甲基-1-氯丁烷　　　　　　　　　　B. 2-甲基-2-氯丁烷

C. 2-甲基-3-氯丁烷　　　　　　　　　　D. 2-甲基-1-氯丁烷

3. 下列化合物中属于一元卤代烃的是（　　　）。

A. 1,2-二氯苯　　　B. 氯仿　　　C. 2-氯甲苯　　　D. 2,4-二氯甲苯

4. 卤代烃与氨反应的产物是（　　　）。

A. 腈　　　　　　　B. 胺　　　　　　　C. 醇　　　　　　　D. 烷烃

5. 卤代烃与氰化钠的醇溶液反应的产物是（　　　）。

A. 腈　　　　　　　B. 胺　　　　　　　C. 醇　　　　　　　D. 醚

6. 卤代烃与氨反应的类型是（　　　）。

A. 亲核取代　　　　B. 亲电取代　　　　C. 加成反应　　　　D. 消去反应

7. $CH_3CHBrCH_2CH_3$ 与氢氧化钠的醇溶液反应得到的主要产物是（　　　）。

A. $CH_2=CHCH_2CH_3$　　　　　　　　B. $CH_2=CHCH_2CH_2Br$

C. $CH_3CH(OH)CH_2CH_3$　　　　　　　D. $CH_3CH=CHCH_3$

8. 下列属于卤代烷型的是（　　　）。

A. $CH_2=CHCH_2Cl$　　　　　　　　　B. $CH_2=CHCH_2CH_2Cl$

C. $CH_2=CHCl$　　　　　　　　　　　D. $CH_3CH=CHCl$

9. 下列属于卤代乙烯型的是（　　　）。

A. $CH_2=CHCH_2Cl$　　　　　　　　　B. $CH_2=CHCH_2CH_2Cl$

C. $CH_2=CHCl$　　　　　　　　　　　D. $CH_2=CHCH(CH_3)Cl$

10. 鉴别 $CH_2=CHCH_2Cl$ 和 $(CH_3)_3CBr$ 应选用的试剂是（　　　）。

A. 溴的四氯化碳溶液　　　　　　　　　B. 硝酸银溶液

C. 硝酸银的乙醇溶液　　　　　　　　　D. 溴水

11. 与硝酸银的醇溶液反应，最快的是（　　　）。

A. $CH_2=CHCH_2Cl$　　　　　　　　　B. $CH_2=CHCH_2CH_2Cl$

C. $CH_2=CHCl$　　　　　　　　　　　D. $CH_3CH=CHCl$

12. 与硝酸银的醇溶液反应，加热后也不产生沉淀的是（　　　）。

A. $CH_2=CHCH_2Cl$　　　　　　　　　B. $CH_2=CHCH_2CH_2Cl$

C. $CH_2=CHCl$　　　　　　　　　　　D. $CH_2=CHCH(CH_3)Cl$

13. 在体育比赛中，当运动员肌肉挫伤或扭伤时，能够用于局部冷冻麻醉处理的气雾剂，主要成分是（　　　）。

A. 乙烯　　　　　　B. 乙醚　　　　　　C. 乙醇　　　　　　D. 氯乙烷

14. （　　　）是目前常用的吸入性全身麻醉药之一，其麻醉效果比乙醚强 2～4 倍，对黏膜无刺激，对肝、肾功能不会造成持久性伤害。

A. 氟烷　　　　　　B. 乙烯　　　　　　C. 乙醇　　　　　　D. 氯乙烷

15. 下列物质之间反应属于消除反应的是（　　　）。

A. 光照下甲烷与氯气的反应

B. 氯乙烷与氢氧化钠水溶液共热的反应

C. 乙烯与溴化氢的反应

D. 氯乙烷和氢氧化钠的醇溶液共热

16. 与硝酸银作用最易生成沉淀的是 (   )。

A. $CH_2\!=\!CHCH_2Cl$

B. $CH_3CH\!=\!CHCl$

C. $CH_2\!=\!CHCH_2CH_2CH_2Cl$

D.

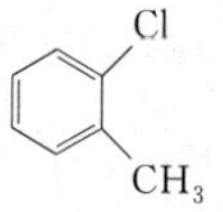

17. 氯乙烯中存在 (   )。

A. p-π 共轭

B. π-π 共轭

C. sp 杂化

D. sp^3 杂化

三、命名下列化合物或写出其结构简式

1.

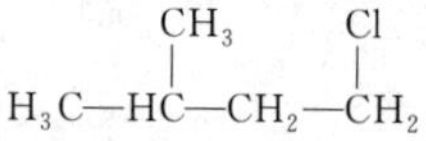

2.

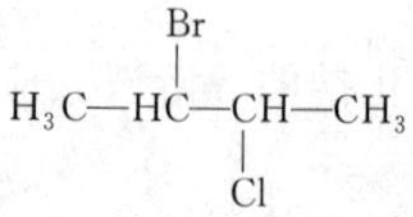

3.

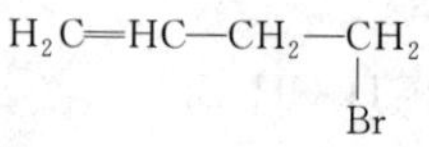

4.

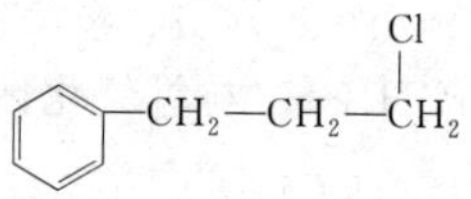

5. 3,3-二甲基-2-氯戊烷

6. 2-苯基-3-氯丁烷

四、完成下列反应式

1.

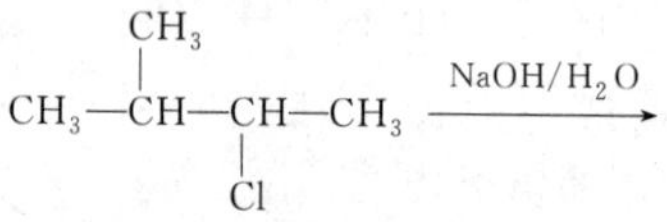

$\xrightarrow{NaOH/H_2O}$

2.

$\xrightarrow{KOH-乙醇}$

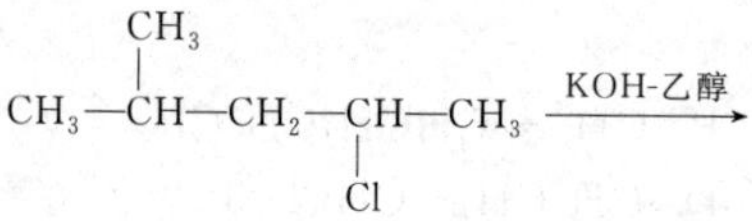

3. $CH_2\!=\!CH\!-\!CH_3 \xrightarrow{HBr} \xrightarrow{NaCN} \xrightarrow{H_2O/H^+}$

4.

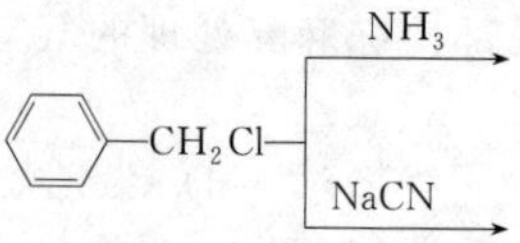

$\xrightarrow{NH_3}$

$\xrightarrow{NaCN}$

五、用化学方法鉴别下列各组物质

1. 3-氯-2-戊烯、4-氯-2-戊烯、5-氯-2-戊烯

2. 丁烷、1-丁烯、1-溴丁烷

六、推断结构

1. 某烃 A 的分子式为 C_6H_{12}，与溴水不反应，在紫外线照射下，1molA 与 1mol 溴单质反应得到产物 $B(C_6H_{11}Br)$，B 与 KOH 的醇溶液加热得到 $C(C_6H_{10})$，C 经酸性 $KMnO_4$ 氧化得到己二酸。写出 A、B、C 的结构式及各步反应式。

2. 某烃 A 的分子式为 C_4H_8，加溴后的产物与 NaOH 的乙醇溶液反应，生成 $B(C_4H_6)$，B 能与溴水反应褪色，并能与 $AgNO_3$ 的氨溶液反应生成沉淀，试推出 A、B 的结构式并写出相关的反应式。

七、问答题

三氯乙烯是一种无色液体，在医学上曾用作麻醉剂，在工业上作为清洗剂、溶剂和萃取剂广泛使用。试写出三氯乙烯与 HBr、Br_2 的反应式。

第七章　醇、酚、醚

学习目标

知识目标：

1. 掌握醇、酚、醚的命名方法和主要化学性质。
2. 熟悉醇、酚、醚的结构、分类和物理特性。
3. 了解常见的醇、酚和醚在医药中的应用。

能力目标：

1. 会用系统命名法命名醇、酚、醚。
2. 能运用化学方法鉴别醇、酚、醚。

素质目标：

1. 培养诚信、友善的社会主义核心价值观。
2. 提高责任意识与专业素养。

案例分析

　　2006 年 4 月 22 日和 4 月 24 日，黑龙江省某医院住院的重症肝炎病人中先后出现 2 例急性肾功能衰竭症状，至 4 月 29 日、30 日又出现多例相同病症病人，引起该院高度重视，及时组织肝肾疾病专家会诊，分析原因是患者新近使用齐齐哈尔第二制药有限公司生产的"亮菌甲素注射液"。5 月 15 日国家食品药品监督管理局通报了查处齐齐哈尔第二制药有限公司假药案进展情况：齐二药违反有关规定，将"二甘醇"辅料用于"亮菌甲素注射液"生产，导致多人肾功能急性衰竭。经查，犯罪嫌疑人王桂平于 2005 年 9 月以江苏泰兴化工总厂名义用"二甘醇"1 吨假冒"丙二醇"销售给齐二药，其在购销活动中还存在伪造药品注册证、药品生产许可证等违法行为；齐二药生产和质量管理混乱，检验环节失控，检验人员违反 GMP 有关规定，将"二甘醇"判为"丙二醇"投料生产；"二甘醇"在病人体内氧化成草酸，导致肾功能急性衰竭。那"二甘醇"和"丙二醇"是同类的有机化合物吗？它们的结构有什么不同？

　　分析：丙二醇，又名 1,2-丙二醇，无色、黏稠、稳定的吸水性液体，几乎无味无臭，属于醇。二甘醇，又名二乙二醇醚，中间有个醚键，为无色、无臭、透明、吸湿性的黏稠液体，有着辛辣的甜味，无腐蚀性，低毒。二甘醇能引起肾脏病理改变及尿路结石。人一次口服致死量估计为 1mL/kg。服用二甘醇后约 24 小时出现恶心、呕吐、腹痛、腹泻等肠胃道症状，随之出现头痛、肾区疼痛、一时性多尿然后少尿、嗜睡、面部轻度浮肿等。无尿发生后 2～7 日内昏迷而死。

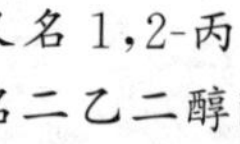

$$\underset{\text{丙二醇}}{\underset{\mid\quad\mid}{\underset{\text{OH}\ \text{OH}}{CH_3CHCH_2}}} \qquad\qquad \underset{\text{二甘醇}}{HOCH_2CH_2-O-CH_2CH_2OH}$$

醇、酚、醚分子组成中都含有 C、H、O 三种元素，都属于烃的含氧衍生物。羟基与饱和碳原子相连者称为醇，羟基与芳环碳原子相连者称为酚。一元醇或酚可看作是水分子中的一个氢原子被烃基取代的化合物，分别用 R—OH 和 Ar—OH 表示。醚类化合物都含有醚键，可以看成水分子中的两个氢原子均被烃基取代的化合物，即醚是由一个氧原子连接两个烷基或芳基所形成，醚的通式为（Ar）R—O—R′（Ar）。

R—OH	Ar—OH	（Ar）R—O—R′（Ar）
醇	酚	醚

醇、酚、醚是重要的有机化合物，在医药学中有重要用途。医院里常用的消毒酒精是体积分数为 0.75 的乙醇水溶液；"来苏儿"，又称甲酚皂液，是医院常用的消毒剂，常用于器械、环境消毒；乙醚曾用作医用麻醉剂。

第一节　醇

一、醇的结构、分类和命名

（一）醇的结构

醇的结构特点是羟基直接与饱和碳原子相连，醇分子中的氧原子采取不等性 sp^3 杂化，O—H 键是氧原子以一个 sp^3 杂化轨道与氢原子的 1s 轨道相互重叠成键的，C—O 键是氧原子的另一个 sp^3 杂化轨道与碳原子的一个 sp^3 杂化轨道相互重叠而成。此外，氧原子还有两对孤对电子分别占据其他两个 sp^3 杂化轨道，具有四面体结构。图 7-1 是甲醇的结构示意图。

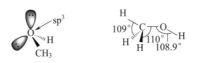

图 7-1　甲醇的结构

由于氧原子的电负性强于碳原子，醇分子中的 C—O 键的电子云偏向于氧原子，为极性共价键，因此醇为极性分子。

（二）醇的分类

（1）醇可按分子中所含羟基数目分为一元醇、二元醇、三元醇等。二元及二元以上的醇统称为多元醇。

$$CH_3CH_2OH$$
乙醇（一元醇）

$$\begin{array}{c} CH_2CH_2 \\ | \quad | \\ OH \ OH \end{array}$$
乙二醇（二元醇）

$$\begin{array}{c} CH_2CHCH_2 \\ | \quad | \ | \\ OH \ OHOH \end{array}$$
丙三醇（三元醇）

（2）醇按羟基所连烃基的结构不同可分为脂肪醇（包括饱和醇、不饱和醇）、脂环醇和芳香醇。例如：

$$CH_3CH_2CH_2OH$$
正丙醇（饱和醇）

$$CH_3CH=CHCH_2OH$$
2-丁烯-1-醇（不饱和醇）

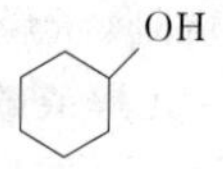

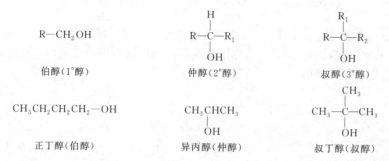

环己醇（脂环醇） 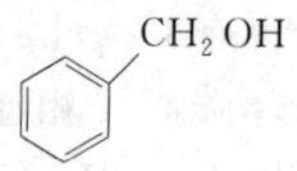　　　　　苯甲醇（芳香醇）

（3）除甲醇外，其他醇又可按羟基所连碳原子的类型不同，可分为伯醇（1°醇）、仲醇（2°醇）和叔醇（3°醇）。伯、仲、叔醇分别是指羟基连接在伯、仲、叔碳原子上。

$$R-CH_2OH$$

伯醇（1°醇）

$$R-\underset{\underset{OH}{|}}{\overset{\overset{H}{|}}{C}}-R_1$$

仲醇（2°醇）

$$R-\underset{\underset{OH}{|}}{\overset{\overset{R_1}{|}}{C}}-R_2$$

叔醇（3°醇）

$$CH_3CH_2CH_2CH_2-OH$$

正丁醇（伯醇）

$$CH_3\underset{\underset{OH}{|}}{C}HCH_3$$

异丙醇（仲醇）

$$CH_3-\underset{\underset{OH}{|}}{\overset{\overset{CH_3}{|}}{C}}-CH_3$$

叔丁醇（叔醇）

（三）醇的命名

醇的命名法包括普通命名法和系统命名法。

1. 普通命名法

一般适用于结构简单的醇，通常在"醇"前加上烃基名称来命名，称为"某醇"。例如：

醇的命名

$$CH_3CH_2OH$$

乙醇

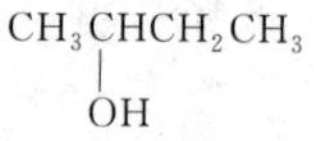

$$CH_3\underset{\underset{OH}{|}}{C}HCH_3$$

异丁醇

$$CH_3-\underset{\underset{OH}{|}}{\overset{\overset{CH_3}{|}}{C}}-CH_3$$

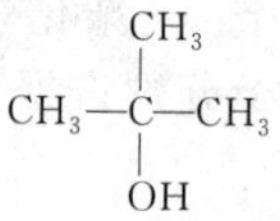

叔丁醇

$$H_2C=CHCH_2-OH$$

烯丙醇

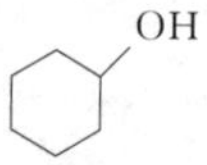

环己醇

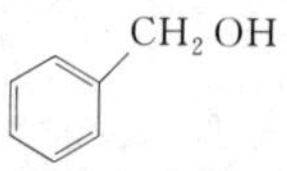

苯甲醇（苄醇）

有些醇存在自然界中，根据其存在或来源有相应的俗名。例如：

$$CH_3OH$$

木精（甲醇）

$$CH_3CH_2OH$$

酒精（乙醇）

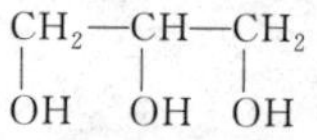

$$\underset{OH}{C}H_2-\underset{OH}{C}H-\underset{OH}{C}H_2$$

甘油（丙三醇）

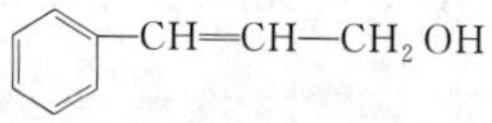

肉桂醇（3-苯基-2-丙烯-1-醇）

$$CH_3CH=CHCH_2-OH$$

巴豆醇（2-丁烯-1-醇）

2. 系统命名法

对于结构复杂的醇则采用系统命名法，其命名原则如下：

（1）**饱和一元醇的命名**　选择含有羟基所连的碳原子在内的最长碳链为主链，支链作为取代基，根据主链所含碳原子数目称为"某醇"；从靠近羟基的一端将主链碳原子依次用阿拉伯数字编号，使羟基所连的碳原子的位次尽可能小，在"某"字前用阿拉伯数字标出羟基的位次；命名时把取代基的位次、数目、名称及羟基的位次依次写在母体名称"某醇"的前面，阿拉伯数字和汉字之间用半字线隔开。例如：

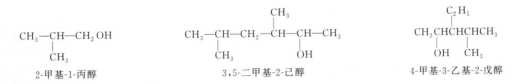

2-甲基-1-丙醇　　　　　3,5-二甲基-2-己醇　　　　　4-甲基-3-乙基-2-戊醇

（2）**不饱和一元醇的命名**　其命名与饱和一元醇相似，但应选择含有羟基的碳原子并包含不饱和键在内的最长碳链作为主链，根据主链碳原子个数，母体名称为"某烯醇"或"某炔醇"；从靠近羟基一端开始编号，先考虑羟基，再考虑不饱和键，使二者所处的位次均最小；命名时需在"某烯"或"某炔"前标注不饱和键的位次，"醇"字前标注羟基的位次。例如：

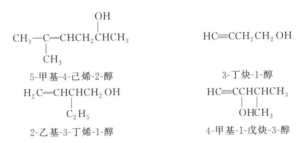

5-甲基-4-己烯-2-醇　　　　　　　　3-丁炔-1-醇

2-乙基-3-丁烯-1-醇　　　　　　　　4-甲基-1-戊炔-3-醇

（3）**脂环醇的命名**　根据与羟基相连的脂环烃基命名为"环某醇"，从羟基所连的环碳原子开始编号，同时使环上其他取代基处于较小位次。例如：

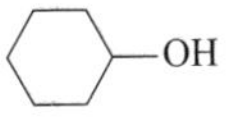

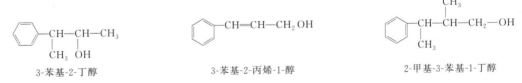

环己醇 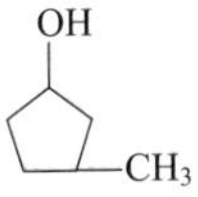　　　　　　3-甲基环戊醇 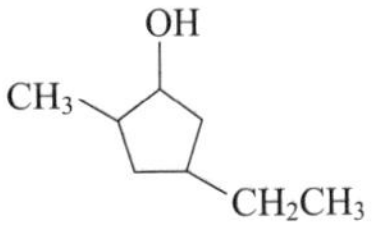　　　　　2-甲基-4-乙基环戊醇

（4）**芳香醇的命名**　对于芳香醇，通常把侧链的脂肪醇作为母体，将芳基作为取代基。例如：

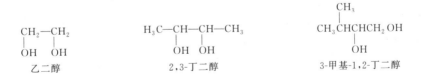

3-苯基-2-丁醇　　　　　　　3-苯基-2-丙烯-1-醇　　　　　　2-甲基-3-苯基-1-丁醇

（5）**多元醇命名**　多元醇的命名，选择含有尽可能多的羟基的碳链作为主链，根据羟基的数目称为某二醇、某三醇等，并在名称前标注羟基的位次。例如：

CH₂—CH₂　　　　　　H₃C—CH—CH—CH₃　　　　　CH₃CHCHCH₂OH
|　　|　　　　　　　　　　　|　　|　　　　　　　　　　|
OH　OH　　　　　　　　　OH　OH　　　　　　　　　OH

乙二醇　　　　　　　　　　2,3-丁二醇　　　　　　　　　3-甲基-1,2-丁二醇

👥 课堂练习

对下列醇进行命名或写结构式，并指出各属哪类醇。

1. 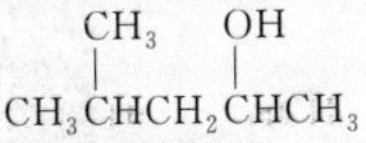 CH₃CHCH₂CHCH₃
　　|　　　|
　　CH₃　OH

2. 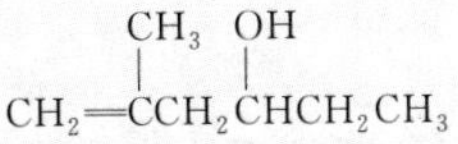 CH₂=CCH₂CHCH₂CH₃
　　　　|　　　|
　　　　CH₃　OH

3. 仲丁醇

4. 1,2-丙二醇

二、醇的性质

（一）醇的物理性质

1. 物质状态

低级一元饱和醇（C_1 到 C_4）为无色流动液体，较高级的醇（C_5 到 C_{11}）为具有特殊气味黏稠的液体，高级醇（C_{12} 及以上）为无色无味的蜡状固体。

2. 沸点

直链饱和一元醇沸点的变化与烷烃相似，随碳原子数的增加而升高。碳原子数相同的醇，含支链愈多者沸点愈低。例如：正丁醇沸点 117.8℃、异丁醇沸点 108℃、仲丁醇 99.5℃、叔丁醇 82℃。醇的沸点比分子量相近的烷烃要高，例如乙醇的沸点比乙烷高 167℃。这是由于液态醇分子中的羟基之间可以通过氢键缔合（见图 7-2）。液态醇汽化成单个分子，不仅要克服分子间的范德华引力，还要破坏氢键，需要更高的能量。当然，醇分子中的烃基对于氢键的形成具有一定的阻碍。烃基增大，阻碍力增强，醇分子间的氢键缔合程度减弱，因而随着醇的分子量的增大，醇的沸点也与相应烃的沸点越来越接近。

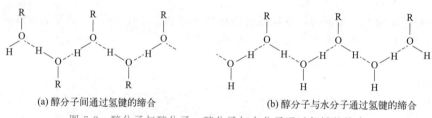

(a) 醇分子间通过氢键的缔合　　(b) 醇分子与水分子通过氢键的缔合

图 7-2　醇分子与醇分子、醇分子与水分子通过氢键的缔合

3. 溶解性

除了醇分子之间可以形成氢键以外，醇分子与水分子之间也可形成氢键（见图 7-2）。因此，低级醇（C_3 以下）能以任何比例与水互溶。随着醇分子烃基（疏水基）的增大，羟基（亲水基）所占比例越来越小，跟水分子形成氢键的能力减小，溶解度也会下降，高级醇几乎不溶于水。多元醇中，羟基的数目增多，可形成更多的氢键，所以多元醇的溶解度更大。

4. 密度

一元饱和醇的密度虽比相应的烷烃大，但仍比水轻，相对密度都小于 1。

（二）醇的化学性质

在醇分子中，由于氧的电负性比较大，C—O 键和 O—H 键都是较强的极性键，容易发生断裂，对醇的性质起着决定性的作用。此外，由于羟基的影响使 α-H 原子和 β-H 原子也具有一定的活性。因此醇的化学反应主要发生在以下几个部位：O—H 键断裂，表现为酸性；C—O 键断裂，羟基被取代；α-H 的氧化反应和 β-H 的消除反应。

O—H 键断裂：表现为弱酸性

$$R-\underset{H}{\overset{\beta}{C}}H-\underset{H}{\overset{\alpha}{C}}H-O-H$$

C—O 键断裂：羟基被取代

C_β—H 键断裂：消除反应　　C_α—H 键断裂：氧化反应

1. 醇的弱酸性

醇分子中，O—H 是极性键，容易断裂而给出质子，具有一定的酸性，可以和活泼金属反应，羟基氢原子被金属取代生成醇盐并放出氢气。

$$2R\!-\!O\!\mid\!H + 2Na \longrightarrow 2R\!-\!ONa + H_2\uparrow$$

如乙醇与金属钠反应生成乙醇钠和氢气，反应式为：

$$2CH_3CH_2OH + 2Na \longrightarrow 2CH_3CH_2ONa + H_2\uparrow$$
$$\text{乙醇钠}$$

此反应和水与金属钠的反应相似，但反应速率比水慢，说明醇的酸性比水弱，则其共轭碱烷氧基（RO^-）的碱性比 OH^- 强，所以醇钠遇水会分解为醇和氢氧化钠。工业上生产乙醇钠时，为了避免有危险性的金属钠，常采用氢氧化钠与乙醇反应，同时采取措施除去生成的水，以使平衡向生成醇钠一方移动。

$$CH_3CH_2OH + NaOH \rightleftharpoons CH_3CH_2ONa + H_2O$$

不同的醇和金属反应的活性取决于醇的酸性，酸性越强，反应速率越快。醇的酸性强弱跟醇羟基连接的烃基有关，由于烃基的给电子诱导效应使得羟基中氧原子上的电子云密度增大，减弱了氧吸引氢氧间电子对的能力，所以随着 $\alpha\text{-}C$ 原子上的烷基取代基的增多，烷基给电子能力增强，醇的酸性减弱。故醇的反应速率：甲醇＞伯醇＞仲醇＞叔醇。

课堂讨论

实验室如何销毁反应中残余的金属钠？

2. 成酯反应

醇与含氧无机酸、有机酸作用都可以生成相应的酯。醇与有机酸反应生成有机酸酯，详见羧酸有关内容。醇与无机含氧酸（硝酸、硫酸、磷酸等）作用，分子间脱水生成相应的无机酸酯。

（1）与硝酸反应　甘油与硝酸作用生成的甘油三硝酸酯。

$$\begin{array}{l} CH_2\!-\!OH \\ | \\ CH\!-\!OH \\ | \\ CH_2\!-\!OH \end{array} + 3HONO_2 \longrightarrow \begin{array}{l} CH_2\!-\!ONO_2 \\ | \\ CH\!-\!ONO_2 \\ | \\ CH_2\!-\!ONO_2 \end{array} + 3H_2O$$

甘油三硝酸酯（硝化甘油）

甘油三硝酸酯，俗称硝化甘油，是缓解心绞痛药物。它受到震动或撞击能猛烈分解引起爆炸，故也可用作炸药。

化学史话

诺贝尔

阿尔弗雷德·伯纳德·诺贝尔（1833—1896），是瑞典化学家、工程师、发明家、军工装备制造商和炸药的发明者。他一生致力于炸药的研究，在硝化甘油的研究方面取得了重大成就。他不仅从事理论研究，而且进行工业实践，一生积累了巨额财富。

诺贝尔一生勤奋、终身不娶，把毕生的精力都献给了人类的科学事业。1896 年 12 月 10 日，诺贝尔在意大利圣雷莫因脑溢血逝世。逝世的前一年，他留下遗嘱，将自己遗产作为基金，基金每年的利息，奖励在物理学、化学、生理学或医学、文学、和平五个领域中成就最突出的人。这就是当今国际上具有崇高荣誉的诺贝尔奖。诺贝尔奖从 1901 年设置，每年的诺贝尔奖都在他去世的 12 月 10 日首次颁发。人造元素锘（Nobelium）就是以诺贝尔命名的，以此来纪念这位为化学做出卓越贡献的科学家。

（2）与硫酸反应　醇与浓硫酸作用，可生成硫酸氢烷基酯或硫酸二烷基酯。例如，甲醇与浓硫酸反应，首先生成硫酸氢甲酯，再经减压蒸馏可得硫酸二甲酯。

$$CH_3OH + H_2SO_4 \xrightarrow{<100℃} CH_3OSOOH + H_2O$$

硫酸氢甲酯

$$2CH_3OSOOH \xrightarrow{减压蒸馏} CH_3OSOOCH_3 + H_2SO_4$$

硫酸二甲酯

3. 取代反应

醇与氢卤酸发生取代反应，卤素取代醇当中的羟基，生成卤代烃和水，断键规律如下。

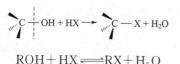

醇与无机
酸的反应

$$ROH + HX \rightleftharpoons RX + H_2O$$

醇与氢卤酸反应的难易程度，与氢卤酸的类型和醇的构造有关。对于同一种醇而言，氢卤酸（HX）的反应活性顺序：HI＞HBr＞HCl（HF 一般不反应）；对于相同的氢卤酸，醇的活性顺序：烯丙醇、苄醇＞叔醇＞仲醇＞伯醇。

浓盐酸和无水氯化锌的混合物称为卢卡斯（Lucas）试剂，卢卡斯试剂与伯、仲、叔醇反应的速率不同，这个性质可用于鉴别六个碳以下的低级醇。反应生成的卤代烃不溶，会出现浑浊或分层现象。室温条件下，叔醇与卢卡斯试剂很快发生反应，立刻出现浑浊；仲醇作用稍慢，需要静置几分钟后才变浑浊或分层；伯醇在常温下放置数小时也无明显现象。

$$R-\overset{\overset{R''}{|}}{\underset{\underset{R'}{|}}{C}}-OH + HCl \xrightarrow[20℃]{ZnCl_2} R-\overset{\overset{R''}{|}}{\underset{\underset{R'}{|}}{C}}-Cl + H_2O \quad 立即浑浊$$

$$R-\overset{\overset{H}{|}}{\underset{\underset{R'}{|}}{C}}-OH + HCl \xrightarrow[20℃]{ZnCl_2} R-\overset{\overset{H}{|}}{\underset{\underset{R'}{|}}{C}}-Cl + H_2O \quad 数分钟后浑浊$$

$$RCH_2OH + HCl \xrightarrow[\triangle]{ZnCl_2} RCH_2Cl + H_2O \quad 加热后浑浊$$

4. 脱水反应

醇在 H_2SO_4 或 H_3PO_4 的催化作用下，加热可发生分子间或分子内的脱水反应，分别生成醚和烯烃。脱水方式取决于反应条件和醇的结构。

（1）分子内脱水　在较高的温度条件下，有利于醇发生分子内脱水生成烯烃，例如将乙醇在较高温度下（170℃）与浓硫酸作用，乙醇可发生分子内脱水生成乙烯。

醇的脱水
反应

$$\overset{\beta}{CH_2}-\overset{\alpha}{CH_2} \xrightarrow[170℃]{浓H_2SO_4} CH_2=CH_2 + H_2O$$
$$\overline{[H \quad OH]}$$

醇分子内脱水生成烯烃的反应属于消除反应。断键规律是醇羟基和 β-H 脱去，分子内脱去 1 分子水，α-碳和 β-碳间形成双键。当醇分子中有多个 β-H 可供消除的时候反应遵循扎依采夫规则，即氢原子从含氢较少的 β-碳上脱去，主要

扎依采夫规则

产物是双键碳原子上连有较多烃基的烯烃。

$$CH_3-\underset{\underset{OH}{|}}{\overset{\overset{CH_3}{|}}{C}}-\overset{\alpha}{}\underset{\beta}{CH_2CH_3} \xrightarrow[\triangle]{H_2SO_4} \underset{\underset{CH_3}{|}}{CH_3C}=CHCH_3 + H_2O$$

不同类型的醇发生分子内脱水的难易程度相差很大，其活性顺序为叔醇＞仲醇＞伯醇。

（2）分子间脱水　醇能发生分子间脱水生成醚，与分子内脱水相比，分子间脱水反应温度要低一些。例如：乙醇在浓硫酸存在下加热到140℃，发生分子间脱水生成乙醚。

$$CH_3CH_2O\overline{H + H}OCH_2CH_3 \xrightarrow[140℃]{浓H_2SO_4} CH_3CH_2OCH_2CH_3 + H_2O$$

观察方程式，断键规律为两分子醇脱去一分子水，一个醇脱去醇羟基，一个醇脱去羟基中的 H。

在酸催化下，醇既可以进行分子间脱水也可以发生分子内脱水，两者是相互竞争的关系。一般情况是，较低温度有利于分子间脱水生成醚；较高温度有利于分子内脱水生成烯烃。叔醇易发生分子内脱水，主要生成烯烃；伯醇发生分子间脱水倾向大，主要生成醚。

5. 氧化反应

醇分子中的 α-H 原子受到羟基的影响，比较活泼易被氧化。常用的氧化剂是 $K_2Cr_2O_7/H_2SO_4$，有时也采用 $KMnO_4$ 或 MnO_2 等。不同结构的醇，其氧化反应的难易程度和氧化产物也不同。伯醇先氧化为醛，醛继续氧化生成羧酸。

醇的氧化
反应

$$R-CH_2OH \xrightarrow[或 KMnO_4]{K_2Cr_2O_7/H_2SO_4} R-CHO \xrightarrow[或 KMnO_4]{K_2Cr_2O_7/H_2SO_4} R-COOH$$

仲醇氧化则生成酮，酮比较稳定，在同样条件下不容易被继续氧化。

$$\underset{\underset{OH}{|}}{R-CH}-R' \xrightarrow{K_2Cr_2O_7/H_2SO_4} \underset{\underset{O}{||}}{R-C}-R'$$

伯醇和仲醇被重铬酸钾的酸性溶液氧化时，溶液颜色由橙红色转变为绿色，其原理是伯醇、仲醇分别被氧化成羧酸、酮，而 $Cr_2O_7^{2-}$（橙红色）则被还原为 Cr^{3+}（绿色）。叔醇因无 α-H 原子，在同等条件下不易被氧化，所以常利用该反应将叔醇与伯醇、仲醇区分开。但是叔醇若在强烈条件下氧化，则发生碳碳键断裂，生成小分子产物。

此外，伯醇或仲醇的蒸气在高温下通过催化剂（如活性铜或银、镍等）的表面时，可发生脱氢反应，分别生成醛和酮，这是催化氢化反应的逆过程。例如：

$$CH_3CH_2OH \xrightarrow[250\sim350℃]{Cu} CH_3CHO + H_2$$

$$\underset{\underset{OH}{|}}{CH_3CHCH_3} \xrightarrow[500℃，0.3MPa]{Cu} \underset{\underset{O}{||}}{CH_3CCH_3} + H_2$$

由于羟基的影响，使得醇分子中的 α-H 原子比较活泼，容易和羟基上的氢原子一起脱去。伯醇、仲醇发生脱氢反应时，α-H 和羟基均脱去一个氢原子生成相应醛和酮；叔醇由于没有 α-H，不能发生脱氢氧化反应。

🌸 **案例分析**

酒驾严重危害公共交通安全，交通警察通过酒精分析仪可以快速检查驾驶员是否喝酒，就是利用了醇的氧化反应原理，你能解释一下吗？

分析：如果司机确实饮过酒，他呼出的气体中一定含有乙醇蒸气。分析仪内的重铬酸钾遇到乙醇后发生氧化还原反应，乙醇被氧化成乙酸，而 $Cr_2O_7^{2-}$（橙红色）则被还原为 Cr^{3+}（绿色），由原先的橙红色变成墨绿色。

$$3C_2H_5OH + 2K_2Cr_2O_7 + 8H_2SO_4 \longrightarrow 3CH_3COOH + 2Cr_2(SO_4)_3 + 2K_2SO_4 + 11H_2O$$

随着颜色的变化，分析器内会发出一阵蜂鸣声，表示已"捕捉"到了乙醇。警察根据酒精分析器发出的声音，便可判断出司机是否酒后驾车。

6. 多元醇的特性

多元醇分子中的羟基比较多，醇分子之间、醇分子与水分子之间形成氢键的机会相应增大，因此，低级多元醇的沸点比同碳原子数的一元醇高很多；羟基的增多还会使醇具有甜味，如丙三醇就具有甜味，所以又称甘油。

多元醇的性质

多元醇具有醇羟基的一般性质，邻位二醇具有一些特殊的性质。具有邻二醇结构的多元醇如乙二醇、丙三醇等，能与氢氧化铜作用生成深蓝色物质，如甘油和氢氧化铜反应，生成深蓝色的甘油铜，利用此反应可以鉴别此类多元醇。

$$\begin{array}{l} CH_2-OH \\ | \\ CH-OH \\ | \\ CH_2-OH \end{array} + Cu(OH)_2 \longrightarrow \begin{array}{l} CH_2-O \\ \diagdown Cu \\ CH-O\diagup \\ | \\ CH_2-OH \end{array} + H_2O$$

甘油酮

三、重要的醇

（一）甲醇

甲醇是最为简单的饱和一元醇，最早是用木材干馏制得，故俗称木精，为无色、易挥发、透明、有酒精气味的液体，能与水和多数有机溶剂互溶。甲醇是重要的工业原料，也是常用的溶剂，可用于制备甲醛和甲基化试剂等。此外，甲醇在深加工后可作为一种新型清洁燃料，可混入汽油中或单独用作汽车或喷气式飞机的燃料。需要特别注意的是，甲醇对人体有强烈毒性，因为甲醇在人体新陈代谢中会氧化成比甲醇毒性更强的甲醛和甲酸，因此饮用含有甲醇的酒可引致失明、肝病甚至死亡。误饮 4mL 以上就会出现中毒症状，超过 10mL 即可因对视神经的永久破坏而导致失明，30mL 已能导致死亡。

🌐 **科技前沿**

甲醇燃料在船用发动机上的应用进展

能源作为经济社会发展的驱动力，也是现代人类生存的基础。随着我国经济建设的发展，对于能源的需求也在不断增加。2014 年，中国石油对外依存度在 59.5% 左右，对外依存度也明显超过警戒线，因此直接影响了能源安全。当前来说，寻找合适的替代能源是促进中国能源发展的基本战略。

甲醇，作为一种能够代替汽油的能源，可以缓解当下社会对于原油的依赖，具有较大的经济、社会意义。甲醇作为一种新型清洁性燃料，整体动力较强，同时制取丰富。在安全性方面，甲醇较液化天然气、液化石油气更安全，在船用领域，相对应的船用甲醇发动机的研发和推广也在稳步进行。

目前，国内外一部分发动机厂商正在船用甲醇发动机的研发赛道上快速前进，如德国 MAN ES 公司的二冲程发动机已经成功地实现了大规模商业化应用，国内淄柴机器有限公司已完成船用中高速甲醇/柴油双燃料发动机的技术鉴定和样机制造。此外，船用甲醇燃料其他设施的研发制作也正在如火如荼地开展，如中国远洋海运集团有限公司旗下的南通远洋船舶配套有限公司已开展甲醇锅炉的样机制作与燃烧试验工作。按照这种趋势，预计到 2025 年，船用甲醇燃料市场将迎来百花齐放的新阶段。

（二）乙醇

乙醇是酒的主要成分，故俗名酒精，是一种易燃、易挥发的无色透明，具有特殊香味的液体，沸点 78.5℃，密度比水小，能与水和多数有机溶剂混溶。乙醇是一种很好的溶剂，常用乙醇来溶解植物色素或其中的药用成分，也常用乙醇作为反应的溶剂。乙醇在医药方面也具有广泛用途，70%～75%乙醇水溶液作外用消毒剂，因为它能使细菌蛋白质脱水变性。长期卧床病人用 50%乙醇溶液涂擦皮肤，有收敛作用，并能促进血液循环，可预防褥疮。此外在医药上常用乙醇配制酊剂，如碘酊，俗称碘酒，就是碘和碘化钾的乙醇溶液。

乙醇

乙醇（动画）

（三）乙二醇

乙二醇俗称甘醇，是多元醇中较简单，工业上较重要的二元醇。乙二醇是带有甜味但有毒性的黏稠液体，含 40%（体积）乙二醇的水溶液冰点为－25℃，60%（体积）的水溶液的冰点为－49℃，由于水溶液的冰点低，在水中的溶解度又大，因此，乙二醇是良好的防冻液。运用科学的方法使更多乙二醇分子缩合而成的高聚体的混合物，称为聚乙二醇。聚乙二醇工业上用途很广，可以用作乳化剂、软化剂以及气体净化剂等。

（四）丙三醇

丙三醇俗名甘油，为无色、吸湿性强、有甜味的黏稠液体，沸点 290℃，能与水或乙醇混溶。甘油有润肤作用，但它的吸湿性很强，会对皮肤产生刺激，所以在使用时须先用适量水稀释。在医药上甘油可用作溶剂，如酚甘油、碘甘油等。对便秘患者，常用甘油栓剂或 50%甘油溶液灌肠，它既有润滑作用，又能产生高渗压，可引起排便反射。甘油三硝酸酯（俗称硝化甘油）是缓解心绞痛药物。

（五）甘露醇

甘露醇是一种己六醇，白色结晶粉末，味甜，广泛存在于植物中，如许多水果及蔬菜中均含有甘露醇。20%的甘露醇在临床上用作渗透性利尿药，能提高血浆的渗透压，使组织间液水分向血管内转移，产生组织脱水和利尿作用，还可以降低颅内压，消除水肿，对治疗脑水肿与循环衰竭有效。

（六）苯甲醇

苯甲醇又名苄醇，具有芳香气味的无色液体，是最简单的芳香醇，微溶于水，可与乙醇、乙醚混溶。常以酯的形式存在于植物香精油中。苯甲醇具有微弱的麻醉作用和防腐作用，也可作为局部止痒剂。

第二节　酚

酚是芳香烃分子中芳环上的氢原子被羟基取代后生成的化合物，酚中的羟基称为酚羟基，是酚的官能团。

一、酚的结构、分类和命名

（一）酚的结构

羟基直接与芳环相连的化合物称为酚，通式 Ar-OH。最简单的酚是苯酚，

酚的结构、分类和命名

苯酚分子中，苯环碳原子为 sp^2 杂化，羟基的氧原子也采取 sp^2 杂化。氧原子的一个 sp^2 杂化轨道与碳原子的 sp^2 杂化轨道相互重叠形成 C—O 键，氧原子的另一个 sp^2 杂化轨道与氢原子 1s 轨道形成 O—H 键。氧上有两对孤对电子，一对占据剩下的 sp^2 杂化轨道，另一对占据未参与杂化的 p 轨道。该 p 轨道和苯环 π 轨道侧面重叠形成 p-π 共轭（见图 7-3），导致氧原子上的未共用电子对可离域到苯环上。

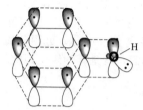

图 7-3　苯酚 p-π 共轭体系的轨道示意图

（二）酚的分类

（1）根据酚羟基的数目，酚可以分为一元酚、二元酚和三元酚等，通常含有两个以上酚羟基的酚统称为多元酚。

苯酚
（一元酚）

邻苯二酚（1,2-苯二酚）
（二元酚）

连苯三酚（1,2,3-苯三酚）
（多元酚）

（2）根据芳香烃基的不同又可分为苯酚、萘酚等，其中萘酚因羟基位置不同又分为 α-萘酚和 β-萘酚。

苯酚

α-萘酚

β-萘酚

（三）酚的命名

1. 一元酚

一般是以芳环名称加"酚"字为母体，苯酚从羟基所连的碳原子开始编号，使其他取代基的位次最低，最后在母体名称前面依次列出取代基的位次、数目和名称。当苯酚的芳环上有一个取代基时，取代基的位置也可用邻、间、对表示。例如：

4-甲基苯酚
（对甲基苯酚）

2-氯苯酚
（间氯苯酚）

3-甲基-4-硝基苯酚

2. 多元酚

多元酚的命名与一元酚类似，只是需用汉字数字表明羟基的数目，并用阿拉伯数字依次标明羟基的位次。例如：

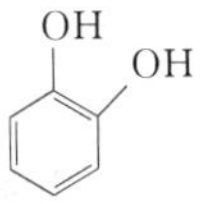

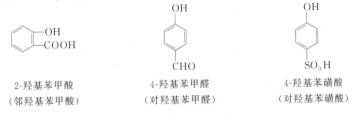

1,2-苯二酚
（邻苯二酚）

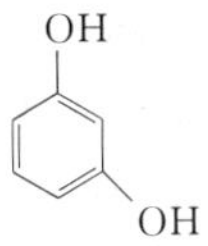

1,3-苯二酚
（间苯二酚）

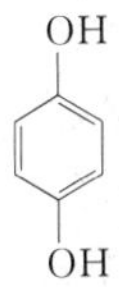

1,4-苯二酚
（对苯二酚）

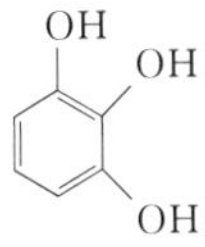

1,2,3-苯三酚
（连苯三酚）

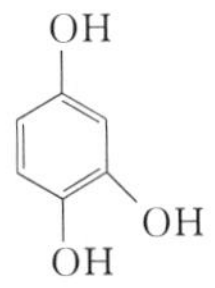

1,2,4-苯三酚
（偏苯三酚）

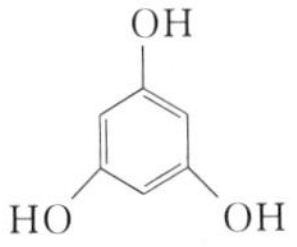

1,3,5-苯三酚
（均苯三酚）

3. 结构复杂的酚

按照官能团优先规则，若苯环上有比羟基优先的基团，则将羟基作为取代基来命名，常见官能团的先后排列次序为：—COOH，—SO$_3$H，—CHO，—OH（醇），—OH（酚），—NH$_2$，—R（烷基），—Cl，—NO$_2$。例如：

2-羟基苯甲酸
（邻羟基苯甲酸）

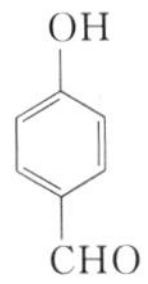

4-羟基苯甲醛
（对羟基苯甲醛）

4-羟基苯磺酸
（对羟基苯磺酸）

课堂练习

对下列酚进行命名或写结构式。

1.

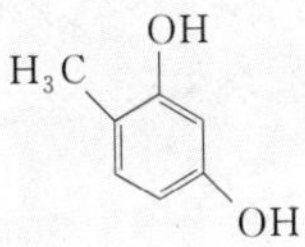

2.

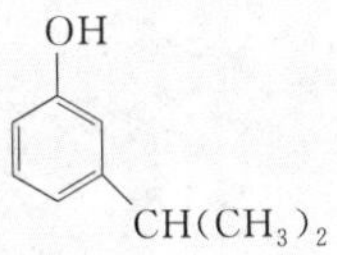

3. 5-甲基-2-异丙基苯酚   4. 2,4,6-三硝基苯酚

二、酚的性质

（一）酚的物理性质

多数酚类室温下为固体，少数的烷基酚为液体。纯酚一般没有颜色，但往往在空气中易被氧化而带黄色或红色。大多数酚有难闻的气味，能溶于乙醇、乙醚和苯等有机溶剂。

酚类与醇类一样，由于酚中含有羟基，分子之间及与水分子之间能够形成氢键，所以酚类的沸点和水溶性要比分子量相当的烃类高，其相对密度都大于 1。常温下酚在水中的溶解度并不大，加热时易溶于水，且溶解度随着羟基数目的增多而增大，所以多元酚更易溶于水。

（二）酚的化学性质

在酚分子（如苯酚）中，氧原子未共用电子对所处的 p 轨道与苯环的 π 键侧

酚的化学性质

面交盖，形成 p-π 共轭体系。p-π 共轭的结果表现在：①氧原子的 p 电子云向苯环偏移，这使得氧原子上的电子云密度降低，增强了 O—H 的极性，有利于酚解离出质子，所以呈酸性；②增加了苯环上的电子云密度，易于芳环上发生亲电取代，且主要发生在羟基的邻、对位。除此之外，酚还能发生一些特殊的重要反应。

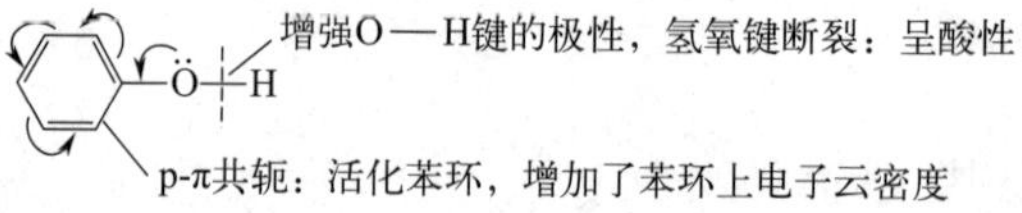

增强 O—H 键的极性，氢氧键断裂：呈酸性
p-π 共轭：活化苯环，增加了苯环上电子云密度

1. 酸性

苯酚俗称石炭酸，具有弱酸性。除了能和活泼金属反应外，还能与强碱溶液作用生成盐和水。

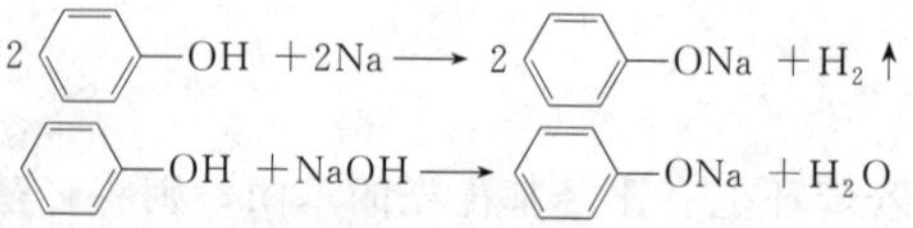

酚的酸性比醇强得多，如苯酚 $pK_a=9.95$，乙醇 $pK_a=15.9$。因此，酚与氢氧化钠的反应能进行到底。酚的酸性虽然比水和醇强，但一般比碳酸（$pK_{a1}=6.38$）弱。当在浑浊的苯酚水溶液中加入 5% NaOH 溶液，则溶液澄清，在此澄清溶液中通入 CO_2 后，又可游离出酚，溶液又变浑浊。利用这一现象可鉴别苯酚，还可用于工业上回收和处理含酚污水。

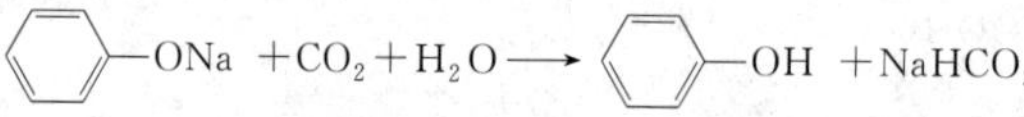

2. 苯环上的取代反应

由于羟基的给电子共轭效应大于吸电子诱导效应，使苯环邻、对位电子密度增大，使得酚在邻、对位易于发生卤代、磺化、硝化、烷基化等亲电取代反应。

(1) 卤代反应　酚很容易卤化，苯酚和溴水在常温下反应，立即生成 2,4,6-三溴苯酚的白色沉淀。该反应非常灵敏，常用于苯酚的定性鉴别和定量分析。

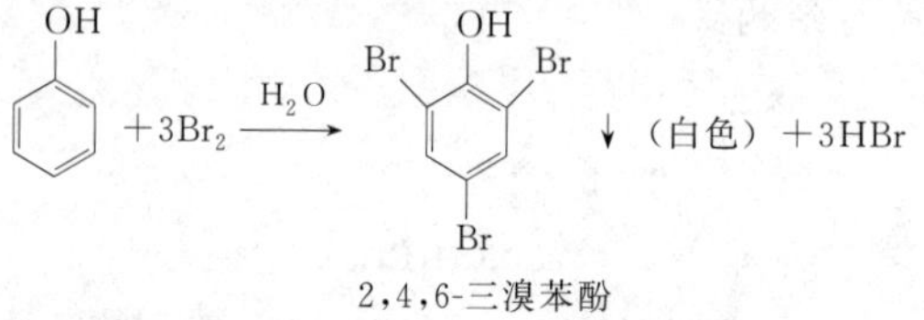

2,4,6-三溴苯酚

在强酸条件下，苯酚的溴化反应可停留在二溴代阶段，主要生成 2,4-二溴苯酚。

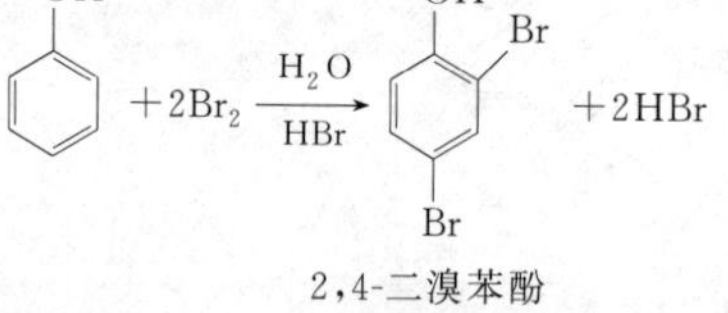

2,4-二溴苯酚

在较低温度、非极性溶剂（如二硫化碳、四氯化碳）条件下进行苯酚的溴化反应，可得到一溴代酚，且以对位产物（80%～84%）为主。

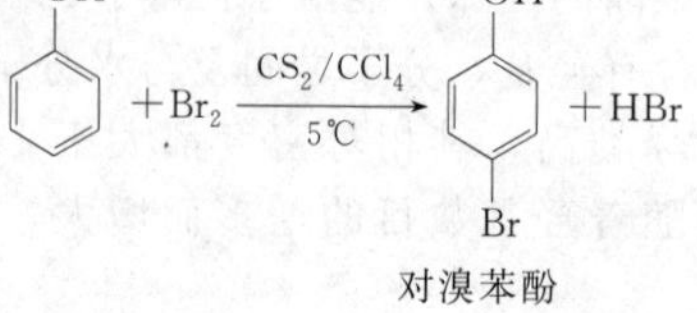

对溴苯酚

(2) 磺化反应　苯酚与浓硫酸在较低温度下反应，主要得到邻位产物（邻羟基苯磺酸），在较高温度下反应，主要得到对位产物（对羟基苯磺酸）。两者均可进一步磺化，得到 4-羟基-1,3-苯二磺酸。

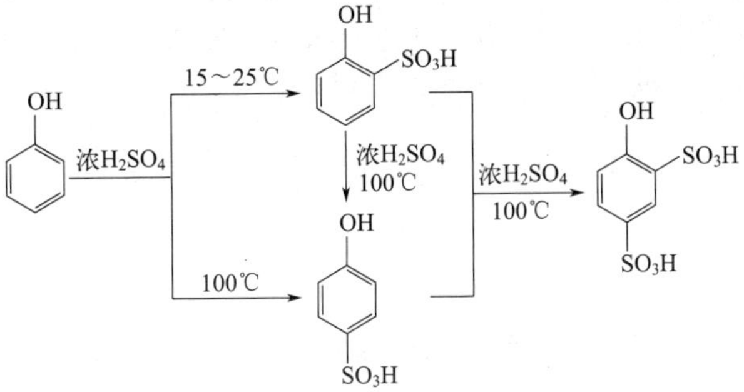

（3）硝化反应　苯酚在室温条件下用稀硝酸硝化，生成邻硝基苯酚（30％～40％）和对硝基苯酚（13％～15％）。

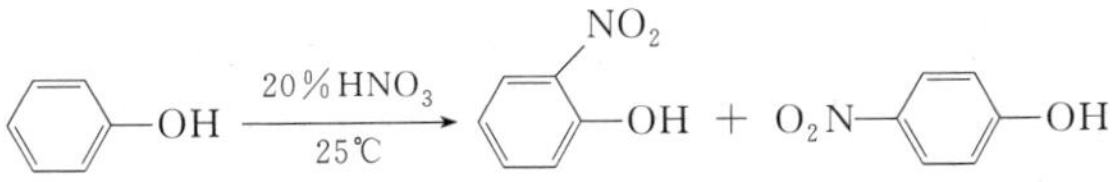

由于苯酚易被氧化，所以该反应产率较低，但可以用水蒸气蒸馏法将两种产物进行分离。邻硝基苯酚可形成分子内氢键，水溶性差，挥发性大，可随水蒸气蒸出；而对硝基苯酚可形成分子间氢键，挥发性小，不能随水蒸气蒸出。

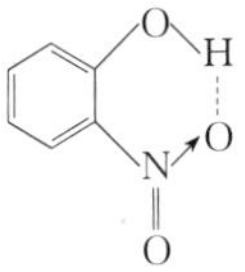

分子内氢键 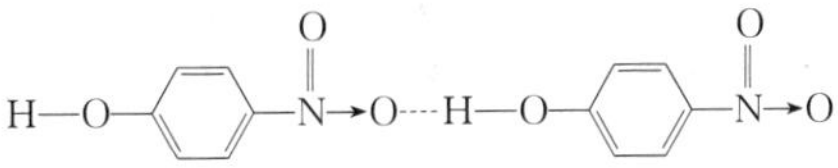　　　　　　　　　　　　分子间氢键

3. 与三氯化铁的显色反应

大多数酚或烯醇类化合物都可与三氯化铁溶液发生显色反应，一般是认为生成了配合物，如：

$$6C_6H_5OH + FeCl_3 \longrightarrow H_3[Fe(C_6H_5O)_6] + 3HCl$$
$$\text{紫色}$$

不同的酚产生的颜色也不同，苯酚、间苯二酚显紫色；甲苯酚显蓝色；邻苯二酚、对苯二酚显绿色。这种特殊的显色反应可以用来检验酚类和烯醇的存在。

4. 氧化反应

酚很容易被氧化，苯酚在空气中放置较长时间颜色逐渐加深，这是被空气氧化的结果。在氧化剂的作用下（如重铬酸钾的酸性溶液），苯酚被氧化成对苯醌。

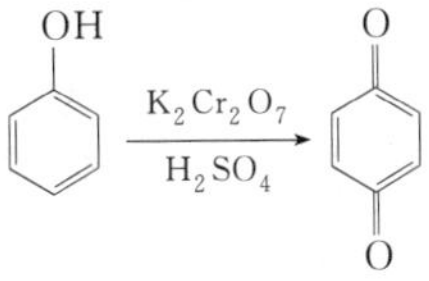

对苯醌

多元酚更易被氧化，例如邻苯二酚和对苯二酚在室温下即可被弱氧化剂（如氧化银）氧化成相应的醌。

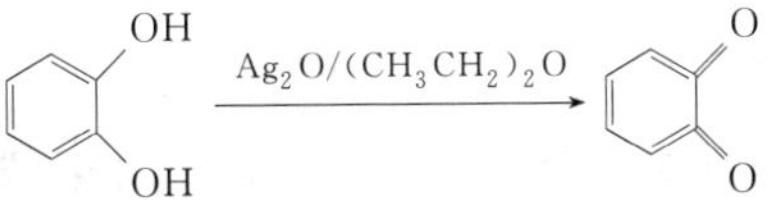

因为酚类化合物易被氧化的特性，所以常常作为抗氧剂应用于食品、橡胶、塑料等工业。例

如 4-甲基-2,6-二叔丁基苯酚（BHT）作为抗氧剂可以延缓食品的变质。此外，一些植物中含有多酚类物质，如存在绿茶中的茶多酚，存在于红葡萄籽中的葡萄多酚，具有抗氧化、清除自由基、抗肿瘤的作用，已经引起世界各国科学家的高度关注。

三、重要的酚

科技前沿

挥发酚的检测研究进展

酚类为原生质毒，属高毒物质，长期饮用被酚污染的水，可引起头痛、出疹、瘙痒、贫血及各种神经系统症状。根据酚类能否与水蒸气一起蒸出，分为挥发酚和不挥发酚。通常认为沸点＜230℃为挥发酚，苯酚、甲酚、二甲酚均为挥发酚。

酚的主要污染源有煤气洗涤、炼焦、合成氨、造纸、木材防腐和化工行业的工业废水。高浓度含酚废水可采用溴化容量法分析挥发酚，此法适用于未经处理的总排放污水口废水。当水样中存在氧化剂、还原剂、油类及某些金属离子时，均应设法消除并进行预蒸馏。目前挥发酚检测方法主要包括 4-氨基安替吡啉分光光度法，其中以 0.5mg/L 为区分点，大于该数值采用直接分光光度法，低于该数值采用萃取分光光度法，其次还包括连续流动分析仪测定法、气相色谱法及超高效液相色谱法。

张佳颖研究组综合分析了不同的测定挥发酚的分析方法，比较出了各个检测方法的优点及弊端，为今后检测研究提供参考。其中，4-氨基安替吡啉分光光度法是现在用的最广泛的分析方法，原理简单，仪器价格相对低廉，但其灵敏度较低，难以用于痕量挥发酚的检测。超高效液相色谱法，分离效果好，不使用有机溶剂，避免了环境的污染，但因其仅适用于高沸点的物质检测，现未被广泛使用。流动注射分析仪虽然可以用于挥发酚的检测，但在理论上还不是特别完善，反应过程复杂，反应时间较长。连续流动分析仪测定法的各个方面效果均良好，适用于实验室大批量样品的检测。

（一）苯酚

苯酚最初从煤焦油中得到，也称石炭酸，是最简单的酚类有机物。常温下是无色结晶，有特殊气味，常温下微溶于水，乙醇、乙醚、苯等有机溶剂；当温度高于 65℃ 时，能跟水以任意比例互溶。苯酚能凝固蛋白质，有杀菌能力，医药上用作消毒剂。它的 3%～5% 溶液用于手术器具消毒，1% 溶液外用于皮肤止痒，但苯酚浓溶液对皮肤具有腐蚀性，使用时要小心。苯酚易被氧化，故应避光存于棕色瓶内。苯酚又是制造塑料、染料及药物（如阿司匹林）的重要原料。

（二）甲苯酚

甲苯酚可由煤焦油得到，有邻、间、对三种异构体。它们都有苯酚气味，杀菌力比苯酚强。

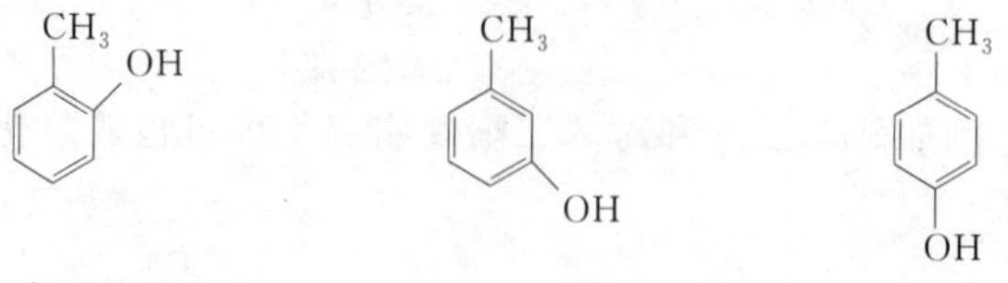

邻甲苯酚　　　　　间甲苯酚　　　　　对甲苯酚

医药上常用的消毒剂甲酚皂液就是含 47%～53% 的三种甲苯酚混合物的肥皂水溶液，又称来苏尔。它的稀溶液常用于器械和环境消毒，但由于甲苯酚对人体毒性较大，现也很少使用。

（三）苯二酚

苯二酚有邻、间、对三种异构体。它们都是无色结晶。邻苯二酚和间苯二酚易溶于水，对苯二酚在水中的溶解度小。

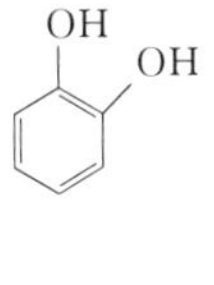

邻苯二酚 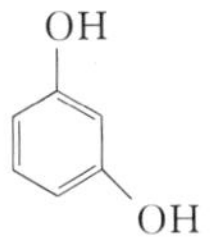　　　　　间苯二酚 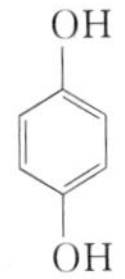　　　　　对苯二酚

邻苯二酚俗名儿茶酚，为无色结晶。多数以衍生物的形式存在于自然界中，其重要衍生物肾上腺素具有升高血压和止喘的作用。间苯二酚也称雷琐酚、雷琐辛，具有抗细菌和真菌的作用，强度仅为苯酚的 $\frac{1}{3}$，刺激性小，可用于治疗皮肤病如湿疹和癣症等。对苯二酚又称氢醌，有毒，成人误服 1g，即可出现头痛、头晕、耳鸣、面色苍白等症状。对苯二酚主要用作照相的显影剂。

（四）维生素 E

维生素 E 包括了四种生育酚和四种生育三烯酚，维生素 E 是人体最主要的抗氧剂之一。人体的呼吸、新陈代谢等过程都会发生氧化作用，体内的氧会转化为一种极不稳定的物质——自由基。如果人体内的自由基过多，就会破坏健康的细胞，加速机体的衰老进程，并诱发癌症、心脑血管疾病等。维生素 E 氧杂萘满环上第六位羟基是活性基团，能释放其羟基上的活泼氢，捕获自由基，阻断自由基引发链式反应。

第三节　醚

醚是两个烃基通过氧原子连接而成的化合物，烃基可以相同也可以不同。醚的官能团为醚键（C—O—C）。

一、醚的结构、分类和命名

（一）醚的结构

醚可看成水分子中的两个氢原子被烃基取代后的化合物，醚的结构与水分子结构相似，氧原子采用不等性 sp^3 杂化。以甲醚为例，氧原子上有两对孤对电子分别占据两个 sp^3 杂化轨道，另外两个 sp^3 杂化轨道分别与碳原子的 sp^3 杂化轨道重叠形成 C—O 键，醚键键角约为 112°（见图 7-4），C—O 键的键长约为 0.142nm。

图 7-4　甲醚的结构

（二）醚的分类

（1）根据与氧原子连接的烃基是否相同，可将醚分为简单醚（也可称单醚）和混合醚（也可称混醚）。若两个烃基相同时称为单醚；两个烃基不相同时称为混醚。例如：（二）乙醚为单醚，甲乙醚为混醚。

$$C_2H_5-O-C_2H_5 \qquad\qquad CH_3-O-C_2H_5$$
$$\text{（二）乙醚（单醚）} \qquad\qquad \text{甲乙醚（混醚）}$$

（2）根据与氧原子相连的烃基种类是否相同，可将醚分为脂肪醚和芳香醚。两个烃基都是脂肪烃的称为脂肪醚，两个烃基中有一个或两个是芳香烃基的称为芳香醚。例如：

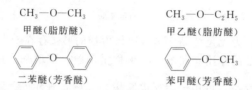

$$CH_3-O-CH_3 \qquad\qquad CH_3-O-C_2H_5$$
$$\text{甲醚（脂肪醚）} \qquad\qquad \text{甲乙醚（脂肪醚）}$$

二苯醚（芳香醚）　　　　　　苯甲醚（芳香醚）

（3）根据氧原子与烃基是否成环，可将醚分为直链醚和环醚。当氧原子与碳原子成环时称为环醚。若环醚分子中含有多个氧原子，其结构很像皇冠，称为冠醚。例如：

$$H_2C\!-\!CH_2$$
环氧乙烷（环醚）　　　　　18-冠-6（冠醚）

（三）醚的命名

1. 普通命名法

结构简单的醚常用普通命名法命名。若是单醚，写出与氧相连的烃基的名称，再加上"醚"字，命名为"二烃（基）醚"，"基"字可以省略，如烃基为烷基，则"二"字也可以省略，但不饱和醚习惯上保留"二"字。例如：

$$C_2H_5-O-C_2H_5 \qquad\qquad\qquad\qquad CH_2\!=\!CH\!-\!O\!-\!CH\!=\!CH_2$$
（二）乙（基）醚　　　　　二苯（基）醚　　　　　二乙烯（基）醚

若是混醚则需要写出两个烃基的名称，则将较小的烃基写在较大烃基的前面；若其中一个烃基是芳基时，则将芳香烃基的名称写在脂肪烃基的前面。例如：

$$CH_3OCH_2CH_3 \qquad\qquad CH_2CH_3OCH_2CH_2CH_3$$
甲乙醚　　　　　　　　乙丙醚　　　　　　　　苯甲醚

2. 系统命名法

对于结构比较复杂的醚则采用系统命名法。取较长的烃基作为母体，把剩下的碳数较少的烷氧基作为取代基。例如：

2-甲基-3-甲氧基丁烷　　　　4-甲氧基-2-戊烯　　　　对甲氧基甲苯

课堂练习

对下列醚进行命名或写结构式。

1. $CH_3OCH_2CH_2CH_2OH$

2. $CH_3CH_2CHCH_2CHCH_3$
   （第2、5位取代基分别为 CH_3 和 OC_2H_5）

3. 乙基乙烯基醚

4. 苯乙醚

二、醚的性质

（一）物理性质

常温下除甲醚和甲乙醚为气体外，大多数的醚是易挥发、易燃的无色液体。与醇不同，醚分子之间不能形成氢键，其沸点要比分子量相近的醇低得多，而与分子量相当的烷烃接近。例如：甲醚的沸点是 $-23℃$，乙醇的沸点是 $78.5℃$，乙烷的沸点是 $-42℃$。醚分子中的氧可与水形成氢键，但氢键较弱，水溶性不大，例如乙醚在水中的溶解度仅为 $8g/100g$ 水。多数醚不溶于水，但四氢呋喃能与水互溶，因为环状的四氢呋喃分子中氧原子突出在外，更容易与水形成氢键。

醚的化学性质不活泼，且对很多的有机物都有良好的溶解性，因此有些醚常用作溶剂，例如乙醚、四氢呋喃等。

（二）化学性质

醚的化学性质比较稳定，在常温下不能与金属钠反应；遇碱、氧化剂、还原剂等一般不发生反应。但醚的氧原子上含有孤对电子，遇酸可形成𨦡盐，甚至发生醚键的断裂。

醚的化学性质

1. 𨦡盐的形成

醚与浓强酸（如浓盐酸或浓硫酸）可以发生反应。醚中氧原子上具有未共用电子对，能够接受强酸提供的质子，两者以配位键结合形成𨦡盐。醚的𨦡盐不稳定，遇水会分解，得到原来的醚。

$$R-\overset{..}{O}-R + HCl \longrightarrow [R-\overset{\overset{H}{|}}{O}-R]^+ Cl^-$$

醚生成𨦡盐后可溶于浓强酸中，再用冷水稀释则重新析出醚。利用这一性质可分离提纯醚。

2. 醚键的断裂

醚在强酸（如氢碘酸或氢溴酸）的作用下加热，醚键容易断裂，生成卤代烷（碘代烷或溴代烷）和醇（或酚）。如强酸过量时，生成的醇会进一步转化为卤代烷。

$$R-O \dashv R' + HX \overset{\triangle}{\longrightarrow} ROH + R'X \quad (R>R')$$

$$\underset{}{\bigcirc}-O \dashv R' + HX \overset{\triangle}{\longrightarrow} \underset{}{\bigcirc}-OH + RX$$

混醚与 HX 反应时，通常是较小烷基生成卤代烃，较大烷基或芳基生成醇或酚。例如：

$$CH_3OCH(CH_3)_2 + HI \overset{\triangle}{\longrightarrow} CH_3I + (CH_3)_2CHOH$$

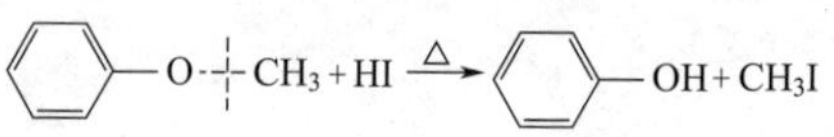

$$\bigcirc\!\!\!-\!\!O\,\vdots\,CH_3 + HI \xrightarrow{\triangle} \bigcirc\!\!\!-\!\!OH + CH_3I$$

3. 过氧化物的生成

许多烷基醚与空气接触或经光照，$\alpha\text{-H}$ 原子会慢慢被氧化生成不易挥发的过氧化物。过氧化物不稳定，受热易分解而发生爆炸，因此在使用和处理醚类溶剂时要注意安全。保存醚时应该避免将其暴露在空气中，而是一般保存在深色玻璃瓶中，也可加入抗氧剂（如对苯二酚）防止过氧化物生成。对久置的醚在使用前应该检查，检查方法如下：①用 KI-淀粉试纸检验，如有过氧化物存在，KI 被氧化成 I_2 而使含淀粉试纸变为蓝色。②加入 $FeSO_4$-KSCN 混合液，如有过氧化物存在，溶液会因 $[Fe(CNS)_6]^{3-}$ 产生而变红。除去过氧化物的方法：加入还原剂如 Na_2SO_3 或 $FeSO_4$ 后摇荡，以破坏所生成的过氧化物。

$$CH_3CH_2OCH_2CH_3 + O_2 \longrightarrow \begin{array}{c} CH_3CH\!-\!O\!-\!CH_2CH_3 \\ | \\ O\!-\!O\!-\!H \end{array}$$

三、重要的醚

（一）乙醚

乙醚为无色、易挥发、具有特殊气味的液体，沸点为 34.5℃，极易燃烧。乙醚蒸气与空气以一定比例混合，遇火就会猛烈爆炸，使用时要远离明火并采取必要的安全措施。乙醚性质稳定，微溶于水，可溶解许多有机物，是常用的有机溶剂，常用作提取中草药有效成分的溶剂。乙醚有麻醉作用，曾被用作吸入全身麻醉剂，但由于会引起恶心、呕吐等副作用，现已被更高效、安全的麻醉剂所代替。

（二）环氧乙烷

环氧乙烷是简单的环醚，在低温下为无色透明液体，在常温下为无色带有刺激性气味的气体。能与水混溶，也溶于乙醇、乙醚等有机溶剂。环氧乙烷易燃易爆，不宜长途运输。环氧乙烷可杀灭细菌（及其内孢子）及真菌，因此可用于一些不能耐受高温消毒的物品消毒。美国化学家 Lloyd Hall 在 1938 年取得以环氧乙烷消毒法保存香料的专利，该方法直到今天仍有人使用。环氧乙烷也被广泛用于医疗用品如绷带、缝线及手术器具消毒。

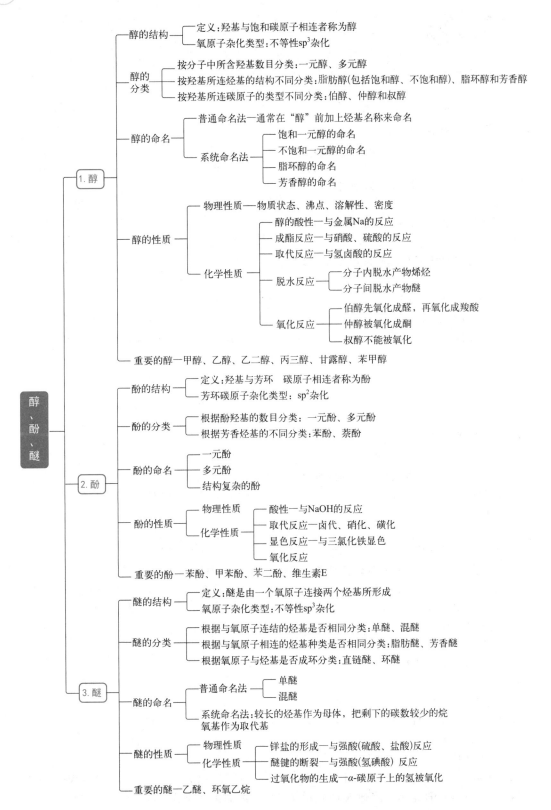

醇、酚、醚

1. 醇
- 醇的结构
  - 定义:羟基与饱和碳原子相连者称为醇
  - 氧原子杂化类型:不等性sp³杂化
- 醇的分类
  - 按分子中所含羟基数目分类:一元醇、多元醇
  - 按羟基所连烃基的结构不同分类:脂肪醇(包括饱和醇、不饱和醇)、脂环醇和芳香醇
  - 按羟基所连碳原子的类型不同分类:伯醇、仲醇和叔醇
- 醇的命名
  - 普通命名法—通常在"醇"前加上烃基名称来命名
  - 系统命名法
    - 饱和一元醇的命名
    - 不饱和一元醇的命名
    - 脂环醇的命名
    - 芳香醇的命名
- 醇的性质
  - 物理性质—物质状态、沸点、溶解性、密度
  - 化学性质
    - 醇的酸性—与金属Na的反应
    - 成酯反应—与硝酸、硫酸的反应
    - 取代反应—与氢卤酸的反应
    - 脱水反应
      - 分子内脱水产物烯烃
      - 分子间脱水产物醚
    - 氧化反应
      - 伯醇先氧化成醛,再氧化成羧酸
      - 仲醇被氧化成酮
      - 叔醇不能被氧化
- 重要的醇—甲醇、乙醇、乙二醇、丙三醇、甘露醇、苯甲醇

2. 酚
- 酚的结构
  - 定义:羟基与芳环 碳原子相连者称为酚
  - 芳环碳原子杂化类型:sp²杂化
- 酚的分类
  - 根据酚羟基的数目分类:一元酚、多元酚
  - 根据芳香烃基的不同分类:苯酚、萘酚
- 酚的命名
  - 一元酚
  - 多元酚
  - 结构复杂的酚
- 酚的性质
  - 物理性质
  - 化学性质
    - 酸性—与NaOH的反应
    - 取代反应—卤代、硝化、磺化
    - 显色反应—与三氯化铁显色
    - 氧化反应
- 重要的酚—苯酚、甲苯酚、苯二酚、维生素E

3. 醚
- 醚的结构
  - 定义:醚是由一个氧原子连接两个烃基所形成
  - 氧原子杂化类型:不等性sp³杂化
- 醚的分类
  - 根据与氧原子连结的烃基是否相同分类:单醚、混醚
  - 根据与氧原子相连的烃基种类是否相同分类:脂肪醚、芳香醚
  - 根据氧原子与烃基是否成环分类:直链醚、环醚
- 醚的命名
  - 普通命名法
    - 单醚
    - 混醚
  - 系统命名法:较长的烃基作为母体,把剩下的碳数较少的烷氧基作为取代基
- 醚的性质
  - 物理性质
  - 化学性质
    - 锌盐的形成—与强酸(硫酸、盐酸)反应
    - 醚键的断裂—与强酸(氢碘酸) 反应
    - 过氧化物的生成—α-碳原子上的氢被氧化
- 重要的醚—乙醚、环氧乙烷

一、名词解释

1. 扎伊采夫规则

2. 仲醇

3. α-C 原子

4. 酚

5. 卢卡斯试剂

二、单项选择题

1. 下列物质与 Lucas 试剂作用最快的是（　　）。

A. 2-丁醇　　　　　B. 2-甲基-2-丁醇　　　　　C. 正丁醇　　　　　D. 2-甲基-1-丙醇

2. 下列化合物中酸性最强的是（　　）。

A. 水　　　　　B. 乙醇　　　　　C. 苯酚　　　　　D. 碳酸

3. 下列物质中沸点最高的是（　　）。

A. 乙烷　　　　　B. 乙醚　　　　　C. 乙炔　　　　　D. 乙醇

4. 下列物质能氧化生成丙酮的是（　　）。

A. $CH_3-CH_2-CH_2-OH$

B. $CH_3-\overset{\overset{\displaystyle OH}{|}}{CH}-CH_3$

C. $CH_3-\overset{\overset{\displaystyle OH}{|}}{\underset{\underset{\displaystyle CH_3}{|}}{C}}-CH_3$

D. $CH_3-\overset{\overset{\displaystyle OH}{|}}{CH}-CH_2-CH_3$

5. $CH_3-\overset{\overset{\displaystyle OH}{|}}{CH}-CH_2-CH_3$ 发生分子内脱水反应时，主要产物是（　　）。

A. 1-丁烯　　　　　B. 2-丁烯　　　　　C. 1-丁炔　　　　　D. 2-丁炔

6. 下列物质中，不能与金属钠反应的是（　　）。

A. 乙醚　　　　　B. 苯酚　　　　　C. 丙三醇　　　　　D. 乙醇

7. 检查乙醚中含有过氧化乙醚的试剂是（　　）。

A. 碘化钾　　　　　B. 淀粉　　　　　C. 淀粉碘化钾试纸　　　　　D. 硫酸

8. 下列各组物质，能用 $Cu(OH)_2$ 区别的是（　　）。

A. 乙醇与乙醚　　　　　　　　　　B. 乙醇与乙二醇

C. 乙二醇与丙三醇　　　　　　　　D. 甲醇与乙醇

9. 下列物质中，既能使三氯化铁显色，又能与溴水反应的是（　　）。

A. 苯酚　　　　　B. 甘油　　　　　C. 苄醇　　　　　D. 溴苯

10. Lucas 试剂是（　　）。

A. 氯化锌/盐酸　　　　　　　　　　B. 溴化锌/盐酸

C. 氯化锌/硫酸　　　　　　　　　　D. 溴化锌/硫酸

11. 苯酚与三氯化铁反应呈（　　）。

A. 蓝色　　　　　B. 绿色　　　　　C. 红色　　　　　D. 紫色

12. 下列化合物中水溶性最大的是（　　）。

A. $CH_3CH_2CH_2CH_2OH$　　　　　　　　B. $HOCH_2CH_2CH_2OH$

C. $CH_3OCH_2CH_3$　　　　　　　　　　D. $CH_3CH(OH)CH_2CH_3$

13. 下列物质中属于仲醇的是（　　）。

A. 1-丙醇　　　　　B. 2-甲基丙醇　　　　　C. 2-丙醇　　　　　D. 2-甲基-2-丙醇

14. 能溶于 $NaOH$ 溶液，当通入 CO_2 后又产生沉淀的化合物是（　　）。

A. 苯甲酸　　　　　　　B. 苯酚　　　　　　　C. 水杨酸　　　　D. 没食子酸

15. "来苏儿"常用于医疗器械和环境消毒，其主要成分是（　　　）。

A. 苯酚　　　　　　　B. 肥皂　　　　　　　C. 甲酚　　　　　D. 乙醇

16. 下列各组物质互为同分异构体的是（　　　）。

A. 甲醇和甲醚　　　　　　　　　　　B. 乙醇和甲醚

C. 丙醇和丙三醇　　　　　　　　　　D. 苯酚和苄醇

17. 下列说法正确的是（　　　）。

A. 含有羟基的化合物一定是醇类

B. 醇与酚具有相同的官能团因而性质相同

C. 醇类的官能团是醇羟基

D. 分子中含有羟基和苯环的化合物一定是酚

18. 下列关于苯酚的叙述错误的是（　　　）。

A. 苯酚俗称石炭酸

B. 苯酚易发生取代反应

C. 苯酚与三氯化铁溶液作用显紫色

D. 苯酚的酸性比碳酸强

19. 醇催化脱氢常用的催化剂是（　　　）。

A. Ag　　　　　　　B. Pt　　　　　　　C. Pd　　　　　D. Zn

20. 水溶液中酸性最强的是（　　　）。

A. CH_3OH

B. CH_3CH_2OH

C. $(CH_3)_2CHOH$

D. $CH_2\!=\!CHCH_2OH$

三、命名下列化合物或写出其结构简式

1. 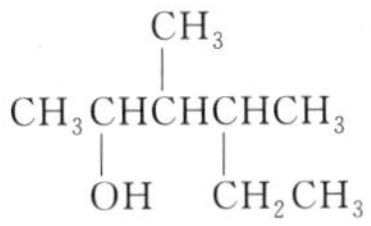
$$CH_3CHCHCHCH_3$$
（CH₃ 在上；OH 和 CH₂CH₃ 在下）

2. 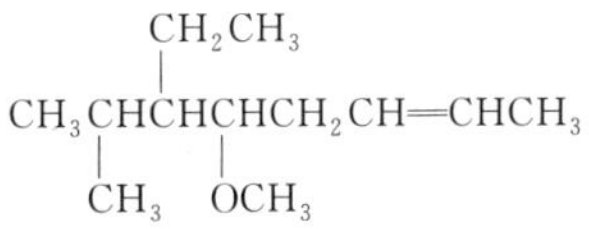
$$CH_3CHCHCHCH_2CH\!=\!CHCH_3$$
（CH₂CH₃ 在上；CH₃ 和 OCH₃ 在下）

3. $CH_3CH\!=\!CH\!-\!O\!-\!CH_2CH\!=\!CH_2$

4. 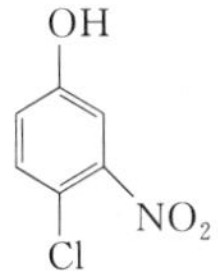 苯环，上 OH，下 Cl 和 NO_2

5. 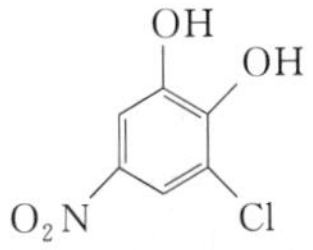 苯环，上 OH、OH，下 O_2N 和 Cl

6. 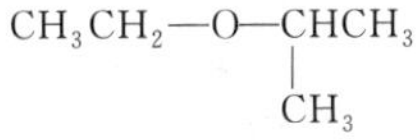 $CH_3CH_2\!-\!O\!-\!CHCH_3$（下 CH_3）

7. 异丁基叔丁基醚

8. 2-甲基-5-异丙基苯酚

四、用化学方法鉴别下列各组物质

1. 邻甲苯酚、2-甲基环己醇、苯甲醚

2. 正丁醇、异丁醇、叔丁醇、甘油

五、完成下列反应式

1. 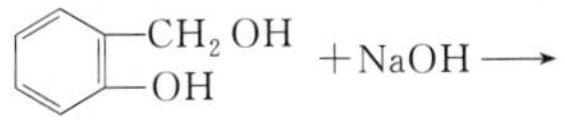 苯环 CH_2OH、OH $+NaOH\longrightarrow$

2. 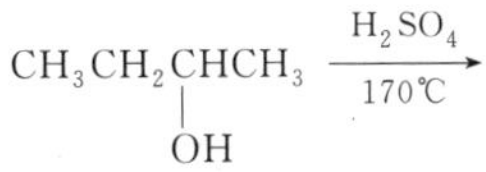 $CH_3CH_2CHCH_3$（下 OH） $\xrightarrow[170℃]{H_2SO_4}$

3. $CH_3CH_2\!-\!O\!-\!CH_3 + HI\longrightarrow$

4. 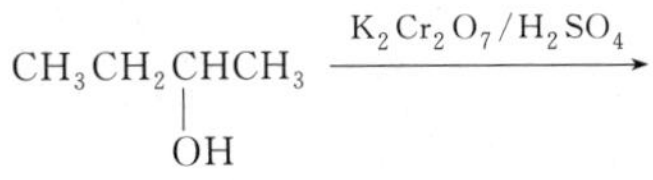 $CH_3CH_2CHCH_3$（下 OH） $\xrightarrow{K_2Cr_2O_7/H_2SO_4}$

六、推断结构

1. 有一芳香族化合物 A，分子式为 C_7H_8O，不与钠反应，但是能与浓氢碘酸作用，生成 B 和 C 两个化合物，B 能溶于氢氧化钠的水溶液，并与三氯化铁作用呈紫色，C 能与硝酸银作用生成黄色碘化银，推断 A、B 和 C 的结构式。

2. 化合物 A 的分子式为 $C_5H_{12}O$，可与金属钠作用放出氢气，与浓硫酸共热时生成 B，B 的分子式为 C_5H_{10}。B 经酸性高锰酸钾氧化后生成丙酮和乙酸。B 与 HBr 作用得到化合物 C，C 的分子式为 $C_5H_{11}Br$，C 与烯碱共热可生成原来的化合物 A。试推测 A、B、C 的结构式。

第八章 醛、酮、醌

知识目标：
1. 掌握醛、酮的命名方法和主要化学性质。
2. 熟悉醛、酮的分类和低级醛、酮的物理特性；熟悉醌的命名和性质。
3. 了解医药中常见的醛、酮和醌。

能力目标：
1. 会用系统命名法命名醛、酮。
2. 能运用化学方法鉴别醛、酮。

素质目标：
1. 培养爱国、敬业的社会主义核心价值观。
2. 增强环境保护意识。

案例分析

2016 年 5 月 9 日，吉林省大安市某乡学校初中三年级全体学生，由于学校新建的宿舍和购进的学生桌椅甲醛含量严重超标，导致全体学生出现咳嗽不止、恶心、呕吐等症状。经长春市吉林大学白求恩医学部第一临床医学院检查确诊是甲醛中毒。甲醛超标对人体有哪些危害呢？

分析： 甲醛对健康危害较大，能与蛋白质结合，可表现为对皮肤黏膜的刺激，高浓度吸入时会对呼吸道造成严重刺激。皮肤直接接触甲醛可引起过敏性皮炎、色斑、坏死等。

碳原子与氧原子以双键相连构成的基团称为羰基，结构为 $\diagdown C = O$。醛和酮都是含有羰基的化合物，羰基分别与氢原子和烃基直接相连的化合物称为醛（甲醛除外，其羰基与 2 个氢原子直接相连），羰基与 2 个烃基直接相连的化合物称为酮，醛、酮的结构通式如下：

醛：(H)R—C—H   Ar—C—H
       ‖   ‖
       O   O

酮：R_1—C—R_2 Ar—C—R Ar_1—C—Ar_2
       ‖   ‖   ‖
       O   O   O

醛可以简写为（Ar）RCHO，基团"—C—H"为醛的官能团，称为醛基，酮可以简写为
                                    ‖
                                    O

（Ar）RCOR′（Ar′），基团"—C—"为酮的官能团，称为酮基。
                        ‖
                        O

醛和酮广泛存在于自然界，许多醛和酮是有机合成的重要原料或中间体，有些具有显著的生理活性，是参与生物代谢过程的中间体，有些是药物的有效成分，所以它们与生命活动和医药学有着密切联系。

岗位对接

麝香的含量测定

麝香为鹿科动物林麝、马麝或原麝成熟雄体香囊中的干燥分泌物。野麝多在冬季至次春猎取，猎获后，割取香囊，阴干，习称"毛壳麝香"；剖开香囊，除去囊壳，习称"麝香仁"。家麝直接从其香囊中取出麝香仁，阴干或用干燥器密闭干燥。

麝香的含量照气相色谱法测定。

色谱条件与系统适用性试验　以苯基（50%）甲基硅酮（OV-17）为固定相，涂布浓度为2%，柱温为200℃±10℃。理论板数按麝香酮峰计算应不低于1500。

对照品溶液的制备　取麝香酮对照品适量，精密称定，加无水乙醇制成1.5mg/mL的溶液，即得。

供试品溶液的制备　取〔检查〕干燥失重项下所得干燥品约0.2g，精密称定，精密加入无水乙醇2mL，密塞，振摇，放置1小时，滤过，取续滤液，即得。

测定法　分别精密吸取对照品溶液与供试品溶液各2μL，注入气相色谱仪，测定，即得。

本品按干燥品计算，麝香含麝香酮（$C_{16}H_{30}O$）不得少于2.0%。

第一节　醛、酮的结构、分类和命名

一、醛、酮的结构

醛、酮分子中的羰基碳原子与氧原子以双键相结合，其成键情况与乙烯相似。碳原子为 sp^2 杂化，三个杂化轨道形成三个 σ 键并处于同一平面上，其中一个杂化轨道与氧形成 σ 键，另外两个杂化轨道分别与碳原子或氢原子形成 σ 键。碳原子未参与杂化的 p 轨道与氧原子的轨道彼此重叠形成 π 键，并垂直于三个 σ 键所在的平面。由此可知，羰基的碳氧双键是由一个 σ 键和一个 π 键组成的。

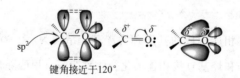

键角接近于120°

羰基中碳原子和氧原子电负性不同，由于氧原子的电负性比较大，导致其共用电子对并不是均匀地分布于碳氧双键之间，而是偏向于氧原子，使氧原子带有部分负电荷（δ^-），而碳原子带有部分正电荷（δ^+）。羰基是个极性共价键，这是它具有高度活性的重要原因。

化学史话

羰基化合物的发现

1890年，蒙德（L. Mond）发现一氧化碳在通过活性金属镍粉后燃烧时，发出绿色的光亮火焰，将所得气体冷却，则得到无色的液体（熔点298K，沸点316K）；若使此气体流经加热的玻璃管，则见金属镍沉积于管壁。这个气体就是四羰基合镍 $Ni(CO)_4$。20世纪 60 年代以来，人们已合成了百多种这样的羰基化物及其衍生物，几乎所有过渡金属都能形成这类化合物。这种由过渡金属与一氧化碳配体所形成的一类特殊的配合物就叫作金属羰基化合物，或称为羰基配合物。金属羰基化合物无论在理论研究还是实际应用上，都占有重要地位。

二、醛、酮的分类

（1）根据醛基或酮基所连接的烃基的种类不同，醛、酮可分为脂肪醛、酮，脂环醛、酮和芳香醛、酮。如：

脂肪醛、酮   CH₃CHO   CH₃CCH₃

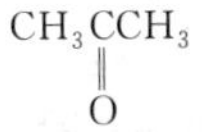

脂环醛、酮

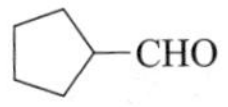

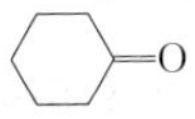

芳香醛、酮

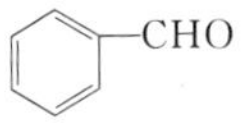

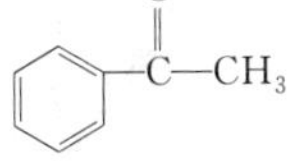

（2）对于脂肪醛、酮，根据烃基中是否有不饱和键，可分为饱和醛、酮和不饱和醛、酮。如：

CH₃CH₂CHO   CH₃CCH₃   CH₂=CHCHO   CH₂=CHCCH₃

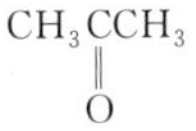

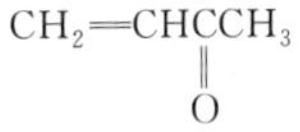

饱和醛、酮   不饱和醛、酮

（3）根据分子中羰基的数目，可把醛、酮分为一元醛酮和多元醛酮等。如：

OHC—CHO   CH₃CH₂CCH₃

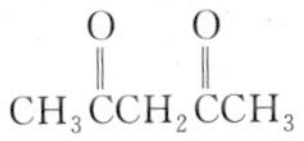

二元醛   二元酮

三、醛、酮的命名

1. 简单命名法

结构简单的醛和酮可采用普通命名法，脂肪醛的命名按所含碳原子数称为"某醛"，脂肪酮按照羰基所连两个烃基的名称命名。

醛、酮的命名

CH₃CHCHO   CH₃CCH₃   CH₃CCH₂CH₃
    |
    CH₃

异丁醛   甲基酮   甲乙酮

2. 系统命名法

（1）饱和脂肪醛、酮   选择含有羰基的最长碳链作为主链。从靠近羰基的一端给主链编号，根据主链的碳原子数称为"某醛"或"某酮"。主链碳原子位次除用阿拉伯数字表示外，也可以用希腊字母表示，与羰基直接相连的碳原子为 α-碳原子，其余依次为 β、γ、δ······位；酮分子中与羰基直接相连的两个碳原子都是 α-碳原子，可分别用 α、α′ 表示，其余以此类推。将取代基的位次、数目、名称以及羰基的位次依次写在醛、酮母体名称之前。醛基在碳链的首端，可不标明位次。

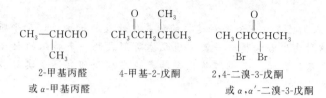

2-甲基丙醛
或 α-甲基丙醛

4-甲基-2-戊酮

2,4-二溴-3-戊酮
或 α,α'-二溴-3-戊酮

（2）不饱和醛、酮　命名不饱和醛、酮时，应使羰基的位次最小，同时标出不饱和键的位次。

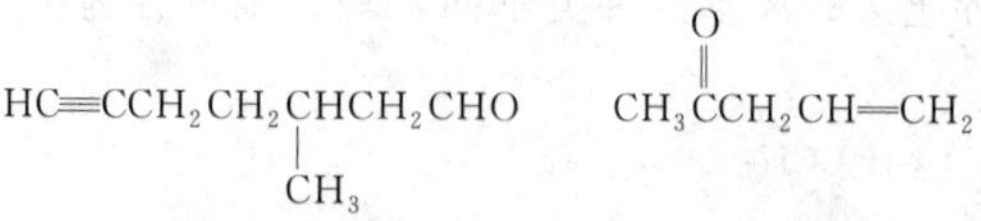

$$HC\!\equiv\!CCH_2CH_2CHCH_2CHO$$
（支链 CH_3）

3-甲基-6-庚炔醛

$$CH_3CCH_2CH\!=\!CH_2$$
（羰基 O）

4-戊烯-2-酮

（3）芳香醛、酮　命名芳香醛、酮时，把芳香烃基作为取代基。例如：

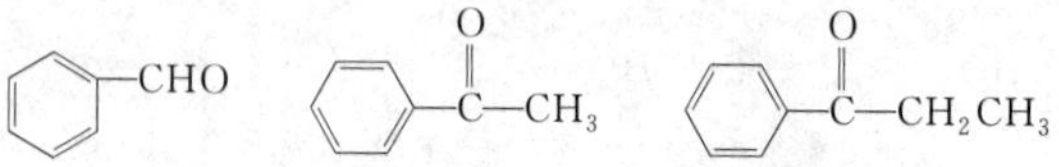

苯甲醛　　　　苯乙酮　　　　1-苯基-1-丙酮

（4）脂环醛、酮　羰基在环内的脂环酮，称为"环某酮"，如羰基在环外，则将环作为取代基。例如：

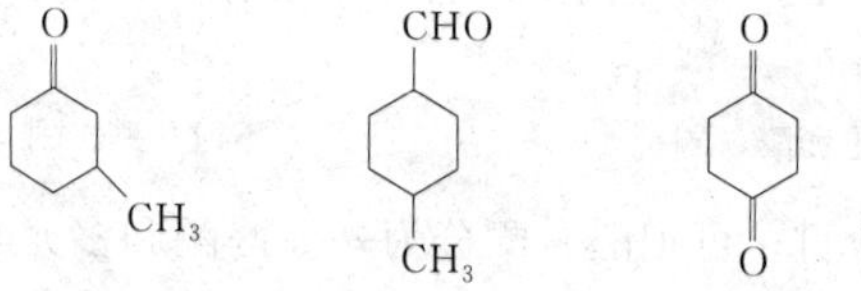

3-甲基环己酮　4-甲基环己基甲醛　1,4-环己二酮

课堂讨论

对下列醛酮进行命名或写结构式。

1. CH_3COCH_3

2. $C_6H_5\!-\!CHO$

3. $CH_3\overset{\underset{\displaystyle CH_3}{|}}{C}HCH_2COCH_2CH_3$

4. 苯乙酮

第二节　醛、酮的性质

一、醛、酮的物理性质

醛、酮是极性化合物，分子间不能形成氢键，所以醛酮的沸点较分子量相近的烷烃和醚高，但比分子量相近的醇低。

1. 物质状态

在常温常压下，甲醛为气体，其余 12 个碳原子以内的脂肪醛、酮都是液体。高级脂肪醛、酮及芳香醛、酮多为固体。

2. 沸点

由于醛或酮分子之间不能形成氢键，没有缔合现象，因此它们的沸点比分子量相近的醇低。但由于羰基的极性，增加了分子间的引力，因此沸点较相应的烷烃高，如表 8-1 所示。

表 8-1　分子量相近的烷、醇、醛、酮的沸点

名称	结构	分子量	沸点/℃
正戊烷	$CH_3CH_2CH_2CH_2CH_3$	72	36.1
正丁醇	$CH_3CH_2CH_2CH_2OH$	74	117.7
丁醛	$CH_3CH_2CH_2CHO$	72	74.7
丁酮	$CH_3COCH_2CH_3$	72	79.6

3. 溶解性

低级醛和酮在水中有相当大的溶解度，甲醛、乙醛、丙酮都能与水混溶，这是因为醛和酮分子中羰基上的氧原子可以与水分子中的氢原子形成氢键，但随着分子中碳原子数的增加，其在水中溶解度也逐渐降低。醛和酮一般易溶于苯、乙醚等有机溶剂。

4. 密度

脂肪族醛、酮相对密度一般小于 1，芳香族醛、酮相对密度一般大于 1。

二、醛、酮的相似化学性质

醛、酮都是羰基化合物，碳氧双键中的氧原子电负性较大，吸引电子的能力较强，使得醛酮性质比较活泼，容易发生加成反应、α-氢原子的反应、还原反应等相似的反应。醛还可以表现出一些特殊性质。醛、酮的化学性质主要表现在以下几个方面：

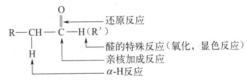

醛、酮的加成反应

（一）亲核加成反应

醛、酮的亲核加成反应，可用通式表示如下：

$$\underset{}{\overset{O}{\underset{}{\parallel}}} \quad + Nu^- \xrightarrow[\text{慢}]{} \quad \overset{O^-}{\underset{Nu}{-C-}} \xrightarrow[\text{快}]{H^+} \quad \overset{OH}{\underset{Nu}{-C-}}$$

常用的亲核试剂有：HCN、ROH、G-NH$_2$、RMgX 等。首先亲核试剂 Nu：进攻带有部分正电荷的羰基碳原子，生成氧负离子中间体。然后氧负离子与试剂的亲电部分（通常是 H$^+$）结合，生成产物。由于决定反应速率的一步是亲核试剂进攻，所以称为亲核加成反应。

不同结构的醛、酮发生亲核加成反应的难易程度不同，主要受到两个因素的影响。①电性因素：由于烷基是给电子基，与羰基相连后，会降低羰基碳原子的正电性，不利于亲核加成反应；②空间位阻：当烷基与羰基碳原子相连时，增大了空间位阻，也不利于亲核加成反应。因此，脂肪醛、酮发生亲核加成反应的活性顺序如下：

$$\overset{H}{\underset{H}{C}}=O \ > \ \overset{R}{\underset{H}{C}}=O \ > \ \overset{R}{\underset{H_3C}{C}}=O \ > \ \overset{R}{\underset{R'}{C}}=O$$

1. 与氢氰酸加成

醛、脂肪族甲基酮及 8 个碳原子以下的环酮能与氢氰酸发生加成反应，生成 α-羟基腈（α-氰醇）。

$$\underset{(CH_3)H}{\overset{R}{C}}=O + HCN \xrightarrow{OH^-} (CH_3)H\underset{CN}{\overset{R}{C}}-OH$$

α-羟基腈（α-氰醇）

加入少量碱可以增强 CN^- 的浓度，有利于亲核加成反应的进行，因此，氢氰酸与醛、酮的加成通常是在碱催化下进行的。此反应常用于增长碳链。氢氰酸极易挥发且有剧毒，所以一般不直接用氢氰酸进行反应。实验操作应在通风橱内进行。

2. 与醇的加成

在干燥氯化氢的作用下，醛与醇加成生成半缩醛。半缩醛分子中的羟基称为半缩醛羟基，较活泼，在同样条件下，可与醇继续反应失去一分子水生成稳定的缩醛。

$$R-\overset{O}{\overset{\|}{C}}-H + R'OH \xrightarrow{\text{干燥 HCl}} R-\underset{OR'}{\overset{OH}{\overset{|}{C}}}-H \xrightarrow[R'OH]{\text{干燥 HCl}} R-\underset{OR'}{\overset{OR'}{\overset{|}{C}}}-H$$

醛   半缩醛   缩醛

在同样条件下，酮也能发生类似的反应，但比醛要困难。

缩醛与缩酮在中性或碱性的条件下是稳定的，但在酸性溶液中容易水解成醛、酮。因此在药物合成中常用生成缩醛与缩酮来保护羰基，使其在合成中不致受到氧化剂、还原剂及其他试剂破坏。

3. 与氨的衍生物加成

氨分子的氢原子被其他原子或原子团取代后生成的化合物称为氨的衍生物。如羟胺、肼、苯肼、2,4-二硝基苯肼等都是氨的衍生物。氨分子中的氮原子上有孤电子对，是亲核试剂，易于和醛、酮的羰基加成，但加成产物不稳定，立即脱去一分子水生成含有碳氮双键结构的化合物。这一反应可用下列通式表示：

$$\underset{(R')H}{\overset{R}{C}}=O + H-\underset{H}{\overset{H}{N}}-G \longrightarrow \underset{(R')H}{\overset{R}{\overset{|}{C}}}\underset{}{\overset{OHH}{\underset{|}{}}}N-G \xrightarrow{-H_2O} \underset{(R')H}{\overset{R}{C}}=N-G$$

表 8-2 列举了常见氨的衍生物与醛或酮反应的产物。这些产物多为固体结晶，具有特定的熔点，测定其熔点可推测它是由哪种醛或酮所生成的。特别是 2,4-二硝基苯肼，几乎能与所有的醛、酮反应，生成橙黄色或橙红色的 2,4-二硝基苯腙晶体，反应现象明显，易于观察，因此常用于鉴别醛、酮。在药物分析中，常用氨的衍生物鉴定具有羰基结构的药物，所以将氨的衍生物称为羰基试剂。此外，反应产物在稀酸作用下可分解成原来的醛或酮，因此又可用于醛、酮的分离和提纯。

表 8-2 氨的衍生物与醛、酮反应的产物

氨衍生物	氨衍生物的结构式	产物结构式	产物名称
羟胺	$H_2N\text{-}OH$	$\diagup\!\!\!\diagdown C=N\text{-}OH$	肟
肼	$H_2N\text{-}NH_2$	$\diagup\!\!\!\diagdown C=N\text{-}NH_2$	腙

氨衍生物	氨衍生物的结构式	产物结构式	产物名称
苯肼	$H_2N-NH-C_6H_5$	$C=N-NHC_6H_5$	苯腙
2,4-二硝基苯肼	$H_2N-\overset{NH}{\underset{O_2N}{}}-NO_2$	$C=N-NH-\overset{}{\underset{O_2N}{}}-NO_2$	2,4-二硝基苯腙
氨基脲	$H_2N-NH-\overset{O}{\overset{\|}{C}}-NH_2$	$C=N-NH-\overset{O}{\overset{\|}{C}}-NH_2$	缩氨脲

4. 与格氏试剂的加成

格氏试剂（RMgX）中的碳镁键是强极性键，碳原子带部分负电荷，镁带部分正电荷。因此与镁直接相连的碳原子具有很强的亲核性，极易与羰基化合物发生亲核加成反应，加成产物水解生成醇。有机合成中常利用此反应制备相应的醇。

$$C=O +RMgX \longrightarrow \overset{OMgX}{\underset{R}{C}} \xrightarrow{H_2O} \overset{}{\underset{R}{C}}-OH$$

$$H-\overset{O}{\overset{\|}{C}}-H +R''MgX \longrightarrow H-\overset{OH}{\underset{R''}{C}}-H$$

$$R-\overset{O}{\overset{\|}{C}}-H +R''MgX \longrightarrow R-\overset{OH}{\underset{R''}{C}}-H$$

$$R-\overset{O}{\overset{\|}{C}}-R' +R''MgX \longrightarrow R-\overset{OH}{\underset{R''}{C}}-R'$$

甲醛与格氏试剂先加成后水解，生成伯醇；其他醛与格氏试剂反应得到仲醇；酮与格氏试剂反应得到叔醇。

(二) α-活泼氢的反应

醛酮分子中，与羰基直接相连的碳原子称为 α-碳原子，α-碳原子上的氢称为 α-H。因受羰基的强吸电子作用，使 C-H 键的极性增强，α-H 具有较大的活泼性，称为 α-活泼氢，很容易发生反应。

醛、酮 α-H 的反应

1. 羟醛缩合反应

在稀酸或稀碱的作用下，两分子醛能发生羟醛缩合反应，一分子醛的 α-H 加到另一分子醛的羰基氧原子上，α-C 则加到羰基碳原子上，生成 β-羟基醛。β-羟基醛在加热下易脱水生成 α,β-不饱和醛。例如：

$$CH_3-\overset{O}{\overset{\|}{C}}-H + CH_2CHO \xrightarrow[5℃]{10\%NaOH} CH_3CH-\overset{OH}{\underset{}{}}-CHCHO \xrightarrow[\Delta]{-H_2O} CH_3CH=CHCHO$$

β-羟基丁醛　　　　2-丁烯醛

凡是含有 α-H 的醛、酮都能发生羟醛缩合反应。含有 α-H 的酮，生成羟基酮反应速度较慢。此反应在有机合成中是一种增长碳链的方法。

2. 卤代和卤仿反应

醛、酮的 α-H 在酸性或碱性条件下，易被卤原子取代，生成 α-卤代醛、酮。醛或酮往往可以继续卤化为二卤代、三卤代产物。α-碳原子含有 3 个 H 的醛、酮（如乙醛、甲基酮等），和卤素的氢氧化钠溶液作用时，3 个 H 可全部被取代，生成三卤代醛、酮。

$$(R)H-\overset{\overset{O}{\|}}{C}-\overset{\overset{H}{|}}{\underset{\underset{H}{|}}{C}}-H + X_2 \xrightarrow{OH^-} (R)H-\overset{\overset{O}{\|}}{C}-\overset{\overset{H}{|}}{\underset{\underset{H}{|}}{C}}-X \xrightarrow[OH^-]{X_2} (R)H-\overset{\overset{O}{\|}}{C}-\overset{\overset{X}{|}}{\underset{\underset{H}{|}}{C}}-X \xrightarrow[OH^-]{X_2} (R)H-\overset{\overset{O}{\|}}{C}-\overset{\overset{X}{|}}{\underset{\underset{X}{|}}{C}}-X$$

三卤代物不稳定，易发生碳碳键的断裂，分解生成三卤代甲烷（卤仿）和羧酸盐，反应过程为：

$$(R)H-\overset{\overset{O}{\|}}{C}-\overset{\overset{X}{|}}{\underset{\underset{X}{|}}{C}}-X \xrightarrow{OH^-} (R)H-\overset{\overset{O}{\|}}{C}-O^- + CHX_3$$

上述生成卤仿的反应称为卤仿反应。若使用的卤素是碘，产物为碘仿，则称为碘仿反应。反应如下：

$$(R)H-\overset{\overset{O}{\|}}{C}-CH_3 + I_2 + NaOH \longrightarrow CHI_3 \downarrow + (R)H-\overset{\overset{O}{\|}}{C}-ONa + NaI + H_2O$$

碘仿为黄色晶体，难溶于水，并有特殊气味，容易识别，因此可利用碘仿反应来鉴别乙醛、甲基酮。碘仿反应中使用的次碘酸钠不仅是碘化剂，而且是氧化剂，它可以把具有 "$CH_3CH(OH)$—" 结构的醇氧化为乙醛或甲基酮，所以能发生碘仿反应的物质有乙醛、甲基酮、乙醇和含有 "$CH_3CH(OH)$—" 结构的仲醇。

（三）还原反应

1. 羰基还原为醇羟基

醛、酮分子中的羰基，在催化剂的作用下，加氢还原生成相应的伯醇或仲醇，此反应称为催化加氢反应，常用的催化剂有 Ni、Pt、Pd 等。反应通式如下：

醛： $R-\overset{\overset{O}{\|}}{C}-H + H_2 \xrightarrow{Ni} RCH_2OH$（伯醇）

酮： $R-\overset{\overset{O}{\|}}{C}-R' + H_2 \xrightarrow{Ni} R-\overset{\overset{OH}{|}}{\underset{\underset{H}{|}}{C}}-R'$（仲醇）

用催化加氢的方法还原羰基化合物时，在羰基还原的同时，结构中的不饱和键（碳碳双键、碳碳三键、氰基等）同时反应，产物为饱和醇。例如：

$$CH_3CH=CHCH_2CHO \xrightarrow{H_2/Ni} CH_3CH_2CH_2CH_2CH_2OH$$

$$H_2C=CHCH_2CH_2\overset{\overset{O}{\|}}{C}CH_3 \xrightarrow{H_2/Ni} CH_3CH_2CH_2CH_2\overset{\overset{OH}{|}}{C}HCH_3$$

若需要制备不饱和醇，可以使用氢化铝锂（$LiAlH_4$）或硼氢化钠（$NaBH_4$）作为还原剂，只还原羰基，不和碳碳双键等不饱和基团反应，因此称为选择性还原剂。例如：

$$CH_3CH=CHCHO \xrightarrow[\textcircled{2}H_3O^+]{\textcircled{1}LiAlH_4/THF} CH_3CH=CHCH_2OH$$

2. 羰基还原为亚甲基

克莱门森还原法：醛、酮与锌汞齐和浓硫酸回流反应，羰基被还原成亚甲基，称为克莱门森还原法。该方法只适用于对酸稳定的化合物，芳酮用此方法还原产率较好。

黄鸣龙还原法：黄鸣龙还原法是数千个有机化学人名反应中以中国人命名的唯一一个反应。它的基础是 Wolff-Kishner 还原法，黄鸣龙在其反应条件上进行了改良，先将醛、酮、氢氧化钠、肼的水溶液和一个高沸点的水溶性溶剂（如二甘醇、三甘醇）一起加热，使醛、酮变成腙，再蒸出过量的水和未反应的肼，待达到腙的分解温度（约 200℃时）继续回流 3～4h 至反应完成。这样可以不使用 wolff-kishner 法中的无水肼，反应可在常压下进行，而且缩短反应时间，提高反应产率（可达 90%）。

📖 化学史话

中国有机化学先驱——黄鸣龙

　　黄鸣龙，江苏扬州人，中国有机化学家，中国甾族激素药物工业奠基人。

　　黄鸣龙 1898 年 7 月 3 日出生于江苏扬州，自幼好学不倦。1915 年考进浙江医学专门学校，1919 年起，黄鸣龙先后赴国外求学。20 世纪 20 年代，已在德国获得博士学位的他，返回祖国，在浙江医药专门学校药科教课。可是，旧社会的现实使他感到痛心，社会秩序混乱，人民生活贫困。他深感无奈，1934 年再去国外做研究工作。1945 年在美国从事凯西纳-华尔夫还原法的研究中取得突破性成果。国际上称之为黄鸣龙还原法。1952 年，黄鸣龙再次返回祖国，为科学发展做出巨大贡献。他领导了用七步法合成可的松的研究，并协助工业部门投入了生产。领导研制了甲地孕酮等计划生育药物，为建立甾体药物工业作出了重大贡献。关于甾体合成和甾体反应的研究，1982 年获国家自然科学奖二等奖，发表论文百余篇。

　　在半个世纪的科学生涯中，黄鸣龙始终忘我地战斗在科研第一线，值得人们永远敬仰和怀念。

三、醛的特殊性质

　　醛、酮有些化学性质是相同的，但由于醛酮结构不同，其化学性质也是有区别的。醛的羰基碳原子上连接的氢原子，易被氧化，即使弱的氧化剂也可以将醛氧化成同碳原子数的羧酸。而酮却不能被弱氧化剂氧化，但在强氧化剂（如重铬酸钾加浓硫酸）存在下，会发生碳链断裂，生成碳原子数较少的羧酸混合物。常用于鉴别醛酮的方法有银镜反应、斐林反应和希夫反应。

醛的特性
反应

（一）银镜反应

　　托伦试剂是硝酸银溶液的氨溶液，具有弱氧化性，当它与醛共热时，醛被氧化为羧酸，试剂中的银离子被还原生成单质银，附着在玻璃器壁上，形成银镜，故此反应也称为银镜反应。

$$RCHO + 2[Ag(NH_3)_2]OH \xrightarrow[\text{（水浴）}]{\triangle} RCOONH_4 + 2Ag\downarrow + 3NH_3\uparrow + H_2O$$

　　　　　　　　无色　　　　　　　　　　　　　　银镜

醛均能发生银镜反应，酮则不能。此反应可用于鉴别醛和酮。

（二）斐林反应

　　斐林试剂是由硫酸铜与酒石酸钾钠的碱溶液等体积混合而成的蓝色溶液。试剂中 Cu^{2+}（配离子）作为氧化剂，将脂肪醛氧化成相应的羧酸，而自身被还原生成砖红色的氧化亚铜沉淀。甲醛的还原性比较强，可以进一步将氧化亚铜还原为铜，在洁净的试管壁形成铜镜。但斐林试剂不能氧化芳香醛。因此可用斐林反应来区别脂肪醛和芳香醛。

$$RCHO + Cu^{2+} \text{(配离子)} \xrightarrow[\triangle]{OH^-} RCOONa + Cu_2O \downarrow$$

（三）希夫反应

将二氧化硫通入品红的水溶液，待红色褪去成为无色溶液，即为品红亚硫酸溶液，又称为希夫试剂。醛与希夫试剂作用，显紫红色；而酮不能发生该反应，故常用此反应鉴别醛和酮。甲醛与希夫试剂作用生成的紫红色物质遇硫酸紫红色不消失，而其他醛生成的紫红色物质遇硫酸后褪色，故用此方法也可将甲醛与其他醛区分开来。

课堂讨论

请同学们比较甲醛、乙醛、苯甲醛在化学性质方面的差异，并设计实验区分三种物质。

第三节　重要的醛和酮

科技前沿

国内室温催化降解甲醛研究进展

人类健康与室内环境质量密切相关。甲醛（HCHO）是室内的主要污染物之一，释放时间长达 3 至 15 年。开发高效的净化室内甲醛技术，有助于创造健康的居住环境。

中国科学院科学家团队——城市环境研究所研究员贺泓研究组长期从事室温催化降解甲醛研究，发现表面羟基在甲醛氧化反应过程中具有重要作用。

氧空位是活化水产生表面羟基的重要活性位点，高温还原是产生氧空位的手段之一。贺泓研究组系统研究了高温还原对 Pd/TiO_2 催化剂室温氧化甲醛的影响，证明高温还原可显著提高 Pd/TiO_2 在室温氧化 HCHO 的能力。表征结果表明，高温还原能诱导更强的金属载体相互作用，有利于活化 O_2 和 H_2O，产生高活性的氧和羟基物种，可将甲酸盐直接转化为 CO_2 和 H_2O。高温处理通常会引起贵金属烧结团聚，但该研究发现高温并未引起 Pd 颗粒团聚反而促进了 Pd 的分散，研究推测可能因为高温还原导致 TiO_2 表面产生氧缺陷并提升 Pd 纳米颗粒的流动性，Pd 粒子在扩散过程中被载体的氧缺陷捕获。相关成果发表在 Applied Catalysis B：Environmental 和 Topics in Catalysts 上，助理研究员李要彬为第一作者，贺泓为通讯作者。

相关研究得到国家自然科学基金、福建省自然科学基金资助。

一、甲醛（HCHO）

甲醛

甲醛俗称蚁醛，常温下是具有强烈刺激性气味的无色气体，沸点 $-21℃$，易溶于水。甲醛有凝固蛋白质的作用，因此具有杀菌防腐能力。体积分数为 40% 的甲醛水溶液称为福尔马林，是常用的外科器械消毒剂和保存动物标本的防腐剂。

　　甲醛用途广泛、生产工艺简单。甲醛除了直接用于消毒、杀菌、防腐（福尔马林）外，还用于涂料、橡胶、农药等行业，生活中用途也非常广泛，简单来讲有合成树脂、表面活性剂、塑料、皮革、造纸、染料、制药、照相胶片、建筑材料以及消毒、熏蒸和防腐过程中均要用到甲醛，人造板工业发达，对甲醛的需求量甚大。可以说甲醛是化学工艺中的多面手。

　　甲醛来源很广泛，可存在于空气中，如用作护墙板、天花板等装饰材料的各类酚醛树脂胶人造板等；含有甲醛成分并有可能向外界散发的装饰材料，比如贴墙布、贴墙纸、油漆和涂料管；有可能散发甲醛的室内陈列及生活用品中。衣物中也可能含有甲醛，如白挺或免烫的衣物，尤其是有些牛仔裤、标榜100％防皱防缩的衣裤或全棉免烫衬衫使用乙二醛树脂定型，都含有甲醛成分。

　　甲醛的主要危害表现为以下几个方面：

　　刺激作用：甲醛的主要危害表现为对皮肤黏膜的刺激作用，甲醛是原浆毒物质，能与蛋白质结合，高浓度吸入时出现呼吸道严重的刺激和水肿、眼刺激、头痛。

　　致敏作用：皮肤直接接触甲醛可引起过敏性皮炎、色斑、坏死，吸入高浓度甲醛时可诱发支气管哮喘。

　　致突变作用：高浓度甲醛还是一种基因毒性物质。实验动物在实验室高浓度吸入的情况下，可引起鼻咽肿瘤。

 岗位对接

甲醛溶液的含量测定

　　《中国药典》中规定甲醛溶液的含量测定方法为：

　　取本品约 1.5mL，精密称定，置锥形瓶中，加水 10mL、过氧化氢试液 25mL 与溴麝香草酚蓝指示液 2 滴，滴加氢氧化钠滴定液（1mol/L）至溶液显蓝色；再精密加氢氧化钠滴定液（1mol/L）25mL，瓶口置一玻璃小漏斗，置水浴上加热 15 分钟，不时振摇，放冷，用水洗涤漏斗，加溴麝香草酚蓝指示液 2 滴，用盐酸滴定液（1mol/L）滴定至溶液显黄色，并将滴定的结果用空白试验校正。每 1mL 氢氧化钠滴定液（1mol/L）相当于 30.03mg 的 CH_2O。

二、乙醛（CH_3CHO）

　　乙醛又名醋醛，化学式为 CH_3CHO，溶于水，为无色透明、具有刺激性气味的液体，沸点 21℃，可混溶于乙醇、乙醚、苯、汽油、甲苯、二甲苯等。

　　乙醛具有毒性，表现为刺激性、急性与慢性毒性、致突变性、致畸性和致癌性。乙醛主要用作还原剂、杀菌剂，再比色法测定醛时用以制备标准溶液，工业上用于制造多聚乙醛、乙酸、合成橡胶等。

　　三氯乙醛是乙醛的重要衍生物，是一种无色易挥发油状液体，有刺激性气味。可溶于水、乙醇、乙醚和氯仿，与水化合生成的三氯乙醛水合物，简称水合氯醛，具有催眠和镇静的作用。

 生活常识

喝酒为什么会脸红？

　　我国酒文化源远流长，在聚餐中免不了会推杯换盏，有人喝完酒后会出现脸红或者全身皮肤发红的情况，这是为什么呢？

酒精进入人体后，乙醇在乙醇脱氢酶的作用下，转化为乙醛；乙醛在乙醛脱氢酶的作用下，转化为乙酸；最后分解成二氧化碳和水，排出体外。

乙醇脱氢酶和乙醛脱氢酶是酒精代谢最主要的物质，当人体具备这两种酶，那么体内的酒精很快就会被分解。但当人体缺乏乙醛脱氢酶，体内的乙醛无法快速代谢成乙酸，就会造成乙醛积蓄在体内，并作用于神经中枢、血管等，就会表现出一喝酒，就会脸红的现象。

此外，饮酒后还会使心跳加速、血压上升、交感神经过度兴奋，也会导致毛细血管的异常充血和扩张，此时会更加加重喝酒后的脸红。

三、丙酮（CH_3COCH_3）

丙酮是易挥发、易燃的无色液体，沸点 56.5℃，可与水混溶，丙酮能溶解许多有机化合物，是常用的有机溶剂。

丙酮是人体内脂肪代谢的产物之一。正常情况下，正常人血液中丙酮的浓度很低。糖尿病患者由于糖代谢障碍，体内常有过量的丙酮产生，并随尿排出或经肺呼出体外。临床上检查糖尿病患者尿液中是否含有丙酮，可将亚硝酰铁氰化钠溶液和氢氧化钠溶液加入尿中，如有丙酮存在，尿液即呈鲜红色。此外，也可用碘仿反应来检查。

四、肉桂醛（$C_6H_5CH\!=\!CHCHO$）

肉桂醛通常称为桂醛，是一种醛类有机化合物，为黄色黏稠状液体，天然存在于斯里兰卡肉桂油、桂皮油、藿香油、风信子油和玫瑰油等精油中。肉桂醛有顺式和反式两种异构体，现商用的肉桂醛，无论是天然的或者是合成的肉桂醛，都是反式体。自然界中天然存在的肉桂醛为一个丙烯醛连接上一个苯基，因此可被认为是一种丙烯醛衍生物。

肉桂醛是允许使用的食品用合成香料，可用于制备肉类、调味品、口腔护理用品、糖果用香精。

肉桂醛在医药方面的应用广泛，包含以下几个方面。

杀菌消毒防腐：肉桂醛对真菌有显著疗效。对大肠杆菌、枯草杆菌及金黄色葡萄球菌、白色葡萄球菌、霍乱弧菌等有抑制作用，且对革兰氏阳性菌杀菌效果显著，可用于治疗多种因细菌感染引起的疾病。肉桂醛是抗真菌的活性物质，主要是通过破坏真菌细胞壁，使药物渗入真菌细胞内，破坏细胞器而起到杀菌作用。

抗溃疡，加强胃、肠道运动：其作用机制是溃疡活性因素的加强，以及抑制胃黏膜电位降低和对黏膜保护作用。用于治疗胃痛、胃肠胀气绞痛，有显著的健胃、驱风效果。

脂肪分解作用：肉桂醛具有抑制肾上腺素及促肾上腺皮质激素（ACTH）对脂肪酸的游离，促进葡萄糖的脂肪合成作用，肉桂酸也有这类作用，但肉桂醛作用远大于肉桂酸。因而，可以用于血糖控制药中，加强胰岛素替换葡萄糖的性能，防治糖尿病。

抗病毒和抗癌作用：对流感病毒，SV10 病毒引起的肿瘤抑制作用强大；可抑制肿瘤的发生，并具抗诱变作用和抗辐射作用。

🌐 岗位对接

肉桂油的含量测定

《中国药典》中规定肉桂油的含量测定照气相色谱法测定。

色谱条件与系统适用性试验　以交联 5% 苯基甲基聚硅氧烷为固定相的毛细管柱（柱长为 30m，内径为 0.32mm，膜厚度为 0.25μm），柱温为程序升温：初始温度为 100℃，以每分钟 5℃ 的速率升温至 150℃，保持 5 分钟，再以每分钟 5℃ 的速率升温至 200℃，保持 5 分钟；进样口温度为 200℃；检测器温度为 220℃；分流进样，分流比为 20：1。理论板数按桂皮醛峰计算应不低于 20000。

对照品溶液的制备　取桂皮醛对照品适量，精密称定，加乙酸乙酯制成每 1mL 含 3mg 的溶液，即得。

供试品溶液的制备　取本品 100mg，精密称定，置 25mL 量瓶中，加乙酸乙酯至刻度，摇匀，即得。

测定法　分别精密吸取对照品溶液与供试品溶液各 1μL，注入气相色谱仪，测定，即得。

本品含桂皮醛（C_9H_8O）不得少于 75.0%。

第四节　醌

科技前沿

何首乌中大黄素-大黄素二蒽酮抗心肌缺血作用研究

何首乌含有蒽醌类的大黄素、大黄酚、大黄酸、大黄素甲醚、大黄酚蒽酮、淀粉、粗脂肪、卵磷脂等成分。现代医学证实，何首乌中的蒽醌类物质，具有降低胆固醇、降血糖、抗病毒、强心、促进胃肠蠕动等作用，还有促进纤维蛋白溶解活性作用，对心脑血管疾病有一定的防治作用。

2022 年中国食品药品检定研究院中的杨建波、汪祺等人研究何首乌 Polygonum multiflorum Thunb 干燥块根中大黄素-大黄素二蒽酮抗心肌缺血作用。他们采用大孔吸附树脂、反相硅胶和制备高效液相色谱等柱色谱方法快速制备大黄素-大黄素二蒽酮。采用雄性昆明种小鼠制备异丙肾上腺素诱导的心肌缺血模型，灌胃给予大黄素-大黄素二蒽酮（10mg/kg），以地尔硫卓为阳性对照组，观察其对小鼠的保护作用。结果发现何首乌中分离得到的大黄素-大黄素二蒽酮在 10mg/kg 剂量下，能显著改善心肌缺血小鼠心电图 ST 段抬高情况，降低血清心肌损伤生物标记物 cTn-T 水平，降低心肌酶水平，改善心肌缺血损伤状态。因而得出结论，何首乌中大黄素-大黄素二蒽酮显示较好的抗心肌缺血作用，值得进一步进行深入系统地研究。

一、醌的分类和命名

醌是含有环己二烯二酮结构的一类有机化合物。大部分的醌都是 α,β-不饱和酮，且为非芳香、有颜色的化合物。最简单的醌是苯醌，包括对苯醌（1,4-苯醌）和邻苯醌（1,2-苯醌）。

醌类化合物不是芳香族化合物，但根据其骨架可分为苯醌、萘醌、蒽醌、菲醌等。

醌是作为相应芳烃的衍生物来命名的，编号方法依据苯、萘、蒽的编号原则，且羰基的位次较小。例如：

醌

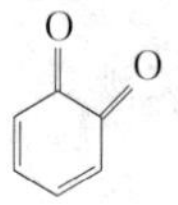

1,2-苯醌（邻苯醌） 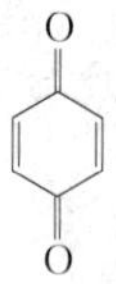　1,4-苯醌（对苯醌） 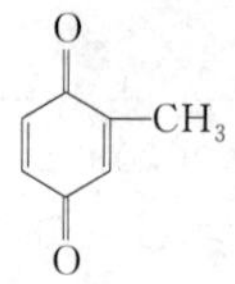　2-甲基-1,4-苯醌

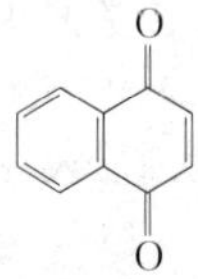

1,4-萘醌（α-萘醌） 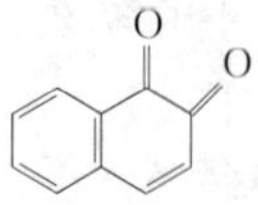　1,2-萘醌（β-萘醌） 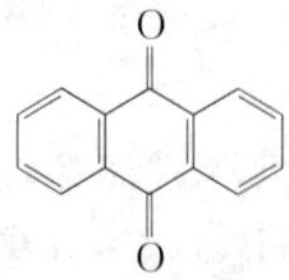　9,10-蒽醌

醌类化合物在自然界分布很广泛，例如，具有凝血作用的维生素 K 类化合物属于萘醌类化合物，具有抗菌作用的大黄素和抗肿瘤药物米托蒽醌属于蒽醌类化合物，辅酶 Q_{10} 属于苯醌类化合物。

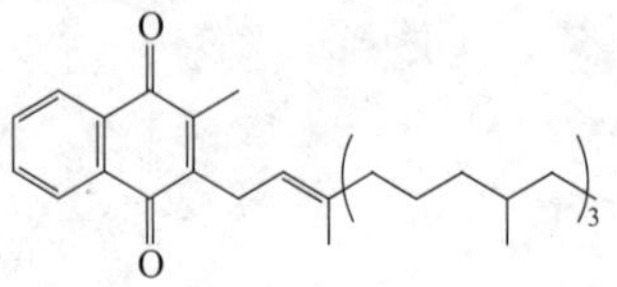

维生素K₁　　　　　　　　　　　大黄素

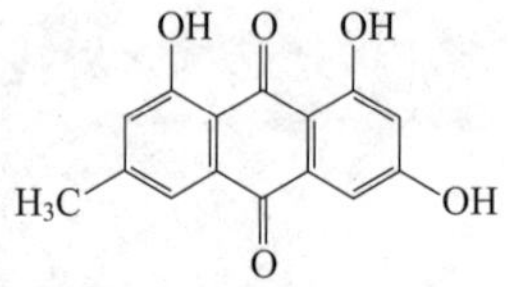

二、醌的性质

醌类化合物一般是有颜色的，对位醌大多为黄色，邻位醌大多为红色或橙色。因此，醌类化合物是许多染料和指示剂的母体。

对苯醌能发生的化学反应如下：

1. 烯键的加成反应

苯醌分子中的碳碳双键可以与 1 或 2 分子溴加成。例如：

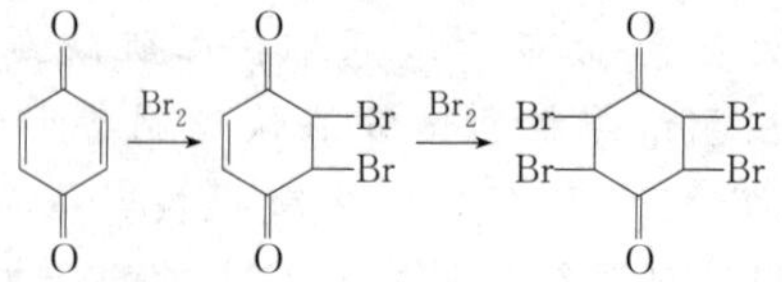

2. 羰基的加成反应

对苯醌分子可与 2 分子氨的衍生物缩合。例如：

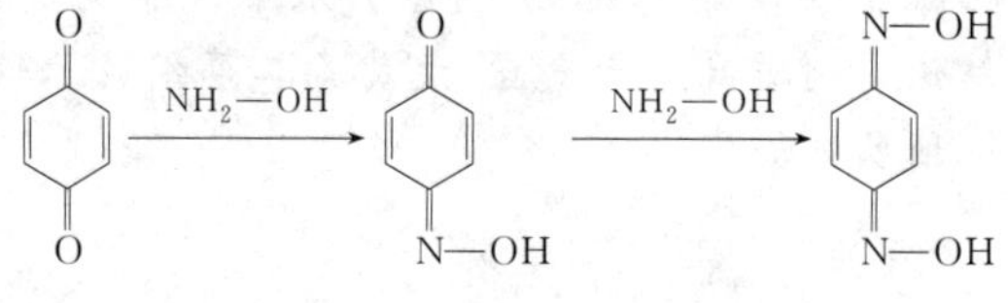

3. 1,4-加成反应

醌可以与氢卤酸、氢氰酸等发生 1,4-加成反应。例如：

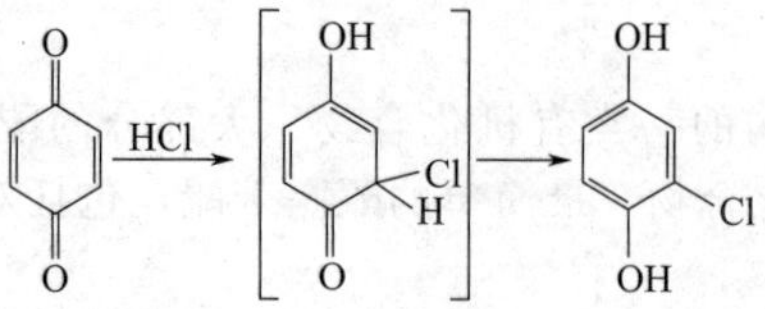

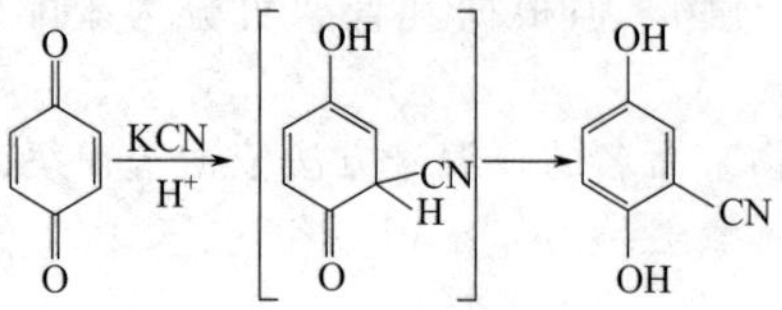

4. 1,6-加成反应

对苯醌在亚硫酸水溶液中很容易被还原为对苯二酚，又称氢醌。

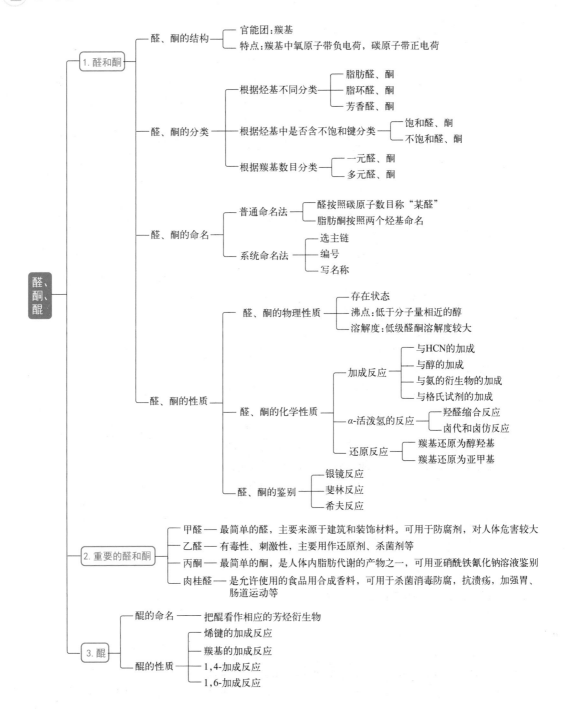

学习小结

一、名词解释

1. 脂肪醛

2. 混酮

3. 羟醛缩合反应

4. 羰基试剂

5. 斐林试剂

二、单项选择题

1. 下列官能团表示醛基的是（   ）。

A. —OH　　　　B. $\underset{}{C}=\underset{}{C}$　　　　C. $\overset{O}{\underset{}{-C-}}$　　　　D. $\overset{O}{\underset{}{-C-H}}$

2. 下列有机物表示酮类的是（   ）。

A. $\overset{O}{\underset{}{R-C-H}}$　　　B. $\overset{O}{\underset{}{R-C-R'}}$　　　C. $\overset{OH}{\underset{}{R-CH-R'}}$　　　D. $\overset{OH}{\underset{}{CH-R'}}$（苯环）

3. 下列有机物表示醛类的是（   ）。

A. $\overset{O}{\underset{}{R-C-H}}$　　　B. $\overset{O}{\underset{}{R-C-R'}}$　　　C. $\overset{OH}{\underset{}{R-CH-R'}}$　　　D. $\overset{OH}{\underset{}{CH-R'}}$（苯环）

4. 下列表示 2-甲基丙醛的是（   ）。

A. HCHO　　　B. CH_3CHO　　　C. $CH_3\overset{CH_3}{\underset{}{CH}}CHO$　　　D. $CH_3CH_2\overset{CH_3}{\underset{}{CH}}CHO$

5. 下列物质能与斐林试剂反应的是（   ）。

A. 乙醇　　　　B. 乙醛　　　　C. 丙酮　　　　D. 苯甲醛

6. 下列物质不能与托伦试剂反应的是（   ）。

A. 乙醛　　　　B. 丙酮　　　　C. 苯甲醛　　　　D. 甲醛

7. 丙醛加氢后能生成（   ）。

A. 1-丙醇　　　B. 2-丙醇　　　C. 2-甲基丙醇　　　D. 乙醇

8. 下列关于银镜反应实验的叙述正确的是（   ）。

A. 试管要洁净　　　　　　　　B. 托伦试剂应提前一天配好备用

C. 配制托伦试剂时氨水一定要过量　　　D. 用直火加热

9. 既能与氢发生加成反应又能与希夫试剂反应的是（   ）。

A. 丙烯　　　　B. 丙醛　　　　C. 丙酮　　　　D. 苯

10. 能与斐林试剂反应的是（   ）。

A. 丙酮　　　　B. 苯甲醇　　　　C. 苯甲醛　　　　D. 2-甲基丙醛

11. 检查糖尿病患者尿液中的丙酮，可采用的试剂是（   ）。

A. 斐林试剂　　　　　　　　B. 希夫试剂

C. 托伦试剂　　　　　　　　D. 亚硝酰铁氰化钠和氢氧化钠

12. 下列物质不能发生卤仿反应的是（   ）。

A. 乙醛　　　　B. 丙醛　　　　C. 丙酮　　　　D. 2-戊酮

13. 以下物质与格氏试剂反应能制备伯醇的是（   ）。

A. 甲醛　　　　B. 乙醛　　　　C. 丙酮　　　　D. 苯乙酮

14. 以下物质与格氏试剂反应能制备仲醇的是（   ）。

A. HCHO　　　B. CH_3CHO　　　C. CH_3COCH_3　　　D. $C_6H_5COCH_3$

15. 下列化合物中，不发生银镜反应的是（　　）。

A. 丁酮　　　　　　　B. 苯甲醛　　　　　　C. 丁醛　　　　　　　D. 甲醛

16. 下列各组物质中，不能用斐林试剂来鉴别的是（　　）。

A. 苯甲醛和甲醛　　　　　　　　　B. 苯甲醛和乙醛

C. 丙醛和丙酮　　　　　　　　　　D. 乙醛和丙醛

17. 下列试剂中，不能用来鉴别醛和酮的是（　　）。

A. 希夫试剂　　　　B. 托伦试剂　　　　　C. 斐林试剂　　　　D. 溴水

18. 下列关于醛酮的叙述不正确的是（　　）。

A. 醛酮都能被弱氧化剂氧化成相应的羧酸

B. 醛酮分子中都含有羰基

C. 醛酮都可以被催化氢化成相应的醇

D. 醛酮都能与 2,4-二硝基苯肼反应

19. 醛加氢还原生成（　　）。

A. 伯醇　　　　　　　B. 仲醇　　　　　　　C. 羧酸　　　　　　　D. 酮

20. 生物标本防腐剂"福尔马林"的成分是（　　）。

A. 40％甲醇水溶液　　　　　　　　B. 40％甲醛水溶液

C. 40％甲酸水溶液　　　　　　　　D. 40％丙酮水溶液

三、命名下列化合物或写出其结构简式

1. $CH_3CH_2CH(CH_3)CH_2CHO$

2. $HOCH_2CH_2CH_2CH_2CHO$

3. CH_3COCH_3

4. $CH_3COCH_2COCH_3$

5.

6.

7. 3-甲基丁醛

8. 4-戊烯-2-酮

四、完成下列反应式

1. $CH_3CHO + HCN \longrightarrow$

2. $HCHO + CH_3CH_2MgBr \longrightarrow$

3. $CH_3CH{=}CHCHO \xrightarrow[H_3O^+]{LiAlH_4/THF}$

五、用化学方法鉴别下列各组物质

1. 乙醛、丙酮、乙醇

2. 丙醛、丙酮、丙三醇

3. 乙醛、苯甲醛

六、推断结构

1. 某化合物 A 的分子式为 C_4H_8O，能与氢氰酸发生加成反应，并能与希夫试剂显紫红色，A 经还原后得到分子式为 $C_4H_{10}O$ 的化合物 B。B 经浓硫酸脱水后得到碳氢化合物 C，分子式为 C_4H_8，C 与氢溴酸作用生成叔丁基溴。写出 A、B、C 的结构式。

2. 某化合物的分子式为 C_8H_8O，该化合物不与托伦试剂反应，但能与 2,4-二硝基苯肼作用生成橙色晶体，还能与碘的氢氧化钠溶液作用生成黄色沉淀，写出该化合物的结构式。

七、问答题

肉桂醛是具有芳香气味的抗菌药物，以下是肉桂醛的结构式，请根据结构式回答下列问题。

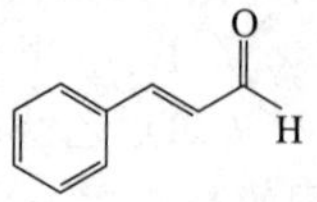

1. 肉桂醛的结构中有哪种官能团？
2. 它属于哪种醛？其系统名称是什么？
3. 根据肉桂醛的结构特点，指出它能够发生哪些化学反应。

第九章 羧酸和取代羧酸

 学习目标

知识目标：

1. 掌握羧酸、取代羧酸的命名方法和主要化学性质。
2. 熟悉羧酸、取代羧酸的结构特点、分类以及羧酸的物理特性。
3. 了解医药中常见的羧酸和取代羧酸。

能力目标：

1. 会用系统命名法命名羧酸及取代羧酸。
2. 能运用化学方法鉴别羧酸、醇酸、酚酸、酮酸和 α-氨基酸。

素质目标：

1. 培养爱国、敬业的社会主义核心价值观。
2. 增强责任意识。

案例分析

　　2021 年 9 月，河南省洛阳市伊川鸦岭镇的一处山坡上，出现了一窝马蜂，附近 4 位村民经过时，被这些马蜂蜇伤，其中三人受伤较轻，住院七天后已经无恙，但是另一个人没有那么幸运，当场就被马蜂蜇死了。我们知道这种马蜂伤人事件也是每年都有发生。被马蜂蜇了后，轻者出现红肿、疼痛、瘙痒等过敏现象，严重的会危及生命。那么为什么会出现这种情况呢？

　　分析： 马蜂的毒液中除了含有蜂毒肽等物质外，还含有甲酸，甲酸显酸性，所以被马蜂蜇了又疼又痒，如果症状较轻，可用肥皂水、3％氨水或 5％碳酸氢钠液涂敷蜇伤部位。

　　分子中含有羧基（—COOH）的化合物称为羧酸。从结构上，羧酸也可看作是烃分子中的氢原子被羧基取代而形成的化合物（除甲酸外），其通式为（Ar）RCOOH（甲酸为 HCOOH），羧基（—COOH）是羧酸的官能团。

　　羧酸分子中烃基上的氢原子被其他原子或原子团取代后生成的化合物称为取代羧酸。根据取代原子或原子团的不同，取代羧酸又分为卤代酸、羟基酸、氨基酸和酮酸等，本章主要讨论羟基酸、氨基酸和酮酸。

　　羧酸和取代羧酸广泛存在于自然界中，在动植物的生长、繁殖、新陈代谢等方面起着重要作用。许多羧酸和取代羧酸是有机合成、工农业生产和医药工业的原料或中间体，有些还具有显著的生理活性，能防病治病。因此，羧酸和取代羧酸与医药学、人们的生活等密切相关。

岗位对接

药物中的羧酸

羧酸及其衍生物是一类与药物关系十分密切的重要有机化合物，有些药物本身就是羧酸或羧酸衍生物。

如具有抗炎、镇痛、解热作用的布洛芬，属于羧酸类有机物，化学名叫作2-(4-异丁基苯基) 丙酸。

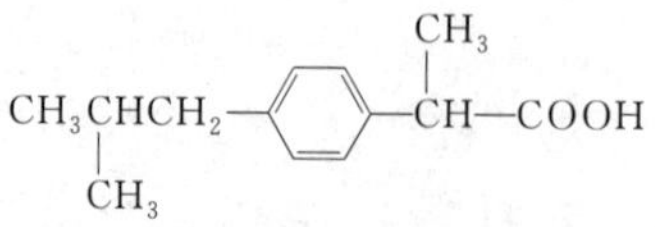

$$CH_3CHCH_2 \diagdown \hspace{2em} CH_3 \atop \diagup \atop CH-COOH$$
$$CH_3$$

布洛芬

再如，生活中常用的一种抗生素药——头孢氨苄，也属于羧酸类物质，主要用于敏感菌所致的急性扁桃体炎、咽喉炎、中耳炎、鼻窦炎、支气管炎、肺炎等呼吸道感染、尿路感染及皮肤软组织感染等。

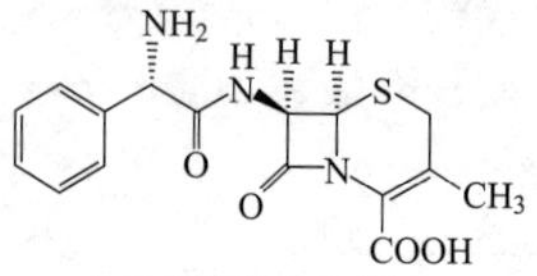

头孢氨苄(抗生素药)

第一节　羧酸

一、羧酸的结构、分类和命名

（一）羧酸的结构

羧基（ $-\overset{\text{O}}{\underset{}{\text{C}}}-\text{OH}$ ）是羧酸的官能团，可以看作是由羰基和羟基组成的，但实际并非两者的简单组合。X射线衍射证明：甲酸分子中C=O的键长（0.123nm）比醛、酮分子中C=O的键长（0.120nm）略长；而C—O的键长（0.136nm）比醇分子中C—O的键长（0.143nm）稍短，在甲酸晶体中，两个碳氧键键长均为127pm。所以羧基中既不存在典型的羰基，也不存在典型的羟基，是两者互相影响的统一体。

在羧酸分子中，羧基碳原子的sp²杂化轨道分别与烃基（或H）和两个氧原子形成3个σ键，这3个σ键在同一个平面上。未杂化的p轨道与羰基氧原子的p轨道形成π键，构成了羧基中C=O的π键，但羧基中的—OH部分上的氧有一对未共用电子，可与π键形成p-π共轭体系，如图9-1所示。由于p-π共轭，使—OH上氧原子上的电子云向羰基移动，O—H间的电子云更靠近氧原子，使得O—H键的极性增强，有利于H原子的解离，所以羧酸表现出明显的酸性。

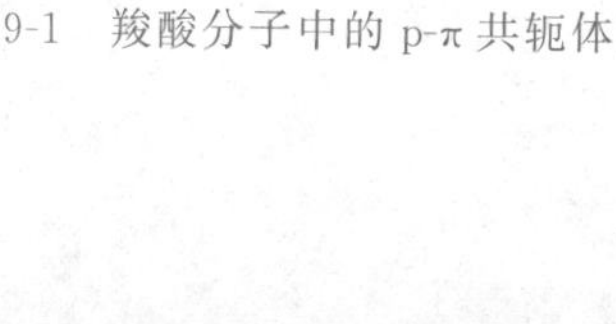

图 9-1　羧酸分子中的 p-π 共轭体系

（二）羧酸的分类

根据羧酸分子中与羧基相连的烃基的种类不同，可分为脂肪羧酸、脂环羧酸、芳香羧酸；根据烃基是否饱和又分为饱和羧酸和不饱和羧酸；根据羧酸分子中所含羧基的数目不同，可分为一元羧酸和多元羧酸。

（三）羧酸的命名

1. 羧酸的俗名

羧酸的命名

许多羧酸命名时采用俗名，这是根据它们的来源而得名的。如甲酸最初是由蒸馏蚂蚁制得，又称为蚁酸；乙酸最初由食醋中得到，又称为醋酸；丁酸具有酸败牛奶气味，又称为酪酸；苯甲酸存在于安息香胶中，又称为安息香酸；乙二酸又称草酸；丁二酸又称琥珀酸。例如：

$$HCOOH \qquad CH_3COOH \qquad CH_3CH_2CH_2COOH$$

甲酸（蚁酸）　　　乙酸（醋酸）　　　丁酸（酪酸）

$$\langle\text{苯环}\rangle-COOH \qquad HOOC-COOH \qquad HOOCCH_2CH_2COOH$$

苯甲酸（安息香酸）　乙二酸（草酸）　　丁二酸（琥珀酸）

2. 系统命名法

（1）饱和脂肪羧酸的命名　选择含有羧基在内的最长碳链作为主链。从靠近羧基的一端给主链编号，根据主链的碳原子数称为"某酸"。主链碳原子位次除用阿拉伯数字表示外，也可以用希腊字母表示，与羧基直接相连的碳原子为 α-碳原子，其余依次为 β、γ、δ……位。将取代基的位次、数目、名称写在羧酸母体名称之前。羧基总在碳链的首端，可不标明位次。例如：

$$\underset{\underset{CH_3}{|}}{CH_3CHCH_2COOH} \qquad \underset{\underset{CH_3}{|}\;\underset{CH_2CH_3}{|}}{CH_3CHCH_2CHCOOH}$$

3-甲基丁酸　　　　　　　4-甲基-2-乙基戊酸

（β-甲基丁酸）　　　　（γ-甲基-α-乙基戊酸）

（2）不饱和脂肪羧酸的命名　应选择包含羧基和不饱和键在内的最长碳链为主链，称为"某烯酸"或"某炔酸"。主链碳原子的编号仍用阿拉伯数字或希腊字母来表示，将双键、三键的位次写在某烯酸或某炔酸名称前面。例如：

$$\underset{\underset{CH_3}{|}}{CH_3CHCH=CHCOOH} \qquad CH_3C{\equiv}CHCOOH$$

4-甲基-2-戊烯酸　　　　　　　2-丁炔酸

（γ-甲基-α-戊烯酸）　　　　（α-丁炔酸）

当主链碳原子数多于10个时，需在表示碳原子数的中文数字后加上"碳"字，以避免表示主链碳原子数目和双键、三键数目的两个数字混淆。不饱和羧酸的双键也可用"Δ"来表示，双键的位次写在"Δ"的右上角。例如：

$$CH_3(CH_2)_4CH=CHCH_2CH=CH(CH_2)_7COOH$$

9,12-十八碳二烯酸（$\Delta^{9,12}$-十八碳二烯酸）

（3）二元脂肪羧酸的命名　选取包含两个羧基在内的最长碳链为主链，根据主链上碳原子的数目称为"某二酸"。例如：

HOOC—OH   HOOCCH$_2$CH$_2$CH$_2$COOH
　　乙二酸　　　　　　　　戊二酸

（4）芳香羧酸或脂环羧酸的命名　将芳环或脂环看作取代基，以脂肪羧酸作为母体命名。例如：

苯甲酸　　　　　　邻甲基苯甲酸　　　　　3-苯基丙烯酸

邻苯二酸　　　　　　环戊基乙酸

课堂讨论

对下列物质进行命名或写结构简式。
1. CH$_3$CH=CHCH$_2$COOH

2. HOOCCH$_2$COOH

3. $\underset{\displaystyle CH_3}{CH_3CHCH_2COOH}$

4. 2,3-二甲基戊酸

二、羧酸的性质

（一）羧酸的物理性质

羧酸的
物理性质

1. 物质形态

常温下，饱和一元羧酸中，甲酸、乙酸、丙酸是具有强烈刺激性气味的无色液体；C$_4$～C$_9$的羧酸是有腐败恶臭气味的油状液体；C$_{10}$以上的羧酸则是无味无臭的蜡状固体。脂肪族二元羧酸和芳香羧酸均为结晶性固体。

2. 溶解性

羧酸分子中羧基是亲水性基团，可与水形成氢键，所以低级的羧酸（甲酸、乙酸、丙酸）可与水混溶；其他羧酸随着碳链的增长，非极性的烃基越来越大，水溶性逐渐降低。高级一元酸不溶于水，但能溶于乙醇、乙醚、苯等有机溶剂。多元酸的水溶性大于同碳原子数的一元羧酸，而芳香酸的水溶性低。

3. 熔点和沸点

直链饱和一元羧酸和二元羧酸的熔点随分子中碳原子数目的增加呈锯齿状变化，含偶数碳原子的羧酸由于分子的对称性好，比其相邻的 2 个含奇数碳原子的羧酸熔点都高。

羧酸的沸点随分子量的增大而逐渐升高，且比分子量相近的烷烃、卤代烃、醇、醛、酮的沸点都高。这是因为羧基是强极性基团，羧酸分子间的氢键（键能约为 14kJ/mol）比醇羟基间的氢键（键能为 5～7kJ/mol）更强。例如：分子量相同的甲酸和乙醇，甲酸的沸点为 100℃，乙醇的沸点为 78.3℃，相差近 22℃。这是由于 2 个羧酸分子可通过 2 个氢键而缔合成较稳定的二聚体，如图 9-2 所示。

（二）羧酸的化学性质

羧酸的羧基在形式上由羟基和羰基组成，但由于它们通过 p-π 共轭构成一个整体，故羧酸在

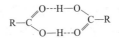

图 9-2　羧酸分子的二聚体

性质上有别于羰基化合物和醇类，而具有其特殊的性质。羧酸的化学性质主要发生在羧基及受羧基影响的 α-H 原子上，表现为羧基的酸性、羟基的取代反应、α-H 的卤代反应、羧基的还原反应和脱羧反应等。具体图示如下：

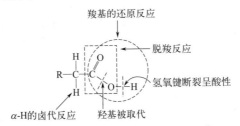

1. 酸性

羧酸的酸性

羧酸由于 p-π 共轭体系的存在，氧氢键电子云更偏向氧原子，氧氢键极性增强，在水溶液中更容易解离出 H^+，表现酸性。一般的羧酸属于弱酸，它们在水中部分电离。

$$RCOOH \rightleftharpoons RCOO^- + H^+$$

饱和一元羧酸的 pK_a 一般为 $3 \sim 5$，其酸性弱于盐酸、硫酸等无机强酸，但强于碳酸（$pK_a = 6.38$）和酚类（$pK_a = 9.89$）。所以羧酸不仅能与强碱（如 NaOH、KOH）反应，也能与碳酸盐（如 Na_2CO_3、$NaHCO_3$）反应，生成 CO_2。而苯酚的酸性比碳酸弱，不能与碳酸盐反应，利用这个性质可以分离、区分羧酸和酚类化合物。

$$RCOOH + NaOH \longrightarrow RCOONa + H_2O$$
$$RCOOH + NaHCO_3 \longrightarrow RCOONa + CO_2 \uparrow + H_2O$$
$$2RCOOH + Na_2CO_3 \longrightarrow 2RCOONa + CO_2 \uparrow + H_2O$$

羧酸盐用强的无机酸酸化，又可以转化为原来的羧酸。这是分离和纯化羧酸或从动植物体中提取含羧基有效成分的途径。

$$RCOONa + HCl \longrightarrow RCOOH + NaCl$$

由于羧酸的钠盐或钾盐在水中的溶解度很大，制药工业中常把一些含羧基难溶于水的药物制成羧酸盐，以便吸收、配制水剂或注射液使用。如常用的青霉素 G 的钠盐或钾盐。

羧基的酸性强弱受整个分子的影响，凡能使羧基电子云密度降低的基团，如卤原子、硝基、羟基、羧基等基团对羧基产生吸电子诱导效应，使羧酸的酸性增强。另外，基团的电负性越大，取代基的数目越多，距羧基位置越近，吸电子诱导效应越强，则使羧酸的酸性越强。例如：

$$FCH_2COOH > ClCH_2COOH > BrCH_2COOH > ICH_2COOH$$

pK_a　　　 2.67　　　　 2.87　　　　 2.90　　　　 3.16

$$Cl_3CCOOH > Cl_2CHCOOH > ClCH_2COOH > CH_3COOH$$

pK_a　　　 0.63　　　　 1.36　　　　 2.87　　　　 4.76

$$CH_3CH_2\underset{\underset{Cl}{|}}{C}HCOOH > CH_3\underset{\underset{Cl}{|}}{C}HCH_2COOH > \underset{\underset{Cl}{|}}{C}H_2CH_2CH_2COOH > CH_3CH_2CH_2COOH$$

pK_a　　 2.80　　　　　　　 4.06　　　　　　　 4.52　　　　　　 4.81

羧酸的烃基上连有给电子基团时，酸性随着烃基的碳原子数增加和给电子能力的增强而减弱。例如：

$$HCOOH > CH_3COOH > CH_3CH_2COOH > (CH_3)_3CCOOH$$

pK_a　　 3.77　　　　 4.76　　　　　 4.87　　　　　 5.05

二元羧酸中，由于羧基是吸电子基团，两个羧基间吸电子诱导效应的相互影响使其酸性比一元饱和羧酸大，且酸性随着两个羧基间距离的增大而减小。二元羧酸中，草酸的酸性最强。例如：

乙二酸＞丙二酸＞丁二酸＞戊二酸＞己二酸

pK_a　　　1.27　　2.85　　4.16　　4.33　　4.43

羧酸中羟基
的取代反应

2. 羧酸中羟基的取代反应

羧酸中的—OH 不如醇—OH 易被取代，但在一定条件下，可以被卤原子（—X）、酰氧基（—OOCR）、烷氧基（—OR）及氨基（—NH₂）取代，生成一系列羧酸衍生物。羧酸分子中去掉羟基后剩余的部分称为酰基。例如：

$$(Ar)R-\overset{\text{O}}{\underset{}{C}}-　　H-\overset{\text{O}}{\underset{}{C}}-　　CH_3-\overset{\text{O}}{\underset{}{C}}-　　C_6H_5-\overset{\text{O}}{\underset{}{C}}-$$

酰基　　　甲酰基　　　乙酰基　　　苯甲酰基

（1）酰卤的生成　酰卤是指羧酸中的—OH 被卤原子取代后的产物，其中最重要的是酰氯，它是由羧酸与 PCl₃、PCl₅、SOCl₂（氯化亚砜）反应生成。

$$3RCOOH + PCl_3 \longrightarrow 3RCOCl + H_3PO_3$$
$$RCOOH + PCl_5 \longrightarrow RCOCl + POCl_3 + HCl\uparrow$$
$$RCOOH + SOCl_2 \longrightarrow RCOCl + SO_2\uparrow + HCl\uparrow$$

酰氯很活泼，是一类具有高度反应活性的化合物，广泛用于药物合成中。

（2）酸酐的生成　羧酸（除甲酸外）在脱水剂存在下加热，两个羧基间脱去一分子水，生成酸酐。常用的脱水剂有乙酸酐和 P₂O₅。其中乙酸酐因与水反应较迅速且价格便宜，生成的乙酸沸点低易于去除，被广泛用于制备高级酸酐。

$$R-\overset{\text{O}}{\underset{}{C}}-OH + HO-\overset{\text{O}}{\underset{}{C}}-R \longrightarrow R-\overset{\text{O}}{\underset{}{C}}-O-\overset{\text{O}}{\underset{}{C}}-R + H_2O$$

五元或六元环状酸酐（环酐），可由 1,4-或 1,5-二元羧酸分子内脱水形成。例如，丁二酸、邻苯二甲酸等，只要加热，不用脱水剂即可生成稳定的五元或六元环酐。

（3）酯的生成　羧酸和醇在酸的催化作用下生成酯和水的反应，称为酯化反应，常用酸为浓硫酸，由于反应极慢，所以需要加热。酯化反应一般是羧酸的酰氧键发生断裂，羧羟基被醇中的烃氧基取代，生成酯和水，而不是醇的烃氧键断裂。

$$R-\overset{\text{O}}{\underset{}{C}}\!+\!OH + H\!+\!O-R' \underset{\triangle}{\overset{\text{浓}H_2SO_4}{\rightleftharpoons}} R-\overset{\text{O}}{\underset{}{C}}-O-R' + H_2O$$

酯化反应在酸性条件下是可逆反应，酯和水又可以作用生成羧酸和醇，称为酯的水解反应。欲提高酯化反应的产率，必须增大某一反应物的用量或降低生成物的浓度，使平衡向生成酯的方向移动。

岗位对接

酯化反应在医学上的应用

在药物合成中，常常利用酯化反应将药物转换为前药，以改变药物的生物利用度、稳定性和克服多种不利因素。如治疗青光眼的药物塞他洛尔，其分子中含有羟基，极性较强，脂溶性较差，难以透过角膜。通过羟基酯化后，其脂溶性增大，透过角膜的能力增强，进入眼球后经酶水解再生成药物塞他洛尔而起到药效。再如，抗生素氯霉素味极苦，服药困难，其棕榈酸酯（无味氯霉素）的水溶性小，没有苦味，也没有抗菌作用，但经肠黏膜吸收到血液中后，被酯酶水解生成有活性的氯霉素而起杀菌作用。

（4）酰胺的生成　羧酸与氨水或胺反应，先生成羧酸的铵盐，加热铵盐，分子内脱去一分子水生成酰胺。

$$\underset{\substack{\| \\ O}}{R-C-OH} + NH_3 \longrightarrow \underset{\substack{\| \\ O}}{R-C-ONH_4} \xrightarrow{\triangle} \underset{\substack{\| \\ O}}{R-C-NH_2} + H_2O$$

酰胺是一类很重要的化合物，很多药物（如对乙酰氨基酚等）的结构中都含有酰胺。

对乙酰氨基酚

课堂讨论

完成下列方程式

1. $CH_3COOH + NaOH \longrightarrow$

2. $CH_3COOH + NaHCO_3 \longrightarrow$

3. $CH_3COOH + Na_2CO_3 \longrightarrow$

4. $CH_3COOH + CH_3OH \underset{\triangle}{\overset{\text{浓} H_2SO_4}{\rightleftharpoons}}$

3. α-H 的卤代反应

由于羧基吸电子效应的影响，α-碳原子上的氢原子活性增强，能被卤原子取代，生成卤代酸。但由于羧基的致活作用比羰基小，所以羧酸的 α-H 卤代反应需要在少量红磷或三卤化磷存在的条件下才能进行。

$$RCH_2COOH \xrightarrow[P]{X_2} \underset{\substack{| \\ X}}{RCHCOOH} \xrightarrow[P]{X_2} \underset{\substack{| \\ X}}{\overset{\substack{X \\ |}}{RCCOOH}}$$

羧酸的还原、
α-H 卤代和脱羧反应

4. 还原反应

羧基中的羰基很难被一般的还原剂还原，但强还原剂氢化铝锂（$LiAlH_4$）可将羧酸直接还原至伯醇。

$$RCOOH \xrightarrow{LiAlH_4} RCH_2OH$$

氢化铝锂是一种选择性还原剂，在还原不饱和羧酸时，只还原羧基，而对分子中的碳碳双键、三键无影响，由此可制备不饱和的伯醇。

$$CH_2=CHCH_2COOH \xrightarrow{LiAlH_4} CH_2=CHCH_2CH_2OH$$

5. 脱羧反应

羧酸分子失去羧基，放出 CO_2 的反应称为脱羧反应。饱和一元羧酸通常不易发生脱羧反应。但在特殊条件下，也可以发生脱羧反应，如羧酸钠盐与碱石灰（NaOH，CaO）共热，可脱羧生成少一个碳原子的烃，实验室中常用于制备低级烷烃。例如，无水醋酸钠与碱石灰强热制备甲烷。

$$CH_3COONa+NaOH \xrightarrow[\text{强热}]{CaO} CH_4\uparrow+Na_2CO_3$$

当一元羧酸的 α-碳上连有强吸电子基（如硝基、卤素、酰基等）或者 2 个羧基直接相连或连在同一个碳原子上的二元羧酸受热均容易脱羧。例如乙二酸、三氯乙酸等。

$$Cl_3CCOOH+Na_2CO_3 \xrightarrow{\triangle} CHCl_3+CO_2\uparrow$$

$$HOOC\text{-}COOH \xrightarrow{\triangle} HCOOH+CO_2\uparrow$$

脱羧反应是生物体内重要的生物化学反应，呼吸作用所生成的二氧化碳就是在脱羧酶的催化作用下完成的。

三、重要的羧酸

（一）甲酸（HCOOH）

甲酸最初是在蚂蚁体内发现的，所以俗名蚁酸，主要存在于蚁类、蜂类、蜈蚣等动物和荨麻、松叶等植物中，是无色有刺激气味的液体，能与水、乙醇、甘油混溶。其腐蚀性很强，避免与皮肤接触。

如图 9-3 所示，甲酸的结构比较特殊，它的羧基与氢原子直接相连，从结构上看，分子中既有羧基又有醛基，表现出它与其他羧酸不同的一些特性。

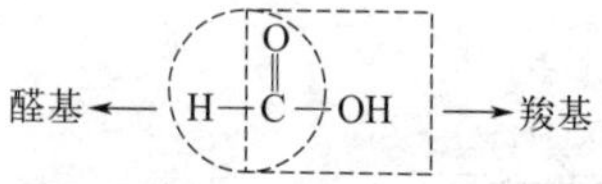

醛基 ←— H—C—OH —→ 羧基

图 9-3　甲酸的结构

（1）甲酸的酸性比其他饱和一元羧酸的酸性强。

（2）甲酸分子中含有醛基，具有还原性。能与托伦试剂发生银镜反应，也能使高锰酸钾褪色，利用这一性质常用于鉴别甲酸与其他羧酸。

甲酸有广泛的用途，可用作还原剂、橡胶凝结剂、防腐剂和消毒剂。

（二）乙酸（CH₃COOH）

乙酸俗名醋酸，是食醋的主要成分，一般食醋中含乙酸 3%～5%。乙酸为无色具有强烈刺激性气味的液体，熔点 16.6℃，沸点 118℃。当室温低于16.6℃时，乙酸凝结成冰状的固体，所以乙酸又称为冰醋酸。乙酸能与水混溶，也能溶于乙醇、乙醚等有机溶剂。

乙酸

乙酸是重要的化工原料，广泛用于合成纤维、涂料、医药、农药、食品添加剂、染织等。乙酸的稀溶液（5～20g/L）在医药上可用作消毒防腐剂，例如用于烫伤或灼伤感染的创面洗涤。乙酸还有消肿治癣、预防感冒等作用。在家庭中，乙酸的稀溶液常被用作除垢剂。

（三）苯甲酸（⬡—COOH）

苯甲酸俗名安息香酸，是无色晶体，易升华，熔点 $122℃$，难溶于冷水，易溶于热水、乙醇等有机溶剂中。

苯甲酸具有抑制真菌、细菌、霉菌生长的作用，常用作治疗癣病的外用药。由于其毒性低，苯甲酸及其钠盐广泛用于食品、日常化妆品的防腐剂。

苯甲酸也是重要的有机合成原料，可用于制备染料、香料、药物、媒染剂、增塑剂等。

（四）乙二酸（HOOC—COOH）

乙二酸俗名草酸，广泛存在于多种植物中。草酸是无色晶体，常含有两分子的结晶水（$H_2C_2O_4 \cdot 2H_2O$）。其熔点为 $189℃$，易溶于水或乙醇，不溶于乙醚等有机溶剂。其酸性比一元羧酸和其他二元羧酸都强。

乙二酸具有还原性，容易被氧化，可用于去除铁锈或蓝墨水的痕迹，也能使高锰酸钾溶液褪色。在医药工业中用于制造金霉素、土霉素、维生素 B_2、苯巴比妥等药物。在分析化学中，常用作标定高锰酸钾的基准物质。

乙二酸有毒，它的粉尘及浓溶液具有强烈的刺激性和腐蚀性，这是由于乙二酸酸性强。若乙二酸中毒，可立即饮用 10% 葡萄糖酸钙溶液 250mL，再用手指刺激喉头催吐三次，再饮用 250mL 牛奶解毒。

（五）丁二酸（HOOCCH₂CH₂COOH）

丁二酸俗名琥珀酸，为无色晶体，熔点是 $185℃$，能溶于水，微溶于乙醇、乙醚、丙酮等有机溶剂。丁二酸是人体内糖代谢过程的中间产物。在医药工业中用于合成解毒剂、利尿剂、镇静剂及维生素 A 等。具有抗菌、抗惊厥、抗溃疡的作用。

（六）肉桂酸（⬡—CH＝CHCOOH）

肉桂酸化学名称为 $β$-苯丙烯酸，是从肉桂皮或安息香分离出的有机酸。白色固体，难溶于冷水，可溶于热水，易溶于乙醚、丙酮、氯仿等有机溶剂。主要用于香精香料、食品添加剂、医药工业、美容、农药等领域。肉桂酸具有防霉、防腐、杀菌作用，常用作粮食、水果、蔬菜等的防腐剂，是一种可以替代苯甲酸钠的无公害环保防腐剂。肉桂酸的钾盐可以抗肿瘤，帮助抑制各种肿瘤。

（七）亚油酸

亚油酸化学名称为 9,12-十八碳二烯酸，是重要的不饱和高级脂肪酸，以甘油酯的形态存在于大豆、亚麻仁、向日葵、核桃、棉籽等的植物油中。

$$CH_3(CH_2)_4CH＝CHCH_2CH＝CH(CH_2)_7COOH$$

亚油酸有降低血浆中胆固醇的作用，可作为生产一些治疗动脉粥样硬化药物的原料，临床上含亚油酸的复方制剂如复方三维亚油酸胶丸（脉通）、心脉乐等为降血脂药。亚油酸钠盐或钾盐是肥皂的成分之一，并可用作乳化剂。

🌐 **科技前沿**

醋酸"零碳"制造新技术

华中科技大学光电信息学院庞元杰教授科研团队历时 4 年研究，通过电催化二氧化碳还原技术，实现了醋酸的"零碳"制造。醋酸是一种重要的有机化工原料，制造化纤衣物、香水香氛、塑料加工品等都需要大量使用醋酸这一原料。"传统方法生产醋酸通常是采用化学合成或淀粉发酵法。用这些方法，每生产1千克醋酸会排放约1.6千克二氧化碳。"我国作为全世界第一大醋酸生产国，醋酸年产量超过800万吨，这给生态环境带来了巨大压力。

为此，庞元杰科研团队一直致力于"零碳"制造研究，力求不仅让生产醋酸的过程中不产生二氧化碳，还能够实现消耗二氧化碳制备醋酸。为了实现这一目标，庞元杰团队以醋酸为目标产物，联合多伦多大学科研小组、武汉理工大学麦立强小组，通过电催化二氧化碳还原技术，实现了醋酸的"零碳"制造。研究成果"限制二碳吸附基团构象完成一氧化碳向乙酸盐电还原"显示，这项实验使用二氧化碳和水为原料，生成乙酸这一种主要产物，并能够连续820小时保持乙酸生成率80%以上。这一方法在选择性、能量转化效率、稳定性上打破了现有世界纪录。

据介绍，电催化二氧化碳还原技术还是一种极具潜力的清洁能源存储手段。但是在电解过程中，如何高选择性、高速地生产单一高附加值产物却是科研团队困扰已久的问题。电解水只可以获得氧气和氢气，电解二氧化碳却可以获得20余种产物。"为了稳定醋酸的生成率，我们要解决的首要问题就是反应装置的设计与搭建，其次是催化剂的选择。"庞元杰说，利用高压装置和催化剂上的创新，科研团队以电催化二氧化碳还原技术为基础，采用"两步法"二氧化碳还原途径，稳定住醋酸反应路径的关键中间基团，最终高产率合成了醋酸。

利用这项新技术，醋酸类、羧酸类化学品，烃类、醇类等重要化学品也有望实现"零碳"制造，让二氧化碳在医药、燃料、化工原料的生产过程中得到更广泛的应用。这一技术可以将太阳能发电板发出的电能转换为便于储存的燃料化学能，再将燃料化学能有序释放，可实时满足生活和生产的各种用能需求。同时，选用合适的催化剂还可以进行乙醇（酒精）的生产，从而让人们摆脱对以农作物为原料生产乙醇的依赖，减少对土地和粮食的资源消耗，使乙醇能够更大范围地应用于清洁能源。

第二节　取代羧酸

取代羧酸是一类具有复合官能团的化合物，分子中除含有羧基外，还含有其他官能团。由于不同官能团的相互影响，使取代羧酸具有某些特殊性质和生物活性。

一、羟基酸

羟基酸是羧酸分子中烃基上的氢原子被羟基取代后生成的化合物。分子中既含有羟基又有羧基。羟基酸广泛存在于动植物体内，是动植物体进行生命活动的重要物质，如人体代谢过程中产生的乳酸，水果中的苹果酸、柠檬酸等。羟基酸也可作为药物合成的原料及食品的调味剂。

（一）羟基酸的分类和命名

羟基酸可分为醇酸和酚酸两类：羟基与脂肪烃基直接相连的酸称为醇酸，羟基与芳环相连的酸称为酚酸。醇酸可根据羟基与羧基的相对位置不同分为 α-、β-、γ-、δ……醇酸。

醇酸的命名是以羧酸作为母体，羟基作为取代基来命名，取代基的位置用阿拉伯数字或希腊字母表示。酚酸以芳香酸为母体，羟基为取代基。许多羟基酸是天然产物，常根据其来源而采用俗名。

$$CH_3CHCOOH \atop \quad | \atop \quad OH$$

2-羟基丙酸（α-羟基丙酸）
（乳酸）

$$HO—CHCOOH \atop \quad\quad | \atop \quad\quad CH_2COOH$$

2-羟基丁二酸
（苹果酸）

$$HO—CHCOOH \atop HO—CHCOOH$$

2,3-二羟基丁二酸
（酒石酸）

$$CH_2COOH \atop | \atop HO—C—COOH \atop | \atop CH_2COOH$$

3-羟基-3-羧基戊二酸
（柠檬酸）

2-羟基苯甲酸
或邻羟基苯甲酸（水杨酸）

3,4,5-三羟基苯甲酸
（没食子酸或五倍子酸）

岗位对接

乳酸在医学上的应用

乳酸蒸气能有效杀灭空气中的细菌，可用于病房、手术室、实验室等场所消毒；乳酸聚合得到聚乳酸，聚乳酸抽成丝纺成线后是良好的手术缝线，缝口愈合后不用拆线，能自动降解成乳酸被人体吸收，没有不良反应。尤其是体内手术缝线，可免除二次手术拆线的麻烦。另外这种高分子化合物还可做成黏结剂在器官移植中使用；乳酸可以直接配制成药物或制成乳酸盐使用。如乳酸钙是补钙的药物，用来治疗佝偻病等缺钙症，乳酸钠在临床上用于治疗酸中毒。

（二）羟基酸的性质

1. 醇酸

羟基酸多为结晶性固体或黏稠液体，在水中的溶解度比相应的醇和羧酸大，熔点一般高于同碳原子数的羧酸。多数羟基酸含有手性碳原子，具有旋光性。

羟基酸分子中含有羟基和羧基两种官能团，除具有羟基和羧基的一般性质外，又由于羟基和羧基间的相互影响，而使羟基酸表现出一些特殊的性质。

羟基酸的
化学性质

（1）酸性　由于羟基的吸电子诱导效应对羧基的影响，使醇酸的酸性比相应的羧酸强。但是，随着羟基和羧基距离的增大，这种影响依次减小，酸性逐渐减弱。例如：

$$酸性 \quad CH_3CHCOOH \atop \qquad\quad | \atop \qquad\quad OH \quad > \quad CH_2CH_2COOH \atop \qquad\quad\quad | \atop \qquad\quad\quad OH \quad > \quad CH_3CH_2COOH$$

pK_a　　　3.87　　　　　　　　4.51　　　　　　　　4.88

（2）氧化反应　醇酸分子中羟基受羧基的影响比醇更容易被氧化。不仅能被强氧化剂氧化，而且能被托伦试剂、稀硝酸等不与醇反应的弱氧化剂所氧化，生成对应的醛酸或酮酸。例如：

$$CH_3CHCOOH \atop \quad | \atop \quad OH \xrightarrow[\text{或稀硝酸}]{\text{托伦试剂}} CH_3CCOOH \atop \qquad\quad || \atop \qquad\quad O$$

$$CH_3CHCH_2COOH \atop \qquad | \atop \qquad OH \xrightarrow{\text{稀硝酸}} CH_3CCH_2COOH \atop \qquad\quad || \atop \qquad\quad O$$

生物体内的糖、油脂和蛋白质等物质是在酶的催化条件下发生反应，在代谢过程中常产生羟基酸。

（3）分解反应　α-醇酸与稀硫酸或酸性高锰酸钾溶液共热，由于羟基和羧基两者的吸电子效应，使羧基和 α-C 间易断裂，分解为甲酸和少一个碳原子的醛或酮。

$$\underset{OH}{RCHCOOH} \xrightarrow[\triangle]{稀硫酸} RCHO + HCOOH$$

$$\underset{OH}{\overset{R'}{RCHCOOH}} \xrightarrow[\triangle]{稀硫酸} R\overset{O}{\underset{}{C}}R' + HCOOH$$

$$\underset{OH}{RCHCOOH} \xrightarrow[\triangle]{KMnO_4/H^+} RCHO + CO_2\uparrow + H_2O \xrightarrow{[O]} RCOOH$$

（4）脱水反应　醇酸热稳定性差，加热时易发生脱水反应。脱水方式和脱水产物因羟基和羧基的相对位置不同而有所区别。

① α-醇酸生成交酯。α-醇酸受热时，两分子的 α-醇酸的羟基和羧基之间相互交叉脱水，生成六元环状的交酯。

$$\underset{OH}{R-CH}\overset{COOH}{} + \underset{HOOC}{HO}C-R \xrightarrow[\triangle]{-H_2O} \text{(六元环交酯)}$$

② β-醇酸生成 α,β-不饱和羧酸。β-醇酸受热时，由于羟基和羧基的影响，使 α-H 较活跃，易与 β-C 上的羟基发生分子内脱水反应，生成 α,β-不饱和羧酸。

$$\underset{OH}{RCHCH_2COOH} \xrightarrow[-H_2O]{\triangle} RCH=CHCOOH + H_2O$$

③ γ-醇酸和 δ-醇酸生成内酯。γ-醇酸不稳定，在室温下自动脱去一分子水生成稳定的五元环 γ-丁内酯。δ-内酯比 γ-内酯难生成，在加热下才能生成六元环 δ-戊内酯。

$$\underset{OH}{RCHCH_2CH_2COOH} \xrightarrow{-H_2O} \text{(五元环内酯)}$$

$$\underset{OH}{RCHCH_2CH_2CH_2COOH} \xrightarrow[-H_2O]{\triangle} \text{(六元环内酯)}$$

γ-内酯较稳定，在热的碱液存在下可水解成 γ-醇酸盐。因此游离的 γ-醇酸不存在，只有形成 γ-醇酸盐才稳定存在。

$$\text{γ-丁内酯} \xrightarrow[H_2O]{NaOH} HOCH_2CH_2CH_2COOH \quad \text{γ-羟基丁酸钠}$$

γ-羟基丁酸钠具有麻醉作用，具有术后苏醒快的优点，在医学上有广泛的应用。自然界中许多中草药的有效成分中都含有内酯的结构，如诺贝尔奖获得者屠呦呦研发的抗疟疾的青蒿素。

青蒿素

2. 酚酸

酚酸大多为结晶性固体，多以盐、酯或糖苷的形式存在于植物中。酚酸除具有酚和芳香酸的一般性质外，由于两种基团同连在一个芳环上，能通过芳环相互影响，还表现出一些特殊性质。

(1) 酸性　在酚酸中，由于羟基与芳环之间既有吸电子诱导效应又有给电子的共轭效应，所以几种酚酸异构体的酸性强弱不同。例如：

酸性

pK_a　　3.00　　　　4.12　　　　4.54

当羟基处于羧基邻位时，酸性最强，是因为主要存在着吸电子诱导效应，羟基和羧基负离子间形成分子内氢键，起到稳定羧酸负离子的作用，使羧基的 H^+ 易于解离，酸性增强；当羟基处于羧基间位时，羟基与羧基不能形成共轭体系，只有吸电子诱导效应；当羟基处于羧基对位时，羟基与苯环形成 p-π 共轭，使共轭效应强于吸电子诱导效应，羧基的 H^+ 不易解离，所以酸性减弱。

(2) 脱羧反应　邻位和对位的酚酸对热不稳定，加热至熔点以上时，易脱羧生成对应的酚。例如：

乳酸

(三) 重要的羟基酸

1. 乳酸 （α-羟基丙酸）

乳酸最初是从酸牛奶中得到的，因而得名。乳酸为无色或淡黄色糖浆状液体，熔点为 18℃，吸湿性很强，有酸味，能溶于水、乙醇、甘油和乙醚，不溶于氯仿和油脂。乳酸是糖代谢的中间产物，所以当人剧烈运动时，乳酸的含量增加，因此会感觉酸胀。

乳酸分子中含有一个手性碳原子，存在一对对映体。从动物肌肉中提取得到的乳酸为右旋体，用发酵方法获得的乳酸为左旋体；人工合成得到的为外消旋体。

医药上，乳酸可用作消毒剂和防腐剂。临床上乳酸钙常用来治疗佝偻病等慢性缺钙症；乳酸钠用于纠正代谢性酸中毒；另外乳酸也是医药化工、食品及饮料工业的原料。

2. 苹果酸 （2-羟基丁二酸）

苹果酸因在未成熟的苹果中含量较多而得名。自然界中存在的苹果酸主要为左旋体，无色针状结晶，熔点为 100℃，易溶于水和乙醇，微溶于乙醚。除苹果外，未成熟的山楂、葡萄、杨梅、番茄等果实中也都含有苹果酸。

苹果酸在食品工业中用作酸味剂，还可用作除臭剂，用来去除鱼腥、体臭等。苹果酸还能降低脑血管疾病的发病率。苹果酸钠可作为需要低盐患者的食盐代用品。

3. 酒石酸 （2,3-二羟基丁二酸）

酒石酸常以游离或盐的形式广泛存在于多种植物中，其中葡萄中的含量最多。由于是从葡萄酿酒所产生的酒石 (酒石酸氢钾形成的结晶) 中发现的，所以得名。天然存在的酒石酸为右旋体，是透明结晶，熔点为 170℃，易溶于水，有很强的酸味。

酒石酸用途很广，常用作配制饮料；酒石酸氢钾是配制发酵粉的原料；酒石酸锑钾曾用于治疗血吸虫病和用作催吐剂；酒石酸钾钠用于配制斐林试剂，在医药上还可作缓泻剂和利尿剂。

4. 水杨酸 （邻羟基苯甲酸）

水杨酸主要存在于柳树或水杨树皮中，俗称水杨酸或柳酸。水杨酸是白色晶体，熔点为159℃，易升华，微溶于水，易溶于乙醇和乙醚等中。

水杨酸具有酚和羧酸的性质：有酸性，能成盐、成酯；易被氧化、遇三氯化铁显紫色。

水杨酸是医药工业的重要原料，可用于制备阿司匹林、水杨酸钠等药物。水杨酸还具有杀菌防腐作用，常用作消毒防腐剂，为外用消毒防腐药。水杨酸也有解热镇痛和抗风湿作用。因其酸性较强，对食管和胃黏膜的刺激较大，不宜直接服用，医药上常用水杨酸的钠盐为内服药，治疗活动性风湿性关节炎。

5. 乙酰水杨酸

乙酰水杨酸药物商品名为阿司匹林，是由水杨酸与乙酸酐在冰醋酸中共热下制得的产物。

乙酰水杨酸

$$\underset{OH}{\overset{COOH}{\bigcirc}} + (CH_3CO)_2O \xrightarrow[\triangle]{冰醋酸} \underset{OOCCH_3}{\overset{COOH}{\bigcirc}} + CH_3COOH$$

乙酰水杨酸

乙酰水杨酸是白色针状结晶，熔点为 135℃，无臭或微带酸味，难溶于水，易溶于乙醇、乙醚及氯仿等有机溶剂。

乙酰水杨酸对肠胃的刺激小，是常见的解热镇痛内服药，另一方面乙酰水杨酸具有抗血栓形成及抗风湿的作用。据报道，成人每日服用小剂量肠溶性阿司匹林，可降低急性心肌梗死、冠状动脉血栓患者的死亡率；成人每日服用一定量的阿司匹林可降低结肠癌患者约 50% 的死亡率，是典型的老药新用。

📚 **化学史话**

阿司匹林的发现

据史料记载，早在公元前 400 年，就有人知道一种叫白柳的树皮，能用来解热或镇痛。比如当有人发烧或关节疼了，喝了用这种树皮熬制的汤药，就可以退烧和缓解疼痛。后来人们知道真正起到解热、止痛、抗炎的就是柳树皮中含有的一种成分——水杨酸。水杨酸是治疗风湿性关节炎最好的药物。但由于水杨酸是一种比较强的酸，对口腔黏膜及胃刺激非常大。

1897 年，德国的化学家费利克斯·霍夫曼由于他的亲人患有风湿性关节炎，服用水杨酸后非常痛苦，他就想怎么才能寻找一种和水杨酸疗效相当，也就是保持它的疗效作用，副作用和刺激性更小的药物呢？于是霍夫曼在实验室就把水杨酸进行了一个乙酰化，变成了乙酰水杨酸，乙酰水杨酸就具有抗炎、解热、镇痛，并且副作用小、刺激性小的优点。乙酰水杨酸就是我们现在所说的阿司匹林，所以它从最初的合成，到现在为止其实已经有 120 年了。

后来又发现阿司匹林具有抗血栓的作用，现在广泛用于治疗和预防心脑血管疾病，是典型老药新用的例子。

二、酮酸

🌐 **科技前沿**

酮酸发酵法制备关键技术：实现工业发酵生产有机酸

酮酸是一类同时具有羧基和酮基的有机酸，在食品、医药和化工等领域具有重要应用价值。因率先实现了 α-酮戊二酸和丙酮酸的工业规模发酵，并使我国成为第一个能够工业发酵生产所有碳中心代谢途径相关有机酸的国家，酮酸发酵法制备关键技术及产业化项目获得 2015 年国家技术发明二等奖。

由于 α-酮戊二酸和丙酮酸化学合成法会导致环境污染严重、生产过程和产品安全性差、能耗高和得率低等问题，无法在食品、化妆品等领域进行大规模推广，因此生物发酵法被寄予厚望。但因二者分别位于碳氮代谢平衡和糖酵解途径调控的关键节点，其合成与积累涉及复杂的调控机制，α-酮戊二酸和丙酮酸是碳中心代谢途径中最后两个未能实现工业发酵生产的有机酸。

承担该项目的江南大学校长陈坚教授及其团队在国家"863"计划的资助下，长期开展有机酸发酵研究，他们在国内外率先进行了典型酮酸 α-酮戊二酸和丙酮酸的发酵法制备技术开发，并取得了四大创新。

分子中既含有酮基，又含有羧基的化合物称为酮酸。酮酸是动物体内糖、脂肪和蛋白质代谢过程中产生的中间产物，这些中间产物在酶的作用下可发生一系列化学反应，为生命活动提供物质基础。因此，酮酸与医药密切相关。

酮酸

（一）酮酸的分类和命名

根据分子中酮基和羧基的相对位置不同，分为 α-、β-、γ-……酮酸。

酮酸的命名应选择含有羧基和酮基在内的最长碳链作主链，称为"某酮酸"。用阿拉伯数字或希腊字母表示酮基的位置。

$$CH_3\overset{O}{\overset{\|}{C}}COOH \qquad CH_3\overset{O}{\overset{\|}{C}}CH_2COOH$$

丙酮酸 　　　　　3-丁酮酸（β-丁酮酸）

（二）酮酸的性质

酮酸分子中含有酮基和羧基，因此，酮酸既具有酮基的性质又具有羧基的性质，如酮基可被还原成仲羟基，可与羰基试剂发生反应生成肟、腙等；羧基可成盐和成酯等。由于酮基和羧基相互影响，酮酸还有一些特殊性质。其中重点讲解 α-酮酸和 β-酮酸性质。

1. 酸性

由于羰基的吸电子诱导效应，使羧基中氧氢键的极性增强，因此酮酸的酸性增强。

$$CH_3\overset{O}{\overset{\|}{C}}COOH \qquad\qquad CH_3CH_2COOH$$

$$pK_a \qquad 2.5 \qquad\qquad\qquad 4.87$$

2. α-酮酸的性质

（1）分解反应　在浓硫酸作用下，α-酮酸受热脱羧基，生成少一个碳原子的羧酸和 CO。

$$CH_3\overset{O}{\overset{\|}{C}}COOH \xrightarrow[\triangle]{浓\ H_2SO_4} CH_3COOH+CO\uparrow$$

在稀硫酸作用下，α-酮酸受热脱羧，生成少一个碳原子的醛和 CO_2。

$$CH_3\overset{O}{\overset{\|}{C}}COOH \xrightarrow[\triangle]{稀\ H_2SO_4} CH_3CHO+CO_2\uparrow$$

（2）氧化反应　α-酮酸很容易被氧化，能被弱氧化剂（托伦试剂）氧化。

$$R\overset{O}{\overset{\|}{C}}COOH \xrightarrow[\triangle]{托伦试剂} RCOO^-+CO_2\uparrow+Ag\downarrow$$

3. β-酮酸的性质

（1）酮式分解　β-酮酸在微热就可以发生脱羧反应，生成酮，此类反应称为 β-酮酸的酮式分解。生物体内脂肪代谢中间产物为 β-酮酸，在脱羧酶的催化下发生脱羧反应生成丙酮。

$$\underset{\displaystyle O}{RCCH_2COOH} \xrightarrow{\triangle} \underset{\displaystyle O}{RCCH_3} + CO_2\uparrow$$

（2）酸式分解　β-酮酸与浓碱共热时，α-碳原子和 β-碳原子间的 σ 键发生断裂，生成两分子羧酸盐，此类反应称为 β-酮酸的酸式分解。

$$\underset{\displaystyle O}{RCCH_2COOH} \xrightarrow[\triangle]{40\%NaOH} \underset{\displaystyle O}{RCONa} + CH_3COONa + H_2O$$

（三）重要的酮酸

1. 丙酮酸（$CH_3COCOOH$）

丙酮酸是最简单的 α-酮酸，无色有刺激性气味的液体，沸点为 165℃，易溶于水、乙醇和乙醚。由于羰基的吸电子性，其酸性比丙酸强。

丙酮酸及其生成的盐，在医药领域应用很广，可用于生产镇静剂、抗氧剂、抗病毒剂，合成治疗高血压的药物等。丙酮酸是有机体内糖、脂肪和蛋白质代谢过程中的中间产物，也是乳酸在人体内的氧化产物，丙酮酸和乳酸在体内酶的作用下可相互转化。丙酮酸钙作为膳食补充剂，具有加速脂肪消耗、减轻体重、增强人体耐力、提高竞技成绩等功效。丙酮酸钙对心脏有特殊的保护作用，可增强心脏肌肉的效能，减少心脏病或心脏局部缺血造成的损伤。丙酮酸钙具有吞噬体内自由基和抑制自由基生成的作用。

2. β-丁酮酸（CH_3COCH_2COOH）

β-丁酮酸又称乙酰乙酸，是最简单的 β-丁酮酸，是种无色黏稠液体。在体内还原酶的作用下，可还原生成 β-羟基丁酸；在脱羧酶的作用下，可脱羧生成丙酮。

β-丁酮酸是人体内脂肪代谢的中间产物，在体内酶的作用下能与 β-羟基丁酸互相转化。

$$\underset{\displaystyle O}{CH_3CCH_2COOH} \underset{\displaystyle [O]}{\overset{\displaystyle [H]}{\rightleftharpoons}} \underset{\displaystyle OH}{CH_3CHCH_2COOH}$$

⚙ 岗位对接

酮体的检测

β-丁酮酸、β-羟基丁酸和丙酮三者在医学上合称为酮体。酮体是脂肪酸在人体内不能完全被氧化成二氧化碳和水的中间产物，正常情况下能进一步分解。因此，正常人血液中只含微量的酮体（一般低于 10mL）。但是糖尿病患者因糖代谢发生障碍，使血液中酮体含量可升高至 3～4L 及 4L 以上，并从尿中排出。晚期糖尿病患者由于血液中酮体含量增加，血液的酸性增强，呼出的气体中伴有丙酮气味，容易导致酸中毒，出现昏迷，甚至死亡。所以，临床上通过检查患者尿液中的葡萄糖含量及是否存在酮体来诊断病人是否患有糖尿病。具体检测方法为：

在一支干净试管中加 5mL 尿液，然后再加入新制的 0.05mol/L 的亚硝酰铁氰化钠 10 滴，再加入 1mol/L NaOH 溶液 5 滴，充分混合后，若试管中颜色没有变化，则无酮体。若试管中呈现鲜红色，则有酮体，说明有糖尿病。

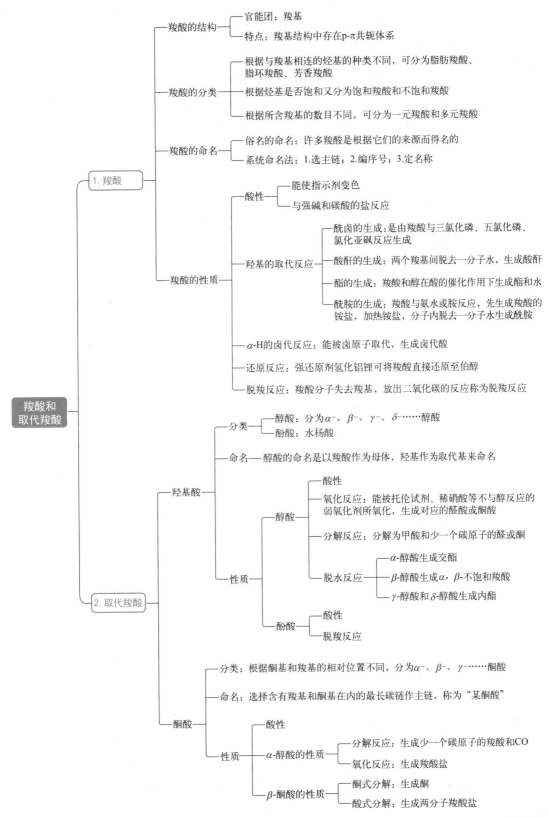

一、名词解释

1. 羧酸　　　　　　2. 取代羧酸　　　　　　3. 酯化反应

4. 脱羧反应　　　　5. 羟基酸　　　　　　　6. 酮酸

二、单项选择题

1. 羧酸的沸点比分子量相近的醇还高，其主要原因是（　　　）。

A. 极性大　　　　　B. 形成分子内氢键　　　　C. 形成高聚体　　　　　D. 双分子缔合

2. 化合物 2-甲基丙酸分子中，烃基为（　　　）。

A. 甲基　　　　　　B. 乙基　　　　　　　　　C. 丙基　　　　　　　　D. 异丙基

3. 可将甲酸、乙酸区别开的试剂为（　　　）。

A. 石蕊　　　　　　B. 托伦试剂　　　　　　　C. 碳酸钠　　　　　　　D. 碳酸氢钠

4. 乙酸与乙醇化学性质的相同点是（　　　）。

A. 与金属钠反应　　　　　　　　　　　　　　　B. 与氢氧化钠反应

C. 与高锰酸钾反应　　　　　　　　　　　　　　D. 与碳酸钠反应

5. 下列化合物既有还原性又能发生酯化反应的是（　　　）。

A. HCHO　　　　　B. HCOOH　　　　　　　　C. CH_3CHO　　　　　D. CH_3COOH

6. 下列（　　　）不是同分异构体。

A. 丙酮和丙醛　　　　　　　　　　　　　　　　B. 丙酸和丙酮酸

C. 乙醇和甲醚　　　　　　　　　　　　　　　　D. 丙酸和甲酸乙酯

7. 既能发生酯化反应又能与 $NaHCO_3$ 反应的物质是（　　　）。

A. 苯酚　　　　　　B. 乙醇　　　　　　　　　C. 乙酸　　　　　　　　D. 乙醛

8. 下列有机物不能发生银镜反应的是（　　　）。

A. 甲酸　　　　　　B. 丙酸　　　　　　　　　C. 丙醛　　　　　　　　D. 甲酸乙酯

9. 下列不属于酮体组分的是（　　　）。

A. 丙酮　　　　　　B. 丙酮酸　　　　　　　　C. β-丁酮酸　　　　　D. β-羟基丁酸

10. HCOOH 与 CH_3OH 在浓硫酸作用下脱水生成（　　　）。

A. CH_3COOH　　B. CH_3COCH_3　　　　　C. $HCOOCH_3$　　　　　D. $HCOCH_2CH_3$

11. 巴豆酸的结构简式为 $CH_3—CH=CH—COOH$，一定条件下，不与巴豆酸反应的物质是（　　　）。

A. 溴水　　　　　　B. 纯碱溶液　　　　　　　C. 酸性高锰酸钾　　　　D. 丙酸

12. 下列各组反应中无气体生成的是（　　　）。

A. 乙醇和金属钠　　　　　　　　　　　　　　　B. 苯酚和氢氧化钠

C. 乙酸和碳酸氢钠　　　　　　　　　　　　　　D. 加热草酸固体

13. 能使高锰酸钾褪色和蓝色石蕊试纸变红的是（　　　）。

A. 甲酸　　　　　　B. 苯酚　　　　　　　　　C. 甘油　　　　　　　　D. 乙酸乙酯

14. 属于羟基酸的是（　　　）。

A. 醋酸　　　　　　B. 乙酰乙酸　　　　　　　C. 丙酮酸　　　　　　　D. 乳酸

15. 下列物质能加氢还原生成羟基酸的是（　　　）。

A. 乳酸　　　　　　B. 乙酰乙酸　　　　　　　C. 柠檬酸　　　　　　　D. 水杨酸

16. 乳酸的化学名称是（　　　）。

A. 2-甲基丙酸　　　B. 2-甲基丁酸　　　　　　C. 2-甲基丁二酸　　　　D. 2-羟基丙酸

17. 下列卤代酸中酸性最强的是（　　　）。

A. 一氟乙酸　　　　B. 一氯乙酸　　　　　　　C. 一溴乙酸　　　　　　D. 一碘乙酸

18. 下列化合物酸性最弱的是（　　　）。

A. $CH_3CH_2CH_2COOH$

B. $CH_3CH_2CHClCOOH$

C. $CH_3CHClCH_2COOH$

D. $CH_3CH_2CHFCOOH$

19. γ-羟基酸脱水形成的内酯是（　　）。

A. 四元环　　B. 五元环　　C. 六元环　　D. 七元环

20. β-羟基戊酸受热易生成（　　）。

A. α,β-不饱和烯酸

B. 酸酐

C. 交酯

D. 内酯

21. 不能与 $LiAlH_4$ 发生还原反应的是（　　）。

A. CH_3CH_2CHO　B. CH_3CH_2COOH　C. $CH_3CH{=}CH_2$　D. CH_3COCH_3

三、命名下列化合物或写出其结构简式

1. 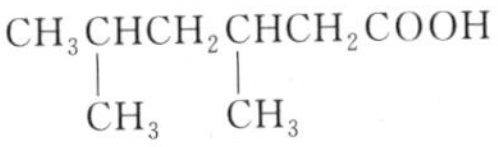

2. 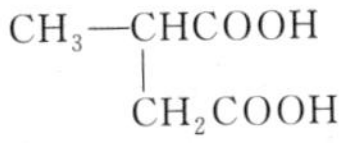

3. 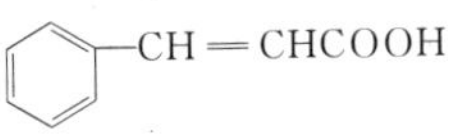

4. 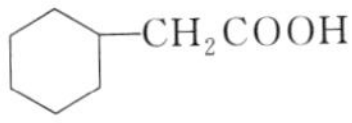

5. 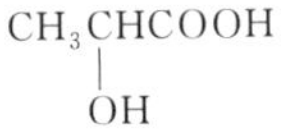

6. 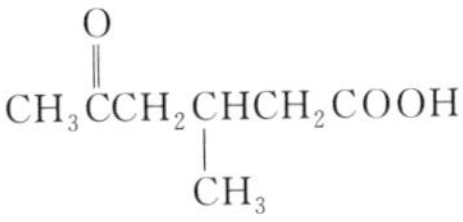

7. 水杨酸

8. 2,4-二甲基戊酸

9. β-丁酮酸

四、写出下列各反应的主要产物

1. 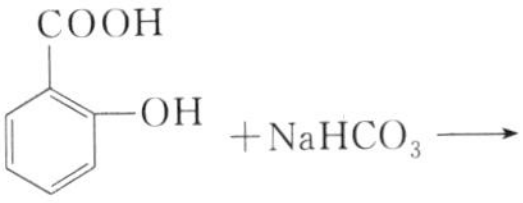

2. 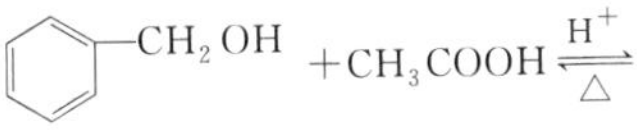

3. 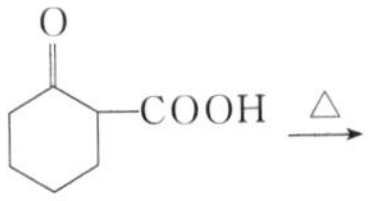

4. 

5. 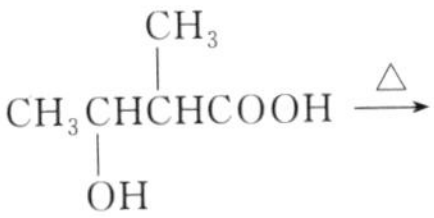

6. $CH_3CH{=}CHCOOH \xrightarrow[H_3O^+]{LiAlH_4/无水乙醚}$

五、用化学方法鉴别下列各组物质

1. 丙酸、甲酸和乙醛

2. 水杨酸和丙酮酸

3. 苯酚、苯甲醇和苯甲酸

六、推断结构

1. 有一种无色液态有机化合物，分子量是 88，具有以下性质：（1）与 Na 反应放出氢气；（2）能进行酯化反应，生成有香味的液体；（3）能与碳酸钠反应；根据上述性质推断该物质的结构。写出分子式及可能有的异构体。

2. 某化合物 A 分子式为 $C_7H_{10}O_3$，可与 2,4-二硝基苯肼反应产生沉淀；A 加热后生成环酮 B 并放出 CO_2 气体，B 与肼反应生成环己酮腙，试写出 A、B 的结构简式。

七、问答题

乙酸乙酯是一种重要的有机化合物，在很多方面都有广泛的应用。它也是制药工业和有机合成的重要原料。工业上和实验室都可以利用乙酸和乙醇在浓硫酸的作用下制取乙酸乙酯。要求回答以下问题：

1. 写出制取乙酸乙酯的反应式并说明浓硫酸在反应中所起的作用。

2. 为什么工业生产中常通过加入适当过量的乙醇来提高乙酸乙酯的产率？

3. 粗产品中含有的少量乙酸用什么简单的化学方法可以除去？写出相应的反应式。

第十章　立体化学基础

 学习目标

知识目标：

1. 掌握旋光度、比旋光度、右旋体、左旋体、外消旋体、内消旋体的概念，掌握 R、S 构型标记法。

2. 熟悉同分异构的分类，费歇尔投影式的写法。

3. 了解旋光仪的基本构造和使用方法。

能力目标：

1. 会判断手性分子、手性碳原子。

2. 能对旋光异构体进行构型标记。

素质目标：

1. 培养敬业、诚信的社会主义核心价值观。

2. 增强责任意识。

🌱 案例分析

　　布洛芬是常用解热镇痛类，非甾体抗炎药。药店里的布洛芬种类很多，包括片剂、缓释胶囊、混悬剂等。儿童发热常用右旋布洛芬混悬剂，它和普通的布洛芬有什么不同呢？

　　分析： 布洛芬通过抑制环氧化酶，减少前列腺素的合成，产生镇痛、抗炎作用；通过下丘脑体温调节中枢而起解热作用。布洛芬是光学活性物质，有左旋体和右旋体两种结构。常见的布洛芬为消旋体，即左旋体和右旋体的混合物。研究发现，布洛芬的药理活性主要来自右旋体，与等剂量布洛芬消旋体相比具有更高的疗效，较小剂量即可达到治疗作用。

　　有机化合物结构复杂、种类繁多、数量巨大，一个重要原因是有机化合物中普遍存在着同分异构体。同分异构体是指具有相同的分子式而结构不同的化合物，这种产生异构体的现象称为同分异构现象。有机化学中的同分异构现象可总结如下：

$$
\text{同分异构}
\begin{cases}
\text{构造异构}
\begin{cases}
\text{碳架异构：碳骨架不同。} \\
\text{位置异构：官能团在碳链中位置不同。} \\
\text{官能团异构：官能团不同。}
\end{cases} \\
\text{立体异构}
\begin{cases}
\text{构象异构：C—C}\sigma\text{键旋转导致。} \\
\text{构型异构}
\begin{cases}
\text{顺反异构：共价键不能自由旋转导致。} \\
\text{对映异构：实物和镜像不能重合。}
\end{cases}
\end{cases}
\end{cases}
$$

　　构造异构指分子中由于原子或原子团相互连接的方式和次序不同而产生的同分异构。它可以分为碳架异构、位置异构和官能团异构。立体异构是分子构造相同，但立体结构（即分子中的原子或原子团在三维空间的相对位置关系）不同而产生的同分异构。立体异构包含构象异构和构型异构，构象异构的产生是由于 C—Cσ 单键旋转导致；构型异构则不能通过 σ 单键旋转而互相转化，分为顺反异构和对映异构。

第一节　偏振光和旋光性

一、平面偏振光

　　光是一种电磁波，其振动方向与传播方向互相垂直。一束普通光或单色光是在与其传播方向垂直的所有平面上振动，如图 10-1 所示。光的振动方向与传播方向构成一个振动面，自然光有无数个振动方向，所以它有无数个振动面。

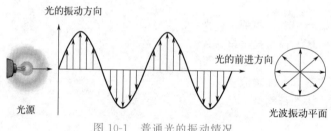

图 10-1　普通光的振动情况

　　如果将普通光通过一个尼克尔棱镜，棱镜的作用好像一个栅栏，它只允许与棱镜晶轴平行振动的光线通过，而其他方向振动的光被遮挡，所以通过尼克尔棱镜后的光只在一个平面内振动。这种只在一个平面上振动的光称为平面偏振光，简称为偏振光，如图 10-2 所示。偏振光前进的方向和其振动的方向所构成的平面称为振动面。

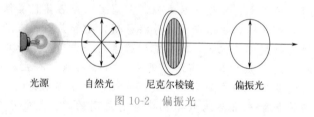

图 10-2　偏振光

🌐 科技前沿

偏振光辅助的视觉惯性导航系统

　　2022 年大连理工大学机械工程与材料能源学部机械工程学院褚金奎、胡瀚珮等人研究"偏振光辅助的视觉惯性导航系统"。

　　为了提高组合导航系统的可靠性与位姿估计的精度，把偏振定向传感器引入同步定位与地图建立（SLAM）过程中，提出并设计了一种新的偏振光辅助的视觉惯性组合导航系统。采集偏振定向传感器、单目视觉相机及微惯性测量单元（MIMU）的数据，对多传感器数据进行时间戳的对齐和预处理后，利用最小二乘优化方法建立目标方程，通过求解非线性方程组获取最佳的运动估计。根据天空偏振分布实现了方位角的可观性，并制定了多传感器数据的融合策略。基于上述组合导航系统进行了户外车载实验，实验结果表明，偏振光辅助的视觉惯性导航系统在 2km 的长距离运行中，相比原始视觉惯性系统的估计值其位置误差降低 16.7%，航向角精度提升了 23.4%。

偏振定向传感器的接入能够抑制惯性器件测量值的漂移，改善导航系统的位置精度和姿态角精度，可满足卫星信号受到干扰等环境下的位姿估计精度和可靠性要求。

二、旋光性物质

　　当平面偏振光通过一些物质，如水、乙醇等，这些物质对偏振光的偏振面不发生任何影响。而当平面偏振光通过另外一些物质，如乳酸、葡萄糖等，偏振面会旋转一定的角度。这种能使偏振光的偏振面发生旋转的性质称为旋光性或光学活性，具有旋光性的物质称为旋光性物质或光学活性物质，如图 10-3 所示。

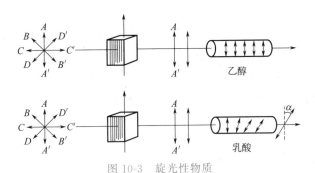

图 10-3　旋光性物质

偏振光和物质的旋光性

化学史话

旋光异构体的发现

　　1808 年，马露首次发现偏振光。随后，拜奥特发现，有些石英的结晶能将偏振光右旋，有些能将偏振光左旋，他有进一步发现，某些有机化合物也具有旋转偏振光的作用。1848 年，巴斯德提出光学活性是由于分子的不对称性结构引起，他首先拆分了酒石酸盐的右旋体和左旋体。

　　1874 年，范特霍夫和莱贝尔提出，如果一个碳原子连接四个不同基团，这四个基团在碳原子周围可以有两种不同的排列方式，有两种不同的四面体空间构型，它们互为镜像，和左右手的关系一样，外形相似，但不能重合，此为手性。

三、旋光度和旋光仪

　　旋光性物质使平面偏振光偏振平面转动的角度称为旋光度，通常用 α 表示。不同的旋光性物质使偏振光偏振平面旋转的大小和方向不同。如果从面对光线射入方向观察，能使偏振光的偏振平面按顺时针方向旋转的旋光性物质称为右旋体，用符号"+"或"d"表示；反之，能使偏振光的偏振平面按逆时针方向旋转的旋光性物质称为左旋体，用符号"−"或"l"表示。

　　测定物质旋光度的仪器，称为旋光仪。旋光仪主要由光源、两个尼克尔棱镜、盛液管和刻度盘组成。第一个尼克尔棱镜是固定的，称为起偏镜，第二个尼克尔棱镜可以旋转，称为检偏镜。

　　如图 10-4 所示，从单色光源发出一定波长的光，通过起偏镜后变成偏振光，通过盛有样品的盛液管后，偏振光的偏振平面旋转了一定的角度 α，只有将检偏镜旋转相应的角度，偏振光才能完全通过，这时刻度盘的读数，就是所测样品的旋光度。

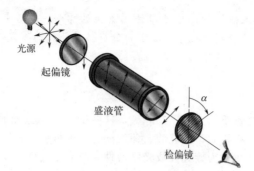

光源
起偏镜
盛液管
α
检偏镜

图 10-4　旋光仪的工作原理

⚙ 岗位对接

自动旋光仪的使用方法

旋光能力是物质的一种光学性质，溶液的旋光度除了与溶剂的性质有关之外，还与溶液的浓度有很大关系，因此旋光仪可以用于定量测定旋光物质溶液的浓度。自动旋光仪型号不同，使用方法也不尽相同，下面以 WZZ-2 为例来介绍自动旋光仪的使用方法：

1. 将仪器电源插头插入 220V 交流电源，并将接地脚可靠接地。
2. 打开电源开关，这时钠光灯应启亮，预热 5 分钟，使之发光稳定。
3. 打开测量开关，这时数码管应有数字显示。
4. 将装有蒸馏水或其他空白溶剂的试管放入样品室，盖上箱盖，待示数稳定后，按清零按钮，试管中若有气泡，应先让气泡浮在凸颈处，通光面两端的雾状水滴，应用软布揩干，试管螺帽不宜旋得过紧，以免产生应力，影响读数，试管安放时应注意标记的位置和方向。
5. 取出试管，将待测样品注入试管，按相同的位置和方向放入样品室内，盖好箱盖。仪器数显窗将显示出该样品的旋光度。
6. 逐次撤下复测按钮，重复读几次数，取平均值作为样品的测定结果。
7. 仪器使用完毕后，应依次关闭测量、光源、电源开关。

四、比旋光度

影响旋光度的因素很多，除分子本身的结构外，旋光度的大小还和测定时溶液的浓度、盛液管的长度、光的波长、测定时的温度以及所用的溶剂等因素有关。如果能把结构以外的影响因素都固定，则此时测出的旋光度就可以成为一个旋光物质所特有的常数，因此提出了比旋光度这一物理量。比旋光度是指在一定的温度下，光的波长一定时，待测物质的浓度为 1g/mL，盛液管长度为 1dm 的条件下测得的旋光度。旋光度和比旋光度的关系为：

旋光度与
比旋光度

$$[\alpha]_\lambda^t = \frac{\alpha}{cl}$$

在上述关系式中，$[\alpha]$ 为比旋光度；λ 为光源波长，常用钠光，波长 589nm；t 为测定时的温度，℃；α 为旋光仪测出的旋光度，°；c 为待测物质的浓度，g/mL；l 为盛液管长度，dm。

通过旋光度的测定，可以计算出物质的比旋光度，鉴定旋光性物质；对于已知的旋光性物质，根据比旋光度，也可以计算被测溶液的浓度或纯度。

课堂讨论

某旋光性物质 1g，溶于 10mL 氯仿后，在 0.5dm 长的旋光管中测定其旋光度为 $-3.9°$。请计算此物质的比旋光度。

第二节　对映异构和手性

一、手性和手性分子

实物在镜子中的投影称为镜像，实物和镜像具有对映关系。如果把左手放在一面镜子前，可以观察到镜子里的镜像与右手一样。所以左手和右手具有互为实物和镜像的关系，两者不能重合，如图 10-5 所示。因此，把这种实物和镜像不能重合的特性称为手性。

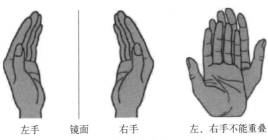

左手　镜面　右手　　左、右手不能重叠

图 10-5　左手和右手的关系

对于有机化合物来说，有的有机分子与其镜像能完全重合，而有的则不能完全重合。例如乙醇的两个分子模型，互为实物和镜像，当我们将两个分子进行重叠的时候，发现它们可以完全重叠，说明是同一物质。而乳酸的两个分子模型，也互为实物和镜像，当我们将两个分子进行重叠的时候，发现它们不能完全重叠，说明这是两种不同的化合物，如图 10-6 所示。

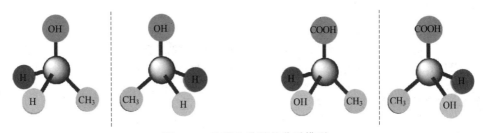

图 10-6　乙醇和乳酸的分子模型

像乳酸这样，一些有机物分子同样存在着实物与镜像不能重合的特性，这样的分子称为手性分子。像乙醇这样，实物与镜像能够完全重合的有机物，称为非手性分子。手性分子都具有旋光性。

二、判断手性分子的依据

根据实物与镜像是否重合可以准确判断分子是否有手性，但这种方法对于复杂分子的手性判断是较为困难的。由于分子的手性是分子内缺少对称因素引起的，因此，我们可以通过判断分子的对称因素来确定其是否有手性。

1. 对称面

如果分子中有一个平面，能将分子一分为二，两部分具有实物和镜像的关系，该平面就是分子的对称面，用希腊字母"σ"表示。有对称面的分子都是非手性分子。例如，二氯甲烷分子有两个对称面，是非手性分子，无旋光性，如图 10-7 所示。

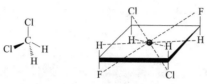

图 10-7　对称面和对称中心

2. 对称中心

如果分子中有一个点，分子中任何一个原子或基团向此点连线，若在其延长线距离相等处都能遇到相同的原子或基团，则此点为分子的对称中心，用"i"表示。有对称中心的分子也是非手性分子。例如，反-1,3-二氟-反-2,4-二氯环丁烷分子内有对称中心，是非手性分子，无旋光性，如图 10-7 所示。

手性分子
和旋光性

三、手性碳原子

通过研究手性分子的结构我们可以发现，大多数手性分子中都存在这样一个碳原子，它连接四个互不相同的原子或基团，这样的碳原子称为手性碳原子，或不对称碳原子，常用 C^* 表示。例如，乳酸、甘油醛、酒石酸中都含有手性碳原子。

$$
\begin{array}{ccc}
\text{COOH} & \text{CHO} & \text{COOH} \\
\text{H—}C^*\text{—OH} & \text{H—}C^*\text{—OH} & \text{H—}C^*\text{—OH} \\
\text{CH}_3 & \text{CH}_2\text{OH} & \text{H—}C^*\text{—OH} \\
& & \text{COOH} \\
\text{乳酸} & \text{甘油醛} & \text{酒石酸}
\end{array}
$$

课堂讨论

下列化合物哪些是有手性的？指出它们所含的手性碳原子。

1. $CHCl_3$

2. $CH_3CH(OH)COOH$

3. CH_3—CH—CH_2CH_3
　　　　｜
　　　　Cl

4. CH_3—CH—CH_2CH_3
　　　　｜
　　　　CH_2CH_3

5. CH_3—CH—CH—CH_2CH_3
　　　　｜　｜
　　　　OH　OH

6. CH_3—CH—CH—CH_3
　　　　｜　｜
　　　　OH　Cl

四、对映体和外消旋体

1. 对映体

我们仔细观察乳酸分子，会发现分子中只有一个手性碳原子，能够写出两种构型。事实上，含有一个手性碳原子的物质都可以写出两种也只能写出两种构型，它们代表了两种不同的分子，互为实物和镜像，但不能重合。这种互为实物和镜像，又不能重合的分子称为对应异构体，简称为对映体。

由于每对对映异构体都有旋光性，所以又称为旋光异构体或光学异构体。例如，乳酸有一对对映体，其中一种是右旋体，称为（＋）-乳酸；另一种是左旋体，称为（－）-乳酸。不同来源的乳酸理化性质如表 10-1 所示。

表 10-1　不同来源的乳酸理化性质

乳酸	来源	$[\alpha]_D^{25}/°$	熔点/℃	pK_a
（＋）-乳酸	肌肉组织分离	＋3.82	53	3.79
（－）-乳酸	葡萄糖发酵	－3.82	53	3.79
（±）-乳酸	酸奶中分离	0	18	3.79

2. 外消旋体

由表 10-1 可知，不同来源的乳酸比旋光度不同，从肌肉组织分离的乳酸为右旋体，葡萄糖发酵得到的乳酸为左旋体，而从酸奶中分离的乳酸比旋光度为 0。这是由于从酸奶中分离的乳酸是（＋）-乳酸和（－）-乳酸的等量混合物，它们的旋光能力相同，但旋光方向相反，因此不显旋光性。这种由等量的一对对映体所组成的混合物称为外消旋体，用符号"（±）"或"*dl*"表示。

🌐 **科技前沿**

产高光学纯度 *l*-乳酸菌株 HY-U36 发酵及提取条件优化

乳酸，学名为 α-羟基丙酸，在食品、化工、农业、环保以及医药等领域应用广泛。乳酸分子结构中含有一个不对称的碳原子，具有光学异构现象。根据乳酸的构型及旋光性的不同，可以将乳酸分为 *d*-乳酸、*l*-乳酸和外消旋型乳酸三种类型。其中 *l*-乳酸为左旋型乳酸，是人体唯一可以代谢利用的乳酸类型，生产光学纯度和产量较高的 *l*-乳酸是目前 *l*-乳酸发酵研究的焦点。

2017 年，山东农业大学的李秀康研究产高光学纯度 *l*-乳酸菌株 HY-U36 发酵及提取条件优化，以产 *l*-乳酸光学纯度为 99.3％的粪肠球菌 HY-U36 为研究菌株，研究了培养基和发酵条件对 *l*-乳酸得率的影响，优化了发酵条件以及发酵液菌体絮凝及脱色工艺。

第三节　含一个手性碳原子化合物的对映异构

含有一个手性碳原子的化合物，其分子和镜像不能完全重合，它们属于两种化合物，彼此互为对映异构体，如何对它们进行区分呢？

一、费歇尔投影式

1. 费歇尔投影式的画法

对映异构体最好的表示方法是准确画出其三维结构，但这种方法使用起来很不方便。费歇尔最早提出用一种投影式来表示链状化合物的立体结构，称为费歇尔投影式。费歇尔投影式的画法如下：

（1）碳链要尽量放在垂直方向上，氧化态高或命名时编号最小的碳原子在上面，氧化态低的在下面，其余基团放在水平方向上。

（2）垂直方向的基团应伸向纸面的后方，水平方向的基团应伸向纸面的前方。

（3）将分子结构投影在纸面上，用横线和竖线的交叉点表示手性碳原子。

乳酸分子模型和费歇尔投影式如图 10-8 所示。

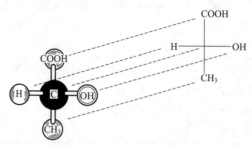

图 10-8　乳酸的分子模型和费歇尔投影式

2. 费歇尔投影式转换规则

由于费歇尔投影式对处于水平方向和垂直方向的原子或基团的位置有严格的规定，在对不同的费歇尔投影式进行转换时，要遵循如下规则：

（1）投影式中手性碳原子上任意两个原子或基团，进行偶数次互换，构型不变；进行奇数次互换，构型改变。例如：

（2）若投影式不离开纸平面旋转 180° 及其偶数倍，构型不变；若投影式不离开纸平面旋转 90° 及其奇数倍，构型改变。例如：

（3）若固定投影式的一个基团，其余三个基团按照顺时针或逆时针旋转，构型不变。例如：

二、D、L 构型标记法

在有机化学发展早期，人们就知道甘油醛有两种构型。费歇尔以甘油醛作为标准，画出两种甘油醛的费歇尔投影式，人为规定羟基在碳链右侧的为 D 型甘油醛，羟基在碳链左侧的为 L 型甘油醛。

$$
\begin{array}{cc}
\text{CHO} & \text{CHO} \\
\text{H}\!-\!\!-\!\!-\!\text{OH} & \text{HO}\!-\!\!-\!\!-\!\text{H} \\
\text{CH}_2\text{OH} & \text{CH}_2\text{OH}
\end{array}
$$

D-（＋）-甘油醛　　L-（－）-甘油醛

　　然后将其他化合物与甘油醛进行比较来确定其构型。例如，将两种乳酸的结构与甘油醛的结构对比，右旋乳酸是 L-型，而左旋乳酸为 D-型。

$$
\begin{array}{cc}
\text{COOH} & \text{COOH} \\
\text{H}\!-\!\!-\!\!-\!\text{OH} & \text{HO}\!-\!\!-\!\!-\!\text{H} \\
\text{CH}_3 & \text{CH}_3
\end{array}
$$

D-（－）-乳酸　　L-（＋）-乳酸

　　这种以人为规定的标准物对比得出的构型称为相对构型。1951 年魏欧德用 X 射线衍射法测定了某些旋光异构体的真实构型（绝对构型），发现其真实构型与人为规定的构型一致，因此相对构型也就是它们的绝对构型。

　　D、L 构型标记法有一定限制性，一般只适用于含一个手性碳原子化合物的构型。但由于习惯，在氨基酸和糖类化合物中仍然在使用。例如从生物体中普遍存在的 α-氨基酸主要是 L 型，天然的单糖多为 D 型。

$$
\begin{array}{cc}
& \text{CHO} \\
& \text{H}\!-\!\!-\!\!-\!\text{OH} \\
\text{COOH} & \text{HO}\!-\!\!-\!\!-\!\text{H} \\
\text{H}_2\text{N}\!-\!\!-\!\!-\!\text{H} & \text{H}\!-\!\!-\!\!-\!\text{OH} \\
\text{CH}_3 & \text{H}\!-\!\!-\!\!-\!\text{OH} \\
& \text{CH}_2\text{OH}
\end{array}
$$

　L-丙氨酸　　　　　　D-葡萄糖

三、R、S 构型标记法

1. R、S 构型标记规则

　　1970 年，IUPAC 提出使用 R、S 构型标记法来命名手性化合物，目前被广泛使用。R、S 构型标记规则如下：

　　(1) 按照次序规则确定与手性碳原子连接的四个基团的优先次序，假设 a＞b＞c＞d。

　　(2) 将最小的基团 d 远离观察者，视线、手性碳原子和最小基团 d 在一条直线上。

　　(3) 按照 a→b→c 的顺序画圆，若为顺时针方向，则该化合物为 R 构型；若为逆时针方向，则该化合物为 S 构型。

　　R构型　　　　　　　　　　S构型

2. 对费歇尔投影式进行构型标记

　　当采用费歇尔投影式表示分子构型并进行构型标记时，需要首先确定手性碳原子连接的四个基团的优先次序，同样假设 a＞b＞c＞d。若最小的基团 d 在垂直方向上，按照 a→b→c 的顺序画圆，顺时针方向为 R 构型，逆时针方向 S 构型；若最小的基团 d 在水平方向上，按照 a→b→c 的顺序画圆，顺时针方向为 S 构型，逆时针方向 R 构型。

对映异构体构型的命名方法

$$
\begin{array}{cccc}
\text{COOH} & \text{H} & \text{COOH} & \text{COOH} \\
\text{CH}_3\!-\!\!-\!\text{OH} & \text{CH}_3\!-\!\!-\!\text{OH} & \text{CH}_3\!-\!\!-\!\text{H} & \text{OH}\!-\!\!-\!\text{H} \\
\text{H} & \text{COOH} & \text{OH} & \text{CH}_3
\end{array}
$$

　S 构型　　　　R 构型　　　　R 构型　　　　S 构型

课堂讨论

1. 判断下列化合物的构型

(1)
$$CH_3 \overset{\displaystyle H}{\underset{\displaystyle C_2H_5}{\rule[0.5ex]{3em}{0.4pt}}} Cl$$

(2)
$$H \overset{\displaystyle COOH}{\underset{\displaystyle CH_3}{\rule[0.5ex]{3em}{0.4pt}}} OH$$

(3)
$$HO \overset{\displaystyle CH_3}{\underset{\displaystyle C_2H_5}{\rule[0.5ex]{3em}{0.4pt}}} H$$

(4)
$$Cl \overset{\displaystyle CH_3}{\underset{\displaystyle H}{\rule[0.5ex]{3em}{0.4pt}}} F$$

2. 画出 (R)-2-氯丙酸的费歇尔投影式。

第四节　含两个手性碳原子化合物的对映异构

分子中的不对称碳原子越多，旋光异构体的数目就越多。如果分子中只有一个手性碳原子，会有 R 构型和 S 构型两种旋光异构体；如果分子中有两个手性碳原子，会有四种旋光异构体。我们可以得出不对称碳原子数目与旋光异构体数目的关系是：

$$旋光异构体数目 = 2^n \quad (n \text{ 为不对称碳原子数目})$$

一、含两个不同的手性碳原子的化合物

此类分子中含有两个不同的手性碳原子，这两个碳原子连接的四个原子或基团不同，有四种旋光异构体。例如 2,3,4-三羟基丁醛，也叫丁醛糖，结构式为：$OHC{-}\overset{*}{C}H{-}\overset{*}{C}H{-}CH_2OH$。分子

中有两个手性碳原子，2 号手性碳原子上连接—CHO、—H、—OH、—CH(OH)CH$_2$OH；3 号手性碳原子上连接—CH(OH)CHO、—H、—OH、—CH$_2$OH，该分子有四个旋光异构体。

(2R,3R)-(−)-三羟基丁醛	(2S,3S)-(+)-三羟基丁醛	(2S,3R)-(−)-三羟基丁醛	(2R,3S)-(+)-三羟基丁醛
D-(−)-赤藓糖	L-(+)-赤藓糖	D-(−)-苏阿糖	L-(+)-苏阿糖
(1)	(2)	(3)	(4)

其中（1）和（2）、（3）和（4）均为实物和镜像的关系，分别构成一对对映异构体。而（1）和（3）或（4）、（2）和（3）或（4）均不是实物和镜像的关系，称为非对映异构体。若两个相同的原子或基团在同侧的称为赤藓糖型，简称为赤型，如（1）和（2）；若两个相同的原子或基团在异侧的称为苏阿糖型，简称为苏型，如（3）和（4）。

二、含两个相同的手性碳原子的化合物

此类分子中含有两个相同的手性碳原子，这两个碳原子连接的四个原子或基团相同，我们也可以写出它的旋光异构体。例如 2,3-二羟基丁二酸，也叫酒石酸，结构式为：

$HOOC{-}\overset{*}{C}H{-}\overset{*}{C}H{-}COOH$。分子中有两个手性碳原子，两个手性碳原子上连接的基团相同，分别

是—COOH、—H、—OH、—CH(OH)COOH，该分子的旋光异构体如下。

$$
\begin{array}{c}
\text{COOH} \\
\text{H} \;-\!|-\; \text{OH} \\
\text{HO} \;-\!|-\; \text{H} \\
\text{COOH}
\end{array}
\qquad
\begin{array}{c}
\text{COOH} \\
\text{HO} \;-\!|-\; \text{H} \\
\text{H} \;-\!|-\; \text{OH} \\
\text{COOH}
\end{array}
\qquad
\begin{array}{c}
\text{HCOOH} \\
\text{H} \;-\!|-\; \text{OH} \\
\text{H} \;-\!|-\; \text{OH} \\
\text{COOH}
\end{array}
\equiv
\begin{array}{c}
\text{COOH} \\
\text{HO} \;-\!|-\; \text{H} \\
\text{HO} \;-\!|-\; \text{H} \\
\text{COOH}
\end{array}
$$

(2R,3R)-(+)-酒石酸　　(2S,3S)-(−)-酒石酸　　(2S,3R)-meso-酒石酸　　(2S,3R)-meso-酒石酸
　　　(1)　　　　　　　　　(2)　　　　　　　　　(3)　　　　　　　　　(4)

其中（1）和（2）互为对映异构体，（3）或（4）似乎也是一对对映异构体，但是将（3）旋转180°，发现和（4）完全重合，说明二者是同一物质。在这个分子中的两个手性碳原子，一个是 R 构型，另一个是 S 构型，它们引起的旋光度相等而方向相反，旋光性从分子内抵消，因而无旋光性。像这种含有手性碳原子而没有旋光性的物质称为内消旋体，用"meso-"表示。

内消旋体和外消旋体虽然都没有旋光性，但消的原因是不同的。内消旋体是一种分子，不能分离成具有旋光性的化合物；而外消旋体是一对对映异构体的等量混合物，可以分离成两种旋光性相反的化合物。

含两个手性
碳原子的化合物

化学史话

最美化学实验——酒石酸盐旋光异构体分离

2003 年，美国化学会通过旗下周刊《化学化工新闻》邀请读者和专家投票选出化学史上的最美实验，结果巴斯德的酒石酸盐旋光异构体分离实验票数最多获此殊荣。

1848 年，巴斯德发现了一个奇特现象：酒石酸盐的结晶都是不对称的。他在显微镜下把两种不同方向的晶体用镊子分别挑选出来并配成溶液，然后用偏光镜进行观察。结果发现，凡是半面晶面向右的，都呈现右旋光；凡是半面晶面向左的，都呈现左旋光。巴斯德又把等量的右旋光晶体和左旋光晶体混合后配成溶液，结果该溶液不呈现旋光性。巴斯德的这个发现证实了旋光异构现象，对立体化学的发展产生了深远影响。

关于这个实验被选为化学史上最美实验的原因，参与投票的一位教授这样解释：第一，巴斯德的光学异构体分离实验开拓了化学结构的新领域，这对于有机化学与生物化学尤为重要。第二，巴斯德的实验不仅概念简洁，而且饱含幸运和决心，所以很有吸引力。

第五节　旋光异构体的性质差异及在药物中的应用

一、旋光异构体的性质差异

（一）物理性质的差异

旋光异构体的化学性质几乎完全相同，但它们的物理性质之间有差异。一对对映异构体除旋光方向相反外，其他物理性质如熔点、沸点、相对密度等相同；非对映异构体物理性质不同，外消旋体常有固定的熔点。表 10-2 是几种酒石酸的物理常数。通过比较我们可以得知，（＋）-酒石酸和（－）-酒石酸除旋光度外，其他物理性质相同，而（±）-酒石酸和 meso-酒石酸的物理性质与右旋体和左旋体均不相同。

表 10-2 几种酒石酸的物理常数

酒石酸	熔点/℃	$[a]_D^{25}/°$	溶解度/(g/100g)	pK_{a1}	pK_{a2}
（＋）-酒石酸	170	＋12	139	2.93	4.23
（－）-酒石酸	170	－12	139	2.93	4.23
（±）-酒石酸	206	0	20.6	2.96	4.24
meso-酒石酸	140	0	125	3.11	4.80

（二）生物活性的差异

有的对映异构体在生物活性上存在很大差异，这是它们之间的重要区别。手性化合物在自然界中是广泛存在的，许多用于治疗各种疾病的药物分子也是手性化合物。研究表明，具有手性的药物其两个对映体往往具有截然不同的生理活性，一种对映体是治愈疾病的良药，另外一种则可能对疾病治疗毫无作用，甚至产生副作用。

对映异构体的性质差异

比如 20 世纪 60 年代著名的"沙利度胺"事件，"沙利度胺"也叫"反应停"，在 20 世纪 50 年代作为抑制孕妇妊娠反应的药物被广泛使用。随之而来的是，畸形婴儿的出生率明显上升，他们被称为"海豹儿"。经过大规模的流行病学调查，发现"沙利度胺"就是导致这些不幸的罪魁祸首。它的 R 构型具有镇静作用，但是 S 构型有强烈的致畸作用。

S-沙利度胺   R-沙利度胺

"沙利度胺"事件推动了人类对手性化合物和手性药物的进一步认识。从那以后，在新型药物分子开发的过程中，如果分子内存在手性中心，按照相关规定必须要分别研究其两个对映体在人体内的活性差别。

二、手性药物的拆分

手性药物是指药物分子中引入手性源后，得到的一对对映异构体。对映异构体在物理化学性质上存在一定的差异，其中最显著的差异是旋光性不同。药物在人体内药理作用的发挥主要是依靠与人体内的生物大分子的特异性结合，不同的立体异构体药物在人体内的药效学、药代动力学、毒理学等性质存在较大差别，因而表现出不同的治疗效果和不良反应。此外，对手性药物的对映异构体的拆分也有助于提高药物的生理活性。手性药物的拆分方法包含物理拆分法、化学拆分法和生物拆分法。

（一）物理拆分法

物理拆分法是利用对映异构体在物理性质上的差异，如溶解度、熔沸点、密度等，通过物理手段将对映异构体拆分的一种方法。常使用毛细管电泳拆分法和诱导结晶拆分法。

由于对映体的化学性质极为相似，单纯的利用物理性质的差异很难达到较好的分离效果，而往往需要借助一些现代化仪器才能实现对映体的高分离纯度。现代色谱分离技术在对映异构体分离方面有巨大的优越性。常用的手性药物分离技术有：超临界流体色谱、高效液相色谱、高速逆流色谱等。

（二）化学拆分法

化学拆分法是通过在外消旋混合物中加入手性添加剂，通常是手性酸或者手性碱。手性添加剂与外消旋混合物中的对映体反应生成非对映异构体混合物，生成的非对映异构体混合物在物理性质上存在很大的差异，利用非对映异构体混合物的物理差异，可以结合结晶法对其进行分离，因此，这种分离方法也被叫作间接结晶法。

化学拆分的前提是外消旋混合物能与手性添加剂发生反应生成非对映异构体混合物，且非对映异构体混合物中至少有一种非对映体能形成结晶或两种非对映体在同一种溶剂中的溶解度具有显著差异。常用的手性酸有酒石酸、扁桃酸和樟脑磺酸；常用的手性碱有麻黄碱、α-甲基苄胺和2-氨基-1-丁醇。

（三）生物拆分法

生物拆分法主要有生物酶法和生物膜法两种。生物酶法主要是应用酶与手性药物的特异性结合而实现分离，生物酶具有四维空间结构，不同的空间结构和药物的结合位点不同，酶的活性中心是不对称结构，这是酶特异性识别手性药物的基础，从而导致不同结构的底物与酶的结合能力不同，可以利用这一性质，将手性药物进行拆分。

生物膜法主要是利用膜的孔径对药物分子进行筛分的方法，而生物膜由于其表面有一定的生物分子的存在，在药物分子穿过膜孔时，还会受到生物分子的特异性识别，能被识别的药物分子将正常通过膜孔，而不能被识别的药物分子将继续留在膜的一侧，从而达到生物拆分的目的。

三、不对称合成法

不对称合成也称手性合成，是研究向反应物引入一个或多个具手性元素的化学反应的有机合成分支。简单来说，不对称合成即利用简单、非手性的原料来制备具有手性元素的相对复杂分子的过程，是获得手性化合物单一对映体的重要手段之一。不对称合成在药物研发、重要手性化学品制备和手性有机材料合成等领域发挥着至关重要的作用，会让手性化合物的合成过程变得更加经济和环保。

不对称有机催化领域的发展将会给新药创制和高端手性化学品生产带来潜在的便利。然而目前在这一重要研究领域中仍然存在很多需要解决的问题。目前大多数不对称有机催化反应的效率仍不理想，往往需要较大的催化剂用量，这无疑增加了成本和后续的纯化过程。而且，目前已经商业化的有机小分子催化剂数量还比较有限，限制了不对称有机催化应用场景的扩展。

在不对称有机催化受到学术界广泛认可的同时，工业界也将关注并推动其研究成果在工业生产中的应用。相信在各方的思想碰撞和密切合作过程中，不对称有机催化有望在不远的未来造福于制药、材料、精细化工等行业。

🌐 **科技前沿**

不对称有机催化的发展——2021年诺贝尔化学奖

瑞典当地时间2021年10月6日11时55分，诺贝尔化学奖授予德国科学家Benjamin List和美国科学家David MacMillan，以表彰他们对"发展不对称有机催化"的贡献。

在化学构造过程中，经常会出现这样一种情况：两个分子可以形成，就像我们的手一样，互为镜像。化学家通常只是想要一个这样的镜像，特别是在生产药品的时候，但一直很难找到有效的方法来做到这一点。List和Macmillan提出的概念——不对称有机催化——既简单又精彩。List和Macmillan各自独立地发现了一个全新的催化概念。自2000年以来，这一领域的发展几乎可以比作淘金热，两人在这一领域保持着领先地位。他们设计了大量廉价而稳定的有机催化剂，用于驱动各种各样的化学反应。

诺贝尔奖官方认为，他们开发了一种新的、巧妙的分子构建工具：有机催化。它的用途包括了研究新药、使化学更环保，并使生产不对称分子变得更加容易。

学习小结

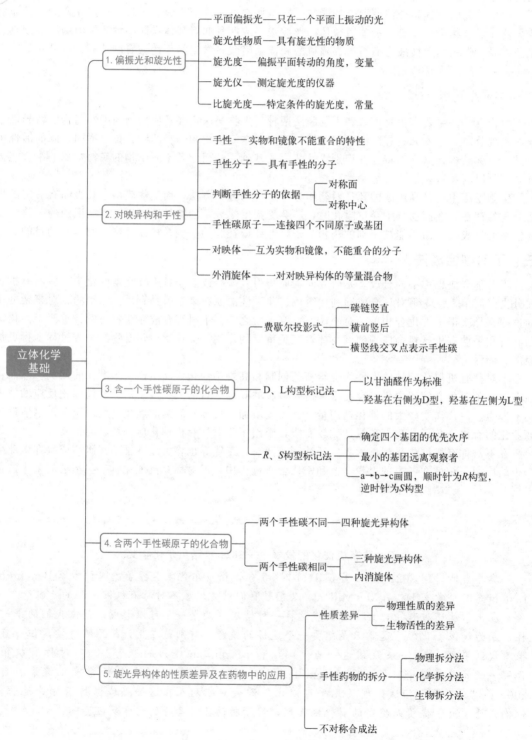

立体化学基础

1. 偏振光和旋光性
- 平面偏振光——只在一个平面上振动的光
- 旋光性物质——具有旋光性的物质
- 旋光度——偏振平面转动的角度，变量
- 旋光仪——测定旋光度的仪器
- 比旋光度——特定条件的旋光度，常量

2. 对映异构和手性
- 手性——实物和镜像不能重合的特性
- 手性分子——具有手性的分子
- 判断手性分子的依据
  - 对称面
  - 对称中心
- 手性碳原子——连接四个不同原子或基团
- 对映体——互为实物和镜像，不能重合的分子
- 外消旋体——一对对映异构体的等量混合物

3. 含一个手性碳原子的化合物
- 费歇尔投影式
  - 碳链竖直
  - 横前竖后
  - 横竖线交叉点表示手性碳
- D、L构型标记法
  - 以甘油醛作为标准
  - 羟基在右侧为D型，羟基在左侧为L型
- R、S构型标记法
  - 确定四个基团的优先次序
  - 最小的基团远离观察者
  - a→b→c画圆，顺时针为R构型，逆时针为S构型

4. 含两个手性碳原子的化合物
- 两个手性碳不同——四种旋光异构体
- 两个手性碳相同
  - 三种旋光异构体
  - 内消旋体

5. 旋光异构体的性质差异及在药物中的应用
- 性质差异
  - 物理性质的差异
  - 生物活性的差异
- 手性药物的拆分
  - 物理拆分法
  - 化学拆分法
  - 生物拆分法
- 不对称合成法

一、名词解释

1. 偏振光

2. 手性

3. 比旋光度

4. 手性碳原子

5. 外消旋体

二、单项选择题

1. 在有机物分子中 4 个不同的原子或原子团相连的碳原子称为（　　）。

A. 手性碳原子　　　　　B. 伯碳原子　　　　　C. 叔碳原子　　　　　D. 仲碳原子

2. 下列物质中有内消旋体的是（　　）。

A. 2-羟基丁二酸　　　　　　　　　　　　B. 2,3-二羟基丁二酸

C. 2-羟基丁酸　　　　　　　　　　　　　D. 2,3-二羟基丁酸

3. D、L 构型标记法是（　　）提出的。

A. 马尔科夫尼科夫　　　B. 费歇尔　　　　　C. 魏欧德　　　　　D. 霍夫曼

4. 一对对映异构体之间的（　　）是不同的。

A. 熔点　　　　　　　　B. 沸点　　　　　　C. 溶解度　　　　　D. 旋光度

5. 下列化合物中具有对映异构体的是（　　）。

A. 正丁醇　　　　　　　B. 2-丁醇　　　　　C. 1,4-丁二醇　　　　D. 正戊烷

6. 含有 2 个不同手性碳原子的化合物有（　　）个光学异构体。

A. 1　　　　　　　　　　B. 2　　　　　　　　C. 3　　　　　　　　D. 4

7. 多巴分子存在着 2 种构型，其中（　　）能够治疗帕金森病。

A. 左旋体　　　　　　　B. 右旋体　　　　　C. 外消旋体　　　　　D. 内消旋体

8. 下列分子中含有手性碳原子的是（　　）。

A. CH_3CH_2OH　　　B. $CH_3CHCOOH$　　C. $CH_3CHCOOH$　　D. CH_3COOH

　　　　　　　　　　　　　　　OH　　　　　　　　　　CH_3

9. 下列费歇尔投影式中，属于 D 型的是（　　）。

A. H——OH (COOH, CH₃)　B. HO——H (COOH, CH₃)　C. H₂N——H (COOH, CH₃)　D. HO——H (CHO, CH₃)

10. 下列化合物属于 *R*-型的是（　　）。

A. Br——H (COOH, CH₃)　B. H——NH₂ (COOH, CH₂OH)　C. H——OH (CH₃, COOH)　D. CH₃——Cl (COOH, H)

11. 下列分子是手性分子的是（　　）。

A. $CH_3CHClCH_3$　　　　　　　　　B. $CH_3CH_2CH(OH)CH_2CH_3$

C. $C_6H_5CH(OH)CH_3$　　　　　　　　D. CH_3CH_2COOH

12. （±）乳酸为（　　）。

A. 内消旋体　　　　　　B. 外消旋体　　　　　C 顺反异构体　　　　D. 对映异构体

三、用 *R*、*S* 构型标记法标记下列化合物的构型

1. H——Cl (CH₃, Br)　　2. CH₃——C₂H₅ (CN, H)　　3. HS——C₂H₅ (H, CH(CH₃)₂)

4. 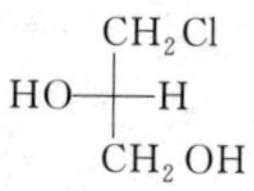
$$\begin{array}{c} CH_2Cl \\ HO-\!\!\!-\!\!\!-H \\ CH_2OH \end{array}$$

5. 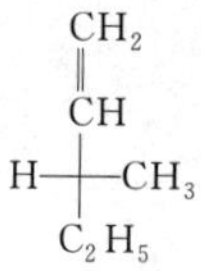
$$\begin{array}{c} CH_2 \\ \| \\ CH \\ H-\!\!\!-\!\!\!-CH_3 \\ C_2H_5 \end{array}$$

6. 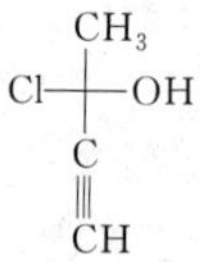
$$\begin{array}{c} CH_3 \\ Cl-\!\!\!-\!\!\!-OH \\ C \\ \|\|\| \\ CH \end{array}$$

四、计算题

20℃时，将 500mg 氢化可的松溶解在 100mL 乙醇中，用 20cm 的测定管测定其旋光度，测得的旋光度是 +1.65°，试计算 20℃时氢化可的松的比旋光度。

五、推断结构

化合物 A 的分子式是 C_6H_{12}，没有旋光性，但它可以拆分为一对对映异构体。A 氢化后生成 $B(C_6H_{14})$，B 也没有旋光性，写出 A、B 的结构。

第十一章　羧酸衍生物

 学习目标

知识目标：

1. 掌握羧酸衍生物和油脂的命名方法和主要化学性质。
2. 熟悉羧酸衍生物的概念、结构特点、物理性质和磷脂的基本结构。
3. 了解常见羧酸衍生物在药学中的应用。

能力目标：

1. 学会应用羧酸衍生物的命名方法，正确写出各类羧酸衍生物的名称。
2. 能写出酰氯、酸酐、酯和酰胺的官能团及油脂的结构通式。

素质目标：

1. 培养敬业、诚信的社会主义核心价值观。
2. 增强社会责任感。

 案例分析

  小张，27岁，是一名在读研究生。因为感冒，自己去药店买感冒药回来吃。为了退烧快，几种药一起吃！但烧不但没退，身体反而更加难受还伴有腹泻。后去医院检查发现：肝肾功能严重损害，多器官衰竭。后经医院的全力抢救，也没能救回他的生命。医生通过调查得出原因：是因为小张叠加服用感冒药导致的多种器官损害！而这些感冒药中都含有一种物质"**对乙酰氨基酚**"！那么对乙酰氨基酚是一种什么物质？为什么会出现这种情况呢？

  分析：对乙酰氨基酚的结构：　HO—〈benzene〉—NHCOCH$_3$

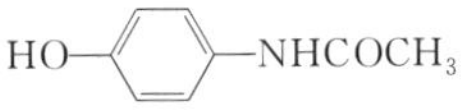

  对乙酰氨基酚是解热镇痛药，又称扑热息痛，含有酰胺结构，属于羧酸衍生物。自1955年开始，广泛应用于临床。随后发现该药过量会导致致命性和非致命性肝坏死。有报道指出该药是引起药物性肝损伤的药品之一，也是急性肝衰竭的最常见原因，在肝移植病例中大约占20%。近些年来，对乙酰氨基酚发生的不良事件越来越多。

  羧酸衍生物是指羧酸分子中羧基上的羟基被其他原子或基团取代后的产物，主要包括酰卤、酸酐、酯和酰胺等。羧酸衍生物广泛存在于自然界中，不仅用于药物合成，而且是许多药物的主要成分。例如用于局部麻醉药盐酸普鲁卡因中含有酯的结构；用于抗癫痫和心律失常的苯妥英钠中则含有酰胺结构。

$$H_2N-\text{〈benzene〉}-COOCH_2CH_2N(C_2H_5)_2 \cdot HCl$$

盐酸普鲁卡因 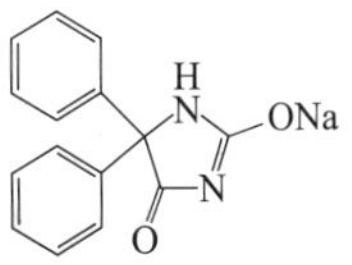　　　　　　　　　　　　　　苯妥英钠

油脂和磷脂是天然的酯类化合物，在人类的生命活动中有着重要作用。

第一节　羧酸衍生物的结构和命名

一、羧酸衍生物的结构

羧酸分子中羧基上的—OH被—X（卤素）、—OOCR（酰氧基）、—OR（烷氧基）、—NH$_2$（氨基）等基团取代后分别生成酰卤、酸酐、酯和酰胺等羧酸衍生物，因为它们的结构中都含有酰基（RCO—），所以又称为酰基化合物。其结构通式分别为：

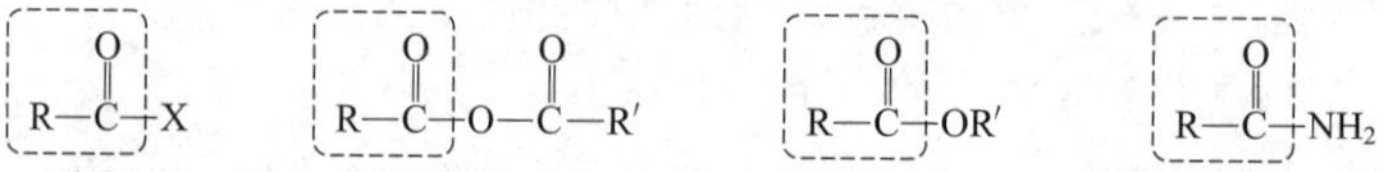

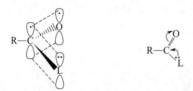

羧酸衍生物酰基中的羰基碳氧双键中π键可以与相连原子L（X、O、N）的未共用电子对p轨道形成p-π共轭体系。其结构如图11-1所示。

图 11-1　羧酸衍生物分子中的 p-π 共轭体系

一方面由于p-π共轭体系的给电子效应，使p轨道电子云向羰基方向转移，羰基碳上的电子云密度增大；另一方面与酰基相连L原子的电负性都比碳原子大，表现出吸电子诱导效应，使羰基碳上的电子云密度降低，所以羧酸衍生物的化学反应活性大小，取决于与羰基相连L原子的电负性强弱。L原子的电负性越强，吸电子诱导效应越大，给电子共轭效应越小，羰基碳上的电子云密度降低得越多，C—L键越容易断裂，反应活性越大；反之，反应活性越小。同时L的离去能力与L⁻的稳定性有关，L⁻的稳定性越大，L的离去能力就越强。综合两个方面的影响，反应活性顺序为：酰卤＞酸酐＞酯＞酰胺。

二、羧酸衍生物的命名

羧酸衍生物
的命名

（一）酰卤

酰卤的命名是在酰基的名称后加上卤原子的名称，把"基"省略，称为"某酰卤"。例如：

$$CH_3-\overset{O}{\underset{}{C}}-Cl \qquad CH_3CH_2-\overset{O}{\underset{}{C}}-Br \qquad C_6H_5-\overset{O}{\underset{}{C}}-Cl$$

　　乙酰氯　　　　　丙酰溴　　　　　苯甲酰氯

（二）酸酐

酸酐是羧酸脱水的产物。根据两个脱水的羧酸分子是否相同，可以分为单（酸）酐和混（酸）酐。命名时根据相应的羧酸来命名，单酐直接称为"某（酸）酐"；混酐则把简单的羧酸放在前，复杂的羧酸放在后，称为"某某（酸）酐"；若有芳香酸时，则芳香酸在前；二元羧酸分子内失去一个水分子形成的酸酐为环酐，称为"某二酸酐"。例如：

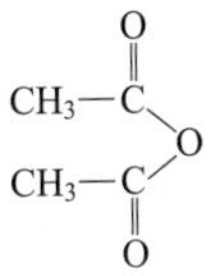

乙（酸）酐 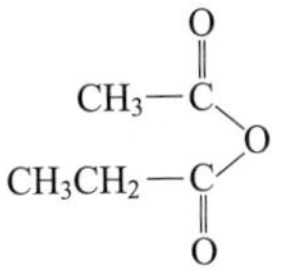　　　乙丙（酸）酐 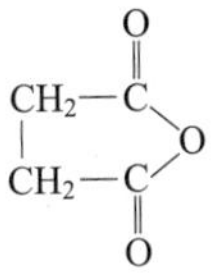　　　丁二（酸）酐 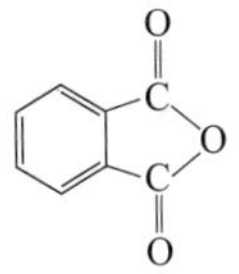　　　邻苯二甲（酸）酐

（三）酯

酯的命名是由生成酯的羧酸和醇的名称组合而成。通常将羧酸名称放在前，醇名称放在后，并将"醇"字改为"酯"，称为"某酸某酯"。

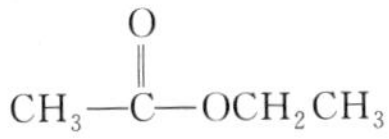

乙酸乙酯 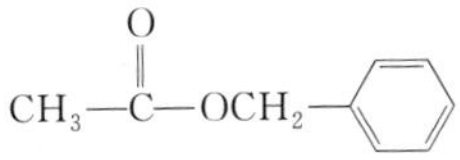　　　　　乙酸苯甲酯 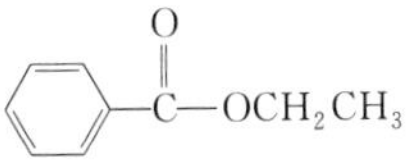　　　　　苯甲酸乙酯

由多元醇和羧酸形成的酯，命名时也可把醇的名称放在前，羧酸的名称放在后，称为"某醇某酸酯"。例如：

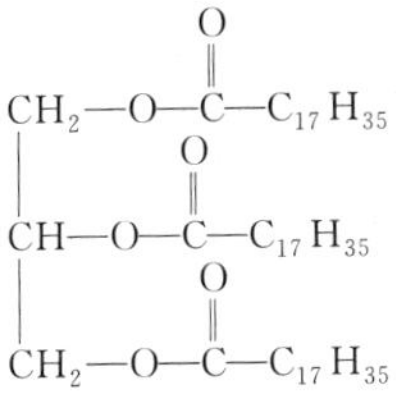

丙三醇三硬脂酸酯（三硬脂酸甘油酯）

（四）酰胺

酰胺的命名与酰卤相似，对于含有氨基（—NH_2）的简单酰胺，命名时在相应酰基的名称后加上"胺"字，称为"某酰胺"。例如：

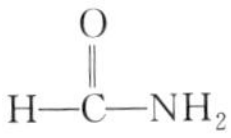

甲酰胺 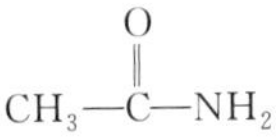　　　　乙酰胺 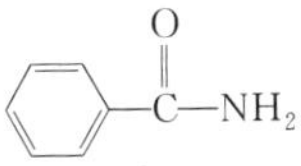　　　　　苯甲酰胺

对于氨基氮原子上连有烃基的酰胺，则在烃基名称前加上"N-"或"N，N-"字样，表示取代基与氮原子直接相连。例如：

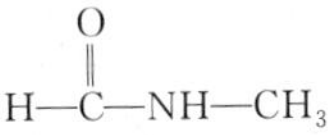

N-甲基甲酰胺 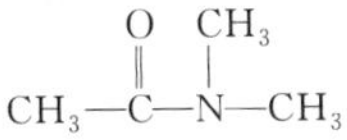　　　N，N-二甲基乙酰胺 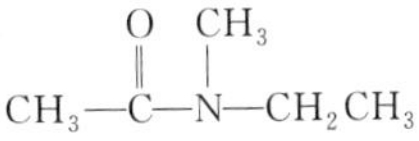　　　N-甲基-N-乙基乙酰胺

🧑‍🤝‍🧑 课堂讨论

对下列物质进行命名或写结构式。

1. 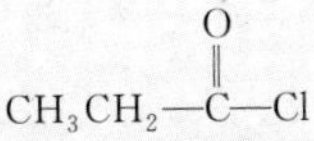 $CH_3CH_2-\overset{O}{\overset{\|}{C}}-Cl$　　　　　2. $CH_3-\overset{O}{\overset{\|}{C}}-OCH_3$

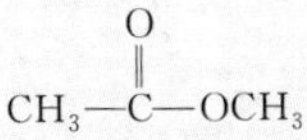

3. 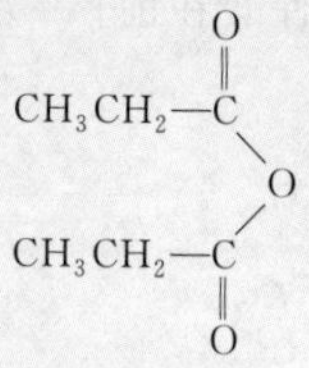 CH_3CH_2 — $\overset{\overset{\displaystyle O}{\|}}{C}$ — O
   CH_3CH_2 — $\overset{\overset{\displaystyle O}{\|}}{C}$ — O

4. 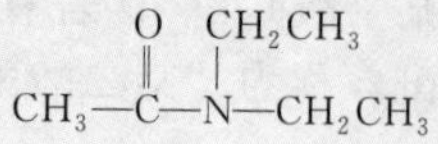 CH_3 — $\overset{\overset{\displaystyle O}{\|}}{C}$ — $\overset{\overset{\displaystyle CH_2CH_3}{|}}{N}$ — CH_2CH_3

5. 甲酸乙酯

6. 苯甲酰氯

第二节　羧酸衍生物的性质

一、物理性质

1. 物质状态

低级酰卤和酸酐多数是具有强烈刺激性气味的无色液体或低熔点固体，高级酸酐为无色无味的固体。

低级酯多数是具有愉快香味的易挥发性无色液体，高级酯为蜡状固体。许多水果或花草的香味都来自于酯，如乙酸异戊酯有香蕉的气味（俗称香蕉水），正戊酸异戊酯有苹果的香味，甲酸苯乙酯有野玫瑰香味。许多酯都可用作食品、药品和化妆品的香料等。

酰胺除甲酰胺为液体外，其他均为固体。

2. 熔点和沸点

酰卤、酸酐和酯均不能形成分子间氢键，所以沸点比分子量相近的羧酸或醇都低。因为酰胺能形成分子间氢键，故其熔点和沸点较相应的羧酸要高。

3. 溶解性

酰卤、酸酐和酯都难溶于水而易溶于乙醚、三氯甲烷、丙酮、苯等有机溶剂。而低级酰胺易溶于水，如 N,N-二甲基甲酰胺、N,N-二甲基乙酰胺等可与水混溶，是很好的非质子极性溶剂。

🌐 科技前沿

钛催化实现从羧酸衍生物和偕二卤代烷烃到酮类产物的模块化合成

西湖大学王兆彬团队自建组开始一直在低价钛催化的羰基化合物高值转化方向开展研究工作。前期该团队已实现钛催化羧酸衍生物和末端烯烃的非对映选择性环丙烷化反应（J. Am. Chem. Soc. 2022，144，7889-7900）。最近，该团队利用新型钛（二氯二茂钛）为催化剂，镁粉或锌粉为还原剂，三甲基氯硅烷为解离试剂，以羧酸及其衍生物和偕二卤代烷烃作为底物，通过串联烯基化反应/亲电官能团化转化，实现了酮类化合物的模块化合成。机理实验推测反应体系生成的钛卡宾物种或偕二金属物种是反应的活性中间体。该研究首次实现了钛催化非活化羧酸的烯基化反应，反应具有广泛的官能团兼容性，并且适用于生物活性分子的后期修饰。此外，α-位含有多种官能团取代的酮类化合物以及手性酮类化合物，也能够通过此方法制备。

二、化学性质

羧酸衍生物的化学性质主要表现为带正电的羰基碳原子受亲核试剂的进攻,发生水解、醇解、氨解反应;受羰基的影响,能发生 α-H 的反应。另外,羧酸衍生物的羰基也能发生还原反应等。

(一)亲核取代反应

1. 水解反应

酰卤、酸酐、酯和酰胺发生水解反应,得到相同的产物羧酸。但由于与酰基相连的原子或原子团不同,因此发生水解反应的难易程度不一样。进行水解的难易次序为:酰卤＞酸酐＞酯＞酰胺。酰卤、酸酐容易发生水解反应,室温下,酰卤与水立即反应,酸酐缓慢进行;酯、酰胺的水解反应则较难进行,需要加热,并在酸或碱催化下才能顺利进行。

羧酸衍生物的
亲核取代反应

$$R-\overset{O}{\underset{\|}{C}}-X$$
$$R-\overset{O}{\underset{\|}{C}}-O-\overset{O}{\underset{\|}{C}}-R'$$
$$R-\overset{O}{\underset{\|}{C}}-OR' \quad + \quad H-OH \longrightarrow R-\overset{O}{\underset{\|}{C}}-OH \quad + \quad \begin{array}{l} HX \\ R'-\overset{O}{\underset{\|}{C}}-OH \\ R'OH \\ NH_3 \end{array}$$
$$R-\overset{O}{\underset{\|}{C}}-NH_2$$

2. 醇解反应

酰卤、酸酐、酯发生醇解反应,主要产物是酯。它们醇解的反应速度顺序与水解相同。酰胺难以发生醇解反应。

$$R-\overset{O}{\underset{\|}{C}}-X$$
$$R-\overset{O}{\underset{\|}{C}}-O-\overset{O}{\underset{\|}{C}}-R' \quad + \quad H-OR'' \longrightarrow R-\overset{O}{\underset{\|}{C}}-OR'' \quad + \quad \begin{array}{l} HX \\ R'-\overset{O}{\underset{\|}{C}}-OH \\ R'OH \end{array}$$
$$R-\overset{O}{\underset{\|}{C}}-OR'$$

酰卤和酸酐很容易与醇反应生成相应的酯,其中酰氯的反应活性最大,在有机合成上常用此法来制备难合成的酯。

酯的醇解反应,需要在酸或碱的催化下进行,由于反应生成了新酯和新醇,故又称为酯交换反应,利用酯交换反应可以直接制备有药用价值的高级醇酯。例如:

$$H_2N-\!\!\!\!\langle\ \rangle\!\!\!\!-COOC_2H_5 + HOCH_2CH_2N(C_2H_5)_2 \xrightarrow{H^+} H_2N-\!\!\!\!\langle\ \rangle\!\!\!\!-COOCH_2CH_2N(C_2H_5)_2 + C_2H_5OH$$

普鲁卡因(局部麻醉剂)

⚙ 岗位对接

普鲁卡因的药理作用

普鲁卡因是常用的局麻药之一,毒性较小,属于短效脂类局麻药,亲脂性低,对黏膜的穿透力较弱。一般不用于表面麻醉,局部注射用于浸润麻醉、传导麻醉、蛛网膜下腔麻醉和硬膜外麻醉。注射给药后 1～3min 起效，可维持 30～45min，加用肾上腺素后维持时间可延长 20％。普鲁卡因在血浆中能被酯酶水解，转变为对氨基苯甲酸（PABA）和二乙氨基乙醇，前者能对抗磺胺类药物的抗菌作用，故应避免与磺胺类药物同时应用。普鲁卡因也可用于损伤部位的局部封闭，过量应用可引起中枢神经系统和心血管反应，有时可引起过敏反应，故用药前应做皮肤过敏试验，但皮试阴性者仍可发生过敏反应，对普鲁卡因过敏者可用氯普鲁卡因和利多卡因代替。

3. 氨解反应

酰卤、酸酐和酯都能与氨或胺（氮原子上至少有一个氢原子）作用，生成酰胺。由于氨（或胺）具有碱性，其亲核性比水强，所以氨解反应比水解反应更容易进行。

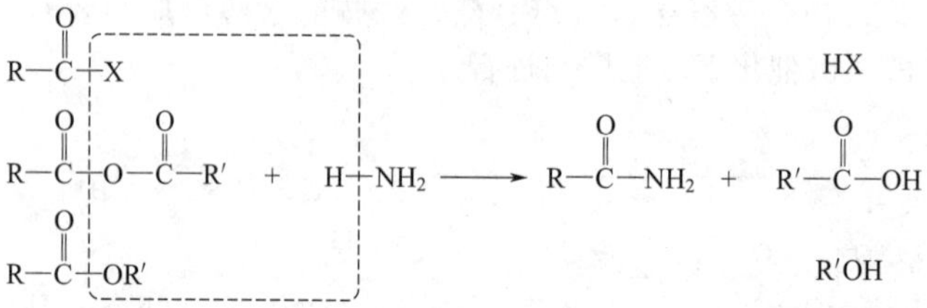

羧酸衍生物的水解、醇解和氨解是在分子中引入酰基的反应，故又称为酰化反应，把能够提供酰基的化合物称为酰化试剂，如酰卤、酸酐、酯和酰胺，其中酰卤和酸酐最为常用。

岗位对接

酰化反应在药物改性上的应用

有些药物由于溶解性过低，或副作用大等限制了其在临床上的使用，所以对药物进行改性。酰化反应在药物合成中有广泛的用途，一般在药物中引入酰基，可增加脂溶性，改善在机体内的吸收，增强疗效；而药物中的羟基或氨基经酰化后不易代谢失活，可以增强药物的稳定性，延长作用时间；有的药物中引入酰基后还可以降低毒性，减少不良反应。如对氨基苯酚本身具有解热镇痛作用，但由于其毒性较大，不能直接服用，临床上将其与乙酐反应制成无毒的乙酰氨基酚，使用效果较好。多年来，对乙酰氨基酚作为很好的解热镇痛药用于临床，即扑热息痛。

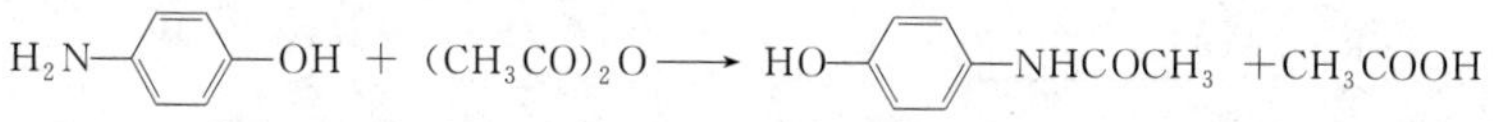

$$H_2N-\!\!\!\bigcirc\!\!\!-OH + (CH_3CO)_2O \longrightarrow HO-\!\!\!\bigcirc\!\!\!-NHCOCH_3 + CH_3COOH$$

4. 异羟肟酸铁盐反应

酸酐、酯和酰伯胺都能与羟胺发生亲核取代反应生成异羟肟酸。异羟肟酸能与 $FeCl_3$ 作用，生成紫红色的含铁配合物异羟肟酸铁盐。

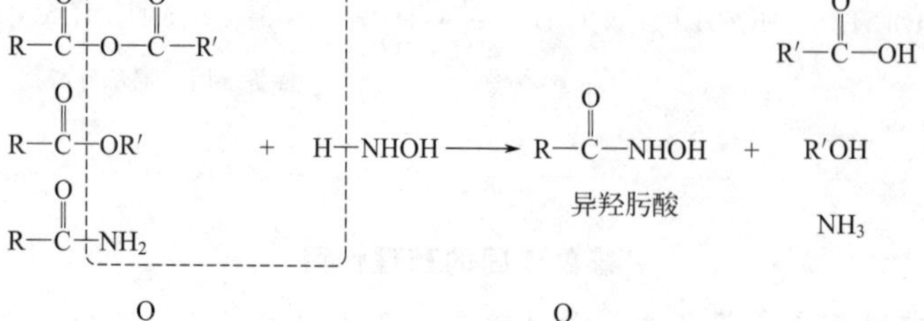

异羟肟酸铁（紫红色）

酰卤、N-或 N，N-取代酰胺不发生该显色反应，酰卤必须转变为酯才能进行该反应。该反应可用于羧酸衍生物的鉴定，称为异羟肟酸铁试验，临床上也常用此反应对含酯基药物（如降血脂药氯贝丁酯）进行检验。

岗位对接

氯贝丁酯的含量测定

《中国药典》中规定氯贝丁酯的含量测定方法为：

取本品 2g，精密称定，置锥形瓶中，加中性乙醇（对酚酞指示液显中性）10mL 与酚酞指示液数滴，滴加氢氧化钠液（0.1mol/L）至显粉红色，再精密加氢氧化钠滴定液（0.5mol/L）20mL，加热回流 1 小时至油珠完全消失，放冷，用新沸过的冷水洗涤冷凝管，洗液并入锥形瓶中，加酚酞指示液数滴，用盐酸滴定液（0.5mol/L）滴定，并将滴定的结果用空白试验校正。每 1mL 氢氧化钠滴定液（0.5mol/L）相当于 121.4mg 的 $C_{12}H_{15}ClO_3$。

（二）与格氏试剂的反应

酯与格氏试剂反应生成酮，酮继续与格氏试剂反应，得叔醇（甲酸酯与格氏试剂反应，生成对称的仲醇）。

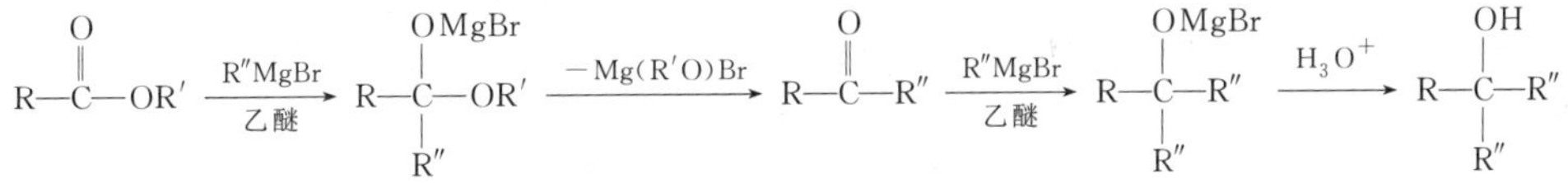

$$R-\overset{O}{\overset{\|}{C}}-OR' \xrightarrow[\text{乙醚}]{R''MgBr} R-\overset{OMgBr}{\underset{R''}{\overset{|}{\underset{|}{C}}}}-OR' \xrightarrow{-Mg(R'O)Br} R-\overset{O}{\overset{\|}{C}}-R'' \xrightarrow[\text{乙醚}]{R''MgBr} R-\overset{OMgBr}{\underset{R''}{\overset{|}{\underset{|}{C}}}}-R'' \xrightarrow{H_3O^+} R-\overset{OH}{\underset{R''}{\overset{|}{\underset{|}{C}}}}-R''$$

酰卤、酸酐、酰胺与格氏试剂反应与酯相似，生成醇。

（三）还原反应

羧酸衍生物比羧酸容易发生还原反应，酰卤、酸酐、酯可被 $LiAlH_4$ 还原成伯醇，酰胺被还原成胺。若分子中含有碳碳不饱和键，则不受影响。

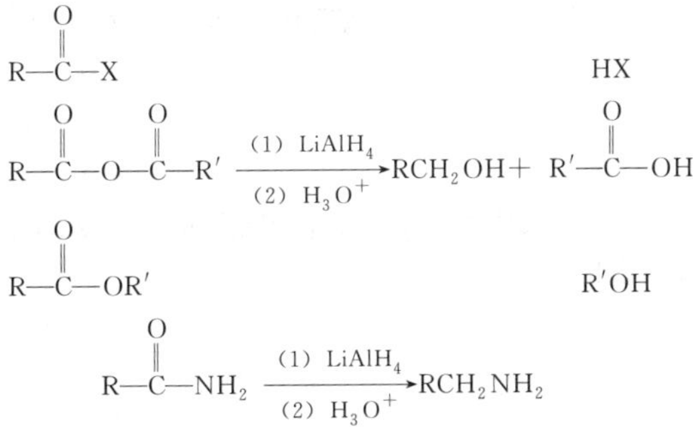

$$R-\overset{O}{\overset{\|}{C}}-X$$

$$R-\overset{O}{\overset{\|}{C}}-O-\overset{O}{\overset{\|}{C}}-R' \xrightarrow[\text{(2) } H_3O^+]{\text{(1) } LiAlH_4} RCH_2OH + R'-\overset{O}{\overset{\|}{C}}-OH \quad\quad HX$$

$$R-\overset{O}{\overset{\|}{C}}-OR' \quad\quad\quad\quad\quad\quad\quad\quad\quad\quad R'OH$$

$$R-\overset{O}{\overset{\|}{C}}-NH_2 \xrightarrow[\text{(2) } H_3O^+]{\text{(1) } LiAlH_4} RCH_2NH_2$$

羧酸衍生物的特性

（四）羧酸衍生物的特性

1. 乙酰乙酸乙酯的特性

羧酸衍生物的 α-H 受羰基的影响比较活泼，能发生类似醛、酮的羟醛缩合反应。在醇钠等碱性试剂的作用下，含有 α-H 的酯与另一分子酯发生缩合反应，失去一分子醇，生成 β-酮酸酯，此类反应称为酯缩合反应或克莱森（Claisen）缩合反应。例如，在乙醇钠的作用下，两分子乙酸乙酯脱去一分子乙醇，生成乙酰乙酸乙酯。

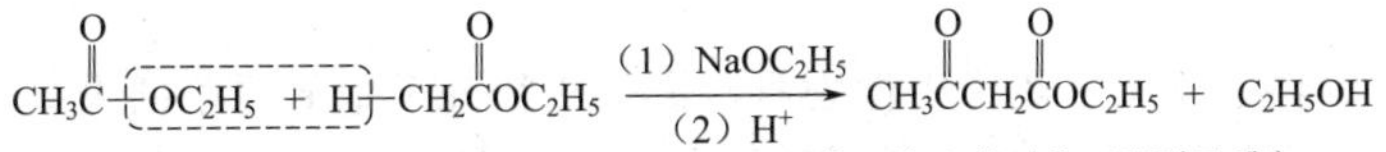

$$CH_3\overset{O}{\overset{\|}{C}}\boxed{-OC_2H_5 + H}-CH_2COC_2H_5 \xrightarrow[\text{(2) } H^+]{\text{(1) } NaOC_2H_5} CH_3\overset{O}{\overset{\|}{C}}CH_2\overset{O}{\overset{\|}{C}}OC_2H_5 + C_2H_5OH$$

乙酰乙酸乙酯（β-丁酮酸乙酯）

乙酰乙酸乙酯又称为 β-丁酮酸乙酯，是具有水果香味的无色透明液体，沸点为 181℃，在水中的溶解度不大，易溶于乙醇、乙醚等有机溶剂。乙酰乙酸乙酯具有特殊的结构，分子中含有羰基和酯基两种官能团，具有双重的反应性能。

$$\underbrace{CH_3-\overset{O}{\underset{}{C}}}_{\text{羰基}}-\overset{\alpha}{CH_2}-\underbrace{\overset{O}{\underset{}{C}}-OC_2H_5}_{\text{酯基}}$$

乙酰乙酸乙酯

通常情况下，乙酰乙酸乙酯能与氢氰酸、$NaHSO_3$ 等发生加成反应；与羟胺、苯肼反应生成肟和苯腙等，且能发生碘仿反应，显示出甲基酮的性质，说明具有酮式结构。另一方面，亚甲基上的 H 在吸电子羰基和酯基的双重影响下，变得特别活泼。所以，乙酰乙酸乙酯主要表现互变异构和 α-H 的反应等方面的特性。

（1）互变异构 乙酰乙酸乙酯的酮式结构中亚甲基的 α-H 在一定程度上有质子化的倾向，H 与羰基的氧原子相结合，就形成了烯醇式结构，所以乙酰乙酸乙酯能使溴水褪色、与三氯化铁显紫色、与金属 Na 反应放出 H_2，显示出烯醇的性质。

$$CH_3-\overset{O}{\underset{}{C}}-CH_2-\overset{O}{\underset{}{C}}-OC_2H_5 \rightleftharpoons CH_3-\overset{OH}{\underset{}{C}}=CH-\overset{O}{\underset{}{C}}-OC_2H_5$$

酮式　　　　　　　　　　　烯醇式

事实上，乙酰乙酸乙酯不是单一的物质，而是酮式和烯醇式两种异构体的混合物，它们之间不断相互转变，并以一定比例（酮式约占 92.5%、烯醇式约占 7.5%）保持着动态平衡，像这样两种或两种以上异构体相互转变，并以动态平衡同时共存的现象称为互变异构现象，酮式和烯醇式称为互变异构体。在有机化合物中，普遍存在互变异构现象。凡是具有（$-\overset{O}{\underset{}{-CH-C-}}$）结构单元的化合物都可能存在酮式和烯醇式互变异构现象。

（2）α-H 的反应 乙酰乙酸乙酯分子中亚甲基上 H 原子很活泼，具有弱酸性，能与醇钠等强碱作用，生成乙酰乙酸乙酯钠盐，其中碳负离子作为亲核试剂，与卤代烷、酰卤等发生亲核取代反应，在碳原子上引入烷基或酰基，得到乙酰乙酸乙酯一取代衍生物。乙酰乙酸乙酯分子中亚甲基上的第二个 H 原子也可以发生上述的相似反应，重复上述反应，得到它的二取代衍生物。

$$CH_3-\overset{O}{\underset{}{C}}-CH_2-\overset{O}{\underset{}{C}}-OC_2H_5 \xrightarrow{NaOC_2H_5} CH_3-\overset{O}{\underset{}{C}}-\overset{-}{\underset{Na^+}{C}}-\overset{O}{\underset{}{C}}-OC_2H_5 \xrightarrow{RX} CH_3-\overset{O}{\underset{}{C}}-\overset{}{\underset{R}{CH}}-\overset{O}{\underset{}{C}}-OC_2H_5$$

乙酰乙酸乙酯一取代衍生物在稀碱中水解，酸化后加热脱羧，得到产物甲基酮；二取代衍生物会生成结构更复杂的甲基酮。

$$CH_3-\overset{O}{\underset{}{C}}-\overset{}{\underset{R}{CH}}-\overset{O}{\underset{}{C}}-OC_2H_5 \xrightarrow[\text{(2) } H^+]{\text{(1) 稀 NaOH}} CH_3-\overset{O}{\underset{}{C}}-\overset{}{\underset{R}{CH}}-\overset{O}{\underset{}{C}}-OH \xrightarrow[\triangle]{COOH} CH_3-\overset{O}{\underset{}{C}}-\overset{}{\underset{R}{CH_2}}$$

另外，乙酰乙酸乙酯取代衍生物在浓碱中水解，酸化后加热得到的产物为羧酸。

$$CH_3-\overset{O}{\underset{}{C}}-\overset{}{\underset{R}{CH}}-\overset{O}{\underset{}{C}}-OC_2H_5 \xrightarrow[\triangle]{\text{浓 NaOH}} R-CH_2-\overset{O}{\underset{}{C}}-OH$$

因此，乙酰乙酸乙酯通过一系列反应，可以得到碳链增长的重要化合物，在有机合成或药物合成中有着广泛的应用，是合成酮和羧酸的重要原料。

2. 酰胺的特性

（1）酰胺的酸碱性 酰胺一般为中性物质，由于酰胺分子中氮原子的未共用电子对与羰基的 π 电子形成 p-π 共轭，使氮原子上的电子云密度降低，减弱了氮原子接受质子的能力，因而酰基使氨的碱性减弱，酰胺呈中性。

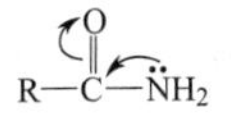

$$R-\overset{\overset{\displaystyle O}{\|}}{C}-NH_2$$

在酰亚胺分子中，氮原子上连有两个吸电子的酰基，使氮原子上电子云密度显著降低，呈现出明显的酸性。例如邻苯二甲酰亚胺、丁二酰亚胺均可与强碱 NaOH 或 KOH 等作用成盐。

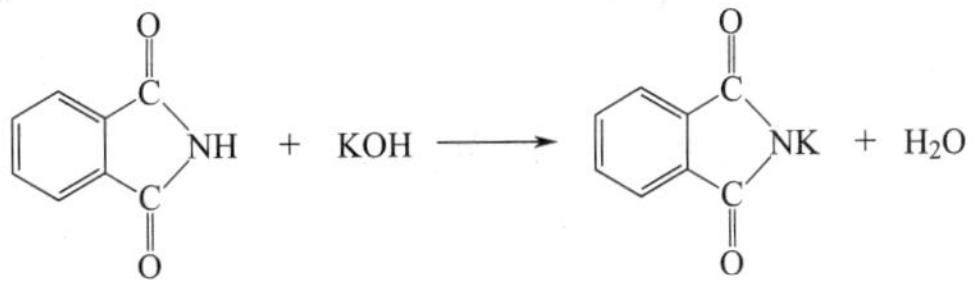

邻苯二甲酰亚胺钾

（2）与亚硝酸反应　酰胺与亚硝酸反应，氨基被—OH 取代，生成羧酸，同时放出氮气。此反应定量进行，可用于酰胺的鉴定。

$$R-\overset{\overset{\displaystyle O}{\|}}{C}-NH_2 + HONO \longrightarrow R-\overset{\overset{\displaystyle O}{\|}}{C}-OH + N_2\uparrow + H_2O$$

（3）霍夫曼（Hofmann）降解反应　酰伯胺与次溴酸钠在碱性溶液中反应，脱去羰基，生成少一个碳原子的伯胺，此反应称为霍夫曼降解反应。

$$R-\overset{\overset{\displaystyle O}{\|}}{C}-NH_2 + NaBrO + 2NaOH \longrightarrow RNH_2 + Na_2CO_3 + NaBr + H_2O$$

霍夫曼降解反应操作简单易行，产率较高。此反应可用于制备少一个碳原子的伯胺。

📖 化学史话

著名科学家霍夫曼

霍夫曼，德国有机化学家，1818 年 4 月 8 日生于吉森，起初在吉森大学学习法律和哲学，后转攻化学，是李比希的学生，1841 年获得博士学位。后经李比希推荐，到英国皇家化学学院任教授，克鲁克斯和柏琴等都是他的学生。1864 年回国后，先后担任波恩大学、柏林大学的教授。1851 年他被选为英国皇家学会的会员。1868 年他创立了德国化学学会，先后 14 次当选会长。他毕生从事有机含氮化合物的研究。1850 年，霍夫曼提出了各级胺的制法。1858 年，霍夫曼用四氯化碳处理苯胺，得到碱性品红。1860 年，霍夫曼用苯胺与碱性品红共热，得到苯胺蓝。以他的名字命名的重要反应有：霍夫曼重排、霍夫曼彻底甲基化、霍夫曼消除、霍夫曼-勒夫勒-弗赖伊塔格反应等。霍夫曼为英国和德国的染料工业做出了巨大的贡献。

第三节　重要的羧酸衍生物

1. 乙酰氯（CH₃COCl）

乙酰氯是一种有刺激性臭味的无色液体，有毒，对皮肤、眼睛和黏膜等有强烈刺激性，沸点为 52℃。乙酰氯能与乙醚、三氯甲烷、冰醋酸等混溶。极易水解和醇解，生成乙酸或乙酸乙酯。

乙酰氯是常用的乙酰化试剂，因其在空气中吸收水分即冒白烟，故应密闭保存。

2. 乙酸酐 [(CH₃CO)₂O]

乙酸酐又名醋（酸）酐，是具有强烈刺激性气味的无色透明液体，熔点为－73℃，沸点为 139.6℃，易燃，有腐蚀性，有催泪性。微溶于水，易溶于乙醚、苯等有机溶剂。乙酸酐是重要的乙酰化试剂，广泛用作医药化工原料，可用于制造香料、纤维、药物等。

3. 乙酸乙酯 (CH₃COOCH₂CH₃)

乙酸乙酯是无色透明液体，具有令人愉快的香味，浓度较高时有刺激性气味，易挥发，对空气敏感，能吸收水分，水分能使其缓慢分解而呈酸性反应。易燃，沸点为 77℃，蒸气能与空气形成爆炸性混合物。微溶于水，溶于乙醇、乙醚和三氯甲烷等有机溶剂。可用作清漆、人造革、硝酸纤维素、塑料等的溶剂，也可用作硝酸纤维素、乙基纤维素、乙酸纤维素和氯丁橡胶的快干溶剂。工业上常用作低毒性溶剂，广泛用于制药和有机合成。

4. 对乙酰氨基酚（ HO—⟨ ⟩—NHCOCH₃ ）

对乙酰氨基酚又名扑热息痛，是白色结晶或结晶性粉末，味微苦，在热水或乙醇中易溶。它是最常用的非抗炎解热镇痛药，解热作用与阿司匹林相似，镇痛作用较弱，无抗炎抗风湿作用，特别适用于不能使用羧酸类药物的患者，还可用于治疗感冒、牙痛等。

5. 丙二酸二乙酯 [CH₂(COOC₂H₅)₂]

丙二酸二乙酯为无色有香味的液体，沸点为 199.3℃，不溶于水，易溶于乙醇、乙醚等有机溶剂，是制备 2-氨基-4,6-二甲氧基嘧啶的重要中间体，还可用于制备磺酰脲类除草剂，如苄嘧磺隆、吡嘧磺隆、烟嘧磺隆等，在医药工业中用作合成磺胺药和巴比妥的中间体。

6. 丙烯酰胺 (CH₂＝CHCONH₂)

丙烯酰胺

丙烯酰胺为白色结晶性粉末，沸点为 125℃，易溶于水、乙醇、乙醚、丙酮等，不溶于苯、己烷。丙烯酰胺含有碳碳双键和酰胺基，具有双键的化学通性，因此广泛用作合成医药、农药、染料、涂料的原料。但丙烯酰胺具有生殖发育毒性、遗传毒性及潜在致癌性，主要存在于油炸、咖啡等食品中，淀粉类食品在高温（＞120℃）烹饪下也会产生丙烯酰胺。如果小孩长期食入这些物质，会导致大脑发育受损、性早熟、生殖器官受损等，如果大量在人体堆积还会发生癌变。因此，世界卫生组织国际癌症研究机构将丙烯酰胺定为 2A 类致癌物，所以我们在生活中要注意健康饮食。

第四节　脂类

 科技前沿

新型乳化剂聚甘油脂肪酸酯在各类食品中的应用

食品乳化剂属于表面活性剂，具有亲水和亲油的两亲特性，能通过降低油与水的表面张力，降低系统表面能，使互不相溶的两相体系形成均一的分散体或乳化体，其特性取决于乳化剂的亲水亲油平衡值（HLB）。世界上食品乳化剂约有 65 种，在我国已经批准使用的食品乳化剂有司盘、吐温、硬脂酰乳酸钠/钙、聚甘油酯、蔗糖酯、大豆磷脂等，产量超 3 万吨，世界食品乳化剂消费量则已经超过了 40 万吨。其中占比最大的是甘油脂肪酸酯类乳化剂，占总消费量的 2/3～3/4，新型产品聚甘油脂肪酸酯，就属其中一类，目前已开发出许多种类投入使用。

聚甘油脂肪酸酯（简称聚甘油酯、PGFE）是由聚甘油与脂肪酸酯化或甘油三酯酯交换而合成的一类性能优良的新型非离子型表面活性剂。通过调节聚甘油酯的聚合度、酯化程度，可使其具有良好的乳化、分散、润湿、稳定及充气作用等多重表面性能，广泛应用于人造奶油、起酥油、冰淇淋、烘焙食品、植物蛋白饮料和巧克力糖果等，较蔗糖酯等食品添加剂，其乳化性能及风味更佳。

聚甘油酯具有一定的抗菌性，可抑制多种微生物的生长，同蒸煮等杀菌手段相结合用于罐装与袋装食品；在低温下制造鱼肉与畜肉的加工食品时，聚甘油酯可提高其糖性，使口感细腻；在花生酱中使用能有效地防止油相分离；在午餐肉罐头中使用可使切面光滑，富有弹性；亲水性的聚甘油酯可提高卤水豆腐的凝固质量；在酸性水果果冻类产品中，可以防止产品水离析现象的发生；也可用在调味料、着色料方面等。

脂类包括油脂和类脂。油脂是甘油酯；类脂是结构或理化性质与油脂类似的物质，主要包括磷脂、糖脂、蜡及甾体化合物等。

脂类广泛存在于人体和动植物组织成分中，是构成生物体的重要成分。脂类在生理上具有非常重要的意义：油脂是储能供能的物质；有些类脂如磷脂、胆固醇等是生物膜的构件，它们与细胞的生理和代谢活动有密切关系；还有些类脂如甾族化合物是生物体内的激素，具有调节代谢、控制生长发育的功能。

一、油脂

油脂是油和脂肪的总称，室温下呈液态的称为油，如花生油、菜籽油、芝麻油等，通常来源于植物；室温下呈固态或半固态的称为脂肪，如猪脂、羊脂、牛脂等，通常来源于动物。

油脂有重要的作用，是动物体内主要的能源物质之一；同时还是许多脂溶性维生素等活性物质的良好溶剂，能促进人体对脂溶性维生素 A、维生素 D、维生素 E、维生素 K 和胡萝卜素等的吸收；皮下脂肪可以保持体温；脏器周围的脂肪对内脏有保护作用。

（一）油脂的组成和结构

从结构上看，油脂是由 1 分子甘油与 3 分子高级脂肪酸所形成的甘油酯，称为三酰甘油或甘油三酯。其结构通式如下：

油脂的组成
和结构

式中 R_1、R_2、R_3 代表高级脂肪烃基。如果 R_1、R_2、R_3 相同，称为单甘油酯，若不同则称为混甘油酯，天然油脂多为混甘油酯。

组成油脂的脂肪酸种类很多，大多数是含有偶数碳原子的、直链的一元羧酸。有饱和的，也有不饱和的。其中十六和十八个碳原子的较多。表 11-1 中列出了几种常见的重要高级脂肪酸。

表 11-1　常见油脂中所含的重要高级脂肪酸

类别	名称	结构简式
饱和脂肪酸	软脂酸（十六碳酸）	$CH_3(CH_2)_{14}COOH$
	硬脂酸（十八碳酸）	$CH_3(CH_2)_{16}COOH$

类别	名称	结构简式
不饱和脂肪酸	油酸(9-十八碳烯酸)	$CH_3(CH_2)_7CH=CH(CH_2)_7COOH$
	亚油酸(9,12-十八碳二烯酸)	$CH_3(CH_2)_4(CH=CHCH_2)_2(CH_2)_6COOH$
	亚麻酸(9,12,15-十八碳三烯酸)	$CH_3(CH_2CH=CH)_3(CH_2)_7COOH$
	花生四烯酸(5,8,11,14-二十碳四烯酸)	$CH_3(CH_2)_4(CH=CHCH_2)_4(CH_2)_2COOH$
	EPA(5,8,11,14,17-二十碳五烯酸)	$CH_3CH_2(CH=CHCH_2)_5(CH_2)_2COOH$
	DHA(4,7,10,13,16,19-二十二碳六烯酸)	$CH_3CH_2(CH=CHCH_2)_6CH_2COOH$

组成油脂的脂肪酸的饱和程度对油脂的熔点影响较大。由饱和的脂肪酸生成的甘油酯熔点较高，常温下一般为固态；由不饱和的脂肪酸生成的甘油酯熔点较低，常温下一般为液态。

组成油脂的大多数脂肪酸在人体内能够合成，但像亚油酸、亚麻酸、花生四烯酸等不饱和脂肪酸不能在人体内合成或合成不足，但营养上不可缺少，必须由食物供给，故称为必需脂肪酸。

 生活常识

必需脂肪酸的作用

亚油酸、亚麻酸和花生四烯酸等不饱和脂肪酸的营养价值高，对人体的生长和健康是必不可少的，它们在植物中含量高。花生四烯酸是合成前列腺素、血栓素等的原料；亚麻酸在体内可转化成EPA和DHA。DHA和EPA从海洋鱼类及甲壳类动物体内所含的油脂中分离，具有降低血脂、防止动脉粥样硬化、防止血栓形成的作用。此外，DHA是大脑细胞形成发育及运作不可缺少的物质基础，被誉为"脑黄金"，同时也对活化衰弱的视网膜细胞有帮助，从而起补脑健脑以及提高视力，防止近视眼的作用。EPA被称为"血管清道夫"，它具有疏导清理心脏血管的作用，从而防止多种心血管疾病。

（二）油脂的物理性质

纯净的油脂是无色、无臭、无味的。但是一般油脂，尤其是植物油，常带有香味或特殊的气味，并且有颜色，这是因为天然油脂中往往溶有维生素和色素。油脂比水轻，难溶于水，易溶于有机溶剂。因为油脂是混合物，所以没有固定的熔点和沸点。

（三）油脂的化学性质

1. 油脂的水解反应

油脂在酸或酶的作用下水解成1分子甘油和3分子高级脂肪酸。如果油脂在氢氧化钠或氢氧化钾溶液中水解，则生成甘油和高级脂肪酸的钠盐或钾盐（肥皂）。油脂在碱性条件下的水解反应又称为皂化反应。例如甘油三硬脂酸酯在氢氧化钠溶液中水解，生成硬脂酸钠和甘油。

$$\begin{array}{l} CH_2-O-\overset{O}{\overset{\|}{C}}-C_{17}H_{35} \\ CH-O-\overset{O}{\overset{\|}{C}}-C_{17}H_{35} \\ CH_2-O-\overset{O}{\overset{\|}{C}}-C_{17}H_{35} \end{array} +3NaOH \longrightarrow 3C_{17}H_{35}COONa + \begin{array}{l} CH_2-OH \\ CH-OH \\ CH_2-OH \end{array}$$

硬脂酸钠（肥皂）

工业上常利用这一反应原理来制肥皂。高级脂肪酸盐通常称为肥皂，由高级脂肪酸钠盐组成的肥皂称为钠肥皂，又称硬肥皂，就是日常使用的普通肥皂。由高级脂肪酸钾盐组成的肥皂称为钾肥皂，又称软肥皂，由于软肥皂对人体皮肤、黏膜刺激性小，医用上常用作灌肠剂或乳化剂。

1g油脂完全皂化时所需氢氧化钾的质量（单位mg）称为皂化值。根据皂化值的大小，可以判断油脂的平均分子量。皂化值越大，油脂的平均分子量越小，油脂皂化时所需碱的用量越多。

化学史话

皂化反应

皂化反应通常指的是碱（一般为强碱）和酯反应，生产出醇和羧酸盐。狭义地讲，皂化反应仅限于油脂在碱性条件下水解生成高级脂肪酸的钠（或钾）盐及甘油的反应。日常生活使用的肥皂就是高级脂肪酸的钠盐，这个反应是制造肥皂流程中的一步，因此而得名。它的化学反应机制于 1823 年被法国化学家谢弗勒尔发现。

$$
\begin{array}{l}
CH_2O-C-R \\
\quad\quad\ O \\
CHO-C-R \ +3NaOH \xrightarrow{\triangle} \ \begin{array}{l} CH_2OH \\ CHOH \\ CH_2OH \end{array} \ +3RCOONa \\
\quad\quad\ O \\
CH_2O-C-R
\end{array}
$$

谢弗勒尔名望是建立在对油脂的化学物质的研究上，他主要研究动物的脂肪，发表了多篇文章。1823 年，他将研究成果汇总成五百余页的《对动物脂肪的研究》，论述了动物脂肪是长链脂肪酸的甘油酯，皂化反应的本质就是脂肪在碱液的作用下发生水解，而肥皂的成分主要是硬脂酸钠，永斯·雅各布·贝采利乌斯认为这是一个年轻学者探索化学的未知领域的范例。在进一步研究中，谢弗勒尔将不同的动物脂肪皂化，然后加入盐酸，分离提纯了多种脂肪酸，比如从羊脂里获得硬脂酸、从猪的脂肪中获得油酸和十九酸，从母牛和山羊的脂肪中提取了丁酸和己酸，建立了这些脂肪酸的性质列表。

2. 油脂的加成反应

油脂分子中不饱和脂肪酸含有碳碳双键，可以与氢气、卤素等发生加成反应。

（1）加氢 含不饱和脂肪酸的油脂可通过催化加氢得到硬化油，通常油脂氢化的过程称为油脂的硬化。利用这个原理，可将液态的植物油转化为固态或半固态的脂肪，便于贮存和运输。

（2）加碘 碘也可以与油脂中的碳碳双键发生加成反应。100g 油脂所能吸收碘的质量称为碘值。根据碘值，可以判断油脂的不饱和程度。碘值越大，不饱和程度越高。

3. 油脂的酸败

油脂在空气中放置过久，就会变质产生难闻的气味，颜色也会加深，这种现象称为油脂的酸败。酸败的原因是油脂受日光、热、空气中氧、水或微生物的作用，发生氧化、水解等反应生成了有刺激性臭味的低级醛、酮和游离的脂肪酸。中和 1g 油脂中的游离脂肪酸所需要的氢氧化钾的质量称为油脂的酸值。酸值越大，说明油脂酸败程度越严重。

皂化值、碘值和酸值是油脂品质分析中的三个重要理化指标，国家对不同油脂的皂化值、碘值、酸值有一定的要求，符合国家规定标准的油脂才可供药用和食用。

生活常识

乳化作用

乳化作用是指乳化剂使不相溶的油、水两相乳化形成相对稳定的乳状液的过程。形成乳状液所用的乳化剂绝大多数是表面活性剂，由亲水基和疏水基两部分构成，能在油/水界面形成薄膜从而降低其表面张力，在上述过程中，由于表面活性剂的存在使得非极性增水油滴变成了带电荷的胶粒，增大了表面积和表面能。由于极性和表面能的作用，带电荷的油滴吸附水中的反离子或极性水分子形成胶体双电层，阻止油滴间的相互碰撞，使油滴能较长时间稳定存在于水中。

油脂的乳化具有十分重要的生理意义。油脂在小肠内经胆汁酸盐的乳化作用分散成小油滴，增大了油脂与酶的接触面积，便于油脂的水解及消化，而且它能与脂类消化产物形成胆汁酸混合微团，在脂类吸收中起主要作用。

植物油的不饱和度高，各种油脂的摄入量要因人而异。老年人或肥胖者要少吃动物油，多吃植物油，因为动物油含胆固醇高。儿童和青少年由于处于长身体时期，应该营养多样化。但在选油的时候，尽量选择含必需脂肪酸比较多的食物。

二、磷脂

磷脂广泛存在于动植物中，主要存于脑、神经组织、骨髓、心、肝及肾等器官中。蛋黄、植物种子、胚芽及大豆中也含有丰富的磷脂。

磷脂是含磷的脂肪酸甘油酯，结构和性质都与油脂相似。磷脂完全水解后可以生成甘油、脂肪酸、磷酸、含氮的有机碱。根据含氮的有机碱的不同，磷脂分为卵磷脂、脑磷脂。

（一）卵磷脂

卵磷脂又称磷脂酰胆碱，是由磷酯酸分子中的磷酸与胆碱中的羟基酯化而成的化合物，因最初从蛋黄中发现，且含量丰富而得名。其结构式如下：

$$
\begin{array}{l}
CH_2-O-\overset{\displaystyle O}{\overset{\|}{C}}-R \\[4pt]
CH-O-\overset{\displaystyle O}{\overset{\|}{C}}-R' \\[4pt]
CH_2-O-\overset{\displaystyle O}{\overset{\|}{P}}-O-CH_2-CH_2-N^+(CH_3)_3OH \\[2pt]
\qquad\quad OH \qquad\qquad\quad \text{胆碱部分}
\end{array}
$$

卵磷脂

卵磷脂大量存在于各种动物的组织和器官中，尤其在蛋黄、脑、肾上腺、红细胞中的含量较多。许多植物如大豆、向日葵的种子中也含有卵磷脂。卵磷脂是白色蜡状物质，在空气中易被氧化而变成黄色或棕色，不溶于水及丙酮，易溶于乙醇、乙醚及三氯甲烷。

1分子的卵磷脂完全水解后可生成1分子甘油、2分子脂肪酸、1分子磷酸和1分子胆碱。

卵磷脂中胆碱部分能促进脂肪在人体内的代谢，防止脂肪在肝脏中的大量存积，因此卵磷脂常用作抗脂肪肝的药物，从大豆提取制得的卵磷脂也有保肝护肝作用。

（二）脑磷脂

脑磷脂是磷脂酰胆胺的俗称，它是磷酸与胆胺通过酯键结合生成的化合物。因在脑组织中含量较多而得名。其结构式如下：

$$
\begin{array}{l}
CH_2-O-\overset{\displaystyle O}{\overset{\|}{C}}-R \\[4pt]
CH-O-\overset{\displaystyle O}{\overset{\|}{C}}-R' \\[4pt]
CH_2-O-\overset{\displaystyle O}{\overset{\|}{P}}-O-CH_2-CH_2-NH_2 \\[2pt]
\qquad\quad OH \qquad\qquad \text{胆胺部分}
\end{array}
$$

脑磷脂

脑磷脂主要存在于脑、神经组织和大豆中，通常与卵磷脂共存。脑磷脂是无色固体，能溶于乙醚，不溶于水和丙酮。

1分子的脑磷脂完全水解后可生成1分子甘油、2分子脂肪酸、1分子磷酸和1分子胆胺。

脑磷脂很不稳定，在空气中易氧化成棕黑色，可用作抗氧剂。脑磷脂可由家畜屠宰后的新鲜脑或大豆榨油后的副产物中提取而得。脑磷脂存在于血小板中，与血液凝固有关，其中能促使血液凝固的凝血激酶就是由脑磷脂和蛋白质组成的。

学习小结

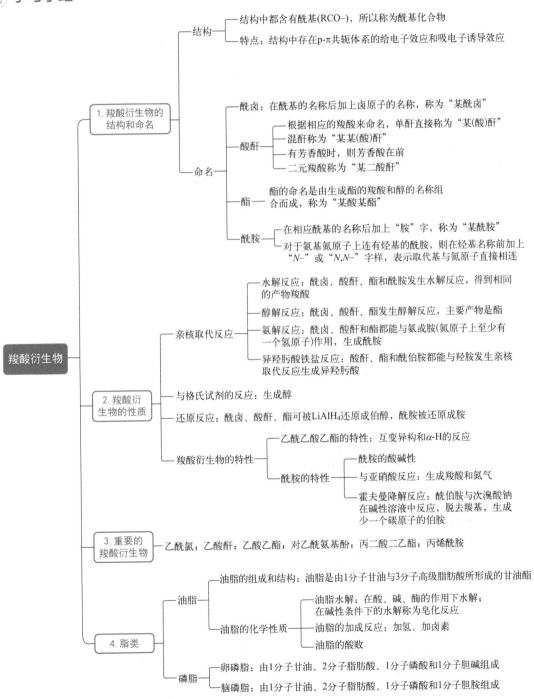

羧酸衍生物

1. 羧酸衍生物的结构和命名

- 结构
  - 结构中都含有酰基(RCO–)，所以称为酰基化合物
  - 特点：结构中存在p-π共轭体系的给电子效应和吸电子诱导效应

- 命名
  - 酰卤：在酰基的名称后加上卤原子的名称，称为"某酰卤"
  - 酸酐
    - 根据相应的羧酸来命名，单酐直接称为"某(酸)酐"
    - 混酐称为"某某(酸)酐"
    - 有芳香酸时，则芳香酸在前
    - 二元羧酸称为"某二酸酐"
  - 酯：酯的命名是由生成酯的羧酸和醇的名称组合而成，称为"某酸某酯"
  - 酰胺
    - 在相应酰基的名称后加上"胺"字，称为"某酰胺"
    - 对于氨基氮原子上连有烃基的酰胺，则在烃基名称前加上"N–"或"N,N–"字样，表示取代基与氮原子直接相连

2. 羧酸衍生物的性质

- 亲核取代反应
  - 水解反应：酰卤、酸酐、酯和酰胺发生水解反应，得到相同的产物羧酸
  - 醇解反应：酰卤、酸酐、酯发生醇解反应，主要产物是酯
  - 氨解反应：酰卤、酸酐和酰胺都能与氨或胺(氮原子上至少有一个氢原子)作用，生成酰胺
  - 异羟肟酸铁盐反应：酸酐、酯和酰伯胺都能与羟胺发生亲核取代反应生成异羟肟酸
- 与格氏试剂的反应：生成醇
- 还原反应：酰卤、酸酐、酯可被LiAlH₄还原成伯醇，酰胺被还原成胺
- 羧酸衍生物的特性
  - 乙酰乙酸乙酯的特性：互变异构和α-H的反应
  - 酰胺的特性
    - 酰胺的酸碱性
    - 与亚硝酸反应：生成羧酸和氮气
    - 霍夫曼降解反应：酰伯胺与次溴酸钠在碱性溶液中反应，脱去羰基，生成少一个碳原子的伯胺

3. 重要的羧酸衍生物
- 乙酰氯；乙酸酐；乙酸乙酯；对乙酰氨基酚；丙二酸二乙酯；丙烯酰胺

4. 脂类

- 油脂
  - 油脂的组成和结构：油脂是由1分子甘油与3分子高级脂肪酸所形成的甘油酯
  - 油脂的化学性质
    - 油脂水解：在酸、碱、酶的作用下水解；在碱性条件下的水解称为皂化反应
    - 油脂的加成反应：加氢、加卤素
    - 油脂的酸败
- 磷脂
  - 卵磷脂：由1分子甘油、2分子脂肪酸、1分子磷酸和1分子胆碱组成
  - 脑磷脂：由1分子甘油、2分子脂肪酸、1分子磷酸和1分子胆胺组成

课后习题

一、名词解释

1. 羧酸衍生物　　　2. 油脂　　　3. 必需脂肪酸

4. 皂化反应　　　5. 油脂的酸败

二、单项选择题

1. 下列有机物表示酯类的是（　　）。

A. RCOR′　　　B. ROR′　　　C. RCOOR′　　　D. RCONH₂

2. 下列有机物表示酰胺的是（　　）。

A. RCOR′　　　B. ROR′　　　C. RCOOR′　　　D. RCONH₂

3. $CH_3\overset{O}{\underset{|}{C}}Cl$ 的化学名称是（　　）。

A. 乙酰氯　　　B. 乙酸　　　C. 氯乙烷　　　D. 乙酰胺

4. 羧酸衍生物水解的活泼性次序是（　　）。

A. 酰胺＞酯＞酸酐＞酰卤　　　B. 酰卤＞酸酐＞酯＞酰胺

C. 酸酐＞酰卤＞酯＞酰胺　　　D. 酰卤＞酰胺＞酸酐＞酯

5. 羧酸衍生物发生水解反应时，所生成的共同产物是（　　）。

A. 羧酸　　　B. 酸酐　　　C. 酯　　　D. 酰胺

6. 酰卤、酸酐、酯的氨解反应主要产物是（　　）。

A. 羧酸　　　B. 酰胺　　　C. 酯　　　D. 酸酐

7. 乙酰胺与次溴酸钠在碱性溶液中反应，生成的主要产物是（　　）。

A. 甲胺　　　B. 乙胺　　　C. 丙胺　　　D. 甲乙胺

8. CH₃CH₂COOCH₂CH₃ 化学名称是（　　）。

A. 乙酸乙酯　　　B. 甲酸乙酯　　　C. 丙酸乙酯　　　D. 丙酸甲酯

9. 羧酸衍生物可发生（　　）反应。

A. 水解、加成、取代　　　B. 消除、加成、取代

C. 水解、醇解、氨解　　　D. 缩合、加成、取代

10. 1mol 油脂完全水解后可生成（　　）。

A. 1mol 甘油和 1mol 甘油二酯　　　B. 1mol 甘油和 1mol 脂肪酸

C. 3mol 甘油和 1mol 脂肪酸　　　D. 1mol 甘油和 3mol 脂肪酸

11. 下列不属于营养必需脂肪酸的是（　　）。

A. 油酸　　　B. 亚油酸　　　C. 亚麻酸　　　D. 花生四烯酸

12. 下列化合物，不属于油脂中常见的高级脂肪酸的是（　　）。

A. 油酸　　　B. 柠檬酸　　　C. 硬脂酸　　　D. 软脂酸

13. 下列发生了加成反应的是（　　）。

A. 油脂的乳化　　　B. 油脂的皂化

C. 油脂的硬化　　　D. 油脂的水解

14. 油脂发生皂化反应的产物是（　　）。

A. 乙酸和乙醇　　　B. 甘油和丙酸

C. 甘油和高级脂肪酸盐　　　D. 甘油和胆胺

15. 油脂酸败的主要原因是（　　）。

A. 加氢　　　B. 加碘　　　C. 氧化　　　D. 硬化

16. 根据皂化值的大小可推知（　　）。

A. 油脂的平均分子量　　　B. 甾醇的分子量

C. 脂肪酸的分子量　　　D. 油脂的不饱和度

17. 下列叙述正确的是（　　　）。

A. 皂化值越大，油脂平均分子量越大

B. 碘值越大，油脂不饱和程度越低

C. 酸值越大，油脂酸败越严重

D. 天然油脂有恒定的熔点和沸点

18. 脑磷脂充分水解后，水解液中不存在的化合物是（　　　）。

A. 甘油　　　　　B. 胆碱　　　　　C. 磷酸　　　　　D. 脂肪酸

19. 卵磷脂充分水解后，水解液中不存在的化合物是（　　　）。

A. 甘油　　　　　B. 胆碱　　　　　C. 磷酸　　　　　D. 胆胺

20. 与血液凝固有关的物质是（　　　）。

A. 油脂　　　　　B. 脑磷脂　　　　　C. 卵磷脂　　　　　D. 乙酸

三、命名下列化合物或写出其结构简式

1. CH_3CH_2COCl

2. $HCOOCH_2CH_3$

3. $CH_3CONHCH_3$

4. $(CH_3CO)_2O$

5. 苯甲酸甲酯

6. 对甲基苯甲酰氯

四、完成下列反应式

1. $CH_3\overset{O}{\overset{\|}{C}}Cl + CH_3OH \longrightarrow$

2. $CH_3\overset{O}{\overset{\|}{C}}OCH_3 + CH_3CH_2OH \longrightarrow$

3. $CH_3\overset{O}{\overset{\|}{C}}O\overset{O}{\overset{\|}{C}}CH_3 + H_2O \longrightarrow$

4. $CH_3CH_2\overset{O}{\overset{\|}{C}}NH_2 \xrightarrow{Br_2, NaOH}$

五、用化学方法鉴别下列各组物质

1. 甲酸乙酯、乙酸乙酯

2. 乙酰氯、乙酸乙酯、乙酸

3. 硬脂酸甘油酯、油酸甘油酯

六、推断结构

1. 有 3 种化合物分子式均为 $C_3H_6O_2$，其中 A 能与 Na_2CO_3 反应放出 CO_2，B 与 C 则不能。B 与 C 在碱性溶液中加热均可发生水解，B 水解的产物能与托伦试剂发生银镜反应，而 C 水解的产物则不能。试推测 A、B、C 的结构式。

2. 某烃的含氧衍生物 A，分子式为 $C_4H_8O_2$，经水解可得到 B 和 C，C 在一定条件下氧化可得到 B。写出 A、B、C 的结构式和名称。

七、问答题

乙酰水杨酸俗称阿司匹林，它是一种历史悠久的解热镇痛药，可用于治疗感冒、发热、头痛、牙痛、关节痛、风湿病，还能抑制血小板聚集，用于预防和治疗缺血性心脏病、心绞痛、脑血栓等。工业上和实验室都可以利用水杨酸和乙酸酐反应来制取阿司匹林。要求回答以下问题：

1. 写出制取阿司匹林的反应式并说明浓硫酸在反应中所起的作用。

2. 为什么实验室在制取阿司匹林时要使用干燥的锥形瓶？

3. 阿司匹林应该怎样保存？用什么化学方法可以检测阿司匹林是否潮解变质？

第十二章 含氮化合物

 学习目标

知识目标：

1. 掌握硝基化合物及胺的命名方法和主要化学性质。
2. 熟悉硝基化合物及胺的结构和分类，重氮化合物和偶氮化合物的结构特征。
3. 了解医药中常见的胺、重氮化合物和偶氮化合物的性质。

能力目标：

1. 能命名硝基化合物及胺。
2. 能判断不同胺的碱性强弱。
3. 能运用化学方法鉴别伯胺、仲胺和叔胺。

素质目标：

1. 培养学生诚实守信、爱岗敬业的职业素养。
2. 强化药品质量安全意识。

案例分析

　　2008 年，很多食用三鹿奶粉的婴儿被发现患有肾结石，随后在奶粉中发现了化工原料"三聚氰胺"。三聚氰胺俗称蛋白精，为白色晶体，几乎无味，微溶于水。长期摄入三聚氰胺会导致人体泌尿系统损害，膀胱、肾产生结石，并可诱发膀胱癌。三聚氰胺的结构如下所示：

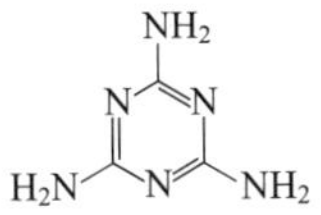

$$\text{三聚氰胺结构式（1,3,5-三嗪-2,4,6-三胺）}$$

　　三聚氰胺属于哪一类有机物？能用于食品添加剂吗？

　　分析：三聚氰胺，俗称密胺、蛋白精，分子式为 $C_3H_6N_6$，IUPAC 命名为"1,3,5-三嗪-2,4,6-三胺"，是一种三嗪类含氮杂环有机化合物，被用作化工原料。它是白色单斜晶体，几乎无味，对身体有害，不可用于食品加工或用作食品添加剂。

　　含氮有机化合物是分子中含有氮原子的有机化合物的统称。含氮有机化合物种类繁多，有硝基化合物、胺、腈、重氮盐以及氨基酸和蛋白质等。在医药领域中含氮有机化合物占有重要的地位，如与生命活动密切相关的氨基酸、核酸、蛋白质等是含氮有机化合物，临床上许多常用的药物如抗菌药磺胺嘧啶、局部麻醉药盐酸利多卡因等也都是含氮有机化合物。

盐酸利多卡因的含量测定

盐酸利多卡因是酰胺类局麻药，化学式为 $C_{14}H_{23}ClN_2O$。血液吸收或静脉给药后，对中枢神经系统有明显的兴奋和抑制双相作用，且可无先驱的兴奋，血液浓度较低时，出现镇痛和嗜睡、痛阈提高；随着剂量加大，作用或毒性增强，亚中毒血药浓度时有抗惊厥作用。

盐酸利多卡因的含量按照高效液相色谱法测定。

供试品溶液　取本品适量，精密称定，加流动相溶解并定量稀释制成每 1mL 中约含 2mg 的溶液。

对照品溶液　取利多卡因对照品适量，精密称定，加流动相溶解并定量稀释制成每 1mL 中约含 2mg 的溶液。

色谱条件　检测波长为 254nm。

系统适用性要求：理论板数按利多卡因峰计算不低于 2000。

测定法　精密量取供试品溶液与对照品溶液，分别注入液相色谱仪，记录色谱图。按外标法以峰面积计算，并将结果乘以 1.156。

第一节　硝基化合物

一、硝基化合物的结构、分类和命名

烃分子中的氢原子被硝基取代后的衍生物称为硝基化合物，按烃基的不同可以分为脂肪族硝基化合物（$R\text{-}NO_2$）和芳香族硝基化合物（$Ar\text{-}NO_2$）。但是不能写成 R-ONO（R-ONO 表示硝酸酯）。

硝基化合物可用作医药、染料、香料、炸药等工业的化工原料及有机合成试剂。芳香族硝基化合物是制备芳香胺、重氮盐等的原料。多硝基化合物具有爆炸性，如 2、4、6-三硝基甲苯和三硝基苯酚都是爆炸力极强的化合物，可以用作炸药；另有一些多硝基化合物具有极强的香味，可以制备人造麝香。

（一）硝基化合物的结构

硝基的结构一般表示为 $-N\!\!\!\diagdown\!{\,}^{O}_{O}$（由一个 N＝O 和一个 N→O 配位键组成）。物理测试表明，两个 N—O 键键长相等，均为 122pm，这是因为 N 原子是 sp^2 杂化，N 与一个 O 原子形成双键，而另一个氧原子的 p 轨道与双键的 π 轨道形成 p-π 共轭体系，其结构表示如下：

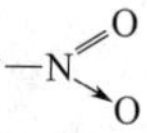

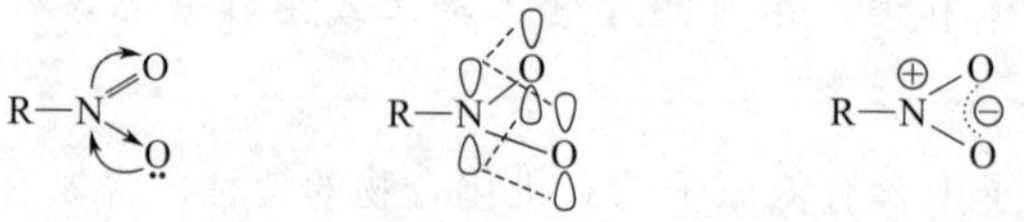

"爆脾气"的硝基化合物

2020 年 8 月 4 日下午，黎巴嫩首都贝鲁特港口发生巨大爆炸，造成严重人员伤亡和财产损失。据报道，爆炸是由港口区存放的 2700 吨硝酸铵引起的。能用作化肥的硝酸铵为何有这么大的破坏力？原来，它是"爆脾气"的硝基化合物大家族中的一员。

硝基是指硝酸（HNO_3）分子中去掉一个羟基后剩下的基团。硝基与其他基团相连的化合物称为硝基化合物。比如这个家族中的 TNT——三硝基甲苯，属于芳香族硝基化合物；含有氧-硝基的硝酸酯类化合物，如硝酸甘油，它既是炸药，又是良药；含有氮-硝基的硝胺类化合物，出了不少高能炸药，如黑索今、奥克托今、CL-20（一种笼型多环硝胺）更是当今可实际应用的能量最高、威力最大的非核单质炸药。

（二）硝基化合物的分类

（1）据硝基所连接的烃基的种类不同，硝基化合物可分为：

脂肪族硝基化合物（RNO_2），例如：

$$CH_3NO_2 \qquad\qquad CH_3CH_2NO_2$$

硝基甲烷 硝基乙烷

芳香族硝基化合物（$ArNO_2$），例如：

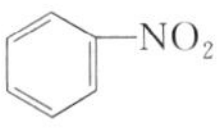

硝基苯 β-硝基萘

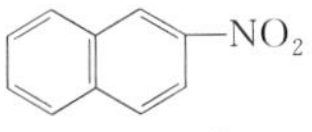

（2）根据硝基所连的碳原子的不同，硝基化合物可分为：

伯硝基化合物，例如：$CH_3CH_2NO_2$ 硝基乙烷

仲硝基化合物，例如：$CH_3CH(NO_2)CH_3$ 2-硝基丙烷

叔硝基化合物，例如：

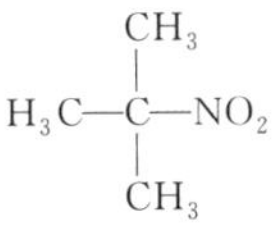

2-甲基-2-硝基丙烷

（3）根据硝基的数目，硝基化合物可分为：

一元硝基化合物，例如：$CH_3CH_2NO_2$ 硝基乙烷

多元硝基化合物，例如：$NO_2CH_2CH_2NO_2$ 二硝基乙烷

（三）硝基化合物的命名

硝基化合物的命名是以烃为母体，将硝基作为取代基来命名。如：

$$CH_3NO_2 \qquad\qquad Cl_3CNO_2$$

硝基甲烷 硝基三氯甲烷

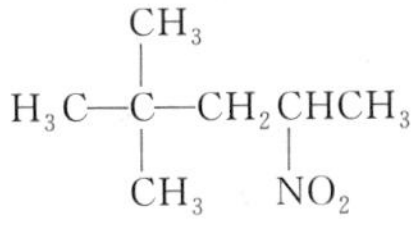

2,2-二甲基-4-硝基戊烷 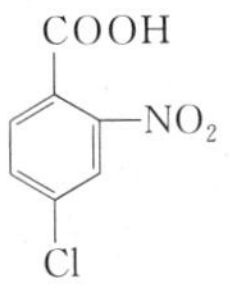 2-硝基-4-氯苯甲酸

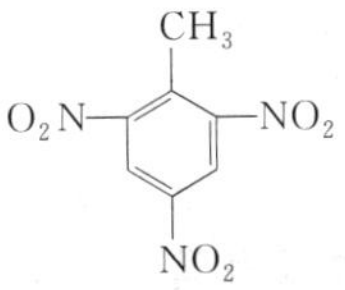

2,4,6-三硝基甲苯（TNT） 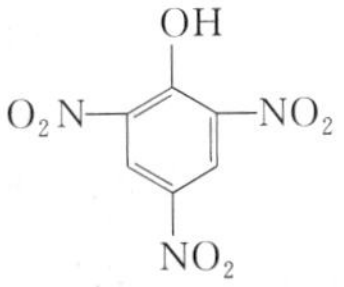 2,4,6-三硝基苯酚（苦味酸）

二、硝基化合物的性质

（一）硝基化合物的物理性质

脂肪族硝基化合物多数是油状液体，芳香族硝基化合物除了硝基苯是高沸点液体外，其余多是淡黄色固体，有苦杏仁气味，味苦。不溶于水，溶于有机溶剂和浓硫酸。

硝基具有强极性，所以硝基化合物是极性分子，有较高的沸点和密度。随着分子中硝基数目的增加，其熔点、沸点和密度增大，苦味增加，热稳定性降低，受热易分解爆炸（如 TNT 是强烈的炸药）。

多数硝基化合物有毒，在贮存和使用硝基化合物时应注意。

（二）硝基化合物的化学性质

1. 还原反应

硝基化合物易被还原，芳香族硝基化合物在不同条件下得到不同的还原产物。例如在酸性介质中以铁粉还原，最后生成芳香族伯胺；在中性条件中以锌粉还原得到氢化偶氮化合物；在碱性条件中以锌粉还原得到联苯胺。

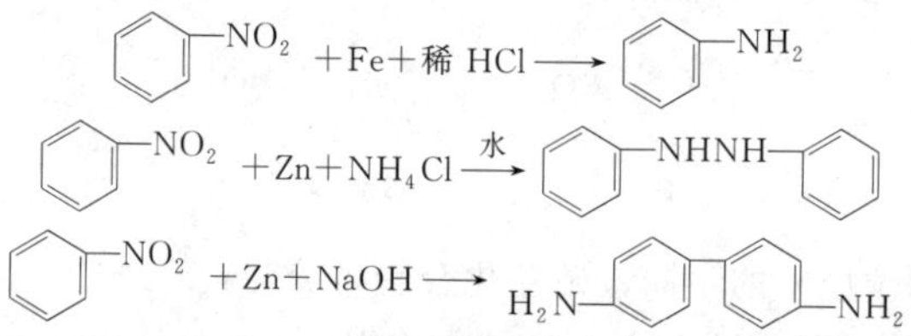

联苯胺是一种白色固体，熔点为 133℃，微溶于水，溶于乙醇和乙醚，常用作工业原料及分析化学试剂。在水的分析中可作为检验氰化物的试剂，还可用于血液的检验，同时也是高价金属离子的灵敏试剂。

联苯胺有很强的致癌性，在体内易引起膀胱癌，使用联苯胺时，应避免触及皮肤或误入口中。

🌐 **科技前沿**

基于芳香族硝基化合物还原反应的研究进展

芳胺及其衍生物是制药、农药和其他精细化工的关键中间体，人们已在苯胺及其衍生物的合成上做了很多工作。在硝基芳烃的直接还原和选择性还原中，使用的是不同的还原剂。近年来，以铁、钴、镍、铜等廉价金属为原料的催化剂的研究取得了巨大的进展，促进了廉价金属催化剂的广泛应用。

1976 年，Knifton 开创性地报告了使用 $Fe(CO)_3(PPh_3)_2$ 和 $Fe(CO)_3(AsPh_3)_2$ 作为催化剂来还原硝基苯。该方法的双（三苯基膦)-三羰基铁的活性和选择性，高于三苯基膦，但反应条件苛刻且稳定性较低。于是人们将目光转向更具有活性的贵金属催化剂。2014 年，Chaudhari 和同事在硝基苯的催化加氢过程中测试了不同的铁盐和配合物。由于硝基与氢的还原伴随着两等量的水的形成，因此需要一种耐水的催化剂。在这个方向上，Chaudhari 小组发现在 150℃ 且低压条件下使用硝酸铁、硫酸铁或乙酰丙酮铁，苯胺具有良好的活性（TOF 高达 1300）和高选择性（>98％）。在甲苯、乙醇或水中使用硫酸铁可获得最高活性，在这些结果的基础上，他们开发了一种有机相和水双相体系的催化反应体系。甲苯或硝基芳烃都可以作为有机溶剂，但在这两种情况下，必须加入乙二胺四乙酸二钠盐（EDTANa$_2$）作为配体，以避免金属大量浸出到有机相中。该体系的双相性质和配体的添加导致催化活性降低。含催化剂的水相循环了 5 次，虽然反应温度相当高，但腈、羧酸和酮基没有被还原；该催化体系对官能团的耐受性好，甚至还可以耐受双键及卤素取代的硝基芳烃化合物。

2. 硝基化合物的酸性

脂肪族硝基化合物中，α-H 受硝基的影响，较为活泼，可发生类似酮-烯醇互变异构。

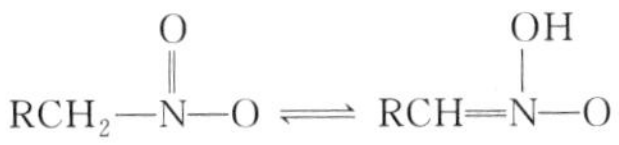

$$RCH_2\!-\!\overset{\overset{\displaystyle O}{\|}}{N}\!-\!O \rightleftharpoons RCH\!=\!\overset{\overset{\displaystyle OH}{|}}{N}\!-\!O$$

酮式（硝基式）　　　烯醇式（假酸式）

烯醇式中连在氧原子上的氢相当活泼，反映了分子的酸性，称假酸式，能与强碱成盐，所以含有 α-氢硝基化合物可溶于氢氧化钠溶液中，无 α-氢硝基化合物则不溶于氢氧化钠溶液。利用这个性质，可鉴定硝基化合物是否含有 α-氢。

3. 硝基对苯环的影响

硝基是吸电子基团，使苯环电子云密度降低，特别是硝基的邻、对位电子云密度降低更为显著，而间位的电子云密度相对较高。所以在芳环的亲电取代反应中，硝基是钝化芳环的间位定位基。如果硝基苯邻、对位连有其他基团，它们也会受到硝基的影响。例如，硝基使邻、对位卤原子亲核取代反应活性增强，使邻、对位的羟基、羧基酸性增强，使邻、对位上甲基活性增强，使邻、对位上氨基的碱性减弱。

（1）硝基对芳环亲电取代反应的影响　硝基是间位定位基，因此，亲电取代反应主要发生在间位，反应速度比苯慢。例如：

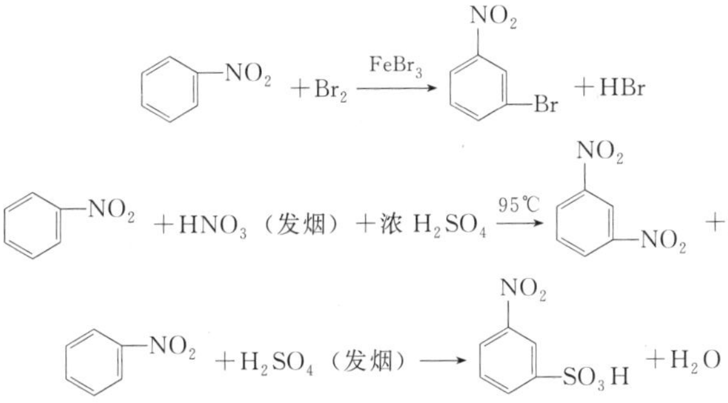

（2）硝基对苯环上邻、对位卤素的影响　在卤代苯分子中，由于卤原子与芳环的 p-π 共轭效应，使卤原子与苯环碳原子结合得更加紧密，因此卤原子很不活泼。例如在一定条件下氯苯很难和氢氧化钠作用，发生碱性水解。但如果在氯苯分子中氯原子的邻、对位引入硝基，由于硝基的吸电子诱导效应和吸电子共轭效应，硝基邻位或对位的电子云密度降低，从而使 C-Cl 键极性增强，因此氯原子活性增强，例如，邻或对硝基氯苯就容易水解，而且邻、对位硝基愈多，卤原子的活性愈强，愈容易水解。

（3）硝基对邻、对位的羟基、羧基的影响　与硝基处于邻或对位的酚羟基或羧基的酸性增强，例如：

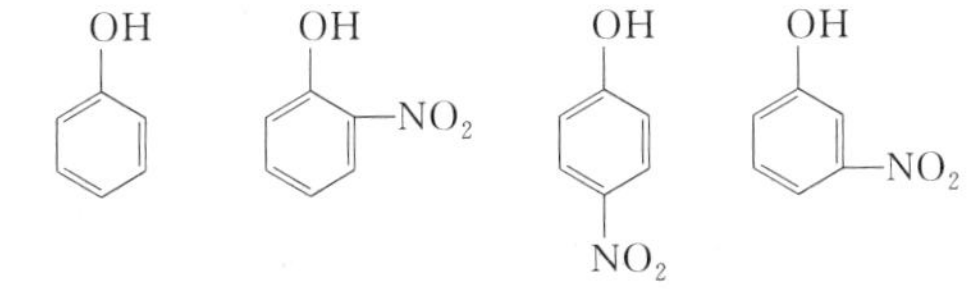

$pK_a = 10.0$　　　7.21　　　7.16　　　8.0

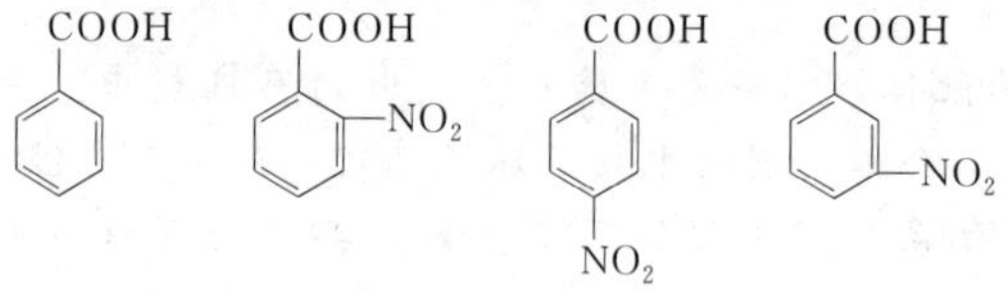

$pK_a=4.17 \qquad 2.21 \qquad 3.40 \qquad 3.46$

硝基的邻、对位碳原子的电子云密度低，受此影响，这两个碳原子上的羧基或羟基的氢原子，其质子化倾向增强。间位碳原子的电子云密度也有所降低，但比邻、对位碳原子高，因此间位上的羧基或羟基的酸性虽有增强，但增强的程度较小。

显然，苯环上硝基愈多，则苯环上羟基或羧基的酸性愈强，例如 2,4,6-三硝基苯酚（苦味酸）的酸性已接近无机酸的水平，它的 $pK_a=0.38$。

第二节　胺

一、胺的结构、分类和命名

胺是氨的烃基衍生物，即氨（NH_3）分子中的一个或几个氢原子被烃基取代后的产物。

（一）胺的立体结构

胺的结构与氨类似，分子中的 N 原子是 sp^3 不等性杂化，其中一对电子占据了 sp^3 杂化轨道，其余三个 sp^3 杂化轨道上各有一个电子，它们与 H 的 1s 轨道或 C 原子的杂化轨道重叠形成三个 σ 键，整个分子为四面体构型。

苯胺分子中，N 原子是 sp^3 不等性杂化，含孤对电子的 p 轨道与苯环的 π 轨道虽然不平行，但可以共平面，未共用电子对与苯环的大 π 键有相当程度的共轭，使得以氮原子为中心的四面体更加扁平。如图 12-1 所示。

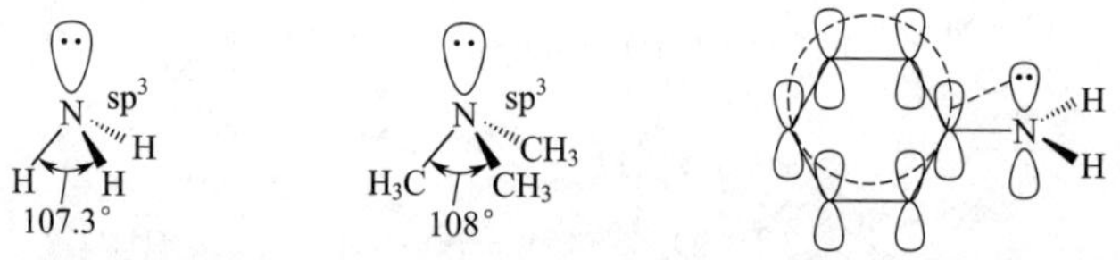

图 12-1　氨、三甲胺和苯胺的结构

若氮原子上连有三个不同的基团，它是手性的，应存在一对对映体，如图 12-2 所示。

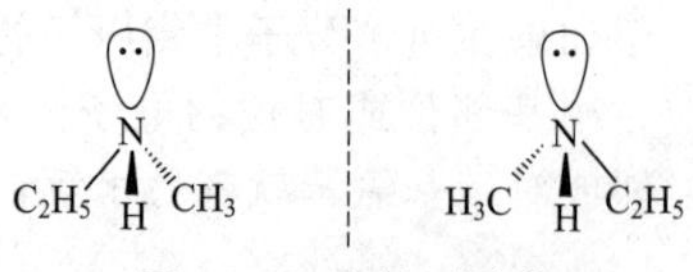

图 12-2　胺的对映体

但是，对于简单的胺来说，这样的对映体尚未被分离出来，原因是胺的两种棱锥形排列之间的能垒相当低，可以迅速相互转化。三烷基胺对映体之间的相互转化速度，每秒钟 $10^3 \sim 10^5$ 次，这样的转化速度，现代技术尚不能把对映体分离出来。

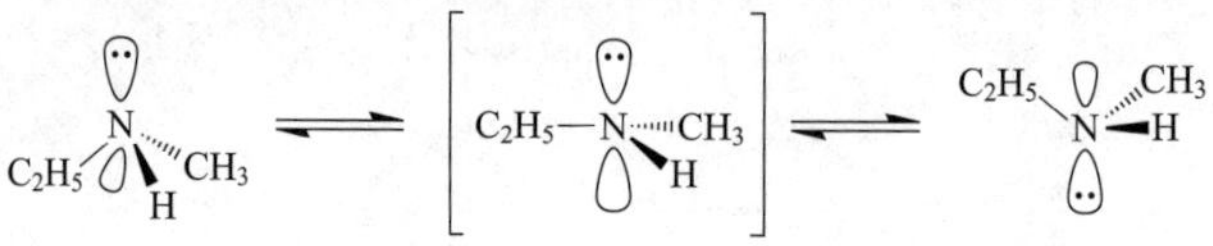

季铵盐是四个烷基以共价键与氮原子相连，氮的四个 sp^3 轨道全部用来成键，所以季铵盐是四面体，氮原子上连有四个不同的基团的季铵盐存在着对映体。

$$
\begin{array}{cc}
\underset{C_6H_5CH_2}{\overset{CH_3}{\underset{CH_2CH=CH_2}{\ \ \big|\ \ N^+ \cdots\cdots C_6H_5}}} & \underset{H_2C=HCH_2C}{\overset{CH_3}{\underset{CH_2C_6H_5}{\ \ \big|\ \ N^+ \cdots\cdots C_6H_5}}}
\end{array}
$$

对映异构体之间，不会相互转化。事实上，它能分离出右旋和左旋异构体。

（二）胺的分类

1. 根据与氮原子相连的烃基分类

胺分子中氮原子与脂肪烃相连称为脂肪胺（RNH_2），与芳香烃相连称为芳香胺（$ArNH_2$）。

$$
\underset{\text{脂肪胺}}{-CH_2NH_2} \qquad \underset{\text{芳香胺}}{-NH_2}
$$

2. 根据分子中氨基的数目分类

含 1 个氨基的称为一元胺，含 2 个及 2 个以上氨基的称为多元胺。

$$
\underset{\text{一元胺}}{CH_3-CH_2-NH_2} \qquad \underset{\text{二元胺（多元胺）}}{H_2N-CH_2-CH_2-NH_2}
$$

3. 根据 NH_3 分子中氢原子被烃基取代的数目分类

胺分子中的一个、二个或三个氢原子被烃基取代而生成的化合物，分别称为伯胺（1°胺）、仲胺（2°胺）和叔胺（3°胺）。

$$
\underset{\text{伯胺}}{R-NH_2} \qquad \underset{\text{仲胺}}{R-NH-R'} \qquad \underset{\text{叔胺}}{R-\overset{\overset{\displaystyle R'}{|}}{N}-R''}
$$

其中氨基（$-NH_2$）、亚氨基（$-NH-$）和次氨基（$-\overset{|}{\underset{|}{N}}-$），分别是伯、仲、叔胺的官能团。

伯、仲、叔胺与伯、仲、叔醇的概念不同，胺是根据 NH_3 分子中氢原子被烃基取代的数目分类，而醇是根据羟基所连的碳原子的种类来分的。例如：

$$
\underset{\text{伯胺}}{\underset{\underset{\displaystyle NH_2}{|}}{CH_3-CH-CH_3}} \qquad \underset{\text{仲醇}}{\underset{\underset{\displaystyle OH}{|}}{CH_3-CH-CH_3}}
$$

无机铵盐或氢氧化铵的 NH_4^+ 中的 4 个氢原子被 4 个烃基取代所形成的化合物，分别为季铵盐（$R_4N^+X^-$）或季铵碱（$R_4N^+OH^-$）。

📖 **生活常识**

多巴胺可以让人快乐吗

多巴胺（DA，或 3-羟酪胺，3,4-二羟苯乙胺）是内源性含氮有机化合物，为酪氨酸（芳香族氨基酸）在代谢过程中经二羟苯丙氨酸所产生的中间产物。又名儿茶酚乙胺或羟酪胺，是儿茶酚胺类的一种，分子式为 $C_8H_{11}NO_2$。

$$
\underset{HO}{\overset{HO}{}}\!\!\!-\!\!\!\!\bigcirc\!\!\!\!-\!\!\!\!\diagup\!\!\!\!\diagdown\!\!\!\!-NH_2
$$

多巴胺是大脑中含量最丰富的儿茶酚胺类神经递质,是一种神经传导物质,是用来帮助细胞传送脉冲的化学物质。这种脑内分泌物和人的情欲、感觉有关,它传递兴奋及开心的信息。所以多巴胺可以让人感到快乐。多巴胺可以影响我们的感觉、情绪甚至学习能力。如果没有足够的多巴胺,会影响我们的身体和大脑。

(三) 胺的命名

(1) **简单胺的命名** 采用普通命名法。以胺为母体,烃基作为取代基,称为"某胺",当氮原子上连有多个烃基时,若烃基相同则合并,若不同,则按从小到大依次命名烃基,再加"胺"字。例如:

$$CH_3-NH_2$$

甲胺

$$\begin{array}{c} CH_3CH_2 \\ \diagdown \\ NH \\ \diagup \\ CH_3CH_2 \end{array}$$

乙丙胺

$$\begin{array}{c} CH_3 \\ | \\ CH_3-N-CH_3 \end{array}$$

三甲胺

苯甲胺 $-CH_2-NH_2$

苯胺 $-NH_2$

二苯胺 $-NH-$

(2) **芳脂胺的命名** 命名时一般以芳香胺为母体,脂肪烃基作为取代基,若取代基在氮原子上,则取代基前加上字母"N-"或"N,N-"来表示取代基在氮原子上。例如:

$NHCH_3$ —— N-甲基苯胺

CN_3-N-CH_3 —— N,N-二甲基苯胺

$CN_3-N-CH_2-CH_3$ —— N-甲基-N-乙基苯胺

(3) **复杂胺的命名** 采用系统命名法,类似于醇的命名,以烃基为母体,氨基作为取代基。如:

$$\begin{array}{c} CH_3CHCH_2CHCH_3 \\ |\qquad\ | \\ CH_3\quad NH_2 \end{array}$$

2-甲基-4-氨基戊烷

$$\begin{array}{c} CH_3 \\ |\\ CH_3-CH-CH_2-C-CH_2-CH_3 \\ |\qquad\qquad\quad| \\ CH_3\qquad\qquad NH_2 \end{array}$$

2,4-二甲基-4-氨基己烷

(4) **多元胺的命名** 多元胺的命名类似于多元醇。例如:

$$H_2NCH_2CH_2NH_2$$

乙二胺

$$H_2N-CH_2-CH_2-CH_2-CH_2-NH_2$$

1,4-丁二胺

邻苯二胺

(5) **季铵盐和季铵碱的命名** 与"铵盐"和"碱"的命名相同。将负离子和烃基名称放在"铵"字之前。例如:

$$(CH_3)_4N^+Cl^- \qquad (CH_3CH_2)_4N^+OH^- \qquad [HO-CH_2CH_2-N(CH_3)_3]^+OH^-$$

氯化四甲铵 氢氧化四乙铵 氢氧化三甲基(2-羟乙基)铵(胆碱)

应注意,在有机化学中,"氨""胺""铵"三字的用法不同。"氨"用来表示氨分子或取代基;"胺"表示以氨基为主要官能团的物质种类名;而"铵"表示季铵类化合物或胺的盐。

胺的分类和命名

二、胺的性质

（一）物理性质

1. 物质状态

常温常压下，低级脂肪胺中的甲胺、二甲胺、三甲胺和乙胺是气体，丙胺以上是液体，十二碳以上的高级脂肪胺为固体。低级胺的气味与氨相似，三甲胺具有鱼腥味，丁二胺和戊二胺等有动物尸体腐烂后的特殊臭味，高级胺不易挥发，气味很小。

2. 溶解性

低级胺能与水分子形成氢键而溶于水，但随着分子量的增加，溶解性降低。

3. 熔点和沸点

胺和氨相似，为极性分子，伯胺、仲胺都能形成分子间氢键，因此沸点较相应的烷烃高，但比相应的醇和羧酸低。

芳香胺是无色、高沸点的液体或低熔点的固体，有特殊的气味，在水中的溶解度较小，毒性较大，使用时应避免与皮肤接触或吸入其蒸气，如苯胺可因吸入或与皮肤接触而致中毒，β-萘胺和联苯胺有很强的致癌性，已被禁止使用。

（二）化学性质

胺的化学性质与官能团氨基和氮原子上的孤对电子有关。

1. 碱性

胺分子中氮原子上具有未共用的电子对，能接受一个质子，显碱性。

$$CH_3NH_2 + H_2O \Longrightarrow CH_3NH_3^+ + OH^-$$

胺的碱性受到电子效应和空间效应两个因素的影响。氮原子上电子云密度大，接受质子能力强，相应胺的碱性就强。氮原子周围空间位阻大，结合质子就困难，胺的碱性就弱。

季铵碱属于离子型化合物，是强碱，其碱性与氢氧化钠相近。

各类胺的碱性强弱顺序为：季铵碱＞脂肪胺＞氨＞芳香胺

脂肪胺的碱性强弱次序为：仲胺＞伯胺＞叔胺

胺能与酸反应生成盐，芳香胺碱性较弱，只能与强酸作用形成稳定的盐。例如：

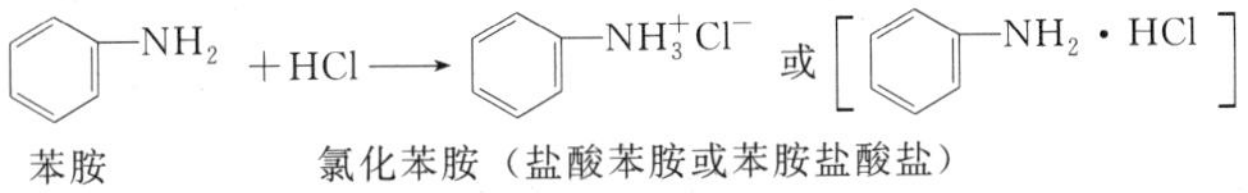

苯胺　　　　　氯化苯胺（盐酸苯胺或苯胺盐酸盐）

铵盐是结晶性固体，易溶于水，与氢氧化钠等强碱作用，可游离出原来的胺。因此，利用此性质可分离或精制胺。

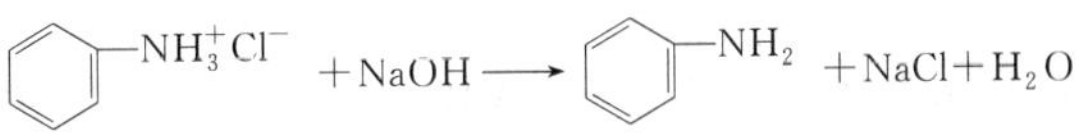

🌸 **课堂讨论**

　　请指出下列各组物质碱性强弱顺序并解释原因。

　　苯胺、二苯胺、三苯胺、N-甲基苯胺、N,N-二甲基苯胺

pK_b　9.40　13.21　中性　　9.15　　　　8.94

---

2. 酰化反应

酰化反应（酰基化反应），是指有机物分子中氢或者其他基团被酰基（RCO—）取代的反应。而提供酰基的化合物称为酰化试剂，如酰卤、酸酐等。

伯胺、仲胺与酰化试剂作用，氮原子上的氢原子被酰基（RCO—）取代生成酰胺，而叔胺的氮原子上没有氢原子，不能发生酰化反应。例如：

$$\text{苯胺} + CH_3\overset{\displaystyle O}{\underset{}{C}}Cl \longrightarrow \text{乙酰苯胺（NH—C—CH}_3） + HCl$$

$$CH_3NH_2 + CH_3\overset{\displaystyle O}{C}-O\overset{\displaystyle O}{C}CH_3 \longrightarrow CH_3NHCCH_3 + CH_3COOH$$

乙酸酐 　　　　　　　　　　　　　　　　N-甲基乙酰胺

胺容易被氧化剂氧化，但酰胺对氧化剂相对稳定，而且酰胺在酸或碱催化下加热水解可除去酰基，重新游离出氨基。所以，此反应在有机合成上常用来保护氨基。

3. 与亚硝酸的反应

不同类型的胺与亚硝酸反应有不同的产物和现象。亚硝酸（HNO_2）不稳定，反应时由亚硝酸钠与盐酸或硫酸作用而得。该方法可用来鉴别伯胺、仲胺和叔胺。

胺的碱性
和酰化反应

（1）伯胺　脂肪伯胺与亚硝酸在常温下作用，定量放出氮气并生成醇类、烯烃等混合物。因此，伯胺与亚硝酸的反应，可用于伯胺的定量测定。

$$RNH_2 + NaNO_2 + HCl \longrightarrow R-OH + H_2O + N_2\uparrow$$

芳香伯胺与亚硝酸反应，在低温及强酸溶液中生成重氮盐，称为重氮化反应。重氮盐不稳定，在室温下即分解放出氮气。例如：

$$\text{（苯）}-NH_2 + NaNO_2 + HCl \xrightarrow{0\sim5℃} \text{（苯）}-N_2^+Cl^- + NaCl + H_2O$$

$$\text{（苯）}-N_2^+Cl^- + H_2O \xrightarrow{\text{室温}} \text{（苯）}-OH + N_2\uparrow + HCl$$

（2）仲胺　仲胺（包括脂肪仲胺与芳香仲胺）与亚硝酸反应，仲胺氮上氢原子被亚硝基（—NO）取代，生成难溶于水的黄色油状液体或固体亚硝基化合物。例如：

$$(CH_3CH_2)_2NH + NaNO_2 + HCl \longrightarrow (CH_3CH_2)_2NNO + H_2O + NaCl$$

二乙胺 　　　　　　　　　　　　　　　N-亚硝基二乙胺

$$\underset{\text{N-甲基苯胺}}{\text{（苯）}\overset{\displaystyle CH_3}{\underset{}{N}}H} + NaNO_2 + HCl \longrightarrow \underset{\text{N-亚甲基-N-甲基苯胺}}{\text{（苯）}\overset{\displaystyle CH_3}{\underset{}{N}}-NO} + H_2O + NaCl$$

上述反应中生成的 N-亚硝基胺的毒性很强，具有致癌作用。

🌐 **科技前沿**

食品中亚硝胺类化合物的热能分析技术研究进展

N-亚硝胺化合物是 N-亚硝基化合物家族的一个重要角色，根据结构的不同可将亚硝胺化合物分为亚硝胺类和亚硝酰胺类，自然条件下亚硝酰胺易于分解，而亚硝胺则因其较为稳定且具有生物毒性而被人们重点研究。N-亚硝胺广泛存在于食品、化妆品和烟草等中，对生物有较强的致癌性。近年来，对 N-亚硝胺类化合物分析方法研究已经成为食品安全领域的一个研究热点。

热能分析（TEA）技术是目前应用最广泛的亚硝胺化合物检测器，可与气相色谱或液相色谱联用，其原理为色谱分离亚硝胺混合物后再经由 TEA 裂解室来断裂 N—NO 键，释放出的亚硝基（NO）被臭氧氧化成电子激发态的 NO_2，其衰变时发出特征的辐射强度跟亚硝基 NO 浓度成正比。

（3）叔胺　脂肪叔胺与亚硝酸反应，生成不稳定的水溶性亚硝酸盐。例如：

$$(CH_3CH_2)_3N+NaNO_2+HCl \longrightarrow (CH_3CH_2)_3N^+HNO_2^-+NaCl$$

　　　　　三乙胺　　　　　　　　　　　　　　　亚硝酸三乙铵

芳香叔胺与亚硝酸作用，在芳环上引入亚硝基，生成对亚硝基芳香叔胺；如对位被其他基团占据，则亚硝基在邻位上取代。例如：

N,N-二甲基苯胺　　　　　　　　　　　　　对亚硝基-N,N-二甲基苯胺

胺与亚硝酸的反应

上述反应中生成的亚硝基芳香叔胺在酸性溶液中呈橘黄色，在碱性溶液中呈翠绿色。

综上所述，根据不同的胺类与亚硝酸反应的现象和产物不同，可用来鉴别脂肪族和芳香族伯、仲、叔胺。

岗位对接

盐酸普鲁卡因的含量测定

盐酸普鲁卡因是一种药品，盐酸普鲁卡因作用于外周神经产生传导阻滞作用，依靠浓度梯度以弥散方式穿透神经细胞膜，在内侧阻断钠离子通道，使神经细胞兴奋阈值升高，丧失兴奋性和传导性，信息传递被阻断，具有良好的局部麻醉作用。

$$H_2N-\text{（苯环）}-COO-CH_2CH_2-N(C_2H_5)_2 \cdot HCl$$

含量测定取本品约 0.6g，精密称定，照永停滴定法，在 $15\sim25℃$，用亚硝酸钠滴定液（0.1mol/L）滴定。每 1mL 亚硝酸钠滴定液（0.1mol/L）相当于 27.28mg 的 $C_{13}H_{20}N_2O_2 \cdot HCl$。

4. 氧化反应

胺易氧化，用不同的氧化剂可以得到不同的氧化产物。叔胺的氧化最有意义，用过氧化物或过氧酸氧化，生产氧化铵。

$$R_2NH+H_2O_2 \longrightarrow R_2N\text{-}OH+H_2O$$
　　　　　　　　　羟胺

$$\text{（苯环）}N(CH_3)_2 \xrightarrow[\text{或 RCOOOH}]{H_2O_2} \text{（苯环）}\overset{O^-}{\underset{}{N^+}}(CH_3)_2$$

5. 芳环上的取代反应

芳环上的氨基是活化基团，使芳环上电子云密度增加，所以芳香胺比苯更易发生亲电取代反应。

（1）卤代反应　苯胺与卤素可迅速反应。例如，苯胺与溴水反应，立即产生2,4,6-三溴苯胺白色沉淀，此反应可用于苯胺的定性鉴别和定量分析。

$$\text{（NH}_2\text{苯环）} +3Br_2 \xrightarrow{H_2O} \text{（2,4,6-三溴苯胺）} +3HBr$$

2,4,6-三溴苯胺（白色）

课堂讨论

苯酚与苯胺都能和溴水反应生成白色沉淀，所以不能用此方法鉴别二者，请同学们思考如何通过别的方法区分二者。

（2）**硝化反应** 芳伯胺直接硝化易被硝酸氧化，必须先把氨基保护起来（乙酰化或成盐），然后再进行硝化。例如：

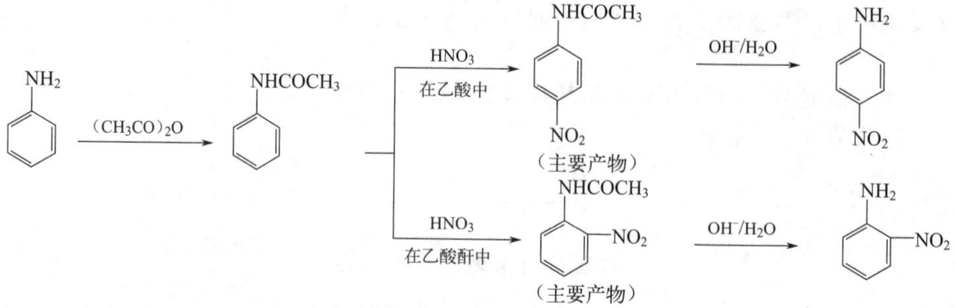

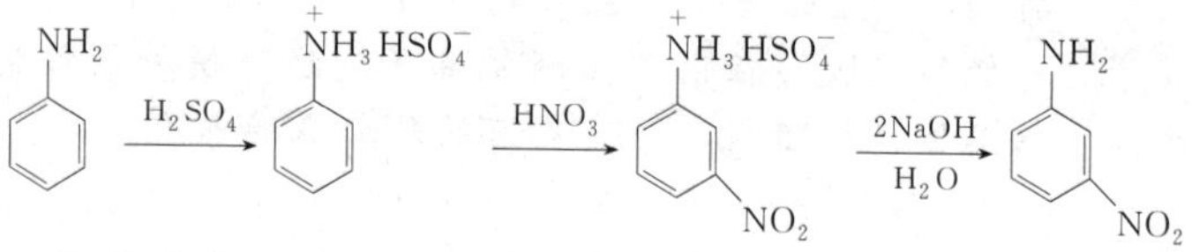

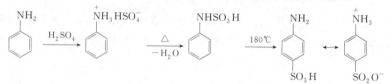

（3）**磺化反应** 将苯胺溶于浓硫酸中，首先生成苯胺硫酸盐，此盐在高温（200℃）下加热脱水发生分子内重排，即生成对氨基苯磺酸。例如：

胺的氧化反应、芳环上的取代反应

岗位对接

磺胺类药物

磺胺类药物为人工合成的抗菌药，用于临床已近 50 年，它具有抗菌谱较广、性质稳定、使用简便等优点。特别是 1969 年抗菌增效剂——甲氧苄氨嘧啶（TMP）发现以后，与磺胺类联合应用可使其抗菌作用增强、治疗范围扩大，因此，虽然有大量抗生素问世，但磺胺类药仍是重要的化学治疗药物。

临床常用的磺胺类药物都是以对位氨基苯磺酰胺（简称磺胺）为基本结构的衍生物。磺酰胺基上的氢，可被不同杂环取代，形成不同种类的磺胺药。它们与母体磺胺相比，具有效价高、毒性小、抗菌谱广、口服易吸收等优点。对位上的游离氨基是抗菌活性部分，若被取代，则失去抗菌作用。必须在体内分解后重新释出氨基，才能恢复活性。

第三节　重氮和偶氮化合物

重氮化合物和偶氮化合物都含有—N₂—原子团。当官能团的一端与烃基相连，另一端与其他基团相连时称为重氮化合物。例如：

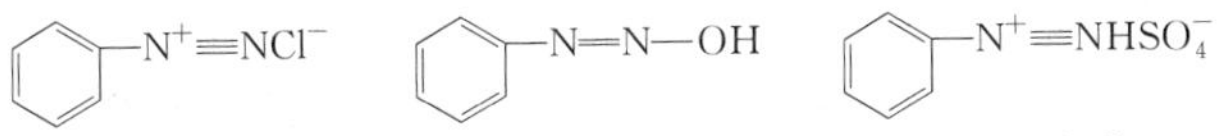

$$\text{氯化重氮苯} \qquad \text{氢氧化重氮苯} \qquad \text{硫酸重氮苯}$$

官能团两端都与烃基相连的称为偶氮化合物。例如：

$$\text{偶氮苯} \qquad \text{对羟基偶氮苯}$$

一、重氮化合物

芳香重氮盐类是重氮化合物中最重要的一种类型，该类化合物具有很高的反应活性。

（一）芳香族重氮盐的制备

芳伯胺在冷的强酸（盐酸或硫酸）存在下和亚硝酸作用，生成芳香重氮盐，此反应称为重氮化反应。例如：

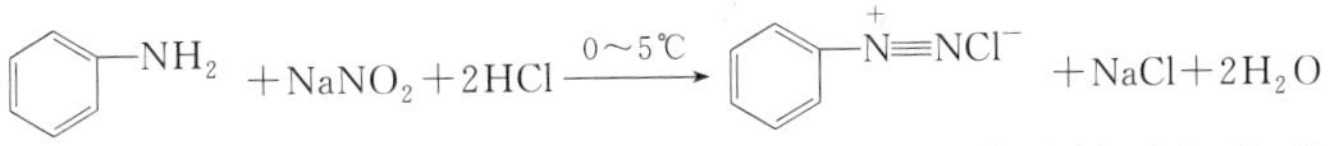

$$\text{—NH}_2 + NaNO_2 + 2HCl \xrightarrow{0\sim5℃} \overset{+}{\text{—N}}\equiv NCl^- + NaCl + 2H_2O$$

脂肪族、芳香族和杂环的伯胺都可进行重氮化反应。但是脂肪族重氮盐很不稳定，能迅速自发分解；芳香族重氮盐较为稳定。芳香族重氮基可以被其他基团取代，生成多种类型的产物。所以芳香族重氮化反应在有机合成上很重要。

（二）芳香族重氮盐的性质

重氮盐具有很高的反应活性，在有机合成方面应用广泛。总结起来，主要反应归纳为两类：去氮反应（取代反应）和保留氮的反应（偶联反应和还原反应）。

1. 去氮反应（取代反应）
重氮盐分子中的重氮基被其他原子或原子团所取代，同时放出氮气。例如：

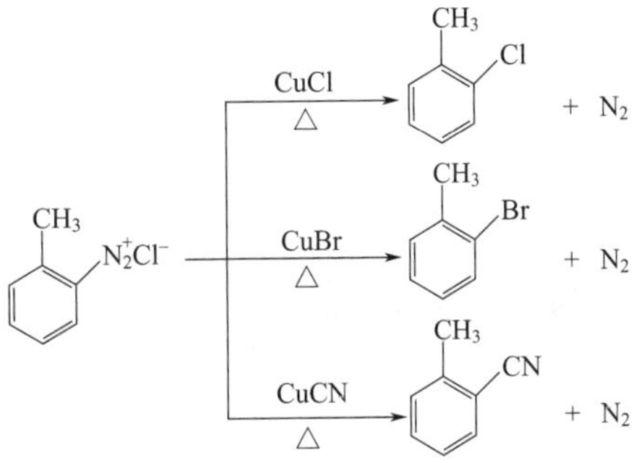

2. 保留氮的反应（偶联反应和还原反应）
（1）偶联反应　酸或弱碱性溶液中，重氮盐正离子作为亲电试剂可以与连有强供电子基的芳香族化合物（例如酚类、芳胺等）发生亲电取代反应，生成有颜色的偶氮化合物，该类反应称为偶联反应或偶合反应。其中重氮盐称为重氮组分，酚类或芳胺称为偶合组分。

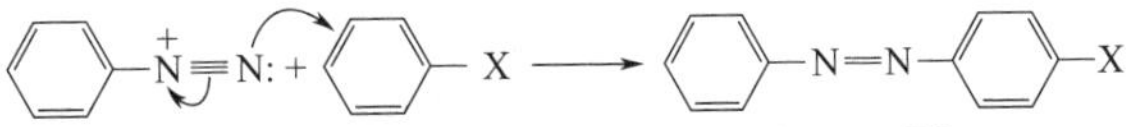

$$\text{—X: —NH}_2, \quad \text{—NHR}, \quad \text{—NR}_2, \quad \text{—OH}$$

偶联反应一般发生在羟基或氨基的对位，若对位已有取代基，则偶联反应发生在邻位，若邻、对位均被其他基团占据，则不发生偶联反应。例如：

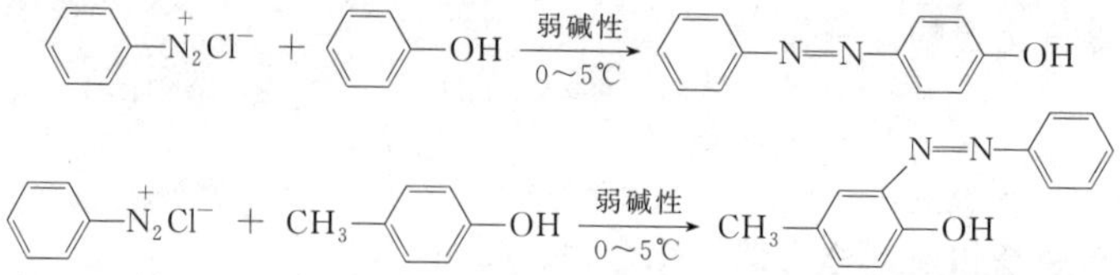

（反应式）

偶联反应的适宜 pH 条件是：当重氮盐与酚类偶联时，适宜的 pH 范围为 8～9（弱碱性）。因为在此条件下酚形成苯氧负离子，使芳环电子云密度增加，有利于偶联反应进行。

当重氮盐与芳胺偶联时，适宜的 pH 范围为 5～7（弱酸性）。因为在此条件下芳胺以游离胺形式存在，使芳环电子云密度增加，有利于偶联反应进行。

🌸 **知识拓展**

重氮甲烷

重氮甲烷是德国化学家汉斯·冯·佩赫曼于 1894 年发现的化学化合物，化学式为 CH_2N_2。它是最简单也是最重要的脂肪族重氮化合物。重氮甲烷常温常压下为黄色气体，易溶于苯，溶于二噁烷，微溶于乙醇、乙醚，主要用于有机合成。

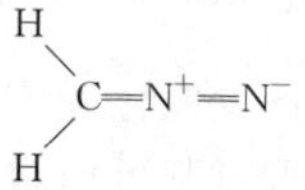

（结构式）

重氮甲烷有剧毒，对皮肤、眼睛和黏膜组织有强烈刺激作用，可引起支气管炎、胸痛、昏迷及暂时性喉头盖麻痹和肝大。使用和制备时需在运行良好的通风橱内进行，此外应避免高温，以防爆炸。

（2）**还原反应**　重氮盐可以被亚硫酸钠、亚硫酸氢钠、乙酸和锌、氯化亚锡、锡和盐酸等还原成苯肼。

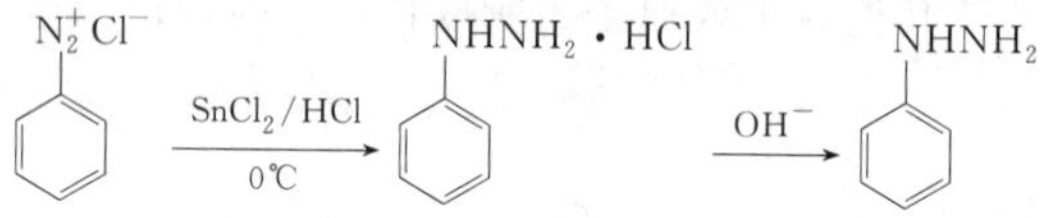

（反应式）

二、偶氮化合物

偶氮化合物中的—N＝N—是一种发色基团，含该基团的化合物都是有颜色的物质，所以偶氮化合物是有色固体物质。它的颜色与其分子结构有关，在偶氮芳烃分子中，共轭体系的存在使吸收光的波段移到了可见光区域，因此具有鲜艳的颜色，且共轭体系越长颜色越深。例如：

重氮化合物

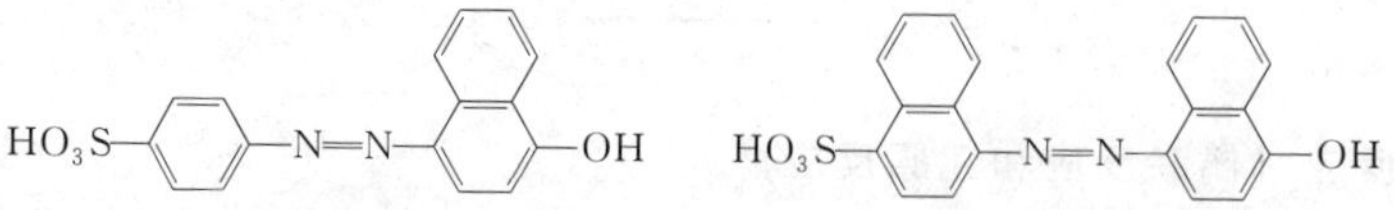

（结构式）
橙色　　　　　　　　红色

很多芳香族偶氮化合物的衍生物是重要的合成染料，因为分子中含有偶氮基，所以称之为偶氮染料。其颜色鲜艳且易于合成，使用非常广泛。有些偶氮染料还可用作酸碱指示剂，例如甲基橙。

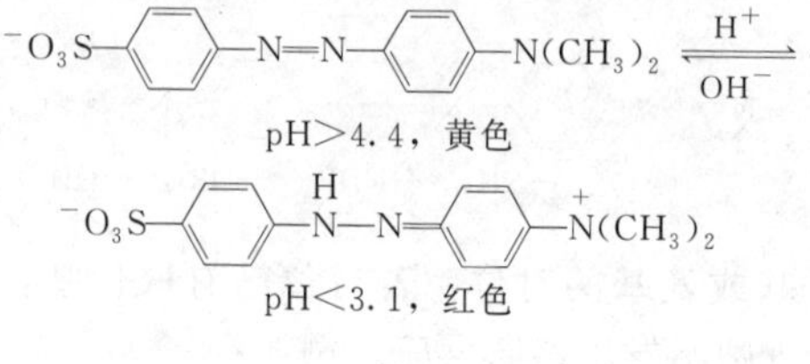

（反应式）
pH＞4.4，黄色

pH＜3.1，红色

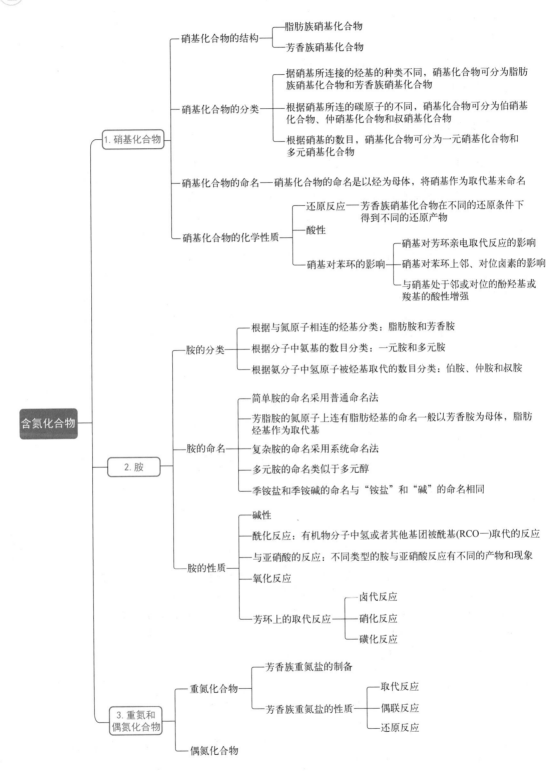

课后习题

一、名词解释

1. 硝基化合物

2. 胺

3. 酰化反应

4. 重氮化反应

5. 偶联反应

二、单项选择题

1. 下列属于硝基化合物的是（　　）。

A. ⌬—NH_2　　　　B. ⌬—NO_2　　　　C. ⌬—CHO　　　　D. ⌬—OH

2. 下列化合物不属于仲胺的是（　　）。

A. $CH_3—NH—CH_3$　　　B. ⌬—NH—CH_3　　　C. $CH_3—NH—CH_2—CH_3$　　　D. $CH_3—N(CH_3)—CH_2CH_3$

3. 下列化合物不能发生酰化反应的是（　　）。

A. 甲胺　　　　B. 二甲胺　　　　C. 三甲胺　　　　D. 苯胺

4. 下列叙述正确的是（　　）。

A. 季铵碱是强碱　　　　　　　　　B. 苯胺与盐酸作用生成季铵盐

C. 三甲胺能发生酰化反应　　　　　D. 2,4,6-三硝基甲苯的俗名是苦味酸

5. 下列化合物碱性强弱的次序正确的是（　　）。

① CH_3NH_2　　② $(CH_3)_2NH$　　③ $(CH_3)_3N$　　④ ⌬—NH_2　　⑤ $(CH_3)_4N^+OH^-$

A. ①＞②＞③＞④＞⑤　　　　　　B. ⑤＞④＞③＞②＞①

C. ①＞②＞③＞⑤＞④　　　　　　D. ⑤＞②＞①＞③＞④

6. 下列化合物属于偶氮化合物的是（　　）。

A. ⌬—NH_2　　　B. ⌬—N=N—⌬　　　C. ⌬—NO_2　　　D. ⌬—$N_2^+Cl^-$

7. 下列化合物属于芳香族伯胺的是（　　）。

A. ⌬—$N(CH_3)_2$　　　B. ⌬(CH_3)(NH_2)　　　C. ⌬—CO—NH_2　　　D. ⌬—N(H)—CH_3

8. 下列化合物属于伯胺的是（　　）。

A. 乙胺　　　　B. 二乙胺　　　　C. 乙酰胺　　　　D. 尿素

9. 关于苯胺性质的叙述错误的是（　　）。

A. 易被空气中的氧气氧化　　　　　B. 能与盐酸作用生成季铵盐

C. 能与酸酐反应生成酰胺　　　　　D. 能与溴水作用产生白色沉淀

10. 下列物质中属于季铵盐的是（　　）。

A. $(CH_3)_2NH_2^+Cl^-$　　B. $(CH_3)_3NH^+Cl^-$　　C. $(CH_3)_4N^+Cl^-$　　D. $CH_3NH_3^+Cl^-$

11. 水溶液中碱性最强的是（　　）。

A. 甲胺　　　　B. 二甲胺　　　　C. 三甲胺　　　　D. 苯胺

12. 与亚硝酸反应生成黄色油状物的是（　　）。

A. 甲胺　　　　B. 二甲胺　　　　C. 三甲胺　　　　D. 氢氧化四甲铵

13. 与亚硝酸反应生成绿色沉淀的是（　　）。

A. 苯胺　　　　　　　　　　　　　B. *N*-甲基苯胺

C. *N*,*N*-二甲基苯胺　　　　　　　D. 三甲铵

14. 苯胺类物质常用于保护氨基的反应是（   ）。

A. 磺酰化　　　　　　　B. 乙酰化　　　　　　C. 重氮化　　　　　　D. 酸化

15. 常用于鉴别苯胺的试剂是（   ）。

A. 氯水　　　　　　　　B. 溴水　　　　　　　C. 碘/四氯化碳　　　　D. 硝酸

三、命名下列化合物或写出其结构简式

1.

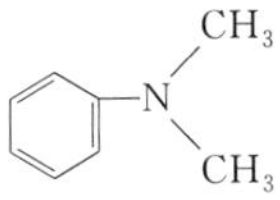

2. $CH_3NHCH_2CH_3$

3.

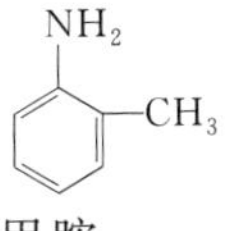

4. 甲胺

5. 硝基苯

6. 苦味酸

四、完成下列反应式

1. 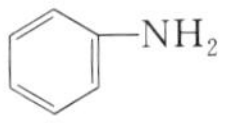 $+HCl \longrightarrow$

2. $CH_3-NH_2 + (CH_3CO)_2O \longrightarrow$

3. 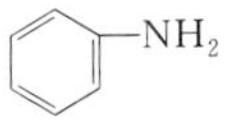 $+NaNO_2+HCl \xrightarrow{0\sim5℃}$

4. 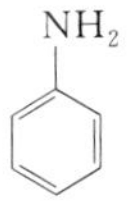 $+Br_2 \longrightarrow$

五、用化学方法鉴别下列各组物质

1. 苯胺、苯酚和苯甲酸

2. 甲胺、甲乙胺、甲乙异丙胺

六、推断结构

化合物 A 能溶于水，不溶于乙醚、苯等有机溶剂。经元素分析表明 A 含有 C、H、O、N。A 经加热后失去一分子水得到 B，B 与溴的氢氧化钠溶液作用得到比 B 少一个 C 和 O 的化合物 C。C 与亚硝酸作用得到的产物与次磷酸反应能生成苯。试写出 A、B、C 的结构式。

第十三章　杂环化合物和生物碱

 学习目标

知识目标：

1. 掌握杂环化合物的基本概念、命名方法；五元、六元杂环化合物的主要化学性质。
2. 熟悉杂环化合物的结构特点、分类；生物碱的概念、性质。
3. 了解重要杂环化合物和生物碱在医学中的应用。

能力目标：

1. 会对杂环化合物进行命名。
2. 会对常见五元、六元杂环化合物进行性质比较。

素质目标：

1. 培养学生遵纪守法、爱国敬业的道德品质。
2. 增强环境保护意识。

案例分析

　　李女士患有糖尿病四年多，患病期间一直遵医嘱口服二甲双胍等降糖药控制血糖，近期却发现自己有时会感觉头晕、乏力、困倦。经医院检查结果显示：血常规中出现血红蛋白浓度下降，并且红细胞平均体积增大；骨髓抽吸见红系和髓系成熟异常；而血清维生素 B_{12} 的水平下降，叶酸水平正常。

　　由此，医生诊断其为维生素 B_{12} 缺乏引起的巨幼红细胞性贫血。

　　分析： 维生素 B_{12} 又叫钴胺素，是一种含有 3 价钴的杂环化合物，是一种人体必需且无法主动合成的维生素，它参与制造骨髓红细胞，有助于维持机体正常的造血功能，能有效防止恶性贫血的发生。同时还具有防止大脑神经受到破坏的重要作用。

第一节　杂环化合物

　　杂环化合物是指由碳原子和其他原子共同组成的环状化合物。环状化合物中的非碳原子称为杂原子，常见的杂原子包括：氧、硫、氮等原子，其中数量最多的是含氮杂环。内酯、环醚、环酮等化合物虽然也含有包括杂原子构成的杂环，但是由于其本身不稳定容易开裂，在性质上与对应的链状化合物相似，因此不将他们归类于杂环化合物。本章主要介绍稳定的芳香族杂环化合物。

一、杂环化合物的分类和命名

（一）杂环化合物的分类

杂环化合物是根据杂环的母环结构来分类的。依据分子所含环的数量可分为单杂环和稠杂环两类。单杂环可根据成环原子数量进行分类，常见的包括五元杂环和六元杂环。稠杂环可分为苯稠杂环化合物和杂环稠杂环化合物，苯稠杂环化合物由苯环与杂环稠合而成，杂环稠杂环化合物由杂环与杂环稠合而成。表 13-1 列出了常见的杂环化合物的结构和名称。

表 13-1　常见杂环化合物的结构和名称

类别	常见杂环化合物的结构和名称
五元杂环	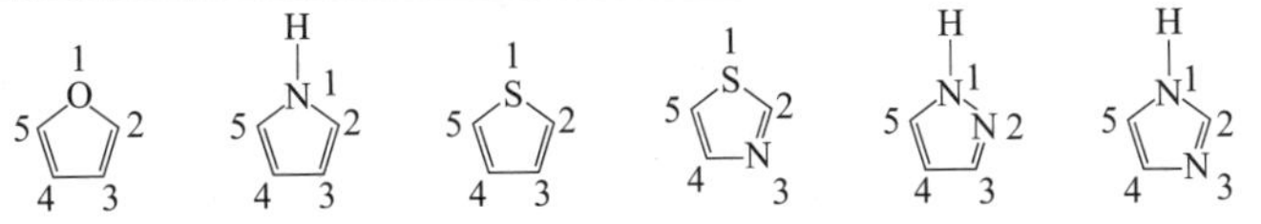 呋喃　　吡咯　　噻吩　　噻唑　　吡唑　　咪唑
六元杂环	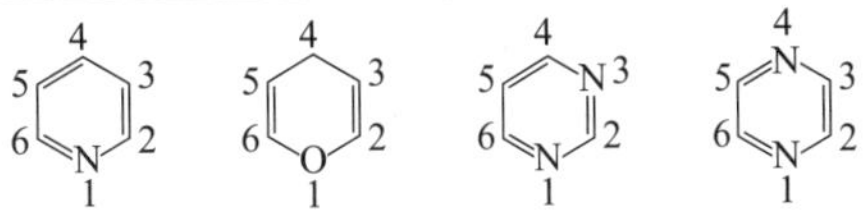 吡啶　　吡喃　　嘧啶　　吡嗪
苯稠杂环	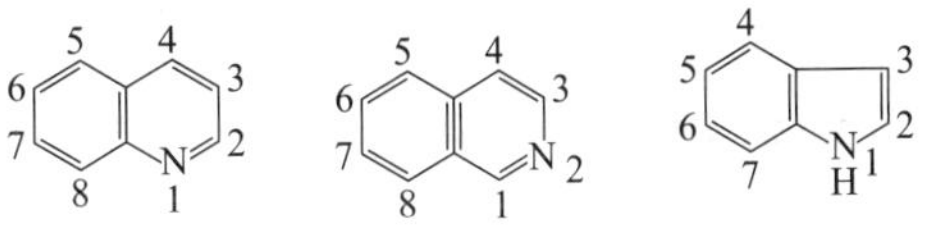 喹啉　　异喹啉　　吲哚 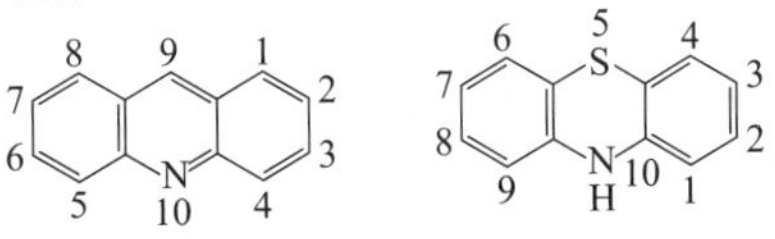　　　吖啶　　吩噻嗪
杂环稠杂环	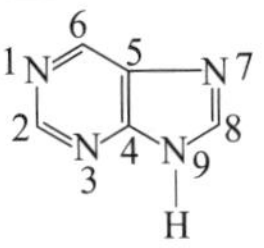 嘌呤

（二）杂环化合物的命名

1. 杂环母环的命名

杂环母环的名称通常采用音译法，即根据杂环化合物英文名称的读音，选用带"口"字旁的同音汉字，作为杂环母环的音译名称。比如，"pyrrole"音译为吡咯，"furan"音译为呋喃等。

2. 杂环母环的编号

对杂环母环进行编号时，需要根据环上杂原子数量的不同分情况进行编号。

（1）当环上只有 1 个杂原子时，从杂原子作为起始，用阿拉伯数字从杂原子开始编号，或用希腊字母 α、β、γ 等从杂原子相邻的碳原子开始编号。例如：

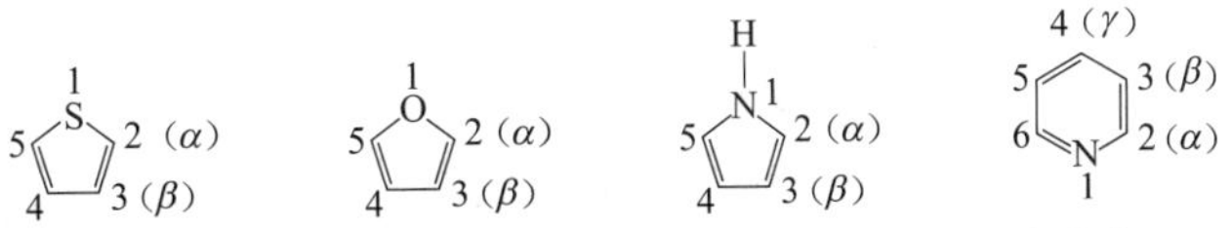

噻吩　　　　呋喃　　　　吡咯　　　　吡啶

（2）当环上有 2 个相同的杂原子时，应按照杂原子编号最小的原则进行编号，并且当杂原子上连有氢原子时，应从含有氢原子的杂原子开始编号；当环上的杂原子不同时，一般按 O、S、NH、N 的顺序编号。例如：

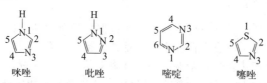

咪唑　　　　吡唑　　　　嘧啶　　　　噻唑

（3）一般稠杂环有固定的编号顺序，在保证杂原子的编号尽可能小的前提下，从杂原子开始，依次编号一周，共用的碳原子一般不编号，如吲哚、喹啉等。另外也有一些稠杂环具有特殊的编号顺序，如嘌呤、吖啶等。

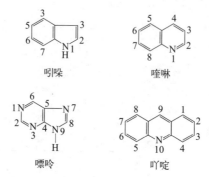

吲哚　　　　　　　　喹啉

嘌呤　　　　　　　　吖啶

3. 含有取代基杂环化合物的命名

（1）当杂环上连有—X、—R、—NO$_2$ 等取代基时，一般把杂环当作母体，将取代基的位次、数目和名称写在杂环母体名称前。例如：

杂环化合物的
分类和命名

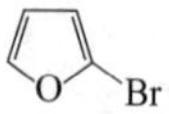

2-溴呋喃　　　　3-乙基吡啶　　　　2-硝基咪唑
（α-溴呋喃）　　（β-乙基吡啶）　　（α-硝基咪唑）

（2）当杂环上含有—COOH、—CHO、—SO$_3$H、—CONH$_2$ 等基团时，将杂环作为取代基来命名。例如：

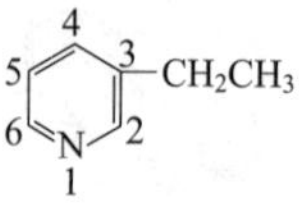

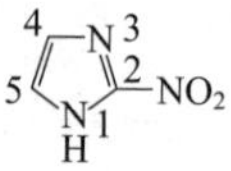

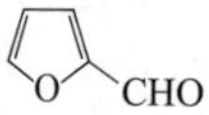

2-呋喃甲醛　　　　3-吡啶甲酸　　　　3-吲哚乙酸
（α-呋喃甲醛）　　（β-吡啶甲酸）　　（α-吲哚乙酸）

👥 **课堂讨论**

对下列杂环化合物进行命名。

1. 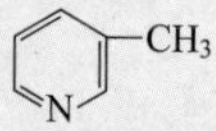 ［3-CH$_3$ 吡啶结构］

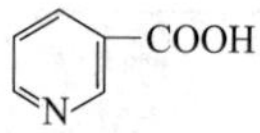

2. ［噻吩-CH$_2$COOH 结构］

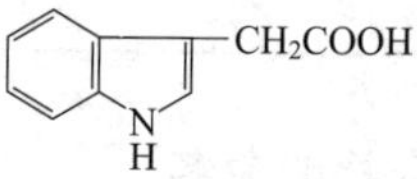

3. ［CONH$_2$ 吡啶结构］

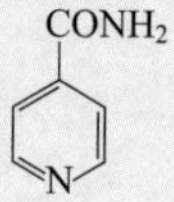

4. 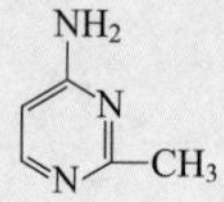 ［NH$_2$，CH$_3$ 嘧啶结构］

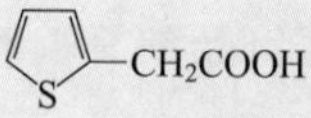

二、五元杂环化合物

常见的五元杂环化合物包括：吡咯、呋喃、噻吩和噻唑等。吡咯存在于煤焦油和骨油中，无色油状液体，难溶于水，易溶于醇或醚中，沸点为131℃。呋喃是无色液体，难溶于水，易溶于有机溶剂，沸点为32℃。噻吩存在于煤焦油和页岩油中，石油中含量较少，无色液体，沸点为84℃。

吡咯　　　　　　呋喃　　　　　　噻吩

(一) 吡咯、呋喃、噻吩的分子结构

吡咯、呋喃和噻吩是比较重要的含有 1 个杂原子的五元杂环化合物。近代物理分析法表明，其五元环共平面，且成环的 5 个原子都属于 sp^2 杂化，每个碳原子及杂原子都有 1 个垂直于该平面的未杂化的 p 轨道，碳原子的 p 轨道上各有 1 个电子，杂原子的 p 轨道上有 2 个电子，这些 p 轨道从侧面相互重叠形成 1 个含 5 个原子和 6 个电子的环状闭合 π 电子共轭体系，与苯环类似，因此具有一定程度的芳香性。吡咯、呋喃的原子轨道如图 13-1 所示。

图 13-1　吡咯、呋喃的原子轨道

在吡咯、呋喃和噻吩的共轭体系中，由于 5 个 p 轨道上分布着 6 个电子，属于多电子共轭体系，其杂环上碳原子的电子云密度比苯环碳原子的电子云密度高，比苯更容易发生亲电取代反应。

(二) 吡咯、呋喃、噻吩的化学性质

1. 酸碱性

由于氮原子的未共用电子对参与环内共轭，吡咯的碱性较弱（$pK_b=13.6$），相反却表现出较弱的酸性（$pK_a=17.5$），能与金属钠、钾、固体氢氧化钠、氢氧化钾作用，生成吡咯的盐，该钠盐或钾盐遇水又形成吡咯。

$$\text{吡咯} + KOH \longrightarrow \text{吡咯钾盐} + H_2O$$

2. 亲电取代反应

吡咯、呋喃和噻吩都属于多电子芳杂环，容易发生亲电取代反应。反应一般发生在 α-位，反应活性顺序为：吡咯＞呋喃＞噻吩＞苯。

(1) 卤代反应　吡咯、呋喃和噻吩在室温下即能与氯（或溴）激烈反应，得到多卤代产物。若要得到一卤代产物（或一溴代产物），需要用溶剂稀释并在低温下进行。

$$\text{吡咯} + Br_2 \xrightarrow[0℃]{\text{乙醚}} \text{（多溴代产物）} + HBr$$

$$\text{呋喃} + Br_2 \xrightarrow[0℃]{\text{二氧六环}} \text{（溴代呋喃）} + HBr$$

$$\text{噻吩} + Br_2 \xrightarrow[\text{室温}]{CH_3COOH} \text{（溴代噻吩）} + HBr$$

（2）**硝化反应** 吡咯、呋喃和噻吩的硝化反应需要与较温和的非质子硝化试剂反应，如硝酸乙酰酯，反应温度设置在低温。

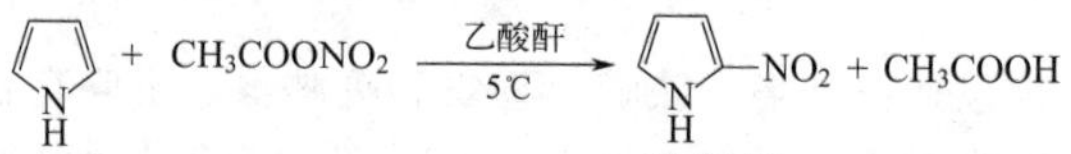

α-硝基吡咯

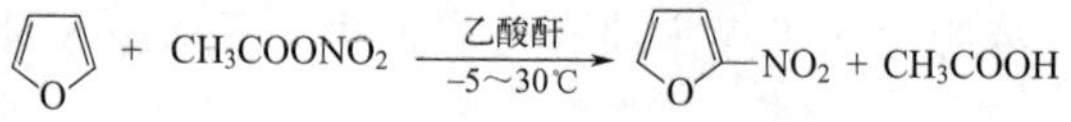

α-硝基呋喃

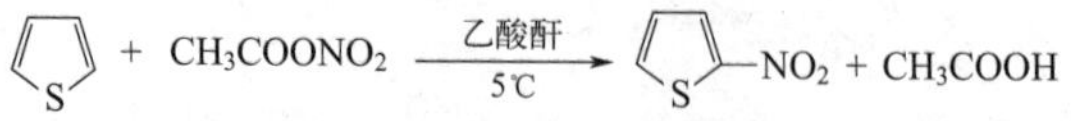

α-硝基噻吩

（3）**磺化反应** 吡咯、呋喃和噻吩的磺化反应同样需要在较温和的条件下与非质子磺化试剂如吡啶三氧化硫反应。

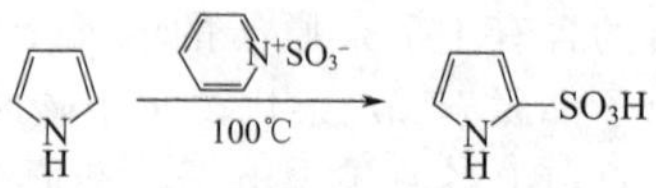

α-吡咯磺酸

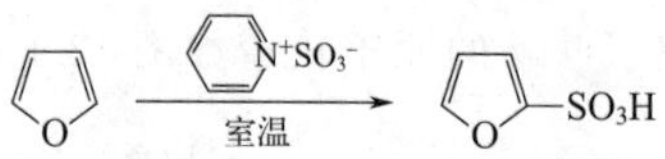

α-呋喃磺酸

由于噻吩化学性质较稳定，可以在室温下直接与硫酸作用发生磺化反应，反应如下：

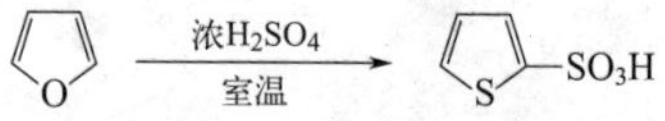

α-噻吩磺酸

3. 还原反应

吡咯、呋喃和噻吩都可以催化加氢，发生还原反应，反应如下：

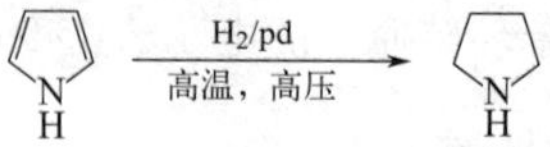

四氢吡咯

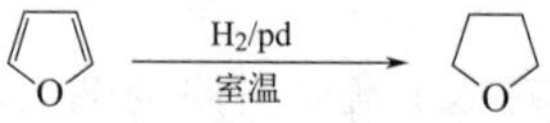

四氢呋喃

杂环化合物经过还原反应，破坏了杂环的共轭体系，因此失去芳香性，成为脂杂环化合物。

另外，由于经过浓盐酸浸润的松木片遇到吡咯及呋喃的蒸气分别显红色和绿色，所以可以利用这一性质对二者进行鉴别。

（三）噻唑

含有 2 个杂原子的五元杂环化合物称为唑。比较重要的唑类有噻唑和咪唑，下面以噻唑为例进行介绍。

噻唑 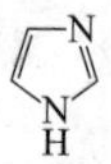 咪唑

噻唑是一种无色液体，有臭味，沸点为 117℃，弱碱性，与水互溶。青霉素、维生素 B_1 等天然产物及合成药物中含有唑类结构。

青霉素是抗菌素的一种，是一类抗菌素的总称，具有强酸性（pK_a＝2.7），常将其变成钠盐、钾盐或有机碱盐用于临床。维生素 B_1 存在于瘦肉、花生、豆类及酵母中，具有保护神经、增进食欲的作用，缺乏维生素 B₁ 会导致多发性神经炎、食欲不振、脚气病等。

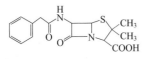

青霉素G

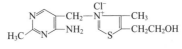

维生素B₁

五元杂环
化合物

📚 **化学史话** -

青霉素的发现

　　1928 年，一位名叫亚历山大·弗莱明的细菌学家在英国圣玛丽医院的接种科工作，这一年他准备出去度个假。巧合的是出发前，他没有清理培养皿，直接把它们留在桌子上，然后，一些霉菌孢子飘进了实验室，并降落在那些培养皿上，那些霉菌孢子开始慢慢生长。

　　几个月后，弗莱明度假归来，准备给这些培养皿分类，培养皿中之前放的是葡萄球菌菌落，这些细菌会引起水疱、喉咙痛和脓肿。经过仔细观察，他发现了一个非同寻常的培养皿，里面的霉菌长得非常活跃并在自己周围生成了一个没有细菌的圆圈。弗莱明做了进一步的试验，发现其他细菌在接触霉菌后会死亡，甚至是一些最危险的致病菌如链球菌、脑膜炎球菌和白喉杆菌。这些霉菌似乎含有一种抑制细菌生长的因子。

　　弗莱明继续用这种霉菌进行了更多的实验，并将这种霉菌产生的物质命名为"青霉素"。1945 年，亚历山大·弗莱明、恩斯特·查因和霍华德·弗洛里的研究成果获得诺贝尔生理学或医学奖。

三、六元杂环化合物

　　比较重要的六元杂环化合物有吡啶、嘧啶和吡喃等，其中吡啶和吡喃是含有 1 个杂原子的杂环化合物，嘧啶是含 2 个杂原子的杂环化合物。

吡啶　　　　嘧啶　　　　吡喃

（一）吡啶

1. 吡啶的分子结构

　　吡啶是一种重要的有机碱试剂，其分子结构与苯相似，分子环中的 6 个原子都以 sp² 杂化轨道相互重叠，形成以 σ 键相连的环平面。吡啶环的氮原子电负性较强，使得环上碳原子的电子云密度降低，所以相对苯而言更难发生亲电取代反应。吡啶的原子轨道如图 13-2 所示。

2. 吡啶的性质

　　吡啶是一种具有特殊臭味的无色液体，会灼伤人体皮肤。沸点为 115.3℃，相对密度是 0.982，可与水、乙醇、乙醚等混溶，是一种用途广泛的有机溶剂。

　　（1）碱性　吡啶具有弱碱性（pKᵦ=8.80），其碱性比苯胺（pKᵦ=9.42）稍强，但比氨（pKᵦ=4.76）弱，能与强酸反应成盐。可利用该反应吸收反应中的气态酸。

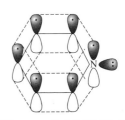

图 13-2　吡啶的原子轨道

$$\text{(吡啶)} + HCl \longrightarrow \text{(吡啶盐酸盐)}$$

吡啶盐酸盐

（2）亲电取代反应　吡啶环由于缺少电子，其亲电取代反应比苯要难以进行，反应条件较高。亲电取代反应主要发生在 β 位上。

$$\text{(吡啶)} \xrightarrow[220℃]{\text{浓}H_2SO_4,HgSO_4} \text{(3-吡啶磺酸)}$$

3-吡啶磺酸

当吡啶环上连有烷氧基、氨基等供电子基团时，亲电反应相对更容易进行。

（3）氧化还原反应　由于吡啶环上电子云密度比苯环低，相较于苯更难被氧化剂氧化，一般不被酸性高锰酸钾等氧化。但是当吡啶环上有烃基时，烃基吡啶容易被氧化，反应如下：

$$\text{γ-甲基吡啶} \xrightarrow[\triangle]{KMnO_4} \text{γ-吡啶甲酸}$$

γ-甲基吡啶　　　　　　　γ-吡啶甲酸

吡啶的加氢还原反应比苯容易，在常压下，催化加氢可将吡啶还原为六氢吡啶。

$$\text{(吡啶)} \xrightarrow[\text{或}Na+C_2H_5OH]{H_2,Ni} \text{(六氢吡啶)}$$

六氢吡啶

3. 药品中常见的吡啶化合物

药品中常见的吡啶化合物包括烟酸、烟酰胺、异烟肼等。

烟酸　　　　　　烟酰胺　　　　　　异烟肼

烟酸（β-吡啶甲酸）由烟碱氧化制得，主要用于防治糙皮病。烟酰胺（β-吡啶甲酰胺），是烟酸的酰胺化合物，临床作用与烟酸类似。二者是人体不可缺少的维生素，同属 B 族维生素，存在于肉类、肝、肾、酵母中。

（二）嘧啶

嘧啶是一种无色晶体，熔点为 $22.5℃$，易溶于水，具有弱碱性（$pK_b=12.7$），属于含有 2 个杂原子的六元杂环化合物。常见的含有 2 个杂原子的六元杂环化合物还包括哒嗪、嘧啶、吡嗪。

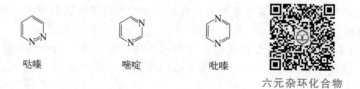

哒嗪　　　　　　嘧啶　　　　　　吡嗪

六元杂环化合物

四、稠杂环化合物

稠杂环化合物有苯稠杂环和杂环稠杂环两种。其中苯稠杂环化合物由苯环和五元或六元杂环稠和形成；杂环稠杂环化合物由两个或两个以上的杂环稠和形成。常见的苯稠杂环化合物有吲哚和喹啉，杂环稠杂环化合物有嘌呤。

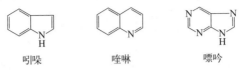

吲哚　　　　　喹啉　　　　　嘌呤

（一）苯稠杂环化合物

1. 吲哚

吲哚存在于煤焦油中，是一种无色片状结晶，不溶于水，可溶于有机溶剂中，极稀溶液有花香味，可作香料用，但不纯的吲哚有粪臭味。

吲哚遇浸有盐酸的松木片显红色。吲哚的衍生物普遍存在于自然界中，如能够调节植物生长的 β-吲哚乙酸，组成蛋白质的色氨酸含有吲哚环，以及哺乳动物和人脑中思维活动的重要物质5-羟色胺。

2. 喹啉

喹啉是由苯和吡啶环稠和而成，常温下是一种无色油状液体，有特殊气味，沸点为238℃，可以与乙醇和乙醚混溶，难溶于水，可以用来制备烟酸类及8-羟基喹啉类药物等。喹啉具有弱碱性，化学性质与吡啶相似。喹啉的许多衍生物在医药上有中药作用，很多抗疟疾药是喹啉的衍生物，如氯喹、奎宁均可用于疟疾的治疗。

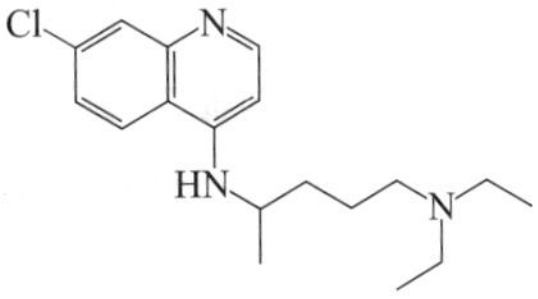

氯喹 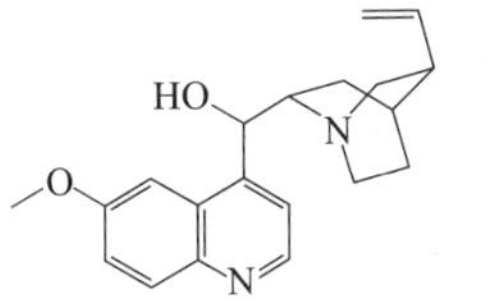　　　　　　　　　　　　奎宁

（二）杂环稠杂环化合物

嘌呤

嘌呤是由嘧啶环和咪唑环稠和而成，是一种无色晶体，熔点为217℃，易溶于水，难溶于有机溶剂。嘌呤既具有弱酸性（ $pK_a=8.9$ ）又具有弱碱性（ $pK_b=11.7$ ），可与强碱或强酸成盐。自然界中并不存在嘌呤本身，但嘌呤的衍生物却广泛存在于动植物体中，并参与生命活动过程，如腺嘌呤和鸟嘌呤为核酸的碱基。

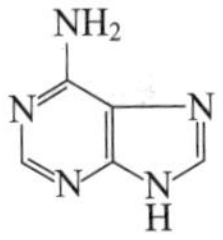

腺嘌呤 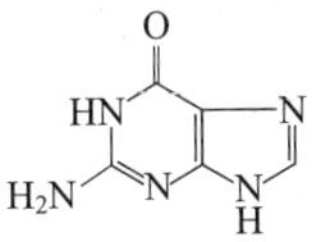　　　　　　鸟嘌呤

黄嘌呤存在于茶叶、动植物组织以及人尿中。尿酸存在于鸟类及爬虫类的粪便中，人的尿液中也少量含有，是一种无色晶体，难溶于水，酸性较弱。

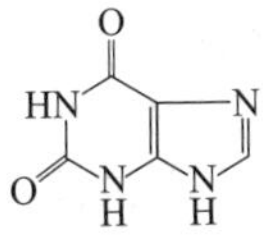

黄嘌呤 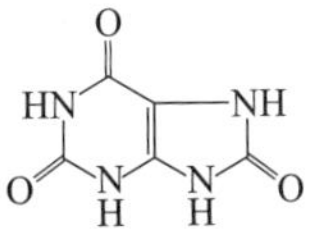　　　　　尿酸

第二节 生物碱

生物碱是存在于生物体内的一类具有明显生理活性的碱性含氮有机化合物。并且由于这类物质主要存在于植物体内，所以也称为植物碱。生物碱具有多种生物活性。比如利血平具有降压作用；吗啡具有阵痛作用；麻黄碱具有止咳平喘作用等。

一、生物碱的分类和命名

常见的生物碱分类法有按来源分类，比如烟碱来源于烟叶；按化学结构分类，如异喹啉生物碱、托品烷生物碱。

生物碱的命名可根据来源，也可以根据国际名称音译，例如烟碱又可称为尼古丁。

二、生物碱的一般性质

生物碱具有种类繁多、性质差异大的特点，但是大多数生物碱具有一些相似性质。比如多数生物碱是无色或白色的固体，味苦，一般不溶于水或难溶于水，能溶于乙醇、乙醚、三氯甲烷等有机溶剂。大多数生物碱具有旋光性。

（一）碱性

大多数生物碱具有碱性，这是因为其分子中的氮原子上存在孤对电子，孤对电子能接受质子显碱性，能与无机酸或有机酸反应生成盐。植物体内存在生物碱与盐酸、磷酸、柠檬酸等结合形成的生物碱盐。生物碱盐能溶于水，利用这一性质，临床上为了有利于生物碱类药物的吸收，会将其制成盐类应用，如硫酸阿托品、盐酸吗啡、磷酸可待因、盐酸麻黄碱等。当生物碱盐遇到强碱时，会游离出来，利用这一原理可提取、精制生物碱。

$$生物碱 \underset{NaOH}{\overset{HCl}{\rightleftharpoons}} 生物碱盐$$

（难溶于水）　　　　（易溶于水）

（二）沉淀反应

大多数生物碱或其盐的水溶液能与一些试剂反应生成难溶于水的盐或配合物而沉淀。我们将这些能与生物碱或其盐发生沉降反应的试剂称为生物碱沉淀剂。常用的生物碱沉淀剂有重金属盐类、分子量较大的复盐以及一些酸性物质，磷钼酸（$H_3PO_4 \cdot 12MoO_3$）、磷钨酸（$H_3PO_4 \cdot 12WO_3$）、碘化汞钾（K_2HgI_4）、碘化铋钾（$KBiI_4$）、苦味酸等。

根据生物碱发生沉降反应的特点可以检测植物是否存在生物碱，并利用沉淀的颜色、性状进行生物碱的鉴别。如生物碱与磷钼酸反应通常会生成浅黄色或橙黄色沉淀，与碘化铋钾多生成红棕色沉淀，与苦味酸反应大多生成黄色沉淀。利用沉淀反应可以进行生物碱的提取与精制。

（三）显色反应

生物碱与一些试剂会发生颜色反应，并且反应的颜色会因生物碱结构的不同而变化。通常将与生物碱产生颜色反应的试剂称为生物碱显色剂，常用的生物碱显色剂有浓硝酸、浓硫酸、对二甲氨基苯甲醛的硫酸溶液、钒酸铵的浓硫酸试剂以及甲醛-浓硫酸溶液等。如吗啡与甲醛-浓硫酸溶液作用呈现紫色，钒酸铵的浓硫酸溶液与奎宁作用显浅橙色、与阿托品显红色。利用生物碱的显色反应可以对生物碱进行鉴别。

三、重要的生物碱

(一) 烟碱

烟碱又称尼古丁，存在于烟叶中，是一种无色油状液体，沸点为 246℃，溶于水。烟碱分子含有吡啶环，天然烟碱是左旋化合物。纯的尼古丁是剧毒药，对人体的作用很复杂，少量尼古丁可以刺激中枢系统、升高血压，大量时则会抑制中枢神经甚至导致死亡。结构式如下：

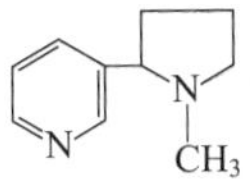

(二) 麻黄碱

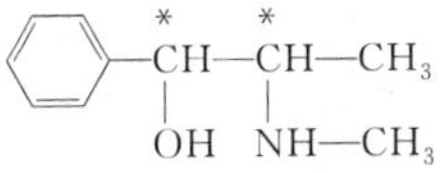

麻黄碱又称麻黄素，是中药麻黄的主要成分，具有旋光性，其分子中有 2 个手性碳原子。麻黄中含量较多的生物碱是左旋麻黄碱和右旋伪麻黄碱。麻黄碱是一种无色晶体，伪麻黄碱是麻黄碱的非对映异构体。麻黄碱的作用类似于肾上腺素，能扩张血管、收缩黏膜血管、升高血压及兴奋交感神经等，临床上常用其盐酸盐治疗支气管哮喘、过敏性反应和低血压等。

(三) 小檗碱

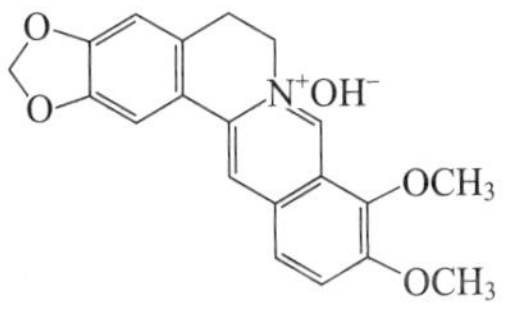

小檗碱又称黄连素，存在于黄连、黄柏等植物中，属于异喹啉类生物碱。小檗碱是一种黄色结晶，味极苦，能溶于热水和热乙醇，难溶于有机溶剂。小檗碱具有明显的抗菌作用，临床上常用其盐酸盐治疗肠胃炎和细菌性痢疾等疾病。

(四) 吗啡碱

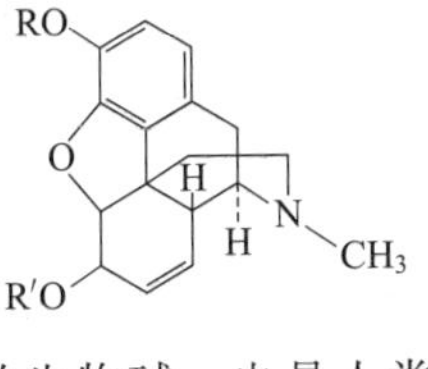

吗啡 R=R′=H
可待因 R=CH₃ R′=H
海洛因 R=R′=CH3C—
　　　　　　　　　　‖
　　　　　　　　　　O

吗啡是第一个被提纯的生物碱，也是人类最早使用的镇痛剂，可从鸦片中提取。吗啡是一种白色晶体，微溶于水，味苦。吗啡具有强效镇痛、麻醉、安眠等作用，被广泛应用于医药中，但容易成瘾，必须严格控制使用。

吗啡的酚羟基被甲基化的产物称作可待因，又名甲基吗啡，是一种无色晶体，微溶于水，味苦。可待因的镇痛作用比吗啡弱，镇咳作用好，成瘾性相较吗啡弱，但仍不能滥用。

吗啡的酚羟基发生乙酰化反应得到的产物是海洛因，其纯品是一种白色柱状结晶或结晶状粉末，难溶于水，易溶于苯、三氯甲烷。其麻醉作用和毒性均比吗啡强很多，极易成瘾，是对人类危害较大的毒品之一。

磷酸可待因含量的测定

可待因桔梗片，适应证为镇咳祛痰药，用于治疗感冒及流行性感冒引起的急、慢性支气管炎、咽喉炎所致的咳痰或干咳。

磷酸可待因　照高效液相色谱法测定。

色谱条件　用十八烷基硅烷键合硅胶为填充剂；以 0.05mol/L 磷酸二氢钾（用磷酸调节 pH 值至 3.0）-乙腈（3.5：1）为流动相；检测波长为 220nm；进样体积为 $10\mu L$。理论板数按磷酸可待因峰计算不低于 1000。

供试品溶液的制备　取本品 20 片，精密称定，研细，精密称取适量（约相当于磷酸可待因 12mg），置 50mL 量瓶中，加水 2.5mL，超声使崩解，加甲醇适量，超声 10 分钟使磷酸可待因溶解，放冷，用甲醇稀释至刻度，摇匀，过滤，精密量取续滤液 2mL，置 10mL 量瓶中，用流动相稀释至刻度，摇匀。

对照品溶液的制备　取磷酸可待因对照品，精密称定，加流动相溶解并定量稀释制成每 1mL 中约含 $48\mu g$ 的溶液。

测定法　精密量取供试品溶液与对照品溶液，分别注入液相色谱仪，记录色谱图。按外标法以峰面积计算，并将结果乘以 1.068。

（五）莨菪碱

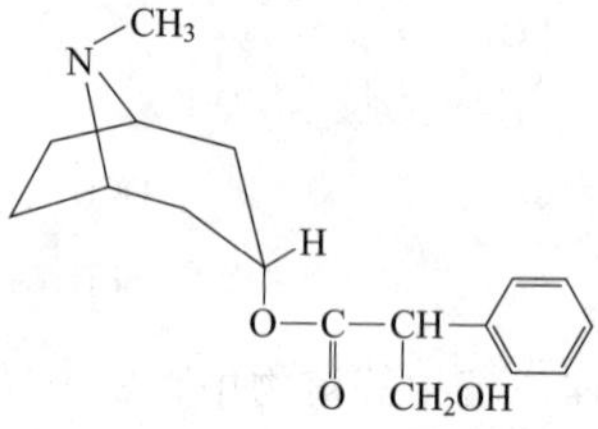

莨菪碱

莨菪碱存在于颠茄、莨菪、曼陀罗、洋金花等植物的叶中。莨菪碱是左旋体，在碱性条件下或受热时易失去旋光性，消旋后的莨菪碱就是阿托品。莨菪碱是一种白色晶体，味苦，难溶于水。硫酸阿托品是一种白色晶体粉末，易溶于水，在临床上常用于治疗胃、肠平滑肌痉挛和十二指肠溃疡、胃酸过多等疾病，也可用作有机磷、锑中毒等农药中毒的解毒剂。

化学史话

虎门销烟

虎门销烟（1839 年 6 月）指中国清朝政府委任钦差大臣林则徐在广东省东莞市虎门镇集中销毁鸦片的历史事件。此事后来成为第一次鸦片战争的导火线，《南京条约》也是此次战争时签订的。

清朝后期，英、法、美等国殖民主义者和投机商人，纷纷向我国走私毒品鸦片（含有吗啡），一方面用鸦片换取白银，掠夺我国的财富；另一方面用毒品残害中国人的身体。1839 年 6 月 3 日（清宣宗道光十九年岁次己亥四月廿二），林则徐下令在虎门海滩当众销毁鸦片，至 6 月 25 日结束，共历时 23 天，销毁鸦片 19187 箱和 2119 袋，总重量 2376254 斤。

虎门销烟成为打击毒品的历史事件。

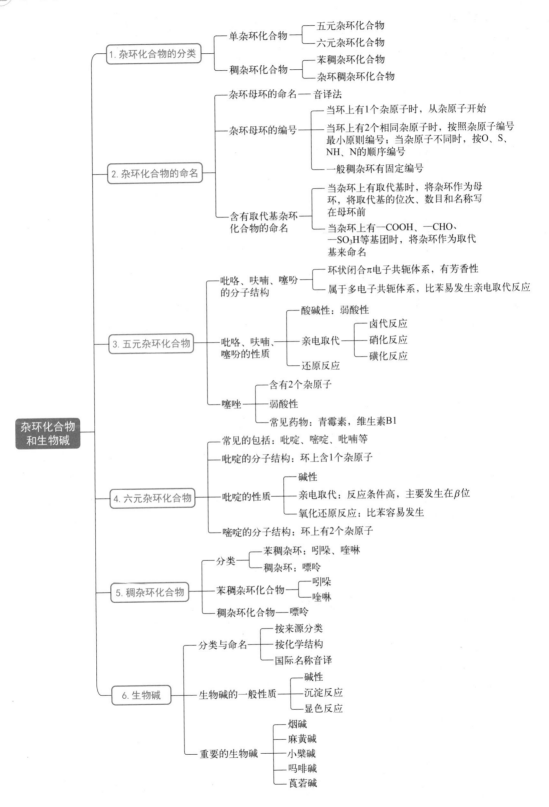

![课后习题]

一、名词解释

1. 生物碱

2. 杂环化合物

3. 吡啶

4. 杂环稠杂环化合物

5. 吡咯

二、单项选择题

1. 下列物质中不属于杂环化合物的是 （　　）。

A.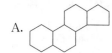
B.
C.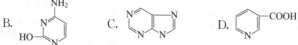
D.

2. 下列关于生物碱的叙述错误的是 （　　）。

A. 存在于生物体内
B. 一般都具有明显的生理活性
C. 分子中都含氮杂环
D. 一般具有弱碱性，能与酸作用生成盐

3. 下列说法正确的是 （　　）。

A. 碱性：吡咯＜吡啶
B. 吡咯是六元杂环
C. 吡啶比吡咯易发生亲电取代反应
D. 在亲电取代反应时吡咯一般发生在 β 位

4. 下列物质中属于五元杂环化合物的是 （　　）。

A.
B.
C.
D.

5. 除去甲苯中少量吡啶可加入 （　　）。

A. NaOH 溶液
B. 稀盐酸
C. 乙醚
D. DMF

6. 为了使呋喃或噻吩与溴反应得到一溴代产物，采用 （　　）。

A. 高温
B. 高压
C. 高温和高压
D. 溶剂稀释和低温

7. 鉴别吡啶和 γ-甲基吡啶选用的试剂是 （　　）。

A. 稀硫酸
B. 银氨溶液
C. 酸性高锰酸钾
D. 浓氢氧化钠

三、命名下列化合物

(1)

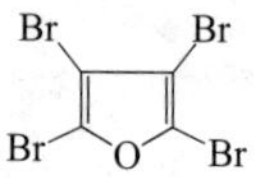

(2)

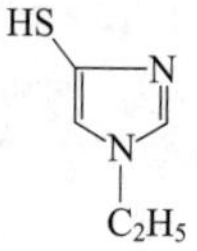

(3)

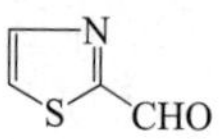

(4)

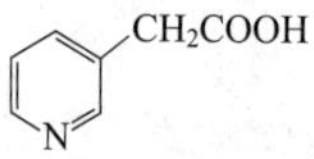

四、写出下列化合物的结构式

(1) 8-羟基喹啉

(2) 5-氟-4-羟基嘧啶

(3) 噻唑-5-磺酸

五、写出下列反应的主要产物

(1)  ⬡NH + KOH $\xrightarrow{\triangle}$

(2) ⬡O + CH₃COONO₂ ⟶

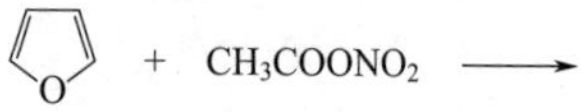

（3） $\xrightarrow[\triangle]{\text{KMnO}_4}$

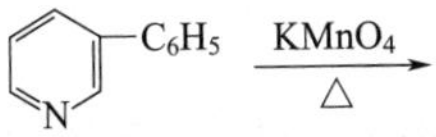

六、指出下列化合物的分子结构中各含有哪些杂环母核

（1）

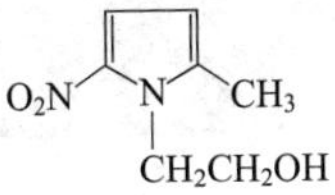

甲硝唑

（2）

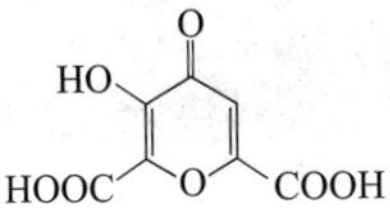

罂粟酮

（3）

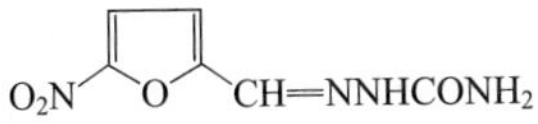

呋喃西林

（4）

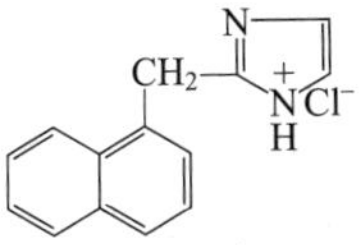

鼻眼净

第十四章 糖类

 学习目标

知识目标：

1. 掌握糖的概念、分类，单糖的主要化学性质。
2. 熟悉葡萄糖和果糖的结构特点；熟悉糖类物质之间的转化。
3. 了解常见的双糖和多糖。

能力目标：

1. 能鉴别不同的糖类化合物，如醛糖和酮糖、还原糖和非还原糖。
2. 能运用糖类物质之间的转化解释糖类与生命活动的关系。

素质目标：

1. 培养爱岗、敬业的社会主义核心价值观。
2. 增强创新意识。

案例分析

2022 年 10 月 9 日，国家药品监督管理局批准糖尿病全球首创新药华堂宁（多格列艾汀片），用于单独用药，或者在单独使用盐酸二甲双胍血糖控制不佳时，与盐酸二甲双胍联合使用，配合饮食和运动改善成人 2 型糖尿病患者的血糖控制。华堂宁是拜耳与华领医药在糖尿病治疗领域达成的推广的产品合作，是全球范围内首个获批的葡萄糖激酶激活剂类（GKA）药物。

分析： 正常生理状态时，人体血糖水平的波动维持在 $3.9 \sim 6.1 \text{mmol/L}$ 这一狭窄的范围内，以确保机体的正常生理功能，这种状态称之为血糖稳态。葡萄糖激酶（GK）作为细胞内葡萄糖代谢的第一个关键酶，介导了人体的葡萄糖感知与调控，是人体自身葡萄糖维稳机制——血糖稳态自主调节中的关键，而基础研究表明，2 型糖尿病（T2DM）患者普遍存在 GK 损伤，从而血糖稳态自主调节机制失常，人体自身血糖调控能力受损，血糖失稳态。华堂宁直击葡萄糖代谢第一步，修复 GK 功能，重塑血糖稳态自主调节。依靠提升人体自身葡萄糖的处置能力，从而解决血糖失稳态这一临床问题。

糖类化合物是自然界中存在最多、分布最广的有机化合物。例如，葡萄糖、蔗糖、淀粉和纤维素等都是人类生活不可缺少的糖类化合物。这些糖类化合物都是由碳、氢、氧三种元素组成，且分子中氢和氧的比例都为 $2 : 1$（与水分子式相同），通式可表示为 $C_m(H_2O)_n$，故将此类化合物称为碳水化合物。

后来研究发现，有些结构和性质上应该属于糖类的化合物，如鼠李糖（$C_6H_{12}O_5$）和脱氧核糖（$C_5H_{10}O_4$）等，其分子式组成并不符合上述通式；而有些分子式符合上述通式的化合物，如乙酸（$C_2H_4O_2$）、乳酸（$C_3H_6O_3$）等，其结构和性质却与糖类化合物相差较大。因此，把糖类化合物称为"碳水化合物"是不确切的，但因其沿用已久，故至今仍在使用。

随着对糖类化合物研究的深入，现在普遍认为糖类化合物是多羟基醛、多羟基酮及其脱水缩合产物的总称。根据能否水解及水解后的产物不同，糖类可分为单糖、低聚糖和多糖。

单糖：是指不能水解的多羟基醛或多羟基酮，如葡萄糖、果糖等。

低聚糖：是指水解生成 2～10 个单糖分子的糖。根据水解后生成单糖数目的不同，低聚糖又可分为二糖（也叫"双糖"）、三糖、四糖等。其中，最重要的是二糖，如麦芽糖、蔗糖、乳糖等。

多糖：是指水解后生成 10 个以上单糖分子的糖，如淀粉、纤维素、糖原等。

⚙ 岗位对接

盐酸二甲双胍的含量测定

盐酸二甲双胍是降血糖药物，对于 2 型糖尿病患者是重要的降糖药物，属于一线用药。盐酸二甲双胍可以抑制苷糖的输出，改善周围肌肉对血糖的摄取。其结构如下图：

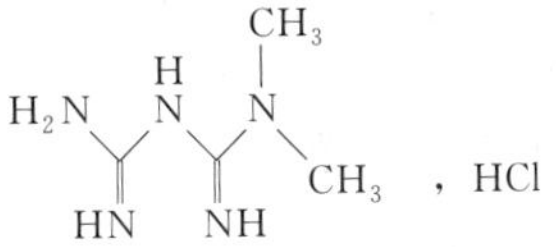

$$H_2N-\underset{HN}{\overset{H}{\underset{|}{N}}}-\underset{NH}{\overset{CH_3}{\underset{|}{N}}}-CH_3 \quad , \ HCl$$

含量测定：取本品约 60mg，精密称定，加无水甲酸 4mL 使溶解，加乙酸酐 50mL，充分混匀，照电位滴定法，用高氯酸滴定液（0.1mol/L）滴定，并将滴定的结果用空白试验校正。每 1mL 高氯酸滴定液（0.1mol/L）相当于 8.282mg 的 $C_4H_{11}N_5 \cdot HCl$。

第一节　单糖

单糖常见的有果糖、葡萄糖、半乳糖、核糖等。糖类是机体能量代谢主要消耗的物质，然而双糖和多糖需要在小肠内被转化成单糖才能被机体吸收。单糖通常不能被简单水解成更小的糖类，是分子量特别小的糖，食物中最常见的是果糖、葡萄糖，而单糖食物主要包括富含果糖的食物、富含葡萄糖的食物。

富含果糖的食物：比如冬枣、榴莲、芒果、香蕉、甜瓜等，部分饼干、面包、蛋糕中也会添加果糖。果糖比葡萄糖更甜，人体吸收果糖后可直接进入肝脏，果糖在体内代谢后，会产生较多尿酸，还会使尿酸的排泄过程受损，痛风患者应减少食用，以免加重病情。

富含葡萄糖的食物：葡萄糖自然存在于较多食物中，比如蜂蜜、葡萄、西瓜等。天然葡萄糖可以被人体迅速吸收，并转化成即时能量，摄入过多葡萄糖会给健康带来不利影响，导致血糖升高，还容易引起消化不良、胆固醇水平升高等情况，应避免摄入过多。

除葡萄糖、果糖外，单糖还包括半乳糖、核糖、木糖、甘露糖等。在日常生活中，无论是单糖、双糖，还是多糖，都不宜过量食用，以免给身体带来不利影响，尤其是糖尿病以及痛风患者，应尽量少食。

🌐 科技前沿

通过西瓜果实代谢组解析西瓜口感风味

2022 年 11 月，中国科学家研究发现，在西瓜驯化过程中单、双糖（甜味）被正向选择。

中国农业科学院郑州果树研究所西瓜遗传育种与栽培创新团队联合国内高校，研究公布了首个完整的西瓜果实代谢组数据库，解析了西瓜演变史中口感风味驯化顺序和调控机制。研究发现，在西瓜分化阶段，葫芦素（苦味）和类黄酮物质（涩味）是负向选择，驯化过程中单、双糖（甜味）和类胡萝卜素（色泽）被正向选择，改良过程中完成对苹果酸和柠檬酸等有机酸（风味）的选择。相关研究成果日在《中国科学-生命科学》上发表。

一、单糖的结构和分类

（一）单糖的结构

单糖的结构有链状和环状两种结构。

1. 单糖的链状结构

单糖的构型习惯用 D/L 标记法进行标记，即以甘油醛为标准，若单糖分子中编号最大的手性碳原子的构型与 D-甘油醛相同，则该单糖为 D 型；反之，则为 L 型。自然界存在的单糖几乎都是 D 型糖。自然界中最常见的单糖有 D-核糖、D-2-脱氧核糖、D-葡萄糖、D-半乳糖和 D-果糖等，它们的链状结构如下：

CHO	CHO	CHO	CHO	CH₂OH

D-核糖（戊醛糖）　D-2-脱氧核糖（戊醛糖）　D-葡萄糖（己醛糖）　D-半乳糖（己醛糖）　D-果糖（己酮糖）

2. 单糖的环状结构

单糖的链状结构不稳定，因此单糖在溶液、结晶状态和生物体内主要以环状结构形式存在。单糖的环状结构是其羰基与羟基发生半缩醛反应而形成的五元或六元含氧碳环。当单糖以六元环存在时，与杂环化合物吡喃相似，称吡喃糖；当单糖以五元环存在时，与杂环化合物呋喃相似，称呋喃糖。

单糖的环状结构有 α-型和 β-型两种构型。其中，形成的半缩醛羟基与原链状 C_4 或 C_5 上的羟基处于同侧的称为 α-型；形成的半缩醛羟基与原链状 C_4 或 C_5 上的羟基处于异侧的称为 β-型。

单糖的 α-型和 β-型环状结构之间可以通过链状结构相互转化。例如，D-葡萄糖的 α-型（α-D-（＋）-葡萄糖）和 β-型（β-D-（＋）-葡萄糖）两种环状结构之间可通过链状结构相互转化。

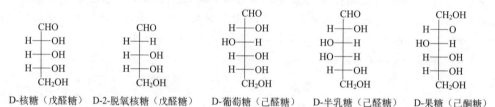

α-D-葡萄糖　　　　D-葡萄糖　　　　β-D-葡萄糖

上述直立的环状结构是费歇尔投影式，它虽然可以表示单糖的环状结构，但不能反映出原子和基团的空间结构，因此常用哈沃斯式来表示单糖的环状结构。

（1）哈沃斯式的书写规则　　以 D-葡萄糖为例，哈沃斯式的书写规则如下。

① 将开链式的碳链顺时针向右放成水平，原基团的位置为右下左上；

② 将碳链端（C₆）沿水平顺时针弯成六边形；

③ C₅ 上基团互换 2 次（同一手性碳原子上的基团互换偶数次，构型不变）；

④ C₅ 上—OH 与—CHO 成环（醛基碳成为手性碳原子而得到两个构型）。

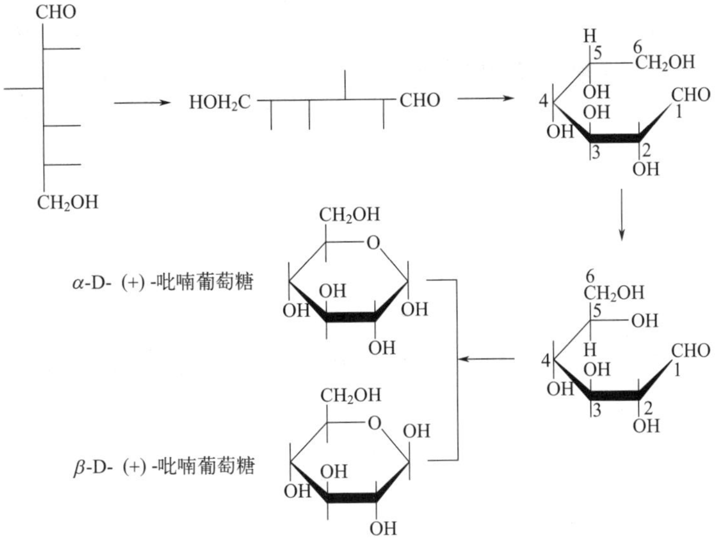

葡萄糖的结构

（2）哈沃斯式的特点　哈沃斯式可任意翻转，基团的上下位置也要随之变化，但构型不变。例如：

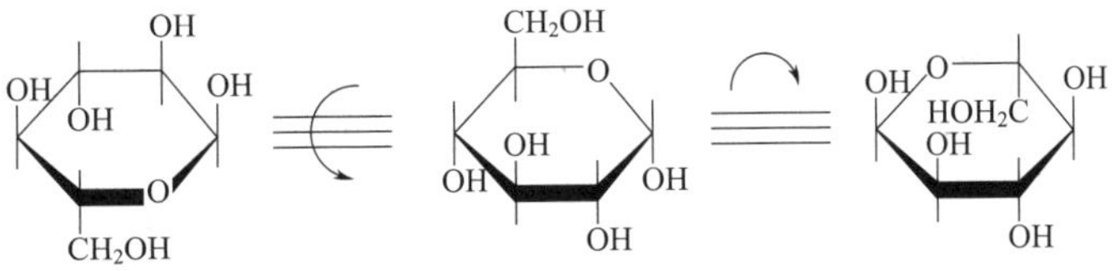

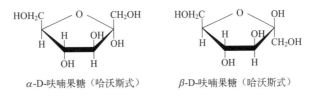

α-D-吡喃葡萄糖

α-型和 β-型呋喃果糖的哈沃斯式如下：

果糖的结构

α-D-呋喃果糖（哈沃斯式）　　　β-D-呋喃果糖（哈沃斯式）

🗄 化学史话

单糖结构的发现

19 世纪 60～70 年代，化学家建立了单糖的多羟基醛酮的直链构造式，但很快就发现它不能完满地解释单糖的化学性质。实验表明，单糖没有普通醛酮的一些典型的特征反应，如葡萄糖不与亚硫酸氢盐加成，也不能使 Schiff 试剂变红，仿佛它的醛基已被钝化或保护。1883 年提出过单糖的结构，认为单糖的羟基能与醛基或酮基可逆缩合形成环状的半缩醛而失去活性。

（二）单糖的分类

根据结构不同，单糖可分为醛糖和酮糖；根据分子中碳原子数目的不同，单糖可分为三碳（丙）糖、四碳（丁）糖、五碳（戊）糖和六碳（己）糖等。实际上，这两种分类方法可结合使用，称为某醛糖（多羟基醛）或某酮糖（多羟基酮）。例如，葡萄糖是己醛糖，果糖是己酮糖，核糖是戊醛糖等。单糖中最简单的是丙醛糖和丙酮糖。单糖中最重要的与人们关系最密切的是葡萄糖等。常见的单糖还有果糖、半乳糖、核糖和脱氧核糖等。自然界存在最多的单糖是戊糖和己糖。

二、单糖的性质

（一）物理性质

1. 物质状态

常温下的单糖都是无色晶状固体，例如葡萄糖的晶体是圆柱状，果糖是针状或透明的三角形。

2. 熔点

单糖的熔点均在150℃以下，随碳原子数和结构而变。

3. 溶解性

单糖分子中含有多个极性基团——羟基和碳基，所以极易溶于水（在水中溶解度很大，常能形成饱和溶液——糖浆），难溶于有机溶剂，水-醇混合液常用于单糖的重结晶。单糖的溶解度随着温度的升高而增大。不同种类的单糖其溶解度也有所不同。

4. 吸湿性

单糖在潮湿的环境中有较强的吸湿性，因此，单糖晶体易吸湿而潮解。单糖中果糖的吸湿性比较强，通常在空气中吸水变成黏稠状的液体糖浆。由于单糖吸湿而潮解了的食品在天气干燥时又重新结晶出来，形成白霜。柿饼上经常出现的"白粉"、糖果潮解发黏，就是单糖吸湿性和重新结晶的体现。

单糖因具有吸湿性，因而在食品制作和烹饪中可充当保湿剂。如用含果糖较多的蜂蜜制作蛋糕，比用其他大多数甜味剂制成的口感好，且保持湿度的时间较长。

5. 甜度

单糖均具有甜味，甜味的大小通常用甜度表示。果糖在单糖中甜度最大。各种糖甜度大小的次序为：果糖＞转化糖＞焦糖＞葡萄糖＞木糖＞麦芽糖＞半乳糖＞乳糖。甜度还受温度、晶粒大小、介质等因素影响。

6. 旋光度

具有环状结构的单糖有变旋现象。变旋现象是指环状单糖的旋光度由于其 α-和 β-端基差向异构体达到平衡而发生变化，最终达到稳定平衡值的现象。表 14-1 列出了一些常见单糖的旋光度。

表 14-1　一些常见单糖的旋光度

单糖	α-异构体	β-异构体	平衡混合物
D-葡萄糖	+112	+18.7	+52.7
D-果糖	−21	−133	92
D-半乳糖	+151	−53	+84
D-甘露糖	+30	−17	+14

（二）化学性质

1. 碱性条件下的互变异构

在碱性条件下，醛糖和酮糖之间可相互转化。例如 D-葡萄糖、D-甘露糖和 D-果糖这 3 种糖在碱性条件下可通过烯二醇中间体相互转化，生成 3 种糖的互变平衡混合物。

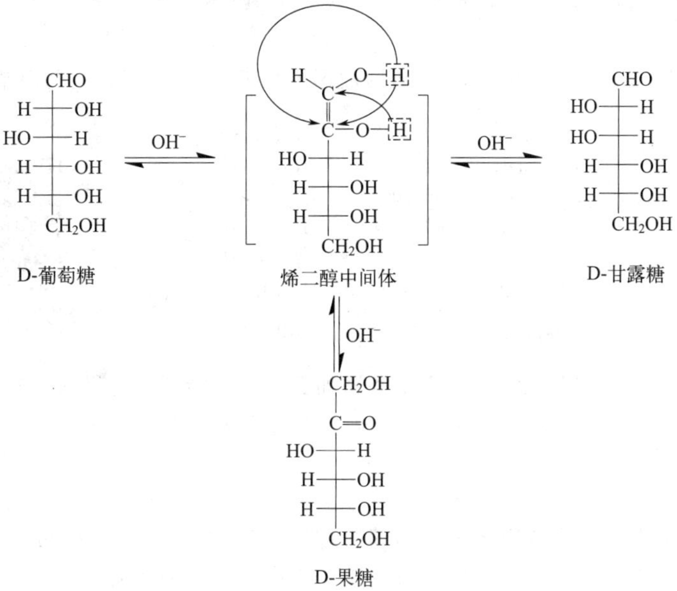

D-葡萄糖 ⇌ (OH^-) 烯二醇中间体 ⇌ (OH^-) D-甘露糖

烯二醇中间体 ⇌ (OH^-) D-果糖

2. 氧化反应

单糖具有羟基和羰基，能够发生这些基团的特征反应。单糖能被多种氧化剂氧化。单糖在酸性条件下氧化时，由于氧化剂的强弱不同，单糖的氧化产物也不同。

（1）被托伦试剂或斐林试剂氧化　单糖能被碱性弱氧化剂托伦试剂或斐林试剂氧化，分别生成银镜或氧化亚铜砖红色沉淀。

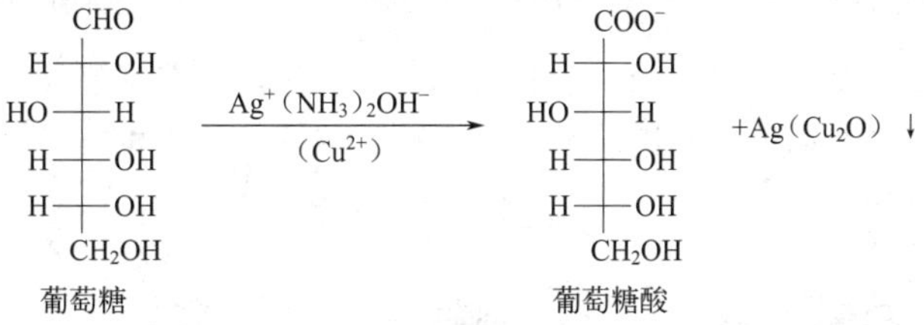

葡萄糖 $\xrightarrow[(Cu^{2+})]{Ag^+(NH_3)_2OH^-}$ 葡萄糖酸 $+Ag(Cu_2O)\downarrow$

在生物测定技术中，常用此反应来测定单糖的含量。

凡是能被托伦试剂和斐林试剂氧化的糖，都称为还原糖，否则称为非还原糖。还原糖分子结构的特征是含有醛基、α-羟基酮或能产生这些基团的具有苷羟基的半缩醛或酮，一般单糖都具有还原性，利用单糖的还原性可进行单糖的定性与定量检查。

（2）被溴水氧化　单糖能被酸性弱氧化剂溴水氧化，例如葡萄糖被溴水氧化时，生成葡萄糖酸。

溴水氧化能力较弱，它把醛糖的醛基氧化为羧基。当醛糖中加入溴水，稍加热后，溴水的棕色即可褪去，而酮糖则不被氧化，因此可用溴水来区别醛糖和酮糖。

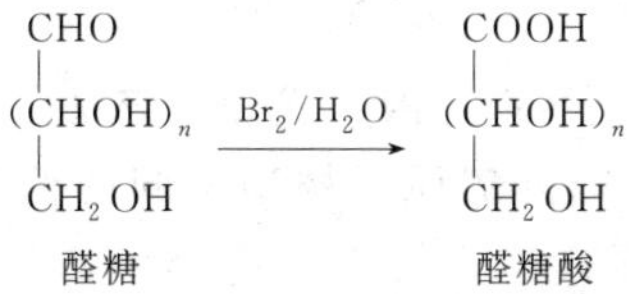

醛糖 $\xrightarrow{Br_2/H_2O}$ 醛糖酸

（3）被硝酸氧化　单糖能被强氧化剂硝酸氧化，例如葡萄糖被硝酸氧化时，则生成葡萄糖二酸。

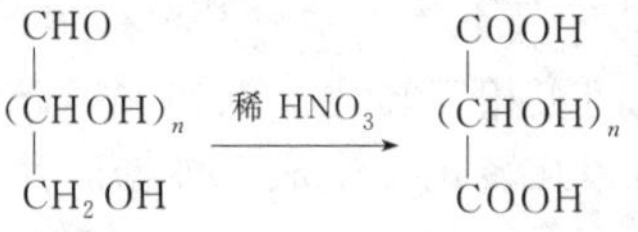

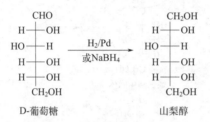

$$\begin{array}{c} \text{CHO} \\ | \\ (\text{CHOH})_n \\ | \\ \text{CH}_2\text{OH} \end{array} \xrightarrow{\text{稀 HNO}_3} \begin{array}{c} \text{COOH} \\ | \\ (\text{CHOH})_n \\ | \\ \text{COOH} \end{array}$$

单糖　　　　　　糖二酸

3. 还原反应

单糖可以被还原成相应的糖醇。D-葡萄糖被还原成 D-葡萄糖醇，又称山梨醇。

D-葡萄糖　　　　　　山梨醇

单糖的互变和氧化反应

糖醇主要用于食品加工业和医药，山梨醇添加到糖果中能延长糖果的货架期，因为它能防止糖果失水。用糖精处理的果汁中一般都有后味，添加山梨醇后能去除后味。人体食用后，山梨醇在肝中又会转化为果糖。

4. 成脎反应

单糖与等摩尔苯肼反应生成糖苯腙，当苯肼过量（3mol）时，α-OH 可被氧化成羰基，然后继续与苯肼反应生成糖脎。例如葡萄糖与过量苯肼作用，生成葡萄糖脎。

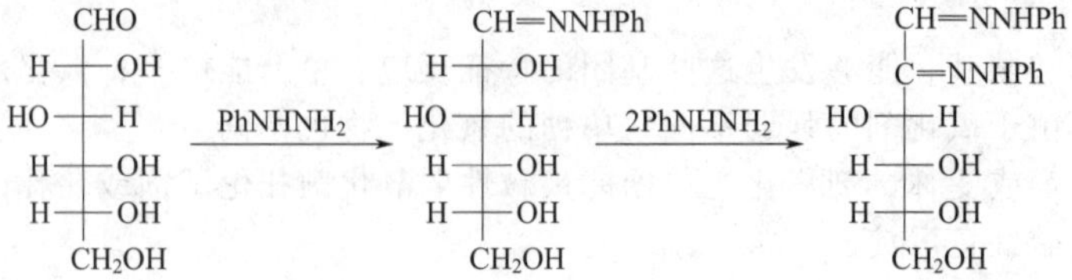

D-葡萄糖　　　　　　D-葡萄糖苯腙　　　　　　D-葡萄糖脎

无论是醛糖还是酮糖都能生成糖脎，成脎反应可以看作是 α-羟基醛或 α-羟基酮的特有反应。

糖脎是难溶于水的黄色晶体。不同的糖脎具有特征的结晶形状和一定的熔点。常利用糖脎的这些性质来鉴别不同的糖。

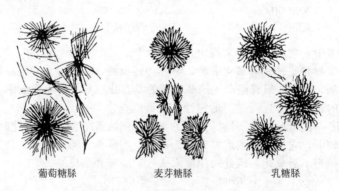

葡萄糖脎　　　　　　麦芽糖脎　　　　　　乳糖脎

此外，成脎反应可用于糖的构型研究。因为成脎反应只在单糖分子的 C_1 和 C_2 上发生，不涉及其他碳原子，因此除了 C_1 和 C_2 以外碳原子构型相同的糖，都可以生成相同的糖脎。例如：D-葡萄糖和 D-果糖都生成相同的糖脎。

5. 成苷反应

单糖分子中的半缩醛羟基可与含有活泼氢（如—OH、—SH、—NH₂）的化合物进行分子间脱水缩合，生成的化合物称为糖苷，这样的反应称为成苷反应。糖分子中参与成苷反应的基团［半缩醛（酮）羟基］称为苷羟基。

$$\beta\text{-D-葡萄糖} \quad + CH_3OH \xrightarrow{HCl} \quad \beta\text{-D-葡萄糖甲苷} \quad +H_2O$$

糖苷由糖和非糖部分组成。糖的部分称为糖基，非糖部分称为苷元或配基。连接糖与苷元之间的键称为糖苷键。与糖的 α-和 β-构型相对应，苷键也有 α-苷键和 β-苷键。根据苷键原子的不同，苷键可分为氧苷键、氮苷键和硫苷键等。

糖苷没有游离的半缩醛羟基，不能开环变为醛式结构，所以糖苷没有还原性，也没有变旋现象。

6. 成酯反应

单糖分子中的羟基（包括半缩醛羟基）均可与有机酸或无机酸形成酯，这个反应称为成酯反应。例如，单糖可以与无机酸（如磷酸）反应生成磷酸酯。

$$\alpha\text{-D-葡萄糖} \xrightarrow{H_3PO_4} \text{1-磷酸葡萄糖} \xrightleftharpoons[\text{磷酸变位酶}]{} \text{6-磷酸葡萄糖}$$

1-磷酸葡萄糖和6-磷酸葡萄糖是生物体内代谢过程的中间产物。农作物要施磷肥的原因之一，就是为农作物提供合成磷酸酯所需的磷。农作物如果缺磷，会难以合成磷酸酯，从而不能正常进行光合作用和呼吸作用，对农作物的正常生长有影响。

7. 颜色反应

单糖能与浓酸（浓硫酸、浓盐酸）发生脱水反应生成糠醛或它的衍生物。例如：

$$\text{HOH}_2\text{C—CH—CH—CHO} \xrightarrow{\text{浓HCl}} \text{HOH}_2\text{C—} \bigcirc \text{—CHO} +3H_2O$$

单糖的成脎、成苷、成酯和颜色反应

在一定条件下，糠醛及其衍生物能与酚类、酮类等反应生成各种不同的有色物质，虽然这些有色物质的结构和生成过程尚未十分清楚，但由于反应灵敏，显色清晰，故常用来鉴别各类糖。

（1）莫利许反应　在单糖的水溶液中加入 α-萘酚的乙醇溶液，然后沿着试管壁再缓慢加入浓硫酸，不得振荡试管，此时在浓硫酸和单糖的水溶液交界处能产生紫色环。

（2）塞利凡诺夫反应　在醛糖和酮糖中加入塞利凡诺夫试剂（间苯二酚的盐酸溶液）并加热，酮糖能产生鲜红色，而醛糖则不能。可以利用此反应来鉴别酮糖和醛糖。

三、重要的单糖及其衍生物

（一）葡萄糖

葡萄糖是自然界中存在最多的糖。植物通过光合作用合成葡萄糖，并以多糖的形式储存于种子、根和茎中；葡萄等水果中也含有葡萄糖；动物的血液中也存在游离的葡萄糖；肝脏和肌肉组织中葡萄糖以糖原形式存在。

葡萄糖是动物的主要能量来源之一，人体的某些组织和器官（如大脑、红细胞等）主要以葡萄糖为能量来源。

在食品工业中，葡萄糖用于制造糖浆；在医药上，葡萄糖用作营养剂，并有强心、利尿、解毒等作用。

人体血液中的葡萄糖称为血糖。正常人血糖浓度维持恒定，其含量为 $3.9\sim6.1mmol/L$。当血糖浓度超过 $9\sim10mmol/L$ 时，糖可随尿排出，出现糖尿现象。

葡萄糖为无色晶体，极易溶于水，加热可使其溶解度增加。葡萄糖的甜度约为蔗糖的 70%。

🔅 岗位对接

葡萄糖注射液

本品为葡萄糖或无水葡萄糖的灭菌水溶液。含葡萄糖（$C_6H_{12}O_6\cdot H_2O$）应为标示量的 $95.0\%\sim105.0\%$。

【性状】本品为无色或几乎无色的澄明液体。

【鉴别】取本品，缓缓滴入微温的碱性酒石酸铜试液中，即生成氧化亚铜的砖红色沉淀。

【检查】pH 值　取本品或本品适量，用水稀释制成含葡萄糖为 5% 的溶液，每 $100mL$ 加饱和氯化钾溶液 $0.3mL$，依法检查，pH 值应为 $3.2\sim6.5$。

5-羟甲基糠醛：精密量取本品适量（约相当于葡萄糖 $1.0g$），置 $100mL$ 量瓶中，用水稀释至刻度，摇匀，照紫外-可见分光光度法，在 $284nm$ 的波长处测定，吸光度不得大于 0.32。

重金属　取本品适量（约相当于葡萄糖 $3g$），必要时，蒸发至约 $20mL$，放冷，加醋酸盐缓冲液（pH 3.5）$2mL$ 与水适量配成 $25mL$，依法检查，按葡萄糖含量计算，含重金属不得过百万分之五。

细菌内毒素　取本品，依法检查，每 $1mL$ 中含内毒素的量应小于 $0.50EU$。

无菌　取本品，经薄膜过滤法，以金黄色葡萄球菌为阳性对照菌，依法检查，应符合规定。

其他　应符合注射剂项下有关的各项规定。

【含量测定】精密量取本品适量（约相当于葡萄糖 $10g$），置 $100mL$ 量瓶中，加氨试液 $0.2mL$（10% 或 10% 以下规格的本品可直接取样测定），用水稀释至刻度，摇匀，静置 10 分钟，在 $25℃$ 时，依法测定旋光度，与 2.0852 相乘，即得供试量中含有 $C_6H_{12}O_6\cdot H_2O$ 的重量（g）。

【贮藏】密闭保存。

（二）果糖

果糖为无色棱形晶体，易溶于水，可溶于乙醚及乙醇中。果糖存在于水果和蜂蜜中，其甜度比葡萄糖和蔗糖都大，甜度约为蔗糖的 170%。果糖的磷酸酯（如 6-磷酸果糖，1,6-二磷酸果糖）是生物体内糖代谢的重要中间产物，直接影响到农作物的生长发育。

（三）脱氧葡萄糖

脱氧葡萄糖是一大类葡萄糖衍生物家族，由于脱氧的位置不同，可以产生多种多样的衍生物形式。其中在生产实践中应用最多的是 2-脱氧-D-葡萄糖。在天然产物中，脱氧葡萄糖的形式是固定的，在 2 位和 4 位脱氧最为常见。脱氧葡萄糖在各类微生物中均普遍存在，尤以细菌和放线菌为主，在放线菌和细菌的代谢中发挥着重要的调节作用。

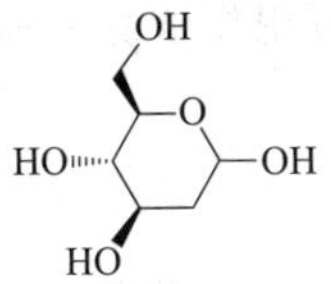

2-脱氧-D-葡萄糖

课堂讨论

1. 单糖的结构有哪些？
2. 单糖有哪些化学性质？

第二节　双糖

　　双糖是由两分子单糖脱去一分子水合成的化合物，它可以在酸性条件下水解为两分子单糖。双糖的物理性质与单糖相似，有甜味、易溶于水，能形成结晶。根据能否被斐林试剂等弱氧化剂氧化，双糖可以分为还原性双糖和非还原性双糖。

生活常识

甘蔗为什么是甜的

　　甘蔗里含有丰富的糖类，其中蔗糖、葡萄糖及果糖含量最高。所以甘蔗是制造白糖的原材料。甘蔗为什么越接近根部越甜呢？因为在甘蔗的生长过程中，它吸取的养料除了供自身生长消耗外，多余的部分就贮存在根部，随着糖分积累的增多，逐渐由根部上升到茎部，最后才达到梢部。除此之外，甘蔗梢头部分为供叶的蒸腾积聚了大量的水分，这也会冲淡梢头的糖分，根部的水分相对来说比较少。这就是甘蔗越接近根部越甜的原因。

　　不过，甘蔗还没成熟的时候，无论是根部还是梢部都不甜。

　　还原性双糖是由一分子单糖的半缩醛羟基与另一分子单糖的羟基脱水形成。由于其分子结构中还保留着一个半缩醛羟基，在溶液中可以开环，因此具有还原性。重要的还原性双糖有麦芽糖、纤维二糖等，这两种糖互为同分异构体。

一、麦芽糖

　　麦芽糖存在于发芽的谷粒，尤其是麦芽中。麦芽中含有淀粉酶，可将淀粉水解成麦芽糖。麦芽糖是由一分子 α-D-吡喃葡萄糖 C_1 上的羟基与另一分子 D-吡喃葡萄糖 C_4 上的醇羟基之间脱水，通过 α-1,4-糖苷键连接而成的。麦芽糖的结构如下：

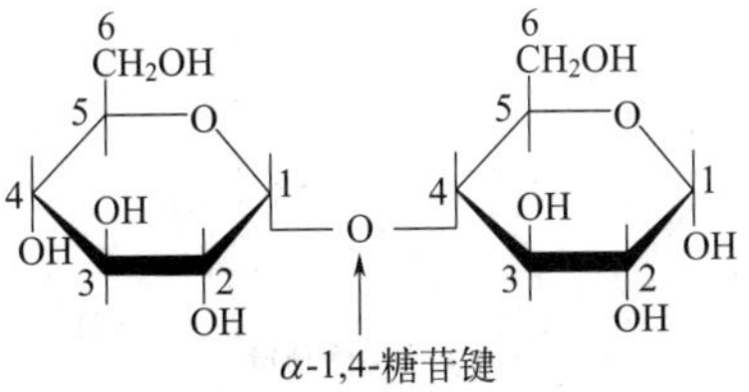

α-1,4-糖苷键

麦芽糖为白色晶体，易溶于水，甜度约为蔗糖的 40%，是饴糖的主要成分。麦芽糖由于有半缩醛羟基，可以变为链式结构，因此有变旋现象，是还原性糖。麦芽糖在酸或酶的催化作用下，会水解成两分子 D-葡萄糖。麦芽糖可用作营养剂和细菌培养基。

⚙ **岗位对接**

麦芽糖

本品为 4-O-α-D-吡喃葡萄糖基-β-吡喃葡萄糖，含一个结晶水或为无水物。按无水物计算，含 $C_{12}H_{22}O_{11}$ 不得少于 98.0%。

【含量测定】照高效液相色谱法测定。

色谱条件与系统适用性试验 用氨基键合硅胶为填充剂；以乙腈-水（70∶30）为流动相；柱温为 $35℃$；示差折光检测器；取麦芽糖、葡萄糖与麦芽三糖对照品各适量，加水溶解并稀释制成每 1mL 中各含 10mg 的溶液，量取 $20\mu L$，注入液相色谱仪，记录色谱图，麦芽糖峰、葡萄糖峰和麦芽三糖峰之间的分离度均应符合要求。

测定法 取本品适量，精密称定，加水溶解并稀释制成每 1mL 中约含麦芽糖 10mg 的溶液，精密量取 $20\mu L$，注入液相色谱仪，记录色谱图；取麦芽糖对照品适量，同法测定，按外标法以峰面积计算，即得。

【类别】药用辅料，填充剂和矫味剂等。

【贮藏】密闭保存。

二、纤维二糖

纤维二糖是由两分子 β-葡萄糖脱去一分子水而形成的二糖，是组成纤维素的基本单位。纤维二糖的结构如下：

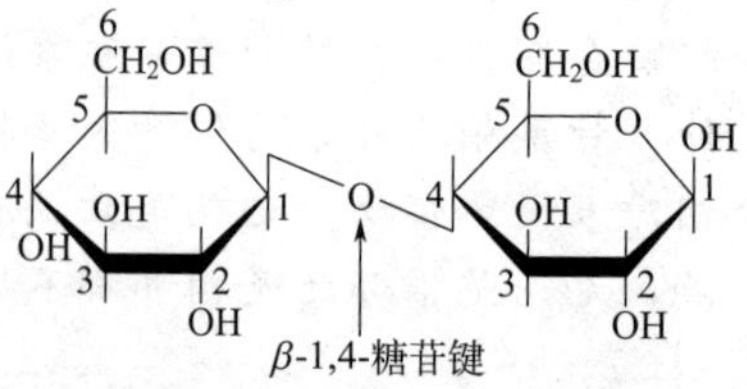

纤维二糖能与斐林试剂反应生成砖红色 Cu_2O 沉淀。纤维二糖与麦芽糖虽只是苷键构型不同，但在特征上却有较大差别。例如，麦芽糖可在人体内分解消化，而纤维二糖则不能被人体消化吸收；麦芽糖有甜味，而纤维二糖无甜味。

三、乳糖

乳糖为 D-葡萄糖与 D-半乳糖以 β-1,4 糖苷键结合的二糖，又称为 1,4-半乳糖苷葡萄糖，属还原糖。从水溶液中结晶时带有一分子结晶水。

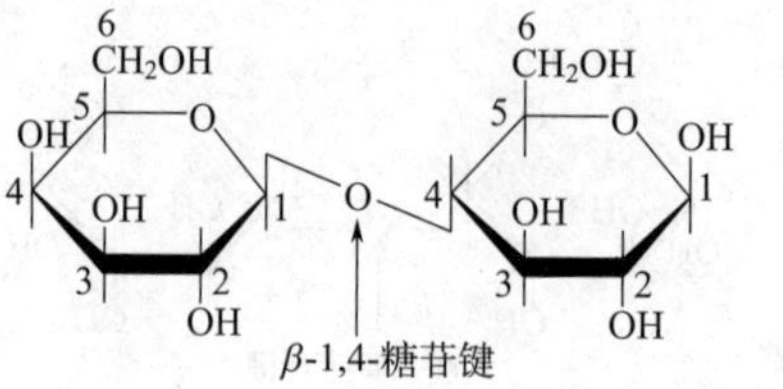

乳糖为白色晶体或结晶粉末，甜度约为蔗糖的 70%，相对密度为 1.525（20℃），在 120℃ 失去结晶水。无水物熔点为 222.8℃，可溶于水，微溶于乙醇，溶于乙醚和氯仿。有还原性和右旋光性。可水解成等分子的葡萄糖和半乳糖。

α-乳糖及 β-乳糖在水中的溶解度也随温度而异。α-乳糖溶解于水中时逐渐变成 β-型。因为 β-型乳糖较 α-型乳糖易溶于水，所以乳糖最初溶解度并不稳定，而是逐渐增加，直至 α-型与 β-型平衡为止。甜炼乳中的乳糖大部分呈结晶状态，结晶的大小直接影响炼乳的口感，而结晶的大小可根据乳糖的溶解度与温度的关系加以控制。

快速干燥乳糖溶液（如用喷雾干燥方法）所形成的乳糖结晶是无定型的玻璃态乳糖。一般乳糖溶液中的 α-乳糖和 β-乳糖呈平衡状态存在，无定形玻璃态乳糖中保持了原来乳糖溶液中的 α/β 的比率。乳粉中乳糖的晶态就是无定形乳糖，当其吸收水分达 8% 时就结晶成为 α-乳糖。

在自然界中乳糖仅存在于哺乳动物的乳汁中。牛乳中乳糖的含量一般为 4.5%～5.0%，平均为 4.8%。季节、饲料、饲养管理条件对乳糖含量的影响极微。在乳牛泌乳期间，逐月挤得的混合牛乳中乳糖含量与平均值相差不大，一般仅相差 0.1%～0.2%，但当乳牛患有某种病症如乳房炎、结核病等时，便会使其含量锐减。牛乳酸化变质时乳糖的含量也要降低。

🌐 **科技前沿**

日本推出一款新型乳饮料，在肠内高效率产生氢气

2 月 3 日，据日媒报道，日本协同乳业推出了一款在肠内高效率产生氢气的乳饮料，氢气在体内可起到有效清除活性氧等作用。

众所周知，牛奶中的乳糖在大肠内被大肠菌群利用产生氢气。但即使喝了牛奶，乳糖在小肠内被消化、吸收，到不了大肠。再者，有些人的肠内菌群不能利用乳糖，就不能产生氢气。为了开发"在任何人体内能长时间大量产生氢气"的乳饮料，协同乳业和庆应义塾大学医学部合作进行了长时间的研究。研究结果发现，配合低聚半乳糖、麦芽糖醇、葡甘露聚糖，在 90% 以上人群的肠道菌群中氢气浓度增加。而且饮用配合上述三种成分的乳饮料"Milkde 氢"之后，通过检测呼气浓度验证长时间产生高浓度氢气。

四、蔗糖

蔗糖是植物中分布最广的双糖，在甘蔗和甜菜中含量较高。纯的蔗糖为无色晶体，易溶于水，但难溶于乙醇和乙醚。蔗糖水溶液旋光度为 $+66.5°$。

蔗糖的分子式为 $C_{12}H_{22}O_{11}$。蔗糖分子是由 α-D-（+）-吡喃葡萄糖的半缩醛羟基与 β-D-（－）-呋喃果糖的半缩醛羟基脱水，通过 1,2-糖苷键连接而成的。蔗糖的结构如下：

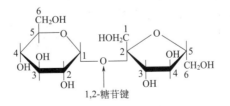

蔗糖

蔗糖的分子中无半缩醛羟基存在，不能转变为醛式，因此蔗糖没有变旋现象。非还原性双糖是由两分子单糖的半缩醛羟基脱水而成的。由于分子结构中没有半缩醛羟基，因此，非还原性双糖无还原性。最重要的非还原性双糖是蔗糖。

下列有关双糖的叙述中正确的是（　　　）

A. 组成双糖的单糖都是葡萄糖

B. 蔗糖和乳糖都是由单糖缩合而成的双糖

C. 双糖中具有还原性的糖包括蔗糖

D. 动植物细胞或组织培养中加入的能源物质都是葡萄糖

第三节　多糖

多糖是由单糖通过糖苷键连接而成的高分子化合物。例如，动、植物贮藏养分的糖原、淀粉和组成植物骨架的纤维素等都是多糖。多糖的特点是无甜味，没有还原性，多数难溶于水，少数能溶于水生成胶体溶液。

仅由一种单糖组成的多糖称为均多糖；由几种单糖组成的多糖称为杂多糖。

化学史话

南非发现史前人类烹饪淀粉食物的最早证据

南非金山大学宣布，该校研究人员参与的国际团队在非洲大陆南端的一处古人类遗址发现了炭化的淀粉食物，最早可追溯到 12 万年前。这是迄今发现的史前人类烹饪和食用淀粉食物的最古老证据。

来自植物的淀粉是现代人的主食。但农业出现之前，淀粉在原始人类饮食中的地位如何，人们所知甚少。遗传学研究显示，约 30 万年前，智人体内负责消化淀粉的基因增多，这可能是饮食结构中淀粉增加所导致的适应性变异。新发现为该理论提供了新的佐证，意味着高淀粉饮食可能与智人一样古老。

金山大学和英国剑桥大学等机构的研究人员在英国《人类进化杂志》上发表论文说，他们考察了南非克拉西斯河遗址里多个保存完好的炉灶，发现了炭化的植物碎片。分析显示，这些植物碎片来源于富含淀粉的根茎和块茎植物。这些遗址属于中石器时代，其居民在解剖结构上与现代人没有明显差异，属于智人。研究人员发现，从 12 万年前至 6.5 万年前，这些古人的狩猎技能和石器制作技术发生了许多变化，但烹制植物根茎和块茎的做法一直存在。研究人员说，这些古人类的日常饮食均衡，既有富含淀粉的植物根茎和块茎，也有来自贝壳、鱼类和各种陆地动物的蛋白质和脂肪，显示出他们非常善于利用环境中的各种资源。

一、淀粉

淀粉是人类最主要的食物，广泛存在于各种植物及谷类中。淀粉用水处理后，得到的可溶解部分称为直链淀粉，不溶且膨胀的部分称为支链淀粉。一般淀粉中直链淀粉含量为 $10\%\sim20\%$，支链淀粉含量为 $80\%\sim90\%$。

（一）直链淀粉

直链淀粉的基本结构单位是 D-葡萄糖。直链淀粉是由 D-葡萄糖通过 α-1,4-糖苷键连接而成的链状化合物。由于各个分子中只保留一个半缩醛羟基，其在分子中所占的比例甚小，因此一般认为直链淀粉无还原性。

直链淀粉的结构如下：

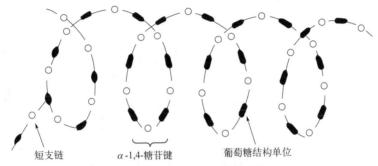

直链淀粉并不是直线型分子，而是借助分子内羟基间的氢键卷曲成螺旋状，每一圈螺旋有六个葡萄糖单位，如图 14-1 所示。

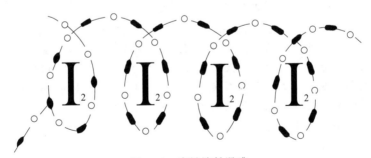

图 14-1　直链淀粉螺旋结构

直链淀粉遇碘显蓝色，就是由于直链淀粉螺旋结构的中间空隙正好适合碘分子钻入，二者依靠分子间引力形成一种蓝色配合物所致，如图 14-2 所示。此反应非常灵敏，加热蓝色消失，放冷后重现。

图 14-2　直链淀粉遇碘

（二）支链淀粉

支链淀粉的主链是由 D-葡萄糖通过 α-1,4-糖苷键连接而成的，但每隔 20~25 个葡萄糖单位，还有通过 α-1,6-糖苷键连接的支链。支链淀粉不易彻底水解，一般水解到 1,6-糖苷键的分支处就停止，有些胃功能较差的人吃糯米难以消化，就是这个原因。糯米中支链淀粉的含量很高。

支链淀粉的结构如下：

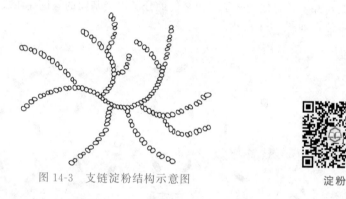

支链淀粉的结构比直链淀粉复杂，其结构示意图如图 14-3 所示。

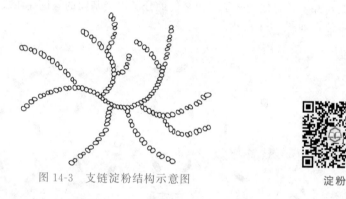

图 14-3　支链淀粉结构示意图

淀粉

支链淀粉与碘混合易生成紫红色配合物。用淀粉酶水解支链淀粉时，只有外围的支链可被水解成麦芽糖。

🌐 科技前沿

重大突破！人工合成淀粉来了！

　　试想一下，不需要种地，也不需要绿色植物，以太阳光、水和二氧化碳为原料，在工厂里就可以像植物一样生产出源源不断的淀粉……是不是很神奇？这看似遥不可及的一幕，真实地发生在实验里——中科院天津工业生物技术研究所与中科院大连化学物理研究所等院内外研究团队联合攻关，首次在实验室中实现从二氧化碳到淀粉分子的全合成，也使淀粉生产从传统农业转向工业作坊成为可能。相关科学研究成果 2023 年 6 月 24 日在国际期刊《Science》在线发表。

二、纤维素

　　纤维素是植物细胞壁的组成成分，也是自然界分布最广的多糖。棉花中纤维素的含量高达 98％，木材中纤维素约占 50％，脱脂棉花及滤纸几乎全部是纤维素。

　　纤维素是纤维二糖的高聚体，彻底水解产物也是 D-葡萄糖。纤维素一般由 8000～10000 个 D-葡萄糖通过 β-1,4-糖苷键连接成直链，无支链。

　　纤维素的结构如下：

β-1,4-糖苷键

纤维素分子链之间借助分子间氢键连接成束状，几个纤维束又像麻绳一样拧在一起形成绳索状分子，如下所示。

纤维素的结构类似于直链淀粉，只是糖苷键的构型不同。人体内的淀粉酶只能水解 α-糖苷键，不能水解 β-糖苷键，因此，纤维素不能作为人的营养物质。而食草动物（如牛、马、羊等）依靠消化道所分泌的酶，能把纤维素水解成葡萄糖，因此，纤维素可为食草动物提供营养物质。

纯粹的纤维素是白色固体，不溶于水和有机溶剂。纤维素遇碘不显色，比淀粉更难与酸水解。

纤维素的用途很广，除可用来制造纺织品和纸张外，还能制成人造丝、人造棉、玻璃纸、火棉胶和电影胶片等；纤维素用碱处理后再与氯乙酸混合反应即生成羧甲基纤维素钠（CMC），它常用作增稠剂、混悬剂、黏合剂。

三、糖原

糖原也称为动物淀粉，是动物体内葡萄糖的贮存形式。糖原主要存在于肝脏和肌肉中，因此有肝糖原和肌糖原之分。肝脏中糖原的含量占 $10\%\sim20\%$，肌肉中糖原的含量约占 4%。

当血糖浓度低于正常水平时，体内肾上腺素分泌增加，肾上腺素激发糖原分解为葡萄糖以维持能量；当血糖浓度高于正常水平时，多余的葡萄糖就转化为糖原贮存于肝脏和肌肉中，糖原的生成受胰岛素的控制。

糖原的结构单位也是 D 葡萄糖，其结构与支链淀粉相似，但分支更多、结构更复杂。

糖原为无色粉末，溶于水后呈乳色，遇碘随混合程度不同呈紫红色至红褐色。

四、果胶质

果胶质是植物细胞壁的组成成分，填充在植物细胞壁之间，通常与维生素一起使细胞黏合在一起，形成细胞结构和骨架的主要成分。果胶质是果胶及其伴随物（阿拉伯聚糖、半乳聚糖、淀粉和蛋白质）的混合物。果胶的主要成分是 α-D-半乳糖醛酸、α-D-半乳糖醛酸甲酯、α-D-半乳糖醛酰胺，它们通过 α-1,4-糖苷键连接成直链，形成果胶的基本结构。

果胶质可分为原果胶、可溶性果胶和果胶酸 3 种。

原果胶：主要存在于未成熟的水果和植物的茎、叶中，未成熟水果很坚硬与原果胶有关，原果胶不溶于水。

可溶性果胶：为由 α-D-半乳糖醛酸甲酯及少量 α-D-半乳糖醛酸通过 α-1,4-糖苷键连接而成的长链高分子化合物。水果成熟过程中由硬变软，就是因为果胶质的成分由原果胶转化成了可溶性果胶。

果胶酸：是由多个 α-D-半乳糖醛酸通过 α-1,4-糖苷键连接而成的长链高分子化合物。

果胶质一般从水果中提取，在食品中主要作为果冻和果酱的胶凝剂、食品的增稠剂和稳定剂，也可用于制造各种果酱和果味酸奶。

🧑‍🤝‍🧑 课堂讨论

多糖主要有哪些？

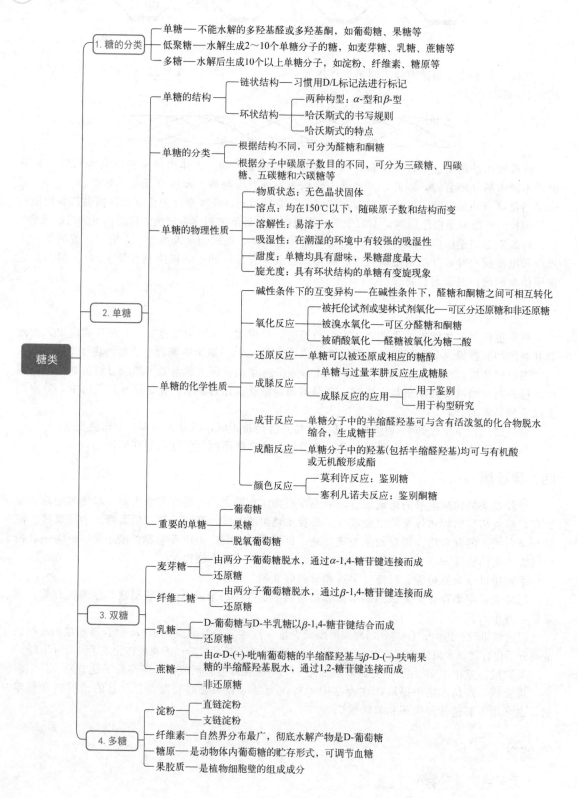

糖类

1. 糖的分类
- 单糖——不能水解的多羟基醛或多羟基酮，如葡萄糖、果糖等
- 低聚糖——水解生成2~10个单糖分子的糖，如麦芽糖、乳糖、蔗糖等
- 多糖——水解后生成10个以上单糖分子，如淀粉、纤维素、糖原等

2. 单糖
- 单糖的结构
  - 链状结构——习惯用D/L标记法进行标记
  - 环状结构
    - 两种构型：α-型和β-型
    - 哈沃斯式的书写规则
    - 哈沃斯式的特点
- 单糖的分类
  - 根据结构不同，可分为醛糖和酮糖
  - 根据分子中碳原子数目的不同，可分为三碳糖、四碳糖、五碳糖和六碳糖等
- 单糖的物理性质
  - 物质状态：无色晶状固体
  - 溶点：均在150℃以下，随碳原子数和结构而变
  - 溶解性：易溶于水
  - 吸湿性：在潮湿的环境中有较强的吸湿性
  - 甜度：单糖均具有甜味，果糖甜度最大
  - 旋光度：具有环状结构的单糖有变旋现象
- 单糖的化学性质
  - 碱性条件下的互变异构——在碱性条件下，醛糖和酮糖之间可相互转化
  - 氧化反应
    - 被托伦试剂或斐林试剂氧化——可区分还原糖和非还原糖
    - 被溴水氧化——可区分醛糖和酮糖
    - 被硝酸氧化——醛糖被氧化为糖二酸
  - 还原反应——单糖可以被还原成相应的糖醇
  - 成脎反应
    - 单糖与过量苯肼反应生成糖脎
    - 成脎反应的应用
      - 用于鉴别
      - 用于构型研究
  - 成苷反应——单糖分子中的半缩醛羟基可与含有活泼氢的化合物脱水缩合，生成糖苷
  - 成酯反应——单糖分子中的羟基(包括半缩醛羟基)均可与有机酸或无机酸形成酯
  - 颜色反应
    - 莫利许反应：鉴别糖
    - 塞利凡诺夫反应：鉴别酮糖
- 重要的单糖
  - 葡萄糖
  - 果糖
  - 脱氧葡萄糖

3. 双糖
- 麦芽糖
  - 由两分子葡萄糖脱水，通过α-1,4-糖苷键连接而成
  - 还原糖
- 纤维二糖
  - 由两分子葡萄糖脱水，通过β-1,4-糖苷键连接而成
  - 还原糖
- 乳糖
  - D-葡萄糖与D-半乳糖以β-1,4-糖苷键结合而成
  - 还原糖
- 蔗糖
  - 由α-D-(+)-吡喃葡萄糖的半缩醛羟基与β-D-(−)-呋喃果糖的半缩醛羟基脱水，通过1,2-糖苷键连接而成
  - 非还原糖

4. 多糖
- 淀粉
  - 直链淀粉
  - 支链淀粉
- 纤维素——自然界分布最广，彻底水解产物是D-葡萄糖
- 糖原——是动物体内葡萄糖的贮存形式，可调节血糖
- 果胶质——是植物细胞壁的组成成分

一、名词解释

1. 碳水化合物

2. 单糖

3. 低聚糖

4. 多糖

5. 变旋现象

二、单项选择题

1. 关于糖的叙述正确的是（　　）。

A. 糖是有甜味的物质

B. 糖分子中氢氧原子个数之比为 2∶1

C. 糖分子中含有羟基和酮基或醛基

D. 在植物体内存在最多的是蔗糖

2. 下列关于糖的叙述，正确的是（　　）。

A. 葡萄糖和果糖分子均有还原性

B. 葡萄糖和麦芽糖均可被水解

C. 构成纤维素的单体是葡萄糖和果糖

D. 构成糖原的单体是果糖

3. 下列属于还原性糖的是（　　）。

A. 果糖　　　　　　B. 蔗糖　　　　　　C. 糖原　　　　　　D. 直链淀粉

4. 莫利许反应所用的试剂是（　　）。

A. α-萘酚　　　　　B. 间苯二酚　　　　C. α-萘酚、浓硫酸　D. 苯酚

5. 对于直链淀粉和纤维素叙述正确的是（　　）。

A. 直链淀粉和纤维素的组成相同，都是葡萄糖

B. 直链淀粉和纤维素水解生成的二糖相同，都是麦芽糖

C. 直链淀粉和纤维素水解生成的单糖相同，都是葡萄糖

D. 以上都对

6. 关于多糖的描述，不正确的是（　　）。

A. 纤维素分子中葡萄糖以 β-1,4-糖苷键相连，分子链螺旋延伸

B. 直链淀粉中不包含 α-1,6-糖苷键

C. 与支链淀粉相比较，糖原分子侧链分支多而短

D. 葡萄糖醛酸是肝素、透明质酸、硫酸软骨素等糖胺聚糖主要单体

7. 下列有关糖类的叙述中，不正确的是（　　）。

A. 主要由 C、H、O 三种元素组成

B. 多糖分子通式一般可以写成 $(C_6H_{10}O_5)_n$

C. 糖类广泛分布在动、植物体内

D. 核糖和葡萄糖都是单糖

8. 下列糖类的最终水解产物不都是葡萄糖的是（　　）。

A. 糖原　　　　　B. 淀粉　　　　　C. 麦芽糖　　　　　D. 蔗糖

9. 下列关于生物体内糖类物质的叙述，正确的是（　　）。

A. 糖类都有甜味

B. 单糖、二糖和多糖在细胞内可以相互转化

C. 糖类物质都是细胞内的能源物质

D. 糖类物质都能与斐林试剂反应

10. 下列有关糖类的说法正确的是（　　）。

A. 糖类是多羟基醛或多羟基酮及它们的脱水缩合产物

B. 糖类都能水解

C. 糖类都具有还原性

D. 糖类即碳水化合物，由碳和水化合而成，分子式为 $C_n(H_2O)_m$

三、填空题

1. 麦芽糖是由两分子_____通过_____结合而成的。

2. 蔗糖是食物中存在的主要低聚糖，是一种典型的_____性糖。它是由一分子_____和一分子_____彼此以_____羟基相互缩合而成的。

3. 淀粉与碘能起显色反应。直链淀粉与碘结合呈_____色，支链淀粉与碘结合呈_____色。

4. 多糖的形状有_____和_____两种，多糖可由一种或几种单糖单位组成，前者称为_____，后者称为_____。

四、用化学方法鉴别下列各组物质

（1）葡萄糖和蔗糖　　　　（2）蔗糖和麦芽糖　　　　（3）麦芽糖和麦芽糖酸

（4）葡萄糖和葡萄糖酸　　　（5）葡萄糖醇和葡萄糖酸

五、简述直链淀粉和支链淀粉的异同点

第十五章　萜类和甾体化合物

 学习目标

知识目标：

1. 掌握萜类化合物和甾体化合物的概念和基本结构特点、主要化学性质。
2. 熟悉常见的萜类和甾体化合物。
3. 了解甾体化合物的命名规则。

能力目标：

1. 能区分萜类和甾体化合物的基本结构。
2. 能用化学方法鉴别萜类和甾体化合物。

素质目标：

1. 培养敬业、诚信的社会主义核心价值观。
2. 增强学生专业意识，提升职业素养。

　　萜类化合物广泛存在于自然界，是许多植物香精油的主要成分，几乎所有的植物中都含有萜类化合物，在动物和真菌中也含有萜类化合物。甾体化合物（steroids）在动植物体内也较常见，在动植物生命活动中起着极其重要的调节作用，它们有的能直接用来治疗疾病，有的是合成药物的原料。这两类化合物与药物有很密切的关系。

案例分析

　　某患者吃螺内酯片出现口渴是怎么回事？

　　分析： 螺内酯片又称安体舒通，是人工合成的甾体化合物，结构与醛固酮相似，为醛固酮的竞争性拮抗剂，通过阻断醛固酮所结合的肾素受体产生排钠保钾的作用。有时吃药后，就会感到口干舌燥，这是用药不当引起的口渴，因为有些药物使用不当可以导致机体水与电解质失衡。另外，就是某种特殊的药物引起的口渴。如：服用降压药就会引起口干，这是因为有些降压药减少口腔腺体的分泌。除了这种原因之外，因为螺内酯片会利尿，所以当您的身体的水分在减少的时候你同样也会觉得口渴。

第一节　萜类化合物

　　萜类化合物在自然界中广泛存在，高等植物、真菌、微生物、昆虫以及海洋生物中都有萜类成分，其种类繁多，有 20000 种以上，是天然物质中最多的一类。从植物提取得到的香精油（挥发油）的主要成分就是萜类化合物。如：柠檬油、松节油、薄荷油等，它们多是不溶于水，易挥发，具有香味的油状物质。萜类化合物是中草药中一类比较重要的化合物。已经发现许多萜类化合物是中草药中的有效成分，有一定的生理及药理活性，如祛痰、止咳、驱风、发汗、驱虫、镇痛等作用，广泛用于香料和医药等。

📖 化学史话 --------------------------------

萜类研究获诺奖情况

萜类的异戊二烯焦磷酸酯代谢途径研究，已有四批科学家获得诺贝尔奖：

① 1910 年德国化学家奥托·沃勒氏（Otto Wallach）获得诺贝尔化学奖，是缘于异戊二烯化合物结构的发现。

② 1939 年瑞士籍南斯拉夫人利奥波德·鲁齐卡（Leopold Ruzicka）获得诺贝尔化学奖，是缘于异戊二烯生物发生规则的发现。

③ 1985 年美国得克萨斯大学布朗（Michael S. Brown）和戈尔茨坦（Joseph L. Goldstein）获诺贝尔生理学或医学奖，是因为探明了甲羟戊酸到异戊二烯焦磷酸酯的代谢途径。

④ 2015 年中国医学科学家屠呦呦获诺贝尔生理学或医学奖，是缘于她从我国自然界中随处可见的黄花蒿里，成功提取萜类化合物单环倍半萜的青蒿素，以治疗疟疾。

一、萜类化合物的结构

19 世纪末期，是萜类化学发展的早期，O. A. Wallach 通过细致的研究认识到，萜类化合物在结构上具有一个共同点，就是这些分子可以看作是两个或两个以上的异戊二烯分子基本骨架单元，以头尾相连或互相聚合的方式结合起来的，这种结构特征称为"异戊二烯规律"。因此，萜类化合物是异戊二烯的低聚合物以及它们的氢化物和含氧衍生物的总称。

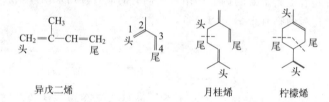

异戊二烯　　　　　　　　　　　　　月桂烯　　柠檬烯

月桂烯可看作是两个异戊二烯单位头尾相连结合而成的开链化合物；柠檬烯也可看作是两个异戊二烯单位结合发生 1,2 和 1,4 加成（一分子异戊二烯用 3,4 位双键与另一分子异戊二烯进行 1,4 加成）形成的具有一个六元碳环的化合物。现在已知，绝大多数萜类分子中的碳原子数目是异戊二烯五个碳原子的倍数，仅发现个别例外。"异戊二烯规律"在未知萜类成分的结构测定中具有很大应用价值。

二、萜类化合物的分类

萜类化合物主要是沿用经验异戊二烯规律分类，即按分子中所含异戊二烯骨架单位的数目进行分类可分为单萜、倍半萜、二萜等，见表 15-1。

表 15-1　萜类化合物的分类

类别	异戊二烯单元数	碳原子数
单萜类	2	10
倍半萜	3	15
二萜类	4	20

类别	异戊二烯单元数	碳原子数
三萜类	6	30
四萜类	8	40
多萜类	＞8	＞40

此外，根据各萜类分子结构中碳环的有无及数目的多少，进一步分为链萜（或开链萜）、单环萜、双环萜、三环萜、四环萜等，例如链状二萜、单环二萜、双环二萜、三环二萜、四环二萜等。

也有按所连功能基的不同将萜类分为萜烯、萜醇、萜醛、萜酮、萜酸、萜酯、萜苷及萜类生物碱等。

三、萜类化合物的性质

（一）萜类化合物的物理性质

1. 物质状态

单萜、倍半萜等低分子量和含功能基少的萜类化合物，常温下多为具有特殊香气的油状液体，具有挥发性，少数为低熔点的固体，能随水蒸气蒸馏；二萜、二倍半萜及萜苷多为结晶性晶体，不具挥发性；萜类化合物多具有苦味，有的味极苦，因此以前称为苦味素，极个别萜类化合物具有强的甜味，如具有对映-贝壳杉烷骨架的二萜多糖苷-甜菊苷的甜味是蔗糖的300倍。

2. 旋光性和折光性

萜类化合物多含有手性碳，具备光学活性。低分子萜类化合物具有较高的折光率。

3. 溶解性

大多数萜类化合物亲脂性强，可溶于甲醇、乙醇，易溶于脂溶性有机溶剂，如乙醚、氯仿、石油醚等，一般难溶或不溶于水。萜类化合物的苷水溶性增强，可溶于热水。具有内酯结构的萜类化合物能溶于碱水，酸化后又从水中析出，此性质用于具有内酯结构的萜类的分离与纯化。

（二）萜类化合物的化学性质

1. 加成反应

含有双键和醛、酮等羰基的萜类化合物，可与某些试剂发生加成反应，其产物往往是结晶性的。这不但可供识别萜类化合物分子中不饱和键的存在和不饱和的程度，还可借助加成产物完好的晶型，用于萜类的分离与纯化。

（1）与卤化氢加成反应　柠檬烯与氯化氢在冰醋酸中进行加成反应，反应完毕加入冰水即析出柠檬烯二氢氯化物的结晶固体。

（2）与溴加成反应　萜类成分的双键在冰醋酸或乙醚与乙醇的混合溶液中与溴发生加成反应，在冰冷却下，滤取析出的结晶性加成物。

（3）与亚硝酰氯（Tilden试剂）反应　先将不饱和的萜类化合物加入亚硝酸异戊酯中。冷却下加入浓盐酸，混合振摇，然后加入少量乙醇或冰醋酸即有结晶加成物析出。生成的氯化亚硝基衍生物多呈蓝色或蓝绿色，可用于不饱和萜类成分的分离和鉴定。

（4）与顺丁烯二酸酐加成反应　带有共轭双键的萜类化合物能与顺丁烯二酸酐产生Diels-Alder加成反应，生成结晶形加成产物，可借以证明共轭双键的存在。

（5）与亚硫酸氢钠加成　含羰基的萜类化合物可与亚硫酸氢钠发生加成反应，生成结晶形加成物，加酸或加碱又可使其分解。此性质可用于分离含羰基的萜类。

含双键和羰基的萜类化合物若反应时间过长或温度过高，可使双键发生加成，并形成不可逆的双键加成物。

（6）与硝基苯肼加成　含羰基的萜类化合物可与对硝基苯肼或 2,4-二硝基苯肼在磷酸中发生加成反应，生成对硝基苯肼或 2,4-二硝基苯肼的加成物。

（7）与吉拉德试剂加成　吉拉德（Girard）试剂是一类带有季铵基团的酰肼，常用的有 Girard T 和 Girard P。将吉拉德试剂的乙醇溶液加入含羰基的萜类化合物中，再加入 10％乙酸促进反应，加热回流。反应完毕后加水稀释，分取水层，加酸酸化，再用乙醚萃取，蒸去乙醚后复得原羰基化合物。

2. 氧化反应

不同的氧化剂在不同的条件下，可以将萜类成分中各种基团氧化，生成各种不同的氧化产物。常用的氧化剂有臭氧、铬酐（三氧化铬）、四乙酸铅、高锰酸钾和二氧化硒等，其中以臭氧的应用最为广泛。生成的氧化亚硝基衍生物还可进一步与伯胺或仲胺（常用六氢吡啶）缩合生成亚硝基胺类。后者具有一定的结晶形状和一定的物理常数，在鉴定萜类成分上颇有价值。

（1）臭氧氧化萜类化合物中的烯烃，可用来测定分子中双键的位置。

（2）铬酐几乎与所有可氧化的基团作用。用强碱型离子交换树脂与三氧化铬制得具有铬酸基的树脂，它与仲醇在适当溶剂中回流，则生成酮，产率高达 73％～98％，副产物少，产物极易分离、纯化。例如薄荷醇氧化成薄荷酮的反应。

（3）高锰酸钾是常用的中强氧化剂，可使环断裂而氧化成羧酸。

（4）二氧化硒是具有特殊性能的氧化剂，它较专一地氧化羰基的 α-甲基或亚甲基，以及碳碳双键旁的 α-亚甲基。

3. 脱氢反应

环萜的碳架经脱氢转变为芳香烃类衍生物。脱氢反应通常在惰性气体的保护下，用铂黑或钯作催化剂，将萜类成分与硫或硒共热（200～300℃）而实现脱氢。有时可能导致环的裂解或环合。

4. 分子重排反应

在萜类化合物中，特别是双环萜在发生加成、消除或亲核性取代反应时，常常发生碳架的改变，产生重排。目前工业上由 α-蒎烯合成樟脑的过程，就是应用萜类化合物的重排反应，再氧化制得。

🌐 **科技前沿**

中科院王国栋研究组发现植物萜类生物合成调控新机制

在植物萜类生物合成途径中，短链异戊烯基转移酶的分布和生化特性决定两种 C_5 单元在不同萜类生物合成的分配。二倍半萜（C_{25}）类化合物是最新发现，在质体合成的萜类化合物。前期的研究结果证明模式植物拟南芥中有四个短链异戊烯基转移酶编码基因 AtGFPPS 和多个萜类合酶 sesterTPS 参与二倍半萜生物合成。科研工作者们通过分析拟南芥 GFPPS1-4 四突变体，首次为证明 GFPPS 负责植物二半萜合成提供遗传学证据。单独过表达 GFPPS 基因（AtGFPPS4）的拟南芥表现出发育延缓和叶色发黄的表型，该表型主要是由内源 GGPP 的减少造成。大肠杆菌 GGPPS 互补体系和 GFPPS/GGPPS11 复合体体外生化表征，证明 GFPPS 通过互作抑制了 GGPPS11 的生化活性。这些研究不但进一步加深人们对植物萜类生物合成调控的认识，也为将来利用植物底盘大规模生产高附加值的萜化合物奠定理论基础。

研究成果以 "Heteromerization of Short-Chain trans-Prenyltransferase Controls Precursor Allocation within a Plastidial Terpenoid Network" 为题于 2023 年 1 月 16 日在线发表于 Journal of Integrative Plant Biology 杂志。

四、重要的萜类化合物

（一）单萜类化合物

单萜类化合物是由 2 个异戊二烯单元构成、含 10 个碳原子的化合物类群，广泛分布于高等植物的腺体、油室和树脂道等分泌组织中，是植物挥发油的主要组成成分。根据 2 个异戊二烯单元的连接方式不同，单萜又可以分为链状型和单环、双环等环状型两大类。

1. 链状单萜化合物

链状单萜类化合物具有两个异戊二烯分子首尾相连而成的碳骨架结构，如下所示：

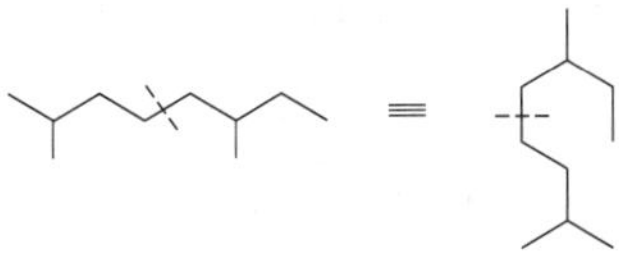

大多数链状单萜类化合物分子内部多数含有碳碳双键或手性碳原子，因此他们大多存在几何异构体或对映异构体。很多链状单萜化合物都是香精的主要成分，例如：月桂油中的月桂烯、玫瑰油中的香叶醇、橙花油中的橙花醇、柠檬油中的柠檬醛（α-柠檬醛和 β-柠檬醛）、玫瑰油及香茅油中的香茅醇等。它们很多是含有多个双键或氧原子的化合物，其结构如下：

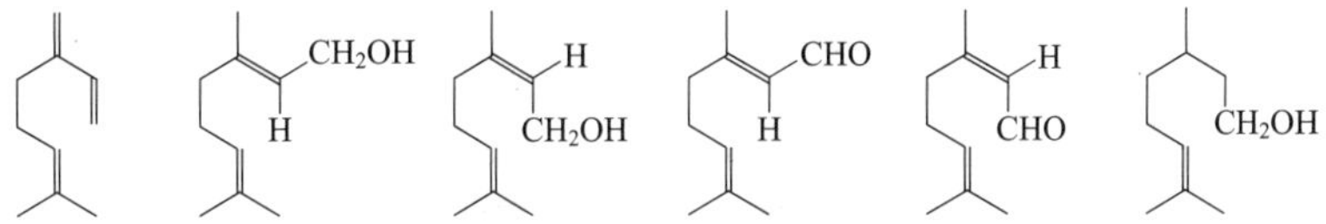

月桂烯　　香叶醇　　橙花醇　　α-柠檬醛　　β-柠檬醛　　香茅醇

这些链状单萜都可以用来制备香料，其中柠檬醛还是合成维生素 A 的重要原料。

2. 单环单萜类化合物

单环单萜类化合物的基本碳骨架是两个异戊二烯单元之间形成一个六元环状结构，其饱和环烃称为萜烷，化学名称为 1-甲基-4-异丙基环己烷。萜烷的重要衍生物 C_3 位上连有羟基的含氧衍生物，主要有 3-萜醇和苧烯。

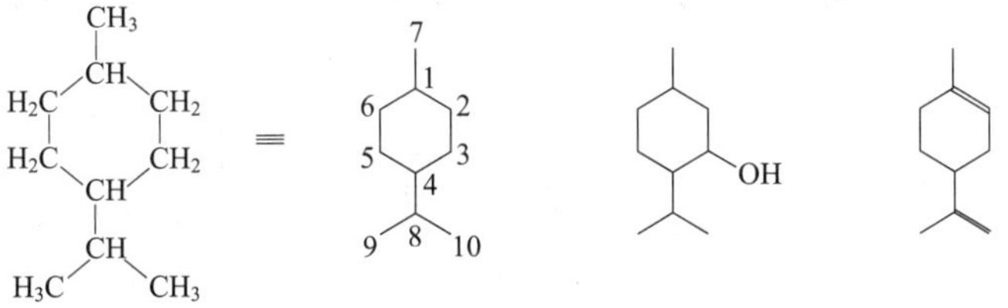

萜烷(1-甲基-4-异丙基环己烷)　　　　3-萜醇　　　　苧烯(1,8-萜二烯)

3-萜醇俗称薄荷醇，分子中有 3 个不同的手性碳原子，所以有 4 对对映体 8 个光学异构体。

我国盛产的薄荷草，其茎、叶中富含薄荷醇，（-）-薄荷醇是低熔点的固体，具有杀菌、防腐作用和局部止痛和消炎止痒的功效，内服有安抚胃部及止吐解热的功效，具有穿透性的芳香、清凉气味，医疗上用作清凉剂和驱风剂。清凉油、人丹等药品中均含有此成分。

苧烯又称柠檬烯或 1,8-萜二烯，化学名称为 1-甲基-4-（1-甲基乙烯基）环己烯，属于单环单萜类化合物。因分子中含有一个手性碳原子，所以有一对对映体。不同构型的柠檬烯的生物活性存在差异，但它们都是具有柠檬香味的液体，可用作香料。

3. 双环单萜类化合物

（1）基本骨架和命名　在萜烷结构中，C_8 若分别与 C_1、C_2 或 C_3 相连时，则可形成桥环化合物，它们分别是莰烷、蒎烷和蒈烷。若 C_4 与 C_6 连成桥键则形成守烷。以下是四种双环单萜的基本碳架、编号及优势构象式。

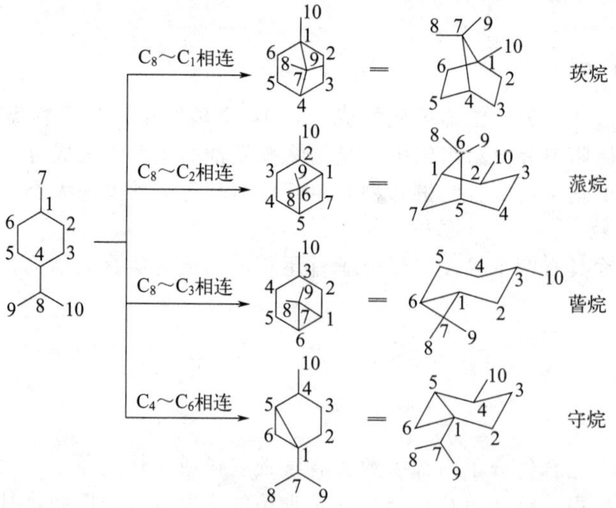

（2）α-蒎烯和β-蒎烯　蒎烯（pinene）是含一个双键的蒎烷衍生物。根据双键位置不同，有α-蒎烯和β-蒎烯两种异构体。

α-蒎烯　　　　β-蒎烯

α-蒎烯和β-蒎烯均存在于松节油中，但以α-蒎烯为主，占松节油含量的70%～80%，β-蒎烯含量较少。松节油具有局部止痛作用，可用作外用止痛药。α-蒎烯沸点155～156℃，是合成龙脑、樟脑等的重要原料。

（3）樟脑　樟脑（camphor）的化学名称为2-莰酮或α-莰酮，是莰烷的含氧衍生物。他是由樟科植物樟树中得到，并经升华精制成的一种无色结晶，且由此而得名。樟脑分子中有两个手性碳原子，理论上应有四个光学异构体，但实际只存在两个：（＋）和（－）樟脑。这是因为桥环需要的船式构象限制了桥头两个手性碳所连基团的构型，使其C_1所连的甲基与C_4相连的氢只能位于顺式构型。

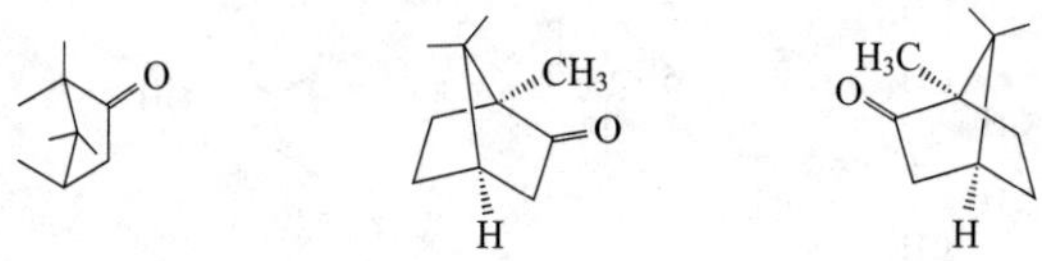

（－)-樟脑　　　　（＋)-樟脑　　　　樟脑

樟脑的气味有驱虫作用，可用作衣物的防虫剂。樟脑是呼吸及循环系统的兴奋剂，对呼吸或循环系统功能衰竭的病人，可作为急救药品。

（4）龙脑和异龙脑　龙脑又称樟醇，俗名冰片，可看成樟脑的还原产物，也是合成樟脑的中间产物。其有两个对映体，右旋体主要得自龙脑香树挥发油，左旋体得自艾纳香的叶子。野菊花挥发油以龙脑和樟脑为主要成分。

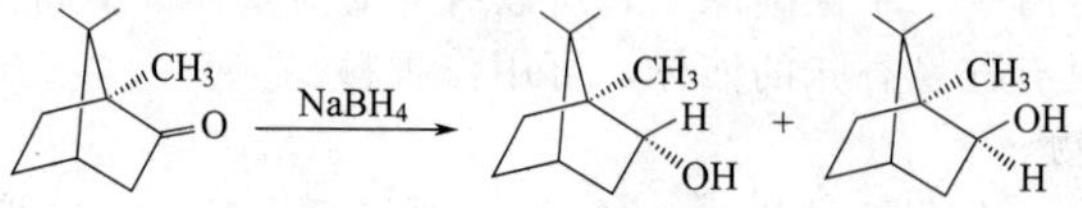

龙脑　　　　　异龙脑

异龙脑是龙脑的差向异构体。龙脑存在于某些植物的挥发油中，具有类似胡椒又似薄荷的香气，能升华，但挥发性较樟脑小。不溶于水，易溶于乙醚、乙醇、氯仿等有机溶剂。龙脑是一种重要的中药，具有发汗、兴奋、镇痉、驱虫等作用，是人丹、冰硼散、六神丸等药物的主要成分之一。

(二) 倍半萜和二萜

1. 倍半萜

倍半萜类是含有三个异戊二烯单元的萜类化合物，具有链状和环状结构，基本碳架在 48 种以上。倍半萜类多数为液体，存在于挥发油中。它们的含氧衍生物（醇、酮、内酯）也广泛存在于挥发油中。例如：

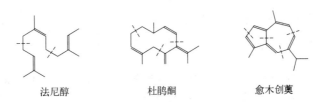

法尼醇　　　　　　　　杜鹃酮　　　　　　　　愈木创薁

法尼醇又称金合欢醇，存在于香茅草、茉莉、橙花、玫瑰等多种芳香植物的挥发油中。杜鹃酮又称大牻牛儿酮，存在于满山红、香樟或桉叶等挥发油中，能促进烫伤创面的愈合，是国内烫伤膏的主要成分。

⊛ 岗位对接

青蒿素的含量测定

青蒿素倍半萜内酯化合物，是主要抗疟有效成分。由于青蒿素的水溶性较差，通过结构修饰，得到了抗疟效价更高的水溶性青蒿琥酯及油溶性好的蒿甲醚。

【含量测定】

对照品溶液的制备　精密称取经 80℃ 干燥至恒重的青蒿素对照品，加乙醇制成每 1mL 中含 0.05mg 的溶液，即得。

供试品溶液的制备　精密称取本品，加乙醇制成每 1mL 中约含 0.05mg 的溶液，即得。

测定法　精密量取对照品溶液与供试品溶液各 10mL，分别置 50mL 量瓶中，摇匀，用 0.2% 氢氧化钠溶液稀释至刻度，摇匀，置 (50±1)℃ 恒温水浴中微温 30 分钟，取出，冷至室温，液面回复至刻度，另取乙醇 10mL，同法处理后，作为空白，照分光光度法（中国药典 2020 年版二部 724 页），在 292nm 的波长处分别测定吸收度，计算，即得。

2. 二萜

由四个异戊二烯单元构成的萜类化合物称为二萜。植物成分中属于直链和单环的二萜较少，主要是二环和三环的二萜，尤其含氧衍生物的二萜类化合物数目较多。二萜的分子量较大，多数不能随水蒸气挥发，是构成树脂类的主要成分，少数存在于某些高沸点的挥发油中。在植物体内迄今未发现真正的直链二萜烃类存在，但其部分饱和的醇则广泛分布于高等植物中，如叶绿素的水解产物植物醇是一个链状二萜。维生素 A 为单环二萜类，结构中的五个共轭双键，均为反式构型。维生素 A 存在于奶油、蛋黄、鱼肝油及动物的肝中。维生素 A 为哺乳动物正常生长和发育所必需的物质，其对上皮组织具有保持生长、再生以及防止角质化的重要功能，对皮肤病有治疗作用。体内缺乏维生素 A 则发育不健全，并能引起夜盲症、眼膜和眼角膜硬化等症状。

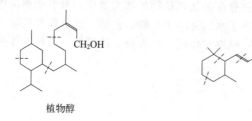

植物醇 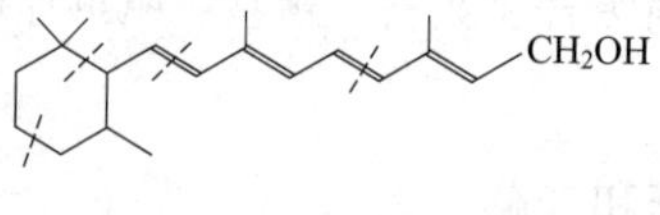　　　　　　　　　　　维生素A

 岗位对接

穿心莲的含量测定

穿心莲是爵床科植物穿心莲的干燥地上部分。穿心莲含有多种二萜内酯类。其中穿心莲内酯含量最高，为其主要活性成分。《中国药典》以穿心莲内酯、脱水穿心莲内酯为指标成分。

【含量测定】取本品粉末 0.5g〔同时另取本品粉末测定水分（附录Ⅸ H 第一法）〕，精密称定，加乙醇 30mL，浸泡 30 分钟，超声处理 30 分钟，滤过，残渣用适量乙醇洗涤 3 次，洗液并入滤液中，蒸干，残渣加无水乙醇使溶解，转移至 5mL 量瓶中，加无水乙醇至刻度，摇匀，作为供试品溶液。另取脱水穿心莲内酯、穿心莲内酯对照品适量，精密称定，加无水乙醇分别制成每 1mL 各含 1mg 的溶液，作为对照品溶液。照薄层色谱法（附录Ⅵ B）试验，精密吸取供试品溶液 2～4μL、上述两种对照品溶液 1μL 与 3μL，分别交叉点于同一以羧甲基纤维素钠为黏合剂的硅胶 GF254 薄层板上，以氯仿－醋酸乙酯-甲醇（4∶3∶0.4）为展开剂，展开，取出，晾干，照薄层色谱法（附录Ⅵ B 薄层扫描法）进行扫描，脱水穿心莲内酯波长：$\lambda_s = 263nm$，$\lambda_R = 370nm$，穿心莲内酯波长：$\lambda_s = 228nm$，$\lambda_R = 370nm$。测量供试品吸收度积分值与对照品吸收度积分值，计算，即得。本品按干燥品计算，含脱水穿心莲内酯（$C_{20}H_{28}O_4$）和穿心莲内酯（$C_{20}H_{30}O_5$）的总量不得少于 0.80%。

（三）三萜和四萜

1. 三萜

三萜类化合物是由六个异戊二烯单元组成的物质。广泛存在于动植物体内，以游离状态或以酯或苷的形式存在。多数是含氧衍生物，为树脂的主要成分之一。例如角鲨烯和甘草次酸。

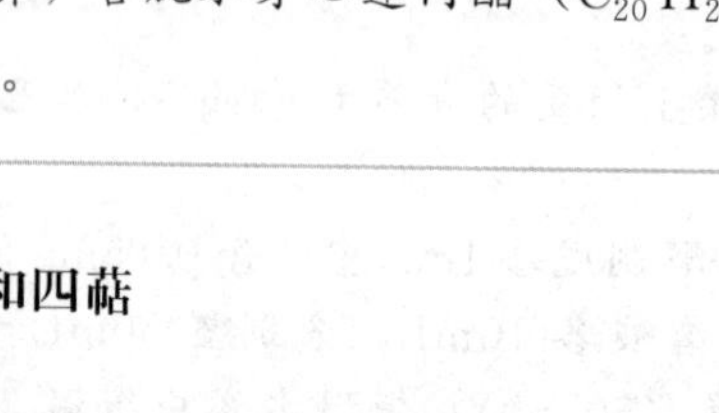

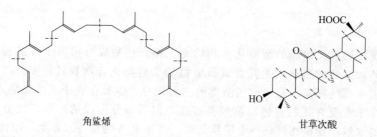

角鲨烯 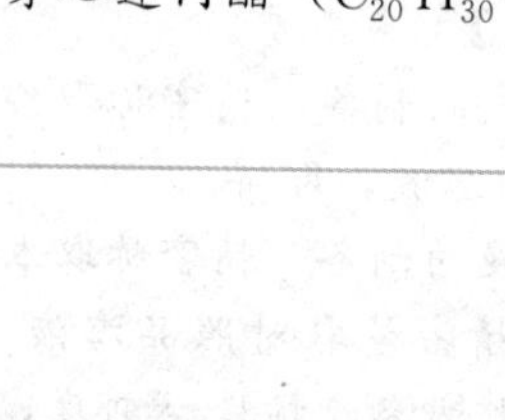　　　　　　　　　　　甘草次酸

角鲨烯是存在于鲨鱼的鱼肝油的主要成分，也存在于橄榄油、菜籽油、麦芽与酵母中，它是由一对三个异戊二烯单元头尾连接后的片段互相对称连接而成的一个链状三萜，具有降低血脂和软化血管等作用，被誉为血管清道夫。

甘草中的主要成分为甘草次酸，是一个五环三萜化合物，在甘草中以与糖结合成苷的形式存在，因其味甜又称甘草甜素，可溶于乙醇和氯仿中，甘草次酸具有保肝、解毒、抑制肿瘤细胞生长等作用。

2. 四萜

四萜类化合物及其衍生物在自然界分布很广，这类化合物的分子大多数结构复杂，含有一个较长的碳碳双键共轭体系，都是有颜色的物质，因此也常把四萜称为多烯色素。在植物色素中，最早发现的四萜多烯色素是含四十个碳的共轭烯烃或其含氧衍生物，分子中含有八个异戊二烯单元，是从胡萝卜素中来的，后来又发现很多结构与此相类似的色素，所以通常把四萜称为胡萝卜类色素。例如：番茄红素（也称番茄烯）、胡萝卜素、叶黄素等。

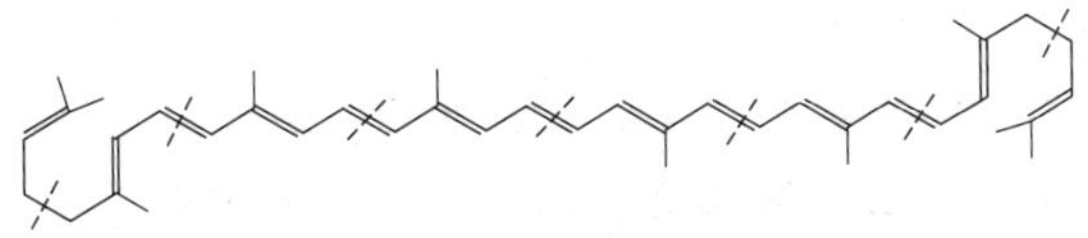

番茄红素

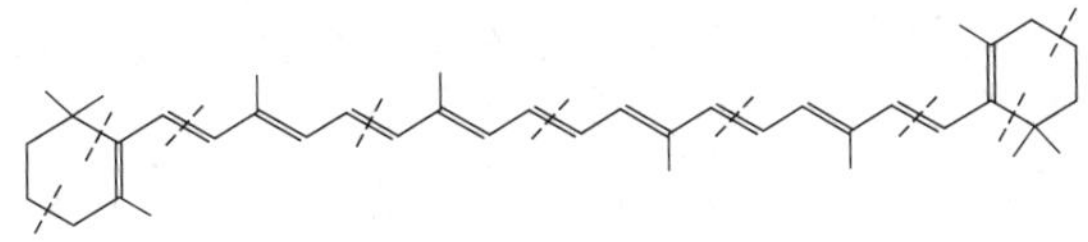

β-胡萝卜素

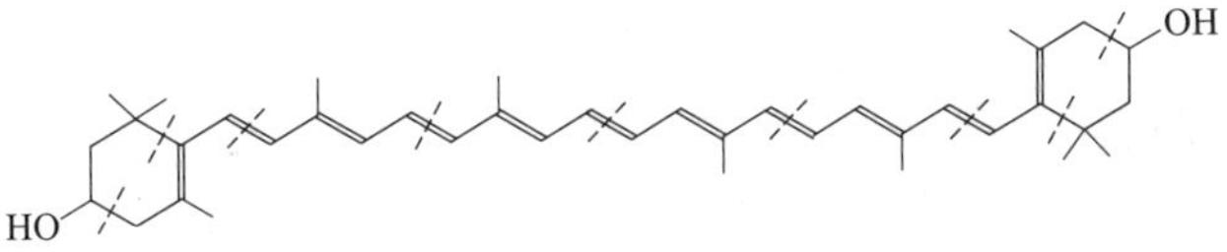

叶黄素

萜类化合物

番茄红素存在于番茄、西瓜、柿子等水果中，为洋红色结晶，可作食品色素用。胡萝卜素不仅存在于胡萝卜中，也广泛存在于植物的叶、果实以及动物的乳汁、脂肪中。叶黄素是存在植物体内一种黄色的色素，与叶绿素共存，只有在秋天植物中的叶绿素破坏后，方显其黄色。

🧠 **课堂讨论**

萜类化合物的分类依据是什么？常分哪些类型？各类萜在植物体内的存在形式如何？

第二节　甾体化合物

甾体化合物（steroids，又称甾族化合物），是广泛存在于动植物体内的一类天然化合物，包括植物甾醇、胆汁酸、C_{21}甾类、昆虫变态激素、强心苷、甾体皂苷、甾体生物碱、蟾毒配基等，它们与医药有着密切关系。例如：

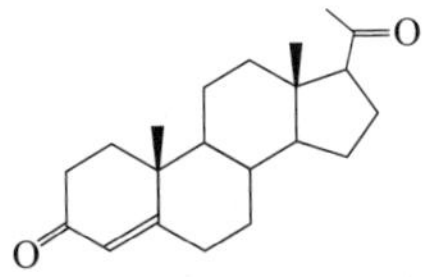

黄体酮 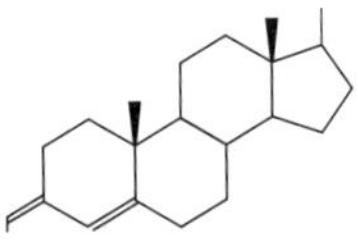　　　　　氢化可的松 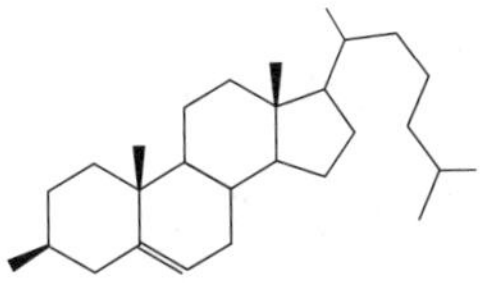　　　　　睾丸素

甾体的发现和研究历史

很早以前甾体化合物就被用于疾病的治疗。1775 年，英国医生 Withering 就发现干燥的洋地黄叶对风湿浮肿有非常好的效果，后来发现是对弱化的心脏有强心作用，洋地黄叶中主要成分包括地高辛和洋地黄毒苷等强心苷类甾体成分。德国药剂师 Schmiedeberg 在 1875 年分离得到了洋地黄毒苷的纯品，后来法国药剂师 Nativelle 将洋地黄毒苷用于临床。1769 年，de La Salle 从胆汁中发现了一种类脂质物质。1815 年，化学家 Chevreul 将这种类脂类物质命名为胆固醇。

20 世纪 20～30 年代，科学家先后发现了雌甾酮、雌三醇、雄甾酮、马萘雌酮、孕甾酮、雌二醇和睾丸酮等多种性甾体激素化合物，后来，美国科学家又发现了肾上腺皮质激素可的松，其中有不少科学家因为在甾体化合物领域的卓越研究而获得诺贝尔奖。中国科学院院士，中科院上海有机化学研究所研究员黄鸣龙先生 1938 年开始从事甾体化学的研究。首次发现甾体中的双烯酮反应，用于生产女性激素。1952 年，黄鸣龙先生主要是把发展有疗效的甾体化合物的工业生产作为甾体激素药物的工作目标。他于 1958 年利用薯蓣皂苷元为原料，七步合成了可的松。

一、甾体化合物的结构

（一）基本骨架

甾体化合物在结构上有一共同点，即具有环戊烷多氢菲和三个侧链的基本骨架结构，此外在环戊烷多氢菲母核上通常带有两个角甲基（C_{10}、C_{13}）和一个含有不同的碳原子数的侧链或含氧基团如羟基、羰基等（C_{17}）。"甾"字就很形象地表示了甾体化合物的碳架结构特征，"田"表示四个稠合环，分别用 A、B、C、D 表示，"<<<"则表示三个侧链。其基本骨架如下：

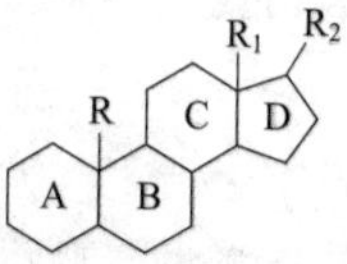

一般情况下，R、R_1 都是甲基（专称角甲基），R_2 可为不同碳原子数的碳链或含氧基团。

（二）基本骨架的编号

甾体化合物的基本骨架具有特殊规定的编号，其编号次序如下：

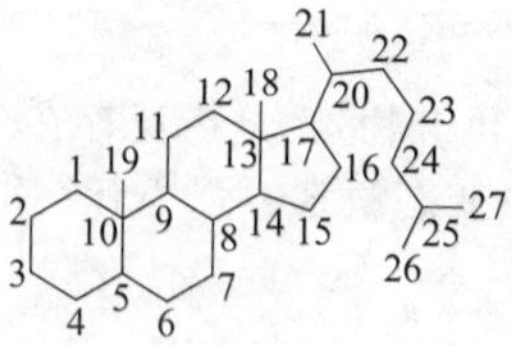

二、甾体化合物的分类和命名

（一）甾体化合物的分类

1. 甾醇类

甾醇（sterol）是一类广泛存在于自然界的甾体化合物。甾醇存在于动物或植物的油类与脂肪中，它以较高级的脂肪酸的酯的形式存在于动物体内，或者以苷的形式存在于植物的组织中。

甾醇一般可以根据其来源分类：来自动物的甾醇称为动物甾醇，如胆甾醇、胆甾烷醇、粪甾烷醇等；来自植物的甾醇称为植物甾醇，如麦角甾醇和豆甾醇等。

2. 胆汁酸

胆汁酸的种类很多，除人工合成的胆汁酸外，天然的胆汁酸就有 20 多种。大多数天然胆汁酸就其结构而言，可视为 4-甾戊酸的羟基衍生物。它们是一类具有重要生理作用的甾族化合物。它们在胆汁中以胆盐形式存在，即在人体中以甘氨胆甾酸与牛磺胆甾酸这两种酸的钠盐（或钾盐）形式存在。胆汁酸可用于治疗因胆汁分泌不足所致的疾病。

3. 激素

激素是由内分泌腺分泌的的一类化合物，少量的这类物质即可对人体或其他动物体产生许多重要的生理作用。就化学结构而言，C_{21} 甾族衍生物是一类重要的甾族激素药物，黄体激素和肾上皮质激素等都属于此类，称为甾族激素。甾族激素依据其来源与生理功能又可分为性激素与肾上腺皮质激素。前者产生于动物的生殖器官，如雄性动物的睾丸和雌性动物的卵巢；后者是肾上腺皮质受脑垂体前叶分泌的促肾上腺皮质激素的刺激而产生的一类激素。性激素又可分为雄性激素和雌性激素。

🌐 **科技前沿**

最新研究显示，激素替代疗法可能增加患痴呆和阿尔茨海默病的风险

2023 年 6 月 28 日发表于《英国医学杂志》上的一项重要新研究显示，绝经后女性接受激素替代疗法，可能会增加患痴呆和阿尔茨海默病的风险。绝经年龄左右的短期服用激素者和长期服用激素者均会增加患上述疾病的风险。该研究表示，需要开展更多的研究才能确定激素替代疗法是否为罪魁祸首，依赖激素替代疗法的女性也可能因为尚不清楚的原因而易患痴呆。研究人员发现，接受过雌激素-孕激素疗法的女性患痴呆和阿尔茨海默病的风险增加了 24%——即便是在 55 岁或以下年龄开始治疗的女性也是如此。受访女性接受激素替代疗法的时间越长，患痴呆的几率越高。治疗时间为一年或以下的女性患痴呆的风险增加 21%，而治疗时间超过 12 年的女性则增加将近 75%。研究人员发现，每天接受激素替代疗法的女性和每月只有 10 天至 14 天接受治疗的女性患痴呆的风险增加程度相差无几。他们并未发现纯孕激素疗法或阴道雌激素疗法与患痴呆之间存在关联。

（二）甾体化合物的命名

很多自然界的甾体化合物都有其各自的习惯名称。其系统命名首先需要确定母核的名称，然后在母核名称的前后表明取代基的位置、数目、名称及构型。

甾体化合物常见的基本母核有 6 种，其名称见表 15-2。

表 15-2 甾体常见的六种母核结构及其名称

R	R_1	R_2	甾体母核名称
—H	—H	—H	甾烷（gonane）
—H	—CH_3	—H	雌甾烷（estrane）
—CH_3	—CH_3	—H	雄甾烷（androstane）
—CH_3	—CH_3	—CH_2CH_3	孕甾烷（prgnane）

R	R₁	R₂	甾体母核名称

—CH₃	—CH₃	—CHCH₂CH₂CH₃
		   |
		   CH₃
			胆烷(cholane)

—CH₃	—CH₃	—CHCH₂CH₂CH₂CH(CH₃)₂
		   |
		   CH₃
			胆甾烷(cholestane)

选定母核名称后，再根据以下规则对甾体化合物进行命名：

（1）母核中含有碳碳双键时，将"烷"改为相应的"烯"，并标出双键的位置。

（2）母核上连有取代基或官能团时，取代基的名称、位置及构型放在母核名称前，若官能团作为母体时，将其放在母核名称之后。例如：

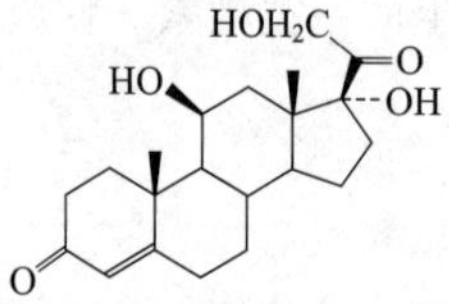

11β,17α,21-三羟基孕甾-4-烯-3,20-二酮（氢化可的松）

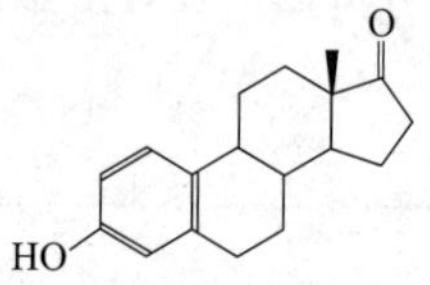

3-羟基-1,3,5(10)-雌甾三烯-17-酮（雌酚酮）

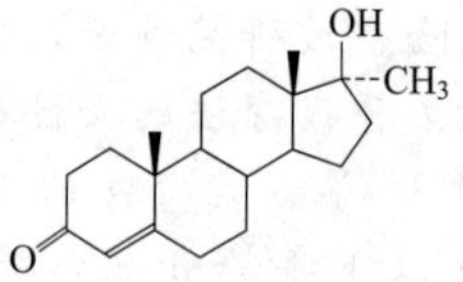

17α-甲基-17β-羟基雄甾-4-烯-3-酮（甲基睾丸素）

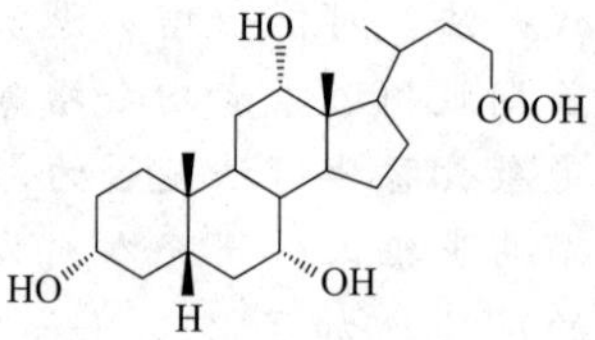

3α,7α,12α-三羟基-5β-胆烷-24-酸（胆酸）

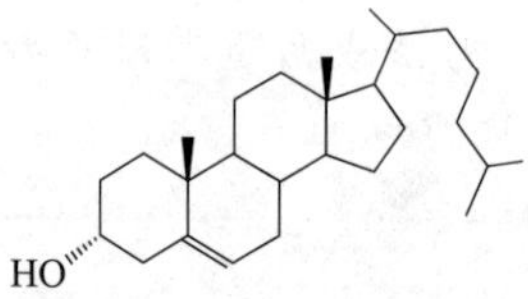

胆甾-5-烯-3β-醇（胆固醇）

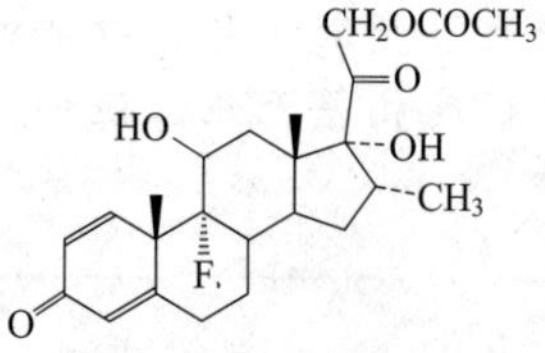

16α-甲基-11β,17α,21-三羟基-9α-氟孕甾-1,4-二烯-3,20-二酮-21-乙酸酯（醋酸地塞米松）

（3）对于差向异构体，可在习惯名称前加"表"字。例如：

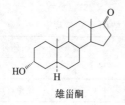

雄甾酮

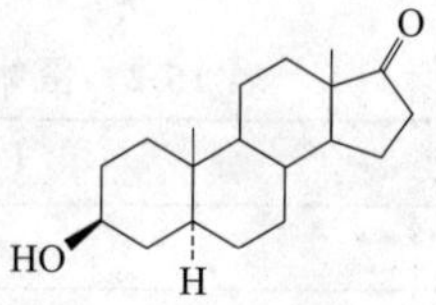

表雄甾酮

（4）在角甲基去除时，可加词首"nor"，译为"去甲基"，并在其前表明失去甲基的位置。若同时失去两个角甲基，可用"18,19-dinor"表示，译为"18,19-双去甲基"。例如：

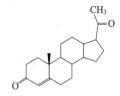

18-去甲基孕甾-4-烯-3,20-二酮

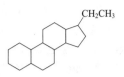

18,19-双去甲基-5α-孕甾烷

（5）当母核的碳环扩大或缩小时，分别用词首"增碳（homo）"或"失碳（nor）"表示，若同时扩增或减小两个碳原子就用词首"增双碳（dihomo）"或"失双碳（dinor）"表示，并在其前用 A、B、C 或 D 注明是何环改变。例如：

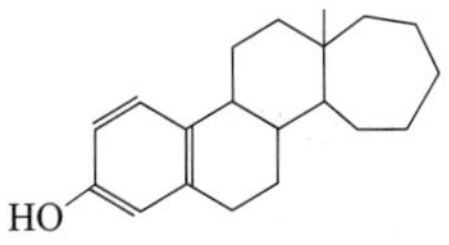

3-羟基-D-dihomo-1,3,5(10)-雌甾三烯

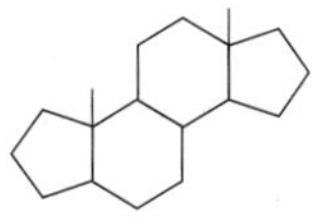

A-nor-5α-雄甾烷

对于含增碳环的甾体化合物需要编号时，原编号顺序不变，只在增碳环的最高编号数后加 α、β、γ···表示与另一环的连接处的编号。例如：

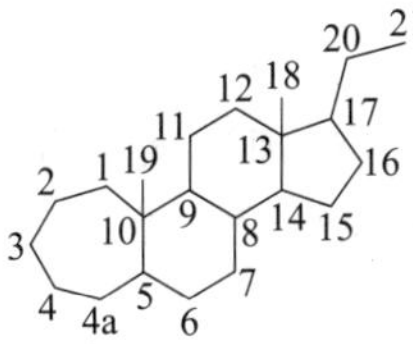

A-homo-5α-孕甾烷

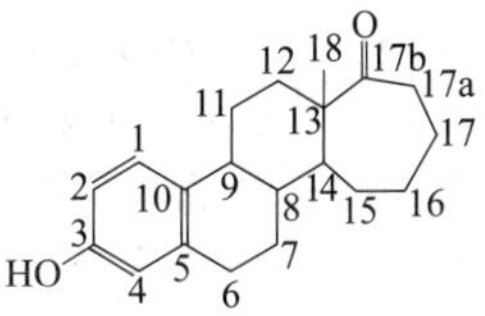

3-羟基-D-dihomo-1,3,5(10)-雌甾三烯-17b-酮

对于含失碳环的甾体化合物，仅将失碳环的最高编号删去，其余按原编号顺序进行编号。例如：

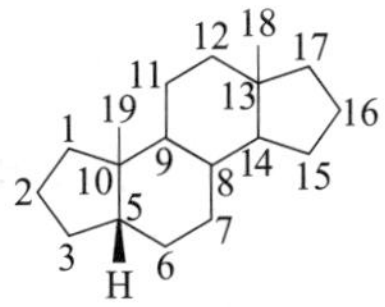

A-nor-5α-雄甾烷

（6）母核碳环开裂，而且开裂处两端的碳都与氢相连时，仍采用原名及其编号，用词首"seco"表示，并在前标明开环的位置。例如：

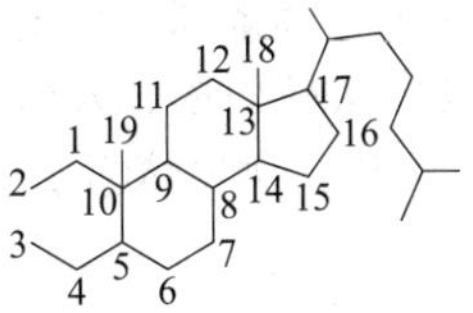

2,3-seco-5α-胆甾烷

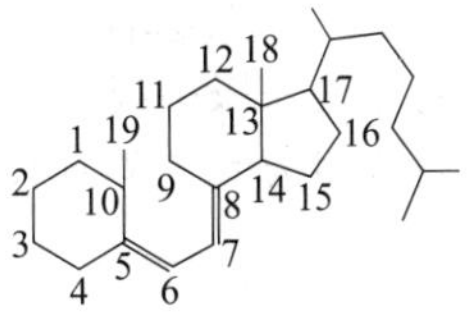

9,10-seco-5,7,10(19)-胆甾三烯

岗位对接

醋酸泼尼松片

甾体药物有氢化可的松片、地塞米松片、醋酸泼尼松片等。醋酸泼尼松片：主要可以用于治疗过敏性与自身免疫性炎症性疾病，比如系统性红斑狼疮、重症多肌炎等，还可以

治疗急性白血病、恶性淋巴瘤、其他肾上腺皮质激素类的病症等。

【性状】本品为白色片。

【鉴别】取本品的细粉适量（约相当于醋酸泼尼松0.1g），加氯仿50mL搅拌，使醋酸泼尼松溶解，滤过，滤液供以下试验。

（1）取滤液作为供试品溶液；另取醋酸泼尼松对照品，加氯仿制成每1mL中含2mg的溶液，作为对照品溶液。照薄层色谱法（《中国药典》2020版一部附录 V B）试验，吸取上述两种溶液各5μL，分别点于同一硅胶G薄层板上，以二氯甲烷-乙醚-甲醇-水（385:60:15:2）为展开剂，展开后，晾干，在105℃干燥10分钟，放冷，喷以碱性四氮唑蓝试液，立即检视。供试品溶液所显主斑点的颜色和位置，应与对照品溶液的主斑点相同。

（2）取剩余的滤液，置水浴上蒸干，残渣照醋酸泼尼松项下的鉴别（2）、（3）项试验，显相同的反应。

三、重要的甾体化合物

甾体化合物结构类型及数目繁多，广泛存在于动植物体内。人体含有的甾体激素有由肾上腺皮质分泌出来的肾上腺皮质激素（例如氢化可的松、去氢皮质酮）；由性腺分泌的雌性激素（例如 β 雌二醇、黄体酮），雄性激素（例如睾丸酮）等。它们各有其生理活性，临床上用于治疗某些疾病。临床上使用的几个甾体激素类药物按其结构特点可分为雌甾烷、雄甾烷、孕甾烷类。孕甾烷类按药理性质不同又可分为孕激素及肾上腺皮质激素类。

甾体激素药物
- 雌甾烷类：如雌二醇、炔雌醇等
- 雄甾烷类：如甲睾酮、苯丙酸诺龙等
- 孕甾烷类：
  - 孕激素类：如黄体酮、醋酸甲地孕酮等
  - 肾上腺皮质激素类：如醋酸地塞米松等

1. 雌二醇

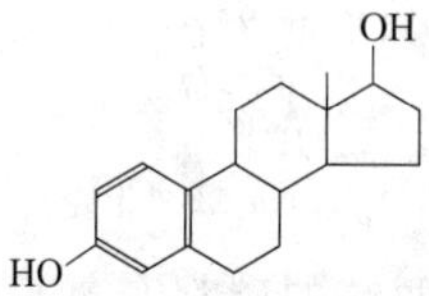

化学名为：雌甾-1,3,5(10) 三烯-3-,17β-二醇

在临床上用于治疗女性更年期综合征。雌二醇是一种甾体雌激素。有 α，β 两种类型，α 型生理作用强。科学家曾从妊娠马尿中提取出来，此外也可从妊妇尿、人胎盘、猪卵巢等中获得。雄马的精巢或尿中也存在。因为雌二醇有很强的性激素作用，所以认为它或它的酯实际上是卵巢分泌的最重要的性激素。

2. 甲睾酮

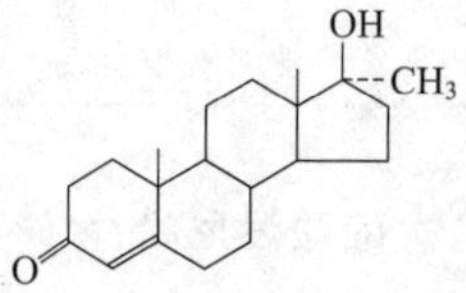

化学名为：17β-羟基-17α-甲基雄甾-4-烯-3-酮

临床上主要用于治疗男性缺乏睾丸素所引起的各种疾病。甲睾酮，是一种有机化合物，化学

式为 $C_{20}H_{30}O_2$，为天然雄激素睾酮的 17-α 位甲基衍生物，口服可吸收，舌下含服效果更好。具有雄激素和蛋白同化作用，促进蛋白合成及骨质形成，刺激骨髓造血功能，还有抗雌激素作用，抑制卵巢功能及子宫内膜生长。甲睾酮是性激素替代疗法常用药物，具有明显疗效，但作用时间短，每天要多次用药。

3. 黄体酮

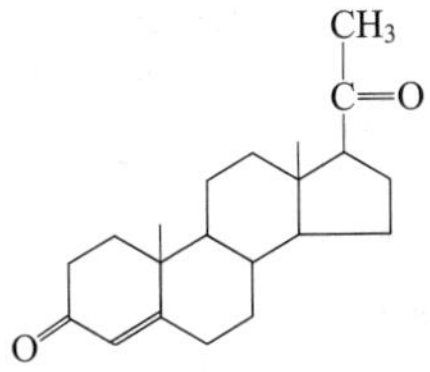

化学名为：孕甾-4-烯-3,20-二酮

临床上用于治疗先兆性流产、习惯性流产及月经不调等病症。黄体酮又称孕酮、黄体激素，是卵巢分泌的具有生物活性的主要孕激素，化学式为 $C_{21}H_{30}O_2$。在排卵前，每天产生的孕酮激素量为 2～3mg，主要来自卵巢。排卵后，上升为每天 20～30mg，绝大部分由卵巢内的黄体分泌。黄体酮可以保护女性的子宫内膜，在女性怀孕期间，孕酮激素可以给胎儿的早期生长及发育提供支持和保障，而且能够对子宫起到一定的镇定作用。雌性激素的作用主要是促使女性第二性征发育成熟，而孕酮激素则是在雌性激素作用的基础上，进一步促进第二性征的发育成熟，两者之间有协同作用。2017 年 10 月 27 日，世界卫生组织国际癌症研究机构公布的致癌物清单初步整理参考，孕激素在 2B 类致癌物清单中。

4. 醋酸地塞米松

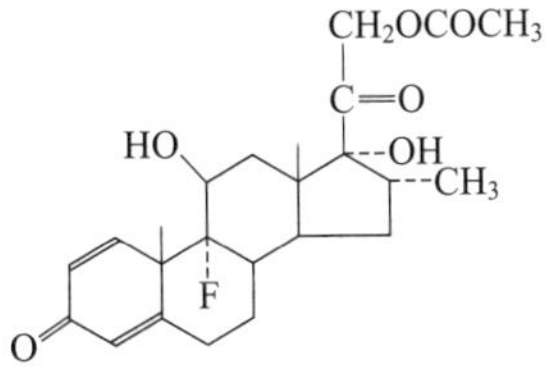

化学名为：16α-甲基-11β,17α,21-三羟基-9α-氟孕甾-1,4-二烯-3,20-二酮-21-醋酸酯，属肾上腺皮质激素类药物，临床上主要用于风湿性关节炎、皮炎、湿疹等疾病的治疗。

5. 胆固醇（胆甾醇）

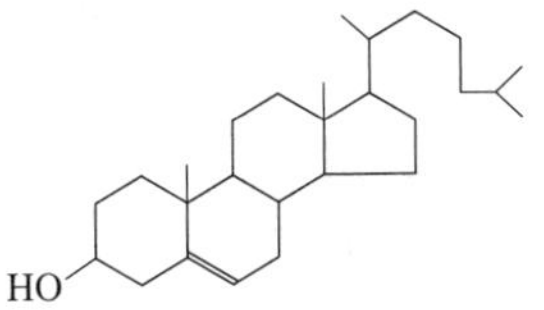

化学名为：胆甾-5-烯-3-醇

在人和动物体内主要以脂肪酸酯的形式存在，是真核生物细胞膜的重要成分，生物膜的流动性与其密切相关。胆固醇也是生物合成胆甾酸和甾体激素等的前体，在体内有重要作用。但胆固醇摄入过量和代谢发生障碍，胆固醇会从血清中沉积在动脉血管壁上，导致冠心病和动脉硬化症。

课堂讨论

甾体化合物种类繁多，主要包括哪些？

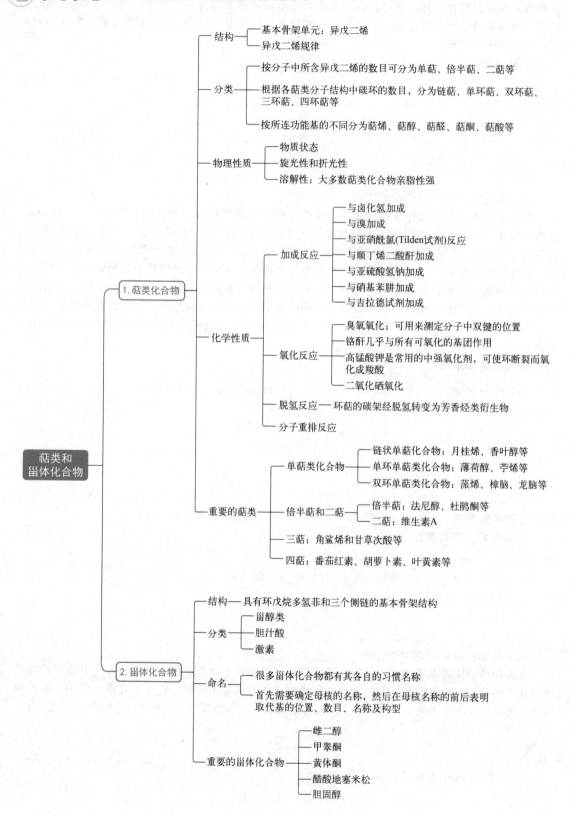

结构 —— 基本骨架单元：异戊二烯
—— 异戊二烯规律

分类 —— 按分子中所含异戊二烯的数目可分为单萜、倍半萜、二萜等
—— 根据各萜类分子结构中碳环的数目，分为链萜、单环萜、双环萜、三环萜、四环萜等
—— 按所连功能基的不同分为萜烯、萜醇、萜醛、萜酮、萜酸等

物理性质 —— 物质状态
—— 旋光性和折光性
—— 溶解性：大多数萜类化合物亲脂性强

加成反应 —— 与卤化氢加成
—— 与溴加成
—— 与亚硝酰氯(Tilden试剂)反应
—— 与顺丁烯二酸酐加成
—— 与亚硫酸氢钠加成
—— 与硝基苯肼加成
—— 与吉拉德试剂加成

化学性质

氧化反应 —— 臭氧氧化：可用来测定分子中双键的位置
—— 铬酐几乎与所有可氧化的基团作用
—— 高锰酸钾是常用的中强氧化剂，可使环断裂而氧化成羧酸
—— 二氧化硒氧化

脱氢反应 —— 环萜的碳架经脱氢转变为芳香烃类衍生物
分子重排反应

1. 萜类化合物

重要的萜类

单萜类化合物 —— 链状单萜化合物：月桂烯、香叶醇等
—— 单环单萜类化合物：薄荷醇、苧烯等
—— 双环单萜类化合物：蒎烯、樟脑、龙脑等

倍半萜和二萜 —— 倍半萜：法尼醇、杜鹃酮等
—— 二萜：维生素A

三萜：角鲨烯和甘草次酸等
四萜：番茄红素、胡萝卜素、叶黄素等

萜类和
甾体化合物

结构 —— 具有环戊烷多氢菲和三个侧链的基本骨架结构

分类 —— 甾醇类
—— 胆汁酸
—— 激素

2. 甾体化合物

命名 —— 很多甾体化合物都有其各自的习惯名称
—— 首先需要确定母核的名称，然后在母核名称的前后表明取代基的位置、数目、名称及构型

重要的甾体化合物 —— 雌二醇
—— 甲睾酮
—— 黄体酮
—— 醋酸地塞米松
—— 胆固醇

课后习题

一、名词解释

1. 萜类化合物

2. 甾体化合物

3. 异戊二烯规律

4. 吉拉德（Girard）试剂

二、单选选择题

1. 下列甾族化合物中，属于甾族激素类的是（　　）。

A. 黄体酮　　　　　B. 毛地黄毒素　　　　C. 胆固醇　　　　D. 胆汁酸

2. 下列（　　）是在生物体中由甾族化合物转变而成。

A. 维生素 A　　　　B. 维生素 C　　　　C. 维生素 D　　　　D. 维生素 E

3. 组成三萜基本骨架的碳原子个数是（　　）。

A. 10　　　　　B. 15　　　　　C. 20　　　　　D. 30

4. 稳定结构挥发油组分的提取温度是（　　）。

A. 70～300℃　　　B. 95～300℃　　　C. 150～300℃　　　D. 200～300℃

5. 二萜相当于（　　）。

A. 两个异戊二烯聚合　　　　　　　　B. 三个异戊二烯聚合

C. 四个异戊二烯聚合　　　　　　　　D. 五个异戊二烯聚合

6. 下列化合物中由甲戊二羟酸衍生而成的化合物是（　　）。

A. 有机酸类　　　　B. 萜类　　　　　C. 苯丙素类　　　　D. 黄酮类

7. 下列关于挥发油的叙述错误的是（　　）。

A. 具有止咳平喘等多种作用　　　　　B. 可以与水混溶

C. 可以随水蒸气蒸馏　　　　　　　　D. 具有芳香嗅味

8. 挥发油的主要组成成分是（　　）。

A. 多元酚类　　　　　　　　　　　　B. 糖类化合物

C. 单萜和倍半萜　　　　　　　　　　D. 芳香族化合物

9. 二萜分子异戊二烯数目是（　　）。

A. 2 个　　　　　B. 4 个　　　　　C. 6 个　　　　　D. 3 个

10. 甾体皂苷元（　　）。

A. 由 20 个碳原子组成　　　　　　　B. 由 25 个碳原子组成

C. 由 27 个碳原子组成　　　　　　　D. 由 28 个碳原子组成

11. 不易被碱催化水解的苷是（　　）。

A. 酚苷　　　　　B. 醇苷　　　　　C. 酯苷　　　　　D. 烯醇苷

12. 下列说法错误的是（　　）。

A. 萜类化合物可以看作是异戊二烯分子结构头尾相连接而成的低聚合体或其衍生物

B. 维生素 A 属于四萜类化合物

C. 胡萝卜素属于四萜类化合物

D. 叶黄素属于四萜类化合物

13. 下列说法错误的是（　　）。

A. 黄体酮属于甾体化合物

B. 甾族化合物在结构上可看作是环戊烷并全氢化菲的衍生物

C. 萜类化合物具有异戊二烯的基本单位

D. 甾族化合物"甾"是象形字，其中"田"代表 5 个环

三、填空题

1. 低分子量和含功能基少的萜类，常温下多呈_____态，具有_____性，能随水蒸气蒸馏。随着分子量的增加、功能基的增多，化合物_____性增大，沸点也相应_____。

2. 青蒿素是过_____倍半萜，系从中药青蒿中分离得到的_____有效成分。

3. 卓酚酮类是一类芳香单萜，其酚羟基由于邻位羰基的存在，酸性_____于一般酚羟基、_____于羧基。

4. 萜类是一类有天然烃类化合物，由两个或两个以上_____分子聚合而成，符合_____通式。

5. 挥发油是存在于_____中一类可随水蒸气蒸馏得到的与水不相混溶的挥发性。

6. 萜类的主要分类法是根据分子中包含_____单位数目进行分类，二萜由_____个碳组成。

7. 某些挥发油在低温条件下，析出固体成分，此固体习称为_____。如薄荷醇也称_____。

8. 含有醛基的挥发油成分可以用_____反应给以分离，含有醇类成分的挥发油成分可以用_____法与其他成分分离。

四、问答题

萜类化合物的分类依据是什么？

第十六章　氨基酸和蛋白质

 学习目标

知识目标：
1. 掌握氨基酸的命名方法和主要化学性质；掌握蛋白质的主要化学性质。
2. 熟悉氨基酸的定义、分类和物理性质；熟悉蛋白质的定义、结构和物理性质。
3. 了解重要的药用蛋白质。

能力目标：
1. 会用系统命名法命名氨基酸。
2. 能运用化学方法鉴别氨基酸、蛋白质。

素质目标：
1. 培养爱国、敬业、诚信的社会主义核心价值观。
2. 增强专业认同感和归属感。

案例分析

　　2006年6月～7月，青海、广西、浙江、黑龙江和山东等省、自治区陆续有部分患者使用安徽华源生物药业有限公司生产的"欣弗"注射液后，出现胸闷、心悸、心慌、寒战、肾区疼痛、过敏性休克、肝肾功能损害等临床症状。2006年8月3日，原卫生部连夜发出紧急通知，要求各地停用该公司生产的药品"欣弗"。

　　分析： 经查，该公司2006年6月至7月生产的克林霉素磷酸酯葡萄糖注射液未按批准的工艺参数灭菌，降低灭菌温度，缩短灭菌时间，增加灭菌柜装载量，影响了灭菌效果。由蛋白质构成的细菌未发生变性而坏死，故引发了严重的不良反应，部分患者在基层诊所或在自己家中注射该药导致死亡。

　　蛋白质是一切生物体细胞的主要组成成分，是生物体形态结构的物质基础，也是生命活动所依赖的物质基础。一切基本的生命活动过程几乎都离不开蛋白质的参与。例如在生化反应中具有催化作用的各种酶和调节物质代谢的某些激素、抵御细菌和病毒的抗体、与生物遗传相关的核蛋白等都是蛋白质。

　　分子中既有氨基又有羧基的化合物称为氨基酸，氨基酸也属于取代羧酸。α-氨基酸是蛋白质的基本组成单位，是一类具有特殊重要意义的化合物，是人体必不可少的物质，有些可直接用作药物。

岗位对接

胰岛素的含量测定

胰岛素是从猪胰中提取制得的由51个氨基酸残基组成的蛋白质。

胰岛素的含量照高效液相色谱法测定。临用新制，或2～4℃保存，48小时内使用。

供试品溶液的制备　取本品适量，精密称定，加 0.01mol/L 盐酸溶液溶解并定量稀释制成每 1mL 中约含 40 单位的溶液。

对照品溶液的制备　取胰岛素对照品适量，精密称定，加 0.01mol/L 盐酸溶液溶解并定量稀释制成每 1mL 中约含 40 单位的溶液。

色谱条件　用十八烷基硅烷键合硅胶为填充剂（5～10μm）；以 0.2mol/L 硫酸盐缓冲液（取无水硫酸钠 28.4g，加水溶解后，加磷酸 2.7mL，乙醇胺调节 pH 值至 2.3，加水至 1000mL）-乙腈（74:26）为流动相；柱温为 40℃；检测波长为 214nm；进样体积 20μL。

系统适用性　要求系统适用性溶液色谱图中，胰岛素峰与 A21 脱氨胰岛素峰（与胰岛素峰的相对保留时间约为 1.2）之间的分离度应不小于 1.8，拖尾因子应不大于 1.8。

测定法　精密量取供试品溶液与对照品溶液，分别注入液相色谱仪，记录色谱图。按外标法以胰岛素峰面积与 A21 脱氨胰岛素峰面积之和计算。

本品按干燥品计算，含胰岛应为 95.5%～105.0%。

第一节　氨基酸

一、氨基酸的结构和分类

羧酸分子中烃基中的氢原子被氨基取代而生成的化合物称为氨基酸。氨基酸的种类很多，根据氨基和羧基的相对位置不同，可分为 α-氨基酸、β-氨基酸、γ-氨基酸等。如：

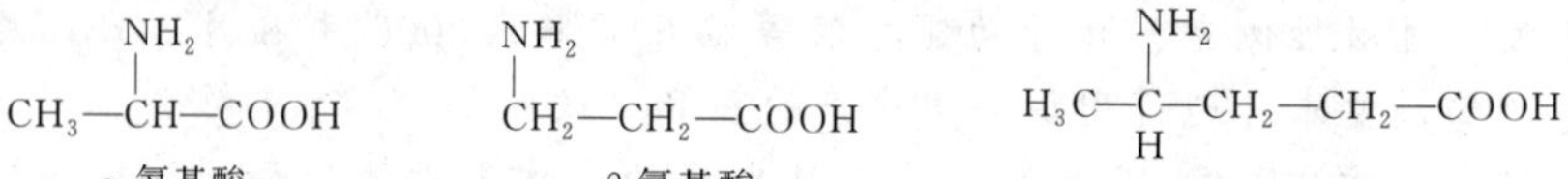

$$CH_3-\underset{\underset{NH_2}{|}}{CH}-COOH \qquad \underset{\underset{NH_2}{|}}{CH_2}-CH_2-COOH \qquad H_3C-\underset{\underset{H}{|}}{\overset{\overset{NH_2}{|}}{C}}-CH_2-CH_2-COOH$$

α-氨基酸　　　　　β-氨基酸　　　　　　　γ-氨基酸

组成蛋白质的 20 余种氨基酸绝大多数都是 α-氨基酸（脯氨酸为 α-亚氨基酸）。表 16-1 中列出了常见的 α-氨基酸的结构、名称、缩写符号等，名称中标有 * 号的 8 种氨基酸在人体内不能合成，必须通过食物供给，称为必需氨基酸，其他氨基酸可以利用其他物质在体内合成。因此人们不能偏食，应保证食物的多样化以获得足够的人体必需氨基酸。

根据分子中烃基的结构不同，氨基酸可分为脂肪族氨基酸、芳香族氨基酸和杂环氨基酸。根据分子中所含的氨基和羧基的数目不同，氨基酸又可分为中性氨基酸（氨基和羧基数目相等）、酸性氨基酸（羧基的数目多于氨基的数目）和碱性氨基酸（氨基的数目多于羧基的数目）。

表 16-1　常见的 α-氨基酸

名称		缩写符号	结构式	等电点
酸性氨基酸				
天冬氨酸（aspartic acid） （α-氨基丁二酸）	天	Asp	$HOOCCH_2\underset{\underset{^+NH_3}{|}}{CH}COO^-$	2.77
谷氨酸（glutamic acid） （α-氨基戊二酸）	谷	Glu	$HOOCCH_2CH_2\underset{\underset{^+NH_3}{|}}{CH}COO^-$	3.22

名称	缩写符号		结构式	等电点
碱性氨基酸				
精氨酸（arginine） （α-氨基-δ-胍基戊酸）	精	Arg	$\overset{+NH_2}{H_2N-C-NHCH_2CH_2CH_2\underset{\underset{NH_2}{\mid}}{C}HCOO^-}$	10.76
* 赖氨酸（lysine） （α，ω-二氨基己酸）	赖	Lys	$^+NH_3CH_2CH_2CH_2CH_2\underset{\underset{NH_2}{\mid}}{C}HCOO^-$	9.74
组氨酸（histidine） [α-氨基-β-(4-咪唑基)丙酸]	组	His	$CH_2\underset{\underset{+NH_3}{\mid}}{C}HCOO^-$ 咪唑环	7.59
中性氨基酸				
甘氨酸（glycine） （氨基乙酸）	甘	Gly	CH_2-COO^- $\mid$ $^+NH_3$	5.97
丙氨酸（alanine） （α-氨基丙酸）	丙	Ala	$CH_3-CH-COO^-$ $\mid$ $^+NH_3$	6.00
丝氨酸（serine） （α-氨基-β-羟基丙酸）	丝	Ser	$HOCH_2-CHCOO^-$ $\mid$ $^+NH_3$	5.68
半胱氨酸（cysteine） （α-氨基-β-巯基丙酸）	半胱	Cys	$HSCH_2-CHCOO^-$ $\mid$ $^+NH_3$	5.05
* 苏氨酸（threonine） （α-氨基-β-羟基丁酸）	苏	Thr	$CH_3CH-CHCOO^-$ $\mid \quad \mid$ $OH \quad ^+NH_3$	5.70
* 蛋氨酸（methionine） （α-氨基-γ-甲硫基戊酸）	蛋	Met	$CH_3SCH_2CH_2-CHCOO^-$ $\mid$ $^+NH_3$	5.74
* 缬氨酸（valine） （α-氨基-β-甲基丁酸）	缬	Val	$(CH_3)_2CH-CHCOO^-$ $\mid$ $^+NH_3$	5.96
* 亮氨酸（leucine） （α-氨基-γ-甲基戊酸）	亮	Leu	$(CH_3)_2CHCH_2-CHCOO^-$ $\mid$ $^+NH_3$	6.02
* 异亮氨酸（isoleucine） （α-氨基-β-甲基戊酸）	异亮	Ile	$CH_3CH_2CH-CHCOO^-$ $\mid \qquad \mid$ $CH_3 \quad ^+NH_3$	5.98
* 苯丙氨酸（phenylalanine） （α-氨基-β-苯基丙酸）	苯丙	Phe	苯基$-CH_2-CHCOO^-$ $\mid$ $^+NH_3$	5.48
酪氨酸（tyrosine） （α-氨基-β-对羟苯基丙酸）	酪	Tyr	$HO-$对羟苯基$-CH_2-CHCOO^-$ $\mid$ $^+NH_3$	5.66
脯氨酸（proline） （α-四氢吡咯甲酸）	脯	Pro	四氢吡咯环$-COO^-$	6.30

名称	缩写符号		结构式	等电点
*色氨酸(tryptophan) [α-氨基-β-(3-吲哚基)丙酸]	色	Try	$CH_2CH-COO^-$ $\overset{+}{N}H_3$ (吲哚环)	5.80
天冬酰胺(asparagine) (α-氨基丁酰氨酸)	天胺	Asn	$H_2N-\overset{O}{\overset{\|}{C}}-CH_2\overset{}{C}HCOO^-$ $\overset{+}{N}H_3$	5.41
谷氨酰胺(glutamine) (α-氨基戊酰氨酸)	谷胺	Gln	$H_2N-\overset{O}{\overset{\|}{C}}-CH_2CH_2\overset{}{C}HCOO^-$ $\overset{+}{N}H_3$	5.65

 知识拓展

第一必需氨基酸——赖氨酸

赖氨酸是人体必不可少的营养成分,属于碱性必需氨基酸。在合成蛋白质时,少了赖氨酸,其他氨基酸就会受到限制或得不到利用,故科学家称之为人体第一必需氨基酸。

赖氨酸可以调节人体代谢平衡。往食物中添加少量的赖氨酸,可以刺激胃酸和胃蛋白酶的分泌,提高胃液分泌功效,起到增进食欲、促进幼儿生长与发育的作用。赖氨酸还能提高钙的吸收及其在体内的积累,加速骨骼生长。在医药上,赖氨酸可作为利尿药的辅助药物,治疗因血液中的氯化物减少而引起的铅中毒现象,还可与蛋氨酸合用抑制重症原发性高血压,与酸性药物(如水杨酸等)生成盐来减轻不良反应。常见的含有赖氨酸的药物有复方赖氨酸颗粒和赖氨酸注射剂等。

二、氨基酸的命名

氨基酸的系统命名法与羟基酸相同,一般以羧酸作为母体,氨基作为取代基来命名,称为"氨基某酸"。氨基的位次习惯上用希腊字母 α、β、γ 等标示。例如:

H_3C-CH_2-COOH $HOOC-CH_2-CH_2-CH-COOH$
$|$ $|$
NH_2 NH_2
α-氨基丙酸   α-氨基戊二酸

通常氨基酸是根据其来源或性质采用俗名,例如天冬氨酸源于天门冬植物的幼苗,甘氨酸因具有甜味而得名,半胱氨酸最先得自于尿结石。有时还用中文或英文缩写符号表示(见表16-1)。

三、氨基酸的性质

(一)氨基酸的物理性质

α-氨基酸都是无色晶体,熔点很高,一般在 200~300℃,在熔化的同时分解并放出二氧化碳。一般能溶于水而难溶于乙醇、乙醚、苯等有机溶剂。有的 α-氨基酸还具有甜味,有的无味甚至有苦味,而谷氨酸的钠盐味道鲜美,是调味品"味精"的主要成分。除了甘氨酸外,组成 α-氨基酸的碳原子都是手性碳原子,因此都具有旋光性,天然蛋白质水解得到的氨基酸都是 L-型。

氨基酸的化学性质

(二) 氨基酸的化学性质

氨基酸分子中因同时有氨基和羧基，所以氨基酸能发生氨基和羧基的典型反应，同时由于两种基团在分子内互相影响而表现出一些特殊性质。

1. 两性电离和等电点

氨基酸分子中同时含有碱性的氨基和酸性的羧基，具有酸碱两性。因此氨基酸既能与酸反应，又能与碱反应成盐，这种由分子内的碱性基团和酸性基团相互作用（质子转移）形成的盐称为内盐。

$$\underset{\overset{|}{R-CH-COOH}}{NH_2} \rightleftharpoons \underset{\overset{|}{R-CH-COO^-}}{NH_3^+}$$

内盐粒子中正电荷和负电荷共存，所以又称其为两性离子或偶极离子。实验证明，一般情况下，氨基酸是以两性离子的形式存在于晶体或水溶液中，这种特殊的离子结构，是其具有高熔点、能溶于水而不溶于有机溶剂等性质的根本原因。

氨基酸在水溶液中存在两性电离。可逆性地解离出阳离子为碱式电离，解离出阴离子为酸式电离。解离的程度和方向取决于溶液的 pH。在不同的 pH 水溶液中氨基酸的带电情况不同，在电场中的行为也不同。氨基酸在酸性溶液中主要以阳离子状态存在而向负极移动；在碱性溶液中主要以阴离子状态存在而向正极移动。当溶液的 pH 调节到某一特定值时，氨基酸的酸式电离和碱式电离程度相等，分子中的阳离子数和阴离子数正好相等，氨基酸主要以电中性的偶极离子形式存在，在电场中既不向正极移动又不向负极移动，这个特定的 pH 就成为氨基酸的等电点，常用 pI 表示。

氨基酸在水溶液中的存在形式随 pH 的变化可表示如下：

$$\underset{\overset{|}{R-CH-COOH}}{NH_2}$$

$$\underset{\underset{pH>pI}{阴离子}}{\underset{\overset{|}{R-CH-COO^-}}{NH_2}} \underset{OH^-}{\overset{H^+}{\rightleftharpoons}} \underset{\underset{pH=pI}{两性离子}}{\underset{\overset{|}{R-CH-COO^-}}{NH_3^+}} \underset{OH^-}{\overset{H^+}{\rightleftharpoons}} \underset{\underset{pH<pI}{阳离子}}{\underset{\overset{|}{R-CH-COOH}}{NH_3^+}}$$

等电点是氨基酸的一个特征常数，常见的氨基酸的等电点见表 16-1。由于羧基的电离略大于氨基，中性氨基酸的 pI 略小于 7，一般为 5.0～6.5。而酸性氨基酸的 pI 为 2.8～3.2，碱性氨基酸的 pI 为 7.6～10.8。在等电点时，氨基酸的酸式电离和碱式电离程度相等，氨基酸是电中性的，但其水溶液却不是中性的，pH 不为 7。另外，在等电点时，氨基酸的溶解度最小，最容易从溶液中析出沉淀。因此，根据不同的氨基酸具有不同的等电点这一特性，可通过调节溶液的 pH 使不同氨基酸在各自的等电点结晶析出以分离提纯氨基酸。

2. 脱羧反应

α-氨基酸与 $Ba(OH)_2$ 共热，即脱去羧基生成伯胺。

$$\underset{\overset{|}{R-CH-COOH}}{NH_2} \xrightarrow[\triangle]{Ba(OH)_2} R-CH_2-NH_2 + CO_2\uparrow$$

脱羧反应也可因某些细菌的脱羧酶作用而发生，例如蛋白质腐败时鸟氨酸转变为腐胺（1,4-丁二胺），赖氨酸转变为毒性强且有强烈气味的尸胺（1,5-戊二胺）。组氨酸脱羧后生成组胺，人体内的组胺过多可引起过敏、发炎反应、胃酸分泌等，也可影响脑部神经传导。脑内存在的重要神经递质 γ-氨基丁酸是由谷氨酸中的 α-羧基脱羧后转变而成。

案例分析

辽宁省盘锦市一户三口人家吃了鲅鱼后，开始发高烧，脸烧得通红，还伴有恶心、呕吐。

分析： 很多海鱼特别是鲅鱼，鱼肉中含血红蛋白较多，富含组氨酸，当鱼不新鲜或发生腐败时，细菌在其中大量生长繁殖，可使组氨酸发生脱羧反应生成组胺，可促使毛细血管扩张充血和支气管收缩，引起一系列临床反应。

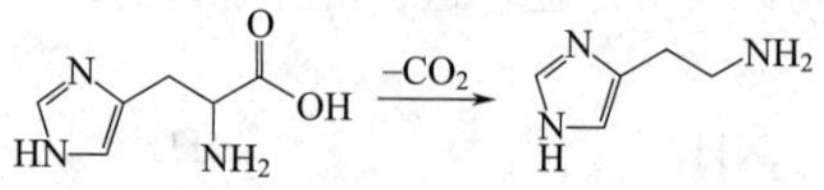

组氨酸　　　　组胺

3. 与亚硝酸反应

α-氨基酸中的氨基能与亚硝酸反应放出 N_2，并生成 α-羟基酸。

$$R-\overset{NH_2}{\overset{|}{C}H}-COOH + HNO_2 \longrightarrow R-\overset{OH}{\overset{|}{C}H}-COOH + N_2\uparrow + H_2O$$

由于该反应可以定量释放出氮气，故可计算出氨基酸分子中氨基的含量，也可测定蛋白质分子中游离的氨基含量，此方法称范斯莱克（Van Slyke）氨基测定法。

4. 与茚三酮反应

α-氨基酸与茚三酮的水合物在溶液中共热，经过一系列反应，最终生成蓝紫色的化合物，称罗曼紫，并放出二氧化碳。这是鉴别 α-氨基酸的最灵敏、最简便的方法。凡含有 α-氨酰基结构的化合物，如多肽和蛋白质都有此显色反应。

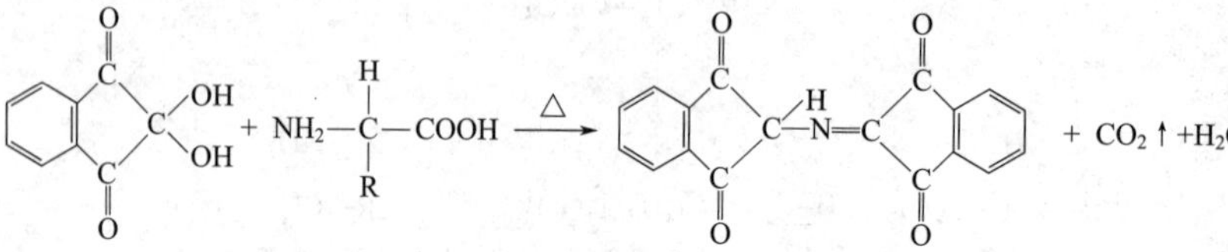

水合茚三酮　　　　罗曼紫

5. 成肽反应

一个 α-氨基酸分子中的羧基与另一个 α-氨基酸分子中的氨基脱水缩合，生成的化合物称为缩氨酸，简称肽。

$$H_2N-\underset{R}{\underset{|}{CH}}-\overset{O}{\overset{\|}{C}}-OH + H-HN-\underset{R}{\underset{|}{CH}}-COOH \xrightarrow[\triangle]{-H_2O} H_2N-\underset{R}{\underset{|}{CH}}-\overset{O}{\overset{\|}{C}}-NH-\underset{R}{\underset{|}{CH}}-COOH + H_2O$$

肽分子中的酰胺键（ $-\overset{O}{\overset{\|}{C}}-\overset{H}{\overset{|}{N}}-$ ）又称肽键。由 2 个氨基酸分子形成的肽为二肽。二肽分子中仍含有自由的氨基和羧基，因此可以继续与氨基酸脱水缩合成三肽、四肽、五肽等，由较多的氨基酸按上述方式脱水缩合形成的肽称多肽，多肽的链状结构称多肽链。多肽的分子量一般在一万以下。分子量高于一万的肽一般称为蛋白质。

在多肽链中，每个氨基酸单位都是不完整的分子，称氨基酸残基。多肽链两端的残基称末端残基，保留着游离氨基的一端称氨基末端或 N-端；保留着游离羧基的另一端称羧基末端或 C-端。习惯上把 N-端写在左边，C-端写在右边。多肽命名时以含有完整 C-端氨基酸为母体，从 N-端开始，将其余的氨基酸残基作为酰基，依次列在母体名称前面。

肽的结构不仅取决于组成肽链的氨基酸种类，也与肽链中各个氨基酸的排列顺序有关。由于各个氨基酸的排列顺序不同，一定数目的不同氨基酸可以形成多种不同的肽，如甘氨酸和丙氨酸所形成的二肽有两种异构体：

$$
\begin{array}{c}
H\quad H\ H\ O\qquad\ H\ O\\
|\quad\ |\ \ |\ \ \|\qquad\ \ |\ \ \|\\
H-N-C-C-N-C-C-OH\\
|\qquad\ |\qquad |\\
H\qquad H\qquad CH_3
\end{array}
$$

甘氨酰丙氨酸（可缩写为甘-丙）

$$
\begin{array}{c}
H\quad H\ H\ O\qquad\ H\ O\\
|\quad\ |\ \ |\ \ \|\qquad\ \ |\ \ \|\\
H-N-C-C-N-C-C-OH\\
|\qquad\quad |\qquad |\\
CH_3\qquad H\qquad H
\end{array}
$$

丙氨酰甘氨酸（可缩写为丙-甘）

多种氨基酸分子由于连接方式和数量不同可以形成成千上万个多肽，这也是只有 20 多种 α-氨基酸就能形成数目十分巨大的蛋白质群的原因。由 3 种不同氨基酸可形成 6 种三肽，由 4 种不同氨基酸可形成 24 种四肽。

🌱 **知识拓展**

谷胱甘肽与催产素

自然界中存在很多多肽，他们在生物体内起着各种不同的作用。

谷胱甘肽叫 γ-谷氨酰半胱氨酸，是生物细胞中的一种三肽。谷胱甘肽因含有巯基，容易被氧化。在生物体内的主要生理作用是防止氧化剂对其他生理活性物质的氧化，对细胞膜上含有巯基的膜蛋白和体内某些含有巯基的酶起到保护作用。

临床上使用的催产素也是一种多肽，催产素是一种哺乳动物激素，它不是女性的专利，男女都会分泌，当一个人的催产素水平升高时，即使是对完全陌生的人也会变得更加慷慨，更有爱心，因此催产素被戏称为爱情激素或道德分子。

还有很多抗生素和激素也是多肽化合物。例如用于铜绿假单胞菌感染的多黏菌素 B 和 E；能促进糖代谢的胰岛素；能扩张血管，降低压力，改善心律的心纳素等。

第二节　蛋白质

蛋白质

蛋白质是由不同的 α-氨基酸按一定顺序以肽键连接而形成的生物高分子化合物。蛋白质的种类繁多，结构复杂，功能特异。

🌐 **科技前沿**

蛋白质组学

蛋白质组，是指一个基因组、一个细胞或组织、一种生物体所表达的全部蛋白质。蛋白质组研究，是在整体水平上研究细胞、组织乃至整个生命体内蛋白质组成及其活动规律的科学，由此从蛋白质水平上获得关于疾病发生、细胞代谢等过程整体而全面的认识。蛋白质组学可精准治疗肿瘤。所有的肿瘤都是体细胞突变造成的，而且不同个体体细胞突变的位点很少会一样，基因突变决定了相应的蛋白质也会发生突变，蛋白质突变会产生新生抗原。针对新生抗原的抗体就能够区分正常细胞和肿瘤细胞，因此，可用于制备抗体偶联药物，也可以制备特异性 CAR-T 细胞进行治疗，这种疗法可以治疗肿瘤而不伤及正常细胞，实现精准治疗。

一、蛋白质的组成和分类

经过对蛋白质的元素分析，发现组成蛋白质的元素并不多，含量较多的元素主要有 C(50％～55％)、H(6％～7％)、O(20％～23％)、N(15％～17％) 四种，大多数蛋白质还含有少量的 S(0～4％)，另外 P、Fe、Cu、Mn、Zn、I 等元素也存在于某些蛋白质中。

蛋白质种类繁多，一般按其化学组成不同分为单纯蛋白质和结合蛋白质两大类。单纯蛋白质仅由 α-氨基酸组成，如乳清蛋白、蛋清蛋白、角蛋白；结合蛋白质由单纯蛋白质和称为辅基的非蛋白质两部分结合而成，如糖蛋白、脂蛋白、核蛋白、磷蛋白、血红蛋白等，这类蛋白质水解后，除生产 α-氨基酸外，还含有糖、脂肪、色素、磷和铁等。

二、蛋白质的结构

蛋白质分子的基本结构是多肽链，其多肽链不仅有严格的氨基酸组成及排列顺序，而且在三维空间上具有独特的复杂精细的结构，这种结构是蛋白质理化性质和生物学功能的基础。为了表示蛋白质不同层次的结构，通常将蛋白质的结构分为一级结构、二级结构、三级结构和四级结构。二级及二级以上结构又称空间结构或高级结构。

（一）蛋白质的一级结构

蛋白质多肽链中 α-氨基酸残基的排列顺序，称为蛋白质的一级结构，又称为初级结构。其中肽键是各氨基酸残基之间的主要连接方式（主键），在某些蛋白质分子的一级结构中上含有少量的二硫键。有些蛋白质就是一条多肽链，有的则由数条多肽链构成。例如，核糖核酸酶分子含 1 条多肽链，共有 124 个氨基酸残基；血红蛋白含 4 条多肽链，共有 574 个氨基酸残基。

任何蛋白质都有其特定的氨基酸排列顺序，确定蛋白质的结构，首先就是确定其多肽链中氨基酸的排列顺序。目前亦有数万种蛋白质的氨基酸排列顺序得到了确定，其中胰岛素是首先被阐明一级结构的蛋白质。人的胰岛素分子是由 51 个氨基酸组成的 A、B 两条多肽链。如图 16-1 所示，A 链含有 11 种共 21 个氨基酸残基，B 链含有 16 种共 30 个氨基酸残基，A 链和 B 链的氨基酸残基都按特定的顺序排列，A、B 链之间通过二硫键相连。

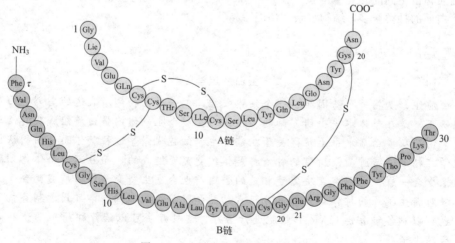

图 16-1　人胰岛素分子的一级结构

我国首次人工合成结晶牛胰岛素蛋白

1958 年 12 月底，我国人工合成胰岛素课题正式开启。中科院生物化学研究所、有机化学研究所和北京大学化学系联合组成研究小组，在前人对胰岛素结构和多肽合成的研究基础上，开始探索用化学方法合成胰岛素。其中，有机化学研究所和北京大学化学系负责合成 A 链，生物化学研究所负责合成 B 链，并负责把 A 链与 B 链正确组合起来。

研究小组经过 6 年多坚持不懈的努力，终于在 1965 年 9 月 17 日，在世界上首次用人工方法合成了结晶牛胰岛素。自 1966 年 3 月"人工全合成结晶牛胰岛素"的研究工作在《科学通报》杂志上对外发表后，引起各国很大反响。诺贝尔奖获得者、英国剑桥大学教授托德也来信为这一伟大的工作向研究者致以最热忱的祝贺。

人工牛胰岛素的合成，标志着人类在认识生命、探索生命奥秘的征途中迈出了关键性的一步，促进了生命科学的发展，开辟了人工合成蛋白质的时代，在我国基础研究，尤其是生物化学的发展史上有巨大的意义与影响。科学家们坚持不懈的精神值得我们学习。

（二）蛋白质的空间结构

蛋白质的空间结构是指多肽链在空间进一步盘曲折叠形成的构象，包括二级结构、三级结构和四级结构。分子的多肽链并不是以线型的形式随机伸展的结构，而是卷曲、折叠成特有的空间结构。

1. 二级结构

蛋白质分子的多肽链的主链骨架借助肽键之间的氢键的作用力，盘曲、折叠成 α-螺旋（图 16-2）和 β-折叠，称为蛋白质的二级结构。α-螺旋是多肽链中各肽键平面通过 α-C 的旋转，以螺旋方式按顺时针方向盘旋延伸，螺旋之间靠氢键维系。这种螺旋是蛋白质分子中最常见、最

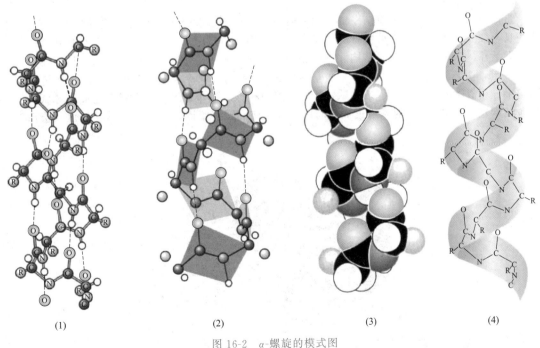

(1)　　　　(2)　　　　(3)　　　　(4)

图 16-2　α-螺旋的模式图

典型、含量最丰富的二级结构。β-折叠是借助相邻肽段间的氢键将若干肽段结合在一起形成的一种铺开的折扇形状。

纤维状蛋白质主要由α-螺旋组成，例如毛发、指甲、皮肤中的角蛋白，肌肉中的肌球蛋白以及血凝块中的纤维蛋白，它们的多肽链几乎全都卷曲成α-螺旋。

2. 三级结构

蛋白质的多肽链在主链借助肽键之间的氢键形成二级结构基础上，其相隔较远的氨基酸残基侧链（R-）之间还可借助于多种副键而进行范围广泛的卷曲、折叠，所形成的特定整体排列称为蛋白质的三级结构。

形成和维持蛋白质三级结构的副键，包括氢键、盐键（离子键）、二硫键、酯键、疏水键和范德华力。疏水键由于数量多，是维持蛋白质三级结构的主要作用力。在血红蛋白、肌红蛋白（图 16-3）等球状蛋白质分子中，疏水基总是埋藏在分子内部，而亲水基团则趋向水而暴露或接近分子的表面，所以这些球状蛋白质总能溶于水。

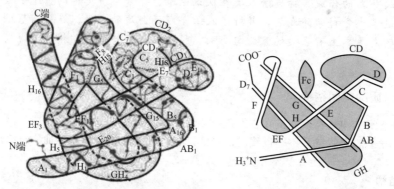

图 16-3　肌红蛋白的三级结构

研究表明，具有三级结构的蛋白质才具有生物功能，三级结构一旦被破坏，蛋白质的生物功能便丧失。

3. 四级结构

蛋白质的四级结构是指有两条或多条具有三级结构的多肽链通过副键堆砌而成的复杂结构。这些具有独立三级结构的多肽链称为亚基，由亚基构成的蛋白质称寡聚蛋白。分散的亚基一般没有生理活性，只有完整的四级结构才有生物活性。例如血红蛋白（Hb）由 4 个亚基构成，其中两条α-链，两条β-链。α-链含 141 个氨基酸残基，β-链含 146 个氨基酸残基。α-链和β-链的三级结构十分相似，并和仅含有一条多肽链的肌红蛋白相似。每个亚基的多肽链都卷曲呈球状，把一个血红素包裹其中，4 个亚基通过侧链间副键两两交叉紧密镶嵌，形成一个球状的血红蛋白，如图 16-4 所示。

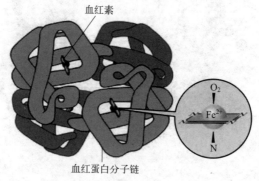

图 16-4　血红蛋白的四级结构

知识链接

蛋白质折叠病

由于基因突变造成蛋白质分子中仅仅一个氨基酸残基的变化就引起疾病的情况称为"分子病",如地中海镰刀状红血球贫血症就是因为血红蛋白分子中第六位的谷氨酸突变成了缬氨酸。而蛋白质分子的氨基酸序列没有变化,只是其结构或者说构象有所改变引起的疾病,称为"构象病",或称"折叠病"。

大家都知道的疯牛病就是由于蛋白质折叠异常而造成分子聚集甚至沉淀或不能正常转运到位所引起的疾病,这种疾病还有老年性痴呆症、囊性纤维病变、家族性高胆固醇症、家族性淀粉样蛋白症、某些肿瘤等。随着对蛋白质折叠研究的不断深入,更多病因和更有针对性的治疗方式会被找到。现在已经研究发现,一些小分子可以穿越细胞,作为配体与突变蛋白质结合,能抑制或逆转功能蛋白质病理构象的改变过程,从而达到防治或缓解某些疾病,因此设计出治疗"折叠病"的新药。

三、蛋白质的性质

蛋白质分子中存在着游离的氨基和羧基,因此与氨基酸的性质相似;同时由于蛋白质是高分子化合物,又具有某些不同于氨基酸的特性。

(一) 蛋白质的两性电离和等电点

蛋白质和氨基酸一样,产生两性电离。调节蛋白质溶液的 pH 至某一数值,使其酸式电离和碱式电离程度相同,则蛋白质完全以两性离子的形式存在,此时溶液的 pH 称为该蛋白质的等电点,用 pI 表示。

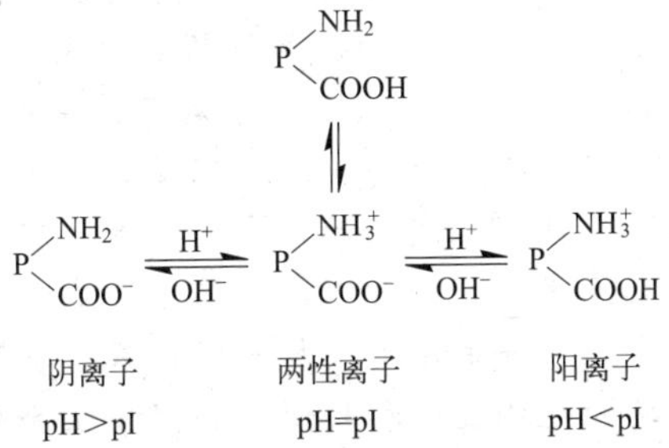

每种蛋白质因其所含的游离氨基和羧基数目不同,故其等电点也不同。在等电点时,蛋白质分子呈电中性,其溶解度、黏度、渗透压和膨胀性都最小,适合用于分离、纯化和分析鉴定蛋白质。大多数蛋白质的 pI 在 5 左右,因此在人的体液中（pH 约为 7.4）,大多数蛋白质以阴离子的形式存在,或与 Na^+、K^+、Ca^{2+}、Mg^{2+} 等阳离子结合成盐。一些蛋白质的等电点见表 16-2。

表 16-2　一些蛋白质的等电点

蛋白质	来源	等电点	蛋白质	来源	等电点
白明胶	动物皮	4.8～4.85	血清蛋白	马血	4.88
乳球蛋白	牛乳	4.5～5.5	血清球蛋白	马血	5.4～5.5
酶蛋白	牛乳	4.6	胃蛋白酶	猪胃	2.75～3.0
卵清蛋白	鸡卵	4.84～4.90	胰蛋白酶	胰液	5.0～8.0

（二）蛋白质的胶体性质

蛋白质是高分子化合物，分子量大，在水溶液中形成的颗粒直径一般在 1～100nm，属于胶体分散系，因此蛋白质具有胶体溶液的性质，如布朗运动、丁达尔效应、不能透过半透膜及较强的吸附作用等。

利用蛋白质不能通过半透膜的性质，将蛋白质与小分子物质分离而得以纯化，这种方法称为透析法。

（三）蛋白质的变性

蛋白质分子受某些物理因素（如加热、紫外线、超声波、高压、剧烈搅拌等）和化学因素（如酸碱、有机溶剂、重金属盐、尿素、表面活性剂等）的影响，使蛋白质分子的空间结构发生改变，从而导致生物活性的丧失和理化性质的异常变化，这种现象称为蛋白质的变性。变性的实质是维系蛋白质分子结构的副键受到破坏，使其正常的空间结构松弛，而不涉及一级结构中肽键的断裂和氨基酸序列的改变。

蛋白质变性后，若其空间结构改变不大，就可以恢复原有结构和性质，称可逆变性；若其空间结构改变较大，则其结构和性质不能恢复，称不可逆性变性。蛋白质的变性有很多应用。医药上用乙醇或加热消毒，使细菌和病毒蛋白质变性而失去致病性和繁殖能力。在中药提取中，可用乙醇沉淀除去浸出液中的蛋白质杂质。而在制备具有生物活性的蛋白质制品（如疫苗、酶制剂等）时，就必须选择能防止发生蛋白质变性的工艺条件。

🌐 科技前沿

多肽、蛋白质类药物的人工设计与优化改造

多肽、蛋白质类药物一般都源于内源性的生物活性分子，因此通常都具有亲和力较高、选择性较好、靶点清晰、机制清楚、功能明确、作用明显、安全性较高等优点，能够真正实现"分子靶向"。因此，多肽、蛋白质类药物正日益成为新药研发的"新星"和"翘楚"，受到制药业和临床的高度重视。但是，作为药物使用的多肽/蛋白质存在稳定性差、易聚集、半衰期较短、血浆清除率较高、给药不便等缺陷。

自 20 世纪 80 年代初基因工程药物问世后，多肽、蛋白质类药物的人工设计与优化改造即在临床精准治疗和患者实际需求的呼唤下应运而生。基于多肽、蛋白质的功能和作用机制，开展作用于多靶点的多肽、蛋白质类药物研发；基于多肽、蛋白质的结构与功能关系，进行多肽、蛋白质类药物的结构优化和精简；利用多肽导向分子的靶向性、穿膜等性能，可以研发多功能集成的多肽、蛋白质类药物。利用环化策略或者利用富含二硫键的微型蛋白或套索肽作为载体，利用氨基酸或多肽理化性质进行纳米自组装，利用化学修饰和改造技术，针对多肽、蛋白质的缺陷开展药物制剂和剂型研发，都可以有效克服或改善多肽、蛋白质药物的稳定性差、半衰期短、给药便利性不足等难题。此外，人工智能和大数据的发展还为提高多肽、蛋白质类药物人工设计的准确率和优化改造的成功率提供了有力的工具。

（四）蛋白质的沉淀

在通常情况下，蛋白质分子颗粒表面含有氨基、羧基、巯基和肽键等许多亲水基团，能与水分子起到水合作用，形成水化膜，防止蛋白质的沉淀析出。另外，蛋白质溶液都带有相同的电荷，由于同性电荷的相互排斥，使蛋白质不易凝聚。所以，由于水化膜的存在和带有同种电荷这

两个方面的主要因素，可形成稳定的蛋白质溶液。如果破坏这两个稳定因素，就会析出蛋白质的沉淀。可采用以下几种方法使蛋白质沉淀。

1. 盐析法

向蛋白质溶液中加入大量的中性盐，使蛋白质发生沉淀的现象称盐析。盐析的实质是盐类离子强烈的亲水作用破坏了蛋白质分子表面的水化膜，同时相反电荷的离子能中和蛋白质的电荷。例如生活中"卤水点豆腐"就是利用钙、镁盐使豆浆中的蛋白质凝聚沉淀。常用的盐析剂有$(NH_4)_2SO_4$、Na_2SO_4、$NaCl$和$MgSO_4$等。

不同蛋白质盐析时所需的浓度也各不相同，因此可用不同浓度的中性盐溶液使蛋白质分批析出沉淀，这种蛋白质的分离方法称为分段盐析。这种方法分离得到的蛋白质仍然保持蛋白质的生物活性，只需经过透析法或凝胶层析法去盐后，即可得到较纯的且保持原生物活性的蛋白质。

2. 加有机溶剂

某些有机溶剂如乙醇、丙酮等是脱水剂，可以破坏蛋白质周围的水化膜，使蛋白质沉淀。

3. 加重金属盐

某些重金属盐如硝酸银、醋酸铅及氯化高汞等中的阳离子与蛋白质分子结合，生成不溶性的蛋白质盐沉淀。此法常易使蛋白质变性。

4. 加生物碱试剂

某些生物碱如苦味酸、三氯乙酸、鞣酸和磺柳酸等可使蛋白质沉淀。这是因为蛋白质在pH<pI的溶液中带正电荷，能与这些有机酸结合生成不溶性的盐沉淀。

（五）蛋白质的颜色反应

蛋白质分子内含有许多肽键和某些带有特殊基团的氨基酸残基，可与不同试剂产生各种特有的颜色反应。利用这些反应可以对蛋白质进行定性鉴定和定量分析。蛋白质的颜色反应见表16-3。

表16-3 蛋白质的颜色反应

反应名称	试剂	颜色	作用基团
缩二脲反应	硫酸铜的碱性溶液	紫色或紫红色	肽键
米伦反应	硝酸汞、硝酸亚汞和硝酸混合液	红色	酚羟基
茚三酮反应	茚三酮稀溶液	蓝紫色	氨基
黄蛋白反应	浓硝酸-氨水	黄色-橙红色	苯环
坂口反应	次氯酸钠或次溴酸钠	红色	胍基
乙醛酸反应	乙醛酸、浓硫酸	紫红色	色氨酸

⚙ 岗位对接

鱼精蛋白的鉴别

《中国药典》中规定抗肝素药鱼精蛋白的鉴别方法为：

（1）取本品约5mg，加水1mL，微温溶解后，加10%氢氧化钠溶液1滴及硫酸铜试液2滴，上清液显紫红色。

（2）取本品约1mg，加水2mL溶解后，加0.1%α-茶酚的70%乙醇溶液与次氯酸钠试液各5滴，再加氢氧化钠试液使溶液成碱性，即显粉红色。

第三节　重要的药用蛋白质

1. 白蛋白

白蛋白在自然界中分布最广，几乎存在于所有动植物中，如卵白蛋白、血清白蛋白、乳白蛋白、肌白蛋白等。猪皮白蛋白、麦白蛋白、豆白蛋白也是白蛋白。白蛋白是一种不易为人体吸收的高分子物质，以往补充白蛋白均采用静脉注射的方式进行。白蛋白多肽胶囊运用生物工程定向酶切技术，获取白蛋白小分子活性肽并运用国际上先进的微囊包裹技术，确保小分子多肽口服不会被胃液破坏而定位在小肠被充分吸收，保证了制剂质量的稳定性，以及多肽在体内的存活期，提供了一个全新的白蛋白补充途径。白蛋白类药物一般经过盐析、离心、浓缩、低温、除菌制得，可维持血浆胶体渗透压，用于失血性休克、严重烧伤、蛋白血症的治疗。

2. 明胶

明胶是一种动物胶，主要存在猪皮、黄牛皮等中，属于胶原蛋白的同类生化物质，结构类似，是胶原蛋白的一种变形产物。明胶是胶原蛋白水解而制得，呈无色或淡黄色，为透明、无特殊臭味的固体，其黏度、胶冻强度和透明性好，色泽浅，线性度较高。明胶是代用血浆、明胶海绵的主要原料。在药物制剂中，明胶主要作为胶囊、微胶囊的囊材。另外，明胶亦常用作片剂的黏合剂、缓释制剂的包衣材料，以及滴丸剂、栓剂的基质。

3. 胶原蛋白

胶原蛋白简称胶原，来源于动物筋骨的胶原蛋白称为"骨胶原"。胶原蛋白是动物的皮肤、骨骼，尤其是软骨组织中的重要组成成分，皮肤成分中70%是由胶原蛋白组成的。胶原蛋白在人体中约占总蛋白质含量的1/4，几乎存在于所有组织中，是一种细胞外蛋白质，以不溶性纤维的形式存在，具有高度的抗张能力，对动物和人体皮肤、血管、骨骼、筋骨、软骨的形成有十分重要的作用。

胶原蛋白是一种糖蛋白，是由3条肽链凝成的螺旋形纤维状蛋白质，分子中含有糖及大量甘氨酸、脯氨酸、羟脯氨酸等。其中含人体生长所必需的7种氨基酸，营养十分丰富。例如用驴皮熬制成的阿胶，含胶原蛋白及多种氨基酸，铁含量高，具有补血止血、养阴润肺的功效。胶原蛋白中的甘氨酸在人体内不仅参与合成胶原，而且是大脑细胞中的一种中枢神经抑制性传递物质，具有镇静作用，对焦虑症、神经衰弱等有良好的治疗作用。

4. 细胞因子

细胞因子是由免疫系统、造血系统或炎症反应中活化细胞产生的，能调节细胞活化、分化和增值，诱导细胞发挥功能的，高活性多功能的多肽、蛋白质或糖蛋白。根据细胞因子的主要生物学活性分类，细胞因子可以分为白细胞介素（interleukin，IL）、干扰素（interferon，IFN）、肿瘤坏死因子（tumor necrosis factor，TNF）、集落刺激因子（colony-stimulating factor，CSF）、趋化因子（chemokine）、促生长因子（growth factor）等。一种细胞因子可具有多种生物学活性，不同细胞因子常有相似的生物学活性。主要参与和调节免疫反应、炎症反应以及形态发生和发育。作用具有双重性：生理调节和抵御疾病，在某些情况下可导致和（或）促进疾病的发生和发展。

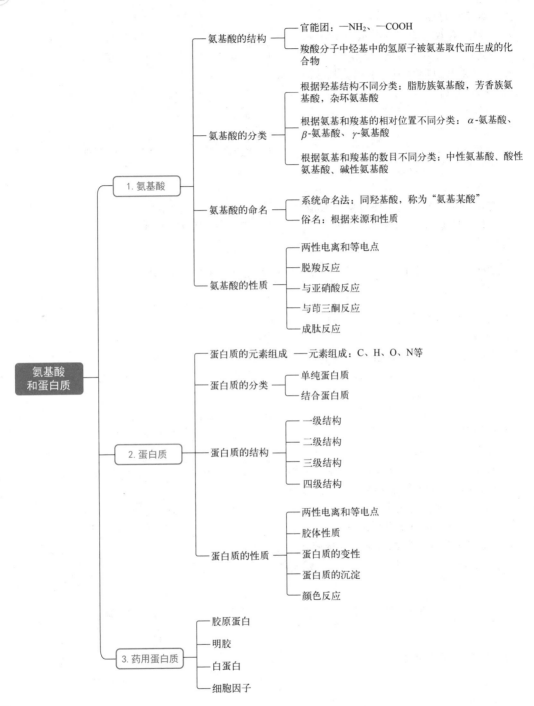

氨基酸和蛋白质
- 1. 氨基酸
  - 氨基酸的结构
    - 官能团：—NH₂、—COOH
    - 羧酸分子中烃基中的氢原子被氨基取代而生成的化合物
  - 氨基酸的分类
    - 根据羟基结构不同分类：脂肪族氨基酸，芳香族氨基酸，杂环氨基酸
    - 根据氨基和羧基的相对位置不同分类：α-氨基酸、β-氨基酸、γ-氨基酸
    - 根据氨基和羧基的数目不同分类：中性氨基酸、酸性氨基酸、碱性氨基酸
  - 氨基酸的命名
    - 系统命名法：同羟基酸，称为"氨基某酸"
    - 俗名：根据来源和性质
  - 氨基酸的性质
    - 两性电离和等电点
    - 脱羧反应
    - 与亚硝酸反应
    - 与茚三酮反应
    - 成肽反应
- 2. 蛋白质
  - 蛋白质的元素组成 —— 元素组成：C、H、O、N等
  - 蛋白质的分类
    - 单纯蛋白质
    - 结合蛋白质
  - 蛋白质的结构
    - 一级结构
    - 二级结构
    - 三级结构
    - 四级结构
  - 蛋白质的性质
    - 两性电离和等电点
    - 胶体性质
    - 蛋白质的变性
    - 蛋白质的沉淀
    - 颜色反应
- 3. 药用蛋白质
  - 胶原蛋白
  - 明胶
  - 白蛋白
  - 细胞因子

✎ 课后习题

一、名词解释

1. 氨基酸

2. 蛋白质

3. 等电点

4. 盐析

5. 变性

二、单项选择题

1. 下列具有双官能团的有机物是（　　）。

A. 乙酸　　　　　　　B. 乙醇　　　　　　　C. 草酸　　　　　　　D. 甘氨酸

2. 当溶液中 pH＝6 时，下列氨基酸向阳极移动的是（　　）。

A. 丝氨酸（pI＝5.68）　　　　　　　　B. 丙氨酸（pI＝6.00）

C. 赖氨酸（pI＝9.74）　　　　　　　　D. 精氨酸（pI＝10.76）

3. 不属于 8 种必需氨基酸的是（　　）。

A. 苏氨酸　　　　　　B. 甘氨酸　　　　　　C. 色氨酸　　　　　　D. 苯丙氨酸

4. 中性氨基酸的等电点在（　　）。

A. 2.8～3.2　　　　　B. 7　　　　　　　　C. 5.0～6.5　　　　　D. 7.6～10.8

5. 与水合茚三酮作用出现蓝紫色的是（　　）。

A. $CH_3CH_2CH_2COOH$

B. $CH_3CH_2\underset{\underset{Cl}{|}}{CH}COOH$

C. $CH_3CH_2\underset{\underset{OH}{|}}{CH}COOH$

D. $CH_3CH_2\underset{\underset{NH_2}{|}}{CH}COOH$

6. 蛋白质结构中的主键是（　　）。

A. 氢键　　　　　　　B. 肽键　　　　　　　C. 二硫键　　　　　　D. 离子键

7. 人体的体液中大多数蛋白质的主要存在形式是（　　）。

A. 阳离子　　　　　　B. 两性离子　　　　　C. 阴离子　　　　　　D. 中性分子

8. 医药中常用酒精来消毒，因为酒精能（　　）。

A. 与细菌蛋白体发生氧化反应　　　　　B. 使细菌蛋白体发生变性

C. 使细菌蛋白体发生盐析　　　　　　　D. 与细菌配合体生成配合物

9. 能使蛋白质沉淀的试剂是（　　）。

A. 稀 HCl　　　　　　B. $CuSO_4$ 溶液　　　C. 稀 NaOH　　　　　D. 稀 H_2SO_4

10. 下列关于蛋白质的叙述，不正确的是（　　）。

A. 在等电点时溶解度最小　　　　　　　B. 氯化钠可用于分离提纯蛋白质

C. 加热变性的蛋白质可再次溶于水　　　D. 70%～75% 乙醇可用于消毒杀菌

三、命名下列化合物或写出其结构简式

1. 甘氨酸　　　　2. 谷氨酸　　　　3. 赖氨酸

4. $H_3C\underset{\underset{H}{|}}{\overset{\overset{NH_2}{|}}{C}}CH_2-CH_2-COOH$

5. $HOOC-CH_2-\underset{\underset{NH_2}{|}}{CH}-COOH$

四、完成下列反应式

$$NH_2-CH_2-\overset{\overset{O}{\|}}{C}-OH + H_2N-CH_2-COOH \xrightarrow{\triangle}$$

五、用化学方法鉴别下列各组物质

1. 丙氨酸、丙酸

2. 尿素、蛋白质

六、问答题

谷胱甘肽是生物细胞中的一种抗氧化物质，用作肝病的辅助用药，也可用于食品添加剂，以下是谷胱甘肽的结构式，请根据结构式回答下列问题。

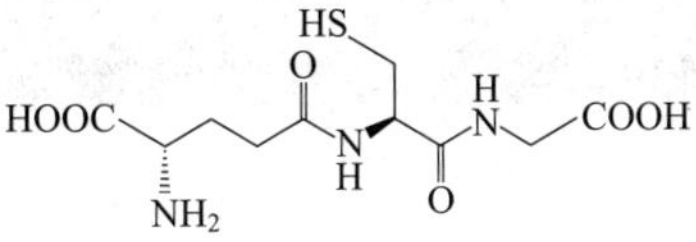

1. 谷胱甘肽的结构中有哪些官能团？
2. 它属于哪种有机物？由哪些结构发生什么反应得到？
3. 根据谷胱甘肽的结构特点，分析它具有哪些性质。

有机化学实训

实训一　有机化学实训基本知识

有机化学是一门实训性很强的学科，实训在学习的过程中占有重要地位。有机化学实训的教学目的和任务是通过实训验证、巩固有机化学基本理论，加深学生对所学基础知识的理解；掌握常规仪器的名称和用途，基本实训操作技术；培养良好的实训习惯，实事求是的科学态度和严谨的工作作风；培养观察、推理能力，以及系统理论的思维方法。

走进有机化学实验室

一、有机化学实训室守则

事故发生会造成实训室人员的伤亡、设备损毁，甚至造成重大损失。为确保实训能够顺利进行，形成良好的实训室操作习惯，学生必须严格遵守下列实训室规则：

1. 认真预习实训内容，复习相关理论知识，明确实训目的；了解实训的原理、方法、步骤；熟悉使用到的试剂、仪器，牢记注意事项。

2. 注意着装要求，不能穿拖鞋、短裤、短裙进入实训室；长头发需用头绳扎起。不允许任意混合各种化学试剂，不允许尝实训试剂，严禁在实训室内吸烟、喝水、吃零食。实训结束后及时洗手。

3. 实训过程中，要严格按照教材规定的步骤进行实训，集中精神观察实训现象，不能随意离开实训岗位，要如实、准确记录实训现象和数据。严格遵守实训室的规章纪律，不大声喧哗、不扎堆聊天、不乱拿乱放，如果损坏仪器，要如实登记。如果发生意外，应保持镇定，报告实训指导教师。

4. 保持实训环境（台面、地面）的整洁，不可将固体或有腐蚀性的液体倒入水槽，以防堵塞。反应剩下的残渣，处理后不能用的废酸、废碱、废有机试剂存于专门的回收桶。

5. 按照正确的操作方法进行实训，注意安全。

6. 实训后，打扫卫生，玻璃仪器等放回指定位置，关闭水、煤气、电器，待实训指导教师检查后方可离开。实训室的一切物品不能带离实训室。

7. 根据要求，认真写好实训报告，交给实训指导教师。

二、实训室安全知识

为了防止意外发生，确保实训环境安全，学生应严格按照规程操作，遵守有关规章制度，并熟悉一般事故的安全处理方法。

（一）实训室安全规则

1. 实训前认真预习，掌握实训的操作步骤；了解所用药品的性能和注意事项；检查仪器是否正常运转，装置搭建是否正确。

2. 如使用易燃、易爆试剂（乙醚、丙酮、乙醇、苯和乙炔等），放置和使用时不得靠近火焰或者高温物体，以免发生意外。取用完毕后立即拧紧瓶塞、瓶盖。

3. 凡涉及有毒或有异臭的物质的实训，都要在通风橱中进行。

4. 加热试管时，不要将试管口指向自己或别人，也不要俯视正在加热的液体，以免被溅出的液体烫伤。

5. 称量任何药品都要使用工具，不可以用手直接接触。需要闻瓶中气体的气味时，鼻子不能直接对着瓶口，用手把气体轻轻扇向自己后再嗅。

6. 所使用的药品，不得随意丢弃。如反应中产生有害气体，应按照操作规定处理，以免污染环境，危害身体健康。

7. 强酸、强碱、溴等都会造成灼伤。取用有腐蚀性的化学药品时，应佩戴防护眼镜、橡胶手套等。严禁将与水能猛烈反应的物质（如金属钠）倒入水槽中。

8. 浓酸浓碱具有强的腐蚀性，切勿溅到皮肤、眼睛上。要稀释浓硫酸时，应把浓硫酸引流缓慢倒入水中，而不是把水倒入浓硫酸中，这样会引起喷溅。

9. 玻璃仪器、煤气、电气设备等使用不当或处理不当也会发生事故。因此，为了防止意外事故的发生，要熟悉掌握仪器、设备的使用原理、使用注意事项等使实训顺利进行。

（二）实训室事故的处理和急救

进行有机化学实训，常会使用到易燃、有毒和有腐蚀性试剂。同时，实训中不可或缺的玻璃仪器易碎易裂，易引发各种事故。还有煤气、电气设备等，如使用不当会引起触电或火灾。因此除了严格按照规程操作外，还必须熟悉一般事故的处理。

1. 火灾

一旦发生火灾，切忌惊慌失措，应保持沉着冷静。首先切断电源，移走未着火的易燃物。用石棉网、湿布、沙土等物品将火源盖灭。水在大多数情况下不能用来扑灭有机物的着火。如遇电器设备着火，必须使用 CCl_4 灭火器，绝对禁止用水或 CO_2 泡沫灭火器。无论用何种灭火器，都是从火的周围开始向中心扑灭。

2. 玻璃割伤

发生割伤要及时处理。若轻伤较轻，应及时挤出污血，用消过毒的镊子取出玻璃碎片，蒸馏水洗净伤口，涂上碘酒，再用创可贴或绷带包扎；大伤口应立即用绷带扎紧伤口上部，防止大出血，紧急送往医院治疗。

3. 烫伤

应立即将伤口处用大量水冲洗或浸泡，使其迅速降温避免深度烧伤。对轻伤，可在伤处涂些烫伤油膏或万花油。若皮肤起泡（二级灼伤），不要弄破水泡，防止感染；若伤处皮肤呈棕色或黑色（三级灼伤），涂烫伤膏药后紧急送医院治疗。

4. 被酸、碱或溴液灼伤

根据不同的情况要采用不同的处理方法。

① 皮肤被酸灼伤要立即用大量流动清水冲洗（皮肤被浓硫酸沾污时，应先用干抹布擦去浓硫酸，然后再用清水冲洗），彻底冲洗后用1％的碳酸氢钠溶液或肥皂水进行中和，最后用水冲洗，涂上药品凡士林。

② 碱液灼伤要立即用大量流动清水冲洗，再用1％硼酸溶液冲洗，最后用水冲洗，涂上药品凡士林。

③ 被溴灼伤时，应立即用2％硫代硫酸钠溶液清洗，然后用甘油按摩。

5. 中毒

一般药品溅到手上，通常是用水和乙醇洗去。学生如果有中毒症状，应去空气新鲜的地方。出现其他较严重的症状，如斑点、头昏、呕吐、瞳孔放大时，应及时送往医院。

三、常用的玻璃仪器和注意事项

（一）常用的玻璃仪器

了解有机化学实训中所用仪器的性能，选用合适的仪器并正确使用是对每一个实训者最基本的要求。玻璃仪器是有机化学实训必备的物品，使用前注意仪器的选择和安装。下面是在有机化学实训中会用到的一些玻璃仪器。

1. 烧瓶

（1）圆底烧瓶　能耐热和承受反应物（或溶液）沸腾以后所发生的冲击震动。在有机化合物的合成和蒸馏实训中最常使用，也常用作减压蒸馏的接收器。

（2）三口烧瓶　适用于需要进行搅拌的实训。中间瓶口装搅拌器，两边的瓶口放置回流冷凝管、温度计等。

（3）锥形烧瓶（简称锥形瓶）　常用于有机溶剂进行重结晶的操作，或有固体产物生成的合成实训中，因为生成的固体物容易从锥形烧瓶中取出来。通常也用作常压蒸馏实训的接收器，但不能用作减压蒸馏实训的接收器。

2. 冷凝管

（1）直形冷凝管　适宜蒸馏沸点低于 140℃ 的物质，当蒸馏物质的沸点超过 140℃ 时，需使用空气冷凝管。

（2）球形冷凝管　其内管的冷却面积较大，有较好的冷凝效果，适用于加热回流实训，但也不能冷却沸点超过 140℃ 的物质。

3. 漏斗

（1）漏斗　在普通过滤时使用。

（2）分液漏斗　常用于液体的萃取、洗涤和分离。

（3）布氏漏斗　瓷质的多孔板漏斗，在减压过滤时使用。

常见的玻璃仪器见实训图 1-1。

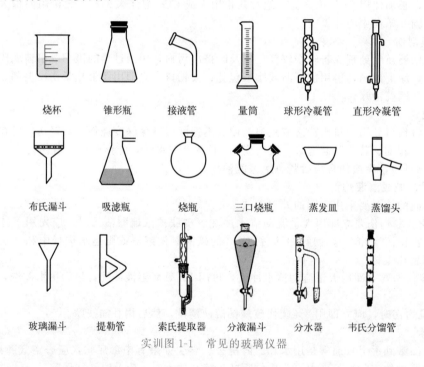

烧杯　　锥形瓶　　接液管　　量筒　　球形冷凝管　　直形冷凝管

布氏漏斗　　吸滤瓶　　烧瓶　　三口烧瓶　　蒸发皿　　蒸馏头

玻璃漏斗　　提勒管　　索氏提取器　　分液漏斗　　分水器　　韦氏分馏管

实训图 1-1　常见的玻璃仪器

（二）玻璃仪器注意事项

玻璃仪器使用时需注意：

1. 使用时应轻拿轻放，组装玻璃仪器时松紧适度。

2. 除试管外，一般玻璃仪器不可直接用火加热；厚壁玻璃容器（如抽滤瓶）不能加热；量器（量筒、量杯等）不可在高温下烘烤。

3. 薄壁平底的容器，如锥形瓶不耐压，不可用于减压系统。

4. 广口容器（如烧杯）不可贮放或加热有机溶剂。

5. 凡是液体在容器中进行加热反应，液体的总体积一般不超过容器体积的三分之二。

6. 磨口玻璃仪器的磨口处必须洁净，不得沾染杂物，否则对接不紧密。如果活塞与磨口粘住，可放在热水中逐渐煮沸，或在磨口四周涂上润滑剂后用电吹风吹热风，使之松开。

7. 温度计不能代替搅拌棒使用，并且也不能用来测量超过刻度范围的温度。温度计用后要缓慢冷却，不可立即用冷水冲洗以免炸裂。

四、实训预习、实训记录和实训报告

（一）实训预习

有机化学实训课是一门综合性很强的课程，要达到预期的实训效果，在实训之前要做好充分的预习和准备工作。仔细地阅读与本次实训有关的全部内容，通过查阅手册和有关资料，来了解实训中要用到的或可能会出现的化合物的性能和物理常数。准备一本笔记本，做好预习笔记，主要内容包括：

1. 实训目的，实训反应的原理、注意事项、适用范围和用途。

2. 实训使用的仪器和装置。

3. 原料、产物、主要副产物和催化剂等的物理常数和化学性质，原料试剂的用量（单位：g、mL、mol 等）、规格。

4. 阅读实训内容后，思索每步操作的依据和目的。能够用流程图表示简易实训步骤，写出反应方程式，并正确画出装置图。

5. 对于将要做的实训中可能会出现的问题（包括安全和实训结果），要写出防范措施和解决方法。特别注意本实训的关键事项和实训安全。

（二）实训记录

实训记录是总结实训进行的情况、分析实训中出现的问题、整理归纳实训结果必不可少的基本环节。记录的准确性、完整与否，直接影响到对实训结果的分析。实训记录要求实事求是、忠实详尽、不能虚假。文字简明扼要，字迹整洁，实训结束后交教师审阅签字。实训报告的格式如下。

1. 反应所用容器的名称、大小和装置。

2. 加入所用试剂的名称、规格、顺序与量。

3. 每一步操作所用的具体时间，观察到的现象（包括温度、颜色、体积或质量的变化，气味的产生与消失，是否有气体、结晶物、固体的出现，是否有放热等）。

4. 产品的熔程、沸程、颜色、状态与重量等。

5. 记录要求实事求是，准确反映真实的情况，特别是当观察到的现象和预期的不同，以及操作步骤与教材规定的不一致时，要按照实际情况记录清楚，以便作为总结讨论的依据。

6. 实训操作中的失误，如抽滤中的失误、粗产品或产品的意外损失等。

（三）实训报告

实训报告是在实训结束后，学生对实训过程的情况总结、归纳和整理，对实训现象和结果进行分析和讨论，是完成一项实训的重要步骤。要求如实记录填写报告，文字精练，图表准确，讨论认真。实训报告应包括如下内容。

1. 实训题目。

2. 实训目的：简述该实训所要求达到的目的和要求。

3. 实训仪器和试剂：要写明所用仪器的型号、数量、规格；试剂的名称、规格。

4. 实训原理：简要介绍实训的基本原理，主要反应方程式及副反应方程式。

5. 仪器装置图：画出主要仪器装置图。

6. 实训操作与现象：反应容器的大小、名称、装置，加料的先后顺序、用量及方式，反应时间的长短，反应液的突出变化，反应的温度及变化范围等。不应照抄书上的实训步骤，应该对所做的实训内容做概要的描述。

7. 数据记录：如实记录，文字精炼，失败的数据也记录。

8. 结果和问题讨论：此次实训得到的结果包括产物状态、产量，并计算产率，如测得了沸点、熔点、折光率等物理常数也要写出。

实训二　熔点的测定

一、实训目的

1. 掌握微量法测定熔点的基本操作方法。
2. 熟悉微量法测定熔点的原理和适用范围。
3. 了解测定中产生误差的各种原因与解决方法。

熔点的测定

二、实训仪器和试剂

1. 仪器：提勒管、酒精灯、毛细管、温度计、铁架台、铁夹、铁环、表面皿、长玻璃管、温度计套管。
2. 试剂：丙三醇、尿素、肉桂酸。

三、实训原理

固体有机物加热到一定程度，就从固态转变为液态，此时的温度即为该物质的熔点。规范地说，熔点是固液两相在大气压力下，平衡共存时的温度。物质自初熔至全熔的温度范围称为熔点范围（又称熔程或熔距）。也就是说，熔点不是一个点，而是一个温度范围。纯有机物有固定的熔点，熔程很小，仅 $0.5\sim1$℃。若含有杂质，会使熔点降低，熔程增大。由于熔点是鉴定固体有机物的重要常数，也是判断化合物纯度的指标，因此，测定固体有机物的熔点具有重要意义。

如果在鉴定某未知物时，测得其熔点和某已知物的熔点相同或相近，不能认为是同一种物质。还需要把它们混合，测混合物熔点，若熔点不变，才能认为它们是同一种物质；否则，混合物熔点降低，熔程增大，则说明它们不是同一种物质而是混合物。故这种混合物熔点试验，是检验两种熔点相同（或相近）有机物，是否为同一种物质的最简便的物理方法。

四、实训内容

1. 熔点管的制作

利用毛细管作为试样容器，将毛细管呈 45°，在酒精灯上边旋转边加热它的一端，待端头加热融化后封闭端口，即熔封。

2. 试样的填装

用封口毛细管取事先准备好的待测样品，将封口毛细管开口一端，插入样品中，如此插入操作重复几次，使样品粉末进入封口毛细管中。然后取一支长玻璃管，垂直于桌面上，将封口毛细管开口向上，放入玻璃管中，使其自由落下，使试样粉末落入管底。将管中样品敦实，重复操作，使所装样品柱高 $3\sim4$mm 为止。擦去沾附在毛细管外壁的粉末，以免污染丙三醇。

3. 仪器的安装

仪器自下而上安装，先确定好酒精灯与提勒管高度，夹紧提勒管。用橡皮筋将装有待测样品的毛细管绑套在温度计上，并使毛细管装样品的一端靠在温度计感温泡旁。温度计通过温度计套管或带缺口的软木塞固定，并使刻度朝向观察者。温度计感温泡应位于提勒管上下两个支管口中间。毛细管中样品粉末柱部分应靠在温度计感温泡的中部，向提勒管中加入适量丙三醇。

熔点测定的装置见实训图 2-1。

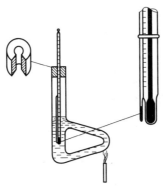

实训图 2-1　熔点测定的装置

4. 熔点测定

点燃酒精灯开始加热，开始时升温速度可稍快，每分钟上升 3～4℃。待热浴温度与预测熔点相差 20℃ 左右时，改用小火加热，使温度缓慢而均匀上升，每分钟约上升 1℃。当接近熔点时，加热速度要更慢，每分钟上升 0.2～0.3℃。当毛细管中粉末柱开始出现塌陷，并有液相产生时，表示开始融化，为初熔，记下温度。继续微热至恰好完全熔成透明液体时，为全熔，记下温度，这两个温度范围即为试样的熔程。

本实训使用的样品为尿素和肉桂酸。根据第一次粗测，进行第二次和第三次精准测量，完成数据记录。

5. 混合物熔点测定

取少量的尿素和肉桂酸等量混合，测定这一混合物的熔点，方法同上。

五、实训提示

1. 管底要焙封严密，否则造成漏管。
2. 样品粉碎不够细，装填不紧实，则会影响传热，使熔程变大。
3. 样品装量不能太少，太少不易观察，数据产生偏差；太多易造成熔程变大，熔点偏高。
4. 重复测试时，要用新装的样品，温度下降到距离熔点 20℃ 以上才能放入待测样品。
5. 熔封部位不能过长、过厚或弯曲，并保证封闭严密。
6. 为了精确测定熔点，在接近熔点时升温的速度不能太快，须严格控制加热温度。

六、实训思考

1. 测熔点时，如果发生下面情况，将会产生什么结果？
（1）样品未完全干燥或含有杂质。
（2）样品研磨得不细或装得不紧实。
（3）加热太快。
2. 是否可以使用第一次测熔点时已经熔化的有机化合物，再作第二次测定呢？为什么？
3. 测得 A、B 两种样品的熔点相同，将它们研细，并以等量混合。
（1）测得混合物的熔点有下降现象且熔程增宽；

（2）测得混合物的熔点与纯 A、纯 B 的熔点均相同。

试分析以上情况各说明什么。

实训三　常压蒸馏

一、实训目的

1. 掌握常压蒸馏的基本操作方法。
2. 熟悉常压蒸馏及沸点测定的原理。
3. 了解使用常压蒸馏提纯液体有机化合物的方法。

玫瑰纯露的提取

二、实训仪器和试剂

1. 仪器：酒精灯、铁架台、直型冷凝管、锥形瓶、升降台、蒸馏头、圆底烧瓶、具塞温度计、接液管、长颈漏斗。
2. 试剂：60％酒精、沸石。

三、实训原理

蒸馏就是将液体混合物加热至沸腾，使液体汽化，然后将蒸气冷凝为液体的过程。在常压下进行的蒸馏称为常压蒸馏。蒸馏操作是实训室中常用的实训技术，一般用于下列几方面：①提纯液体物质和分离混合物，仅混合物中各成分的沸点有较大差别（如 30℃以上）时才能有效地进行分离；②测定化合物的沸点；③提纯液体及低熔点固体，以除去不挥发性的杂质；④回收溶剂，或蒸出部分溶剂以浓缩溶液。

在一定压力下，纯净的液体有一定的沸点，且沸点距很小，一般为 0.5～1℃，所以蒸馏可以用来测定沸点。利用常压蒸馏的方法测定液体物质的沸点时，样品的用量较大，一般要 10mL以上，称为常量法。

四、实训步骤

1. 蒸馏装置的安装

安装顺序应先从热源开始，自下而上、从左到右。根据酒精灯外焰高度确定圆底烧瓶的安装位置，烧瓶上口插入蒸馏头，蒸馏头上口插入温度计，温度计水银球上端与蒸馏头侧管下缘水平。安装直型冷凝管时应向下倾斜安装并将其夹紧固定，直型冷凝管下端接入接液管，放上锥形瓶。整套装置安装好后应紧密不漏气和端正，要求做到正看一个面，侧看一条线。常压蒸馏装置如实训图 3-1 所示。

2. 蒸馏和沸点的测定操作

加样：通过长颈漏斗向 100mL 圆底烧瓶加入 40mL 待蒸馏的 60％酒精。加入 2～3 粒沸石后，插入温度计，将仪器固定好。

加热：检查仪器不漏气后，打开水龙头缓缓通入冷凝水，用酒精灯开始加热。蒸馏速度宜缓慢而均匀，控制每秒蒸出 1～2 滴。

收集馏分和沸点的观察：加热一段时间后，圆底烧瓶中的 60％酒精开始微沸，瓶内出现回流液。观察蒸气开始上涌，温度开始上升。当出现第一滴馏出液时，立刻记录温度数据。当蒸馏到温度突然改变时，记录此时的温度数据。两次读数的温度范围就是该馏分的沸程，通常将所观察到的沸程视为该物质的沸点。收集馏分体积并计算回收率。

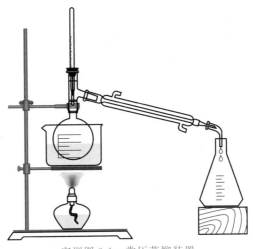

实训图 3-1　常压蒸馏装置

3. 蒸馏装置的拆卸

先停止加热撤出热源，待仪器冷却后，停止通冷凝水，最后拆除蒸馏装置。拆卸仪器的顺序和安装时相反。

五、实训提示

1. 为了消除在加热的过程中的过热现象和保证沸腾的平稳进行，在加热前应加入沸石。

2. 在蒸馏过程中，一定要控制好馏速，否则，热源太强，馏速过快会出现过热现象，使沸点偏高；反之，馏速过慢，温度计水银球不能被蒸气充分浸润而使读得的沸点偏低或不规则。

3. 蒸馏液体占烧瓶容积的 1/3～2/3 为宜。

六、实训思考

1. 能否通过蒸馏的方式得到无水乙醇？

2. 蒸馏时，如果温度计水银球超过蒸馏瓶支管口上缘，将会对结果造成什么影响？

3. 为什么用蒸馏法测定沸点时要加入少许沸石，多加沸石有什么影响？

实训四　水蒸气蒸馏

一、实训目的

1. 掌握水蒸气蒸馏的基本操作方法。

2. 熟悉水蒸气蒸馏的原理及应用范围。

3. 了解水蒸气蒸馏在天然产物提取分离中的应用。

二、实训仪器及试剂

1. 仪器：长颈圆底烧瓶、直型冷凝管、水蒸气发生瓶、锥形瓶、电热套、螺旋夹、接收管、T形管、分液漏斗、量筒。

2. 试剂：柠檬草油、无水氯化钙。

三、实训原理

许多不溶于水或微溶于水的有机化合物，无论是固体还是液体，只要在100℃左右具有一定的蒸气压，即有一定的挥发性时，若与水在一起加热就能与水同时蒸馏出来，这就称为水蒸气蒸馏。

两种互不相溶的液体混合物的蒸气压，等于两液体单独存在时的蒸气压之和。当组成混合物的两液体的蒸气压之和等于大气压力时，混合物就开始沸腾，此时的温度为混合物的沸点，比每一物质单独存在时的沸点低。因此，在不溶于水的有机物质中，通入水蒸气进行水蒸气蒸馏时，在比该物质的沸点低得多的温度，而且比100℃还要低的温度就可以使该物质蒸馏出来，蒸馏后通过静置分层而除去水层，得到有机物。

在馏出物中，随水蒸气一起蒸馏出的有机物质同水的质量（$m_{有机物}$和$m_水$）之比，等于两者的分压（$p_{有机物}$和$p_水$）分别和两者的分子量（$M_{有机物}$和$M_水$）的乘积之比，所以馏出液有机物同水的质量之比可按下式计算：

$$\frac{m_{有机物}}{m_水} = \frac{M_{有机物}\, n_{有机物}}{M_水\, n_水} = \frac{M_{有机物}\, p_{有机物}}{M_水\, p_水}$$

沸腾时混合蒸气中二组分的物质的量之比等于蒸气压之比，$n_{有机物}/n_水 = p_{有机物}/p_水$。所以有机物的蒸气压越大，馏出物中有机物的含量就越高。

水蒸气蒸馏应符合的条件：①被提纯物难溶于水；②共沸情况下与水不发生反应；③在100℃左右有一定的蒸气压（一般不小于1.33kPa）。

水蒸气蒸馏是用以分离和提纯有机化合物的重要方法之一，适用于：①混合物中含有大量的固体，通常蒸馏、过滤、萃取等方法都不能适用；②混合物中含有焦油状物质，采用通常的蒸馏、萃取等方法非常困难；③在常压下蒸馏会发生分解的高沸点有机物质。

四、实训步骤

1. 水蒸气蒸馏装置安装

实训室常用水蒸气蒸馏装置，包括水蒸气发生器、蒸馏部分、冷凝部分和接收部分，如实训图4-1所示。

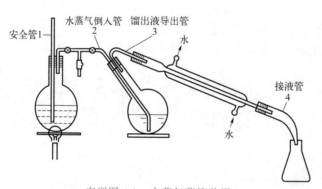

实训图4-1　水蒸气蒸馏装置

水蒸气发生器：导出管与T形管相连，支管上套上橡胶管并用螺旋夹夹住，另一端与蒸馏部分的水蒸气导入管相连。

蒸馏部分：常采用长颈圆底烧瓶，应保证被蒸馏液体总量不超过其容积的1/3，斜放与桌面呈45°。这样可以避免在蒸馏时，液体跳动过于剧烈使液体从导出管冲出，污染馏出液。圆底瓶上配双孔软木塞，一孔插入水蒸气导入管，管的末端应接近烧瓶底部，以便水蒸气与蒸馏物充分接触，起搅拌作用。另一孔插入馏出液导出管与冷凝管相连。

2. 装样

操作前，检查整个装置，保证严密不漏气。在水蒸气发生器中加入其容积1/2～1/3的水与少许沸石，置于加热套中。加柠檬草油于长颈圆底烧瓶中，其总量不超过烧瓶容量的1/3。

3. 蒸馏

开通冷凝水，打开 T 形管上的螺旋夹，使用电热套加热水蒸气发生器，使水沸腾。当有大量蒸汽冲出时，立即旋紧螺旋夹，让水蒸气通入烧瓶中。此时烧瓶中的混合物开始翻腾，调节电炉，使混合物不致飞溅出来，控制馏出液的速度为 2～3 滴/s。如果烧瓶内的混合液体积增加超过烧瓶容积的 2/3，可用小火加热。当馏出液澄清透明，无明显油珠时，停止蒸馏。先旋开螺旋夹，然后移开热源，拆除反应装置，否则可能会发生倒吸现象。

4. 产物的干燥和分离

将馏出液转入分液漏斗中，静置分层，分出有机层，转移至一小锥形瓶中，加适量无水氯化钙除去残余水分，得到透明液体。用量筒量取其体积。

5. 数据处理

根据量筒获得的体积，计算出收集瓶中得到的柠檬草油的质量，记作 m_1。另外，根据实验原理中讲解的公式，计算出使用到的蒸馏瓶中的柠檬草油的质量，记作 m_2。

$$产率 = \frac{收集瓶中的柠檬草油质量 m_1}{蒸馏瓶中的柠檬草油质量 m_2} \times 100\%$$

五、实训提示

1. 水蒸气导入管须插入反应瓶液面以下，可往反应瓶内加适量水，但瓶内液体体积不宜超过容积的 1/3。

2. 水蒸气蒸馏时一般只对水蒸气发生瓶进行加热。但为防止水蒸气在反应瓶中冷凝积累过多，可适当对反应瓶进行加热。

3. 水蒸气蒸馏时须注意沸水可能从安全管上方冲出，操作要小心防止烫伤。

4. 应尽量缩短水蒸气发生器与蒸馏烧瓶之间的距离，以减少水汽的冷凝。

5. 在水蒸气蒸馏过程中，要经常检查安全管中的水位是否正常，有无倒吸现象，蒸馏局部混合物飞溅是否厉害。如果安全管中水位上升很高，说明有某一局部阻塞。此时应立即旋开螺旋夹，移去热源，拆下装置进行检查和处理。

六、实训思考

1. 如何判断水蒸气蒸馏可以结束？
2. 进行水蒸气蒸馏时，水蒸气导入管的末端为什么要插入接近于容器底部？
3. 什么情况下可以使用水蒸气蒸馏法进行分离提纯？

实训五　重结晶

一、实训目的

1. 掌握重结晶的基本操作方法。
2. 熟悉重结晶法提纯物质的原理和适用范围。
3. 了解常压过滤和减压过滤的实验操作。

苯甲酸的重结晶

二、实训仪器和试剂

1. 仪器：锥形瓶、酒精灯、保温漏斗、烧杯、玻璃棒、布氏漏斗、抽滤瓶、抽滤泵、滤纸、石棉网、三脚架、分析天平。

2. 试剂：粗品苯甲酸、蒸馏水。

三、实训原理

通常情况下，固体化合物的溶解度随温度的升高而增大。若把固体溶解在热的溶剂中达到或接近饱和，冷却时由于溶解度降低，溶液变成过饱和而析出有机物晶体。利用溶剂对被提纯物质和杂质的溶解度不同，可以使被提纯物质从过饱和溶液中析出，而让杂质全部或绝大部分留在溶液中（或杂质在溶剂中的溶解度很小，则制成饱和溶液后在热过滤时即被除去），从而达到提纯的目的。这种提纯固体化合物的方法，称为重结晶。重结晶是提纯固体化合物常用的方法之一。

苯甲酸在水中的溶解度随温度的变化较大，通过重结晶可以使它与杂质分离，从而达到分离提纯的目的。

四、实训内容

1. 热溶解

取约 3g 粗品苯甲酸晶体并记录。将称取的苯甲酸粗品置于 100mL 烧杯中，加入适量蒸馏水，用酒精灯加热。不时用玻璃棒搅拌，待粗苯甲酸全部溶解，停止加热。若有未溶固体，可再酌情加少量热水，直至粗苯甲酸全部溶解为止。

2. 趁热过滤

将准备好的保温漏斗放在铁架台的铁圈上，折叠滤纸放在保温漏斗内，下面放一小烧杯。将烧杯中的混合液趁热过滤，使苯甲酸溶液趁热沿玻璃棒缓缓注入漏斗中，每次倒入的溶液不要太满，以免溢出漏斗，也不要等溶液滤完后再加。待所有溶液过滤完毕后，可用少量热水洗涤烧杯，将洗液也注入漏斗中过滤。

布氏漏斗

抽滤瓶

实训图 5-1　抽滤装置

3. 冷却结晶

将滤液在冷水浴中静置 10min，观察烧杯中晶体的析出情况，待结晶析出。

4. 减压抽滤

结晶完全析出后，用布氏漏斗过滤。将滤液和晶体一起倒入布氏漏斗过滤。并用少量冷蒸馏水洗涤结晶，以除去结晶表面的母液。如此重复洗涤 2 次。刮取苯甲酸晶体置于表面皿中。抽滤装置见实训图 5-1。

5. 烘干

将抽滤后得到的苯甲酸晶体放入 80℃ 的烘箱中烘干。

6. 计算产率

将得到的苯甲酸晶体进行称量，并计算产率。

$$产率 = \frac{苯甲酸晶体质量}{苯甲酸粗品质量} \times 100\%$$

利用此公式计算出苯甲酸重结晶的产率。

五、实训提示

1. 在加热溶解粗品苯甲酸的同时，要准备好热水、保温漏斗，以便趁热过滤。

2. 抽滤时先接橡胶管，抽滤后先拔橡胶管。

3. 在热过滤时，整个操作过程要迅速，否则漏斗一凉，结晶在滤纸上和漏斗颈部析出，操作将无法进行。

4. 洗涤用的溶剂应尽量少，以避免晶体大量溶解损失。

六、实训思考

1. 被溶解的粗苯甲酸为什么要趁热过滤？

2. 冷却结晶时，是不是温度越低越好？

3. 为什么滤液需要在静置条件下缓慢结晶？

实训六　烃及卤代烃的性质

一、实训目的

1. 掌握烃、芳香烃和卤代烃的化学性质和鉴别方法。
2. 掌握饱和烃与不饱和烃，苯与其同系物的区别。
3. 了解卤代烃活性与结构的关系。

二、实训仪器和试剂

1. 仪器：试管、滴管、试管夹、酒精灯、烧杯。
2. 试剂：2%酸性高锰酸钾溶液、稀硫酸、溴水、浓硫酸、浓硝酸、甲苯、苯、硝酸银醇溶液、1-氯丁烷、1-溴丁烷及 1-碘丁烷、溴化苄、溴苯、乙烯、乙炔。

三、实训原理

1. 烷烃的性质

烃类化合物根据其结构的不同可分为：脂肪烃和芳烃。脂肪烃又可分为烷、烯、炔等。不同的烃具有不同的化学性质。

烷烃在常温下的化学性质很稳定，不与强酸、强碱、强氧化剂发生反应，但在光照条件下能发生取代反应。

$$C_nH_{2n+2} + X_2 \xrightarrow{\text{光照}} C_nH_{2n+1}X + C_nH_{2n}X_2 + \cdots\cdots$$

2. 烯烃、炔烃的性质

烯烃和炔烃中含有不饱和的双键和三键，其中的 π 键化学性质比较活泼，易于发生加成反应、氧化反应和聚合反应等。二者均能与溴发生加成反应，使溴的红棕色消失。

$$H_2C{=}CH_2 + Br_2 \longrightarrow CH_2BrCH_2Br$$
$$HC{\equiv}CH + 2Br_2 \longrightarrow CHBr_2CHBr_2$$

当二者被酸性高锰酸钾溶液氧化时，不饱和键被破坏，高锰酸钾溶液的紫红色很快褪色。

$$RHC{=}CHR' \xrightarrow[\text{H}^+]{\text{KMnO}_4} RCOOK + 'RCOOK$$

因此，烯烃和炔烃能使溴和高锰酸钾溶液褪色，这一现象可以作为特性鉴定反应。

乙炔或者端基炔烃，可以与硝酸银的氨溶液或氯化亚铜的氨溶液发生反应，分别会生成白色的炔化银，或者棕红色的炔化亚铜沉淀。这两个反应极为灵敏，可以用来鉴定乙炔和端基炔烃。

$$R{-}C{\equiv}CH + [Ag(NH_3)_2]^+ \longrightarrow R{-}C{\equiv}CAg \downarrow \text{炔化银（白色）}$$
$$R{-}C{\equiv}CH + [Cu(NH_3)_2]^+ \longrightarrow R{-}C{\equiv}CCu \downarrow \text{炔化亚铜（红棕色）}$$

3. 芳香烃的性质

芳香烃的不饱和度很大，但由于闭合共轭体系中 π 电子的离域作用，使整个分子稳定，在一般条件下，很难发生加成反应、氧化反应，而容易发生芳环上的取代反应，如卤代、硝化、磺化等反应。苯环上如有侧链，那么无论侧链长短都会被氧化成苯甲酸。

4. 卤代烃的性质

取代反应是卤代烃的主要化学性质。其化学活性取决于卤原子的种类和烃基的结构。叔碳原子上的卤素活泼性比仲碳和伯碳原子上的要大。在烷基结构相同时，不同的卤素表现出不同的活泼性，其活泼性次序为：RI＞RBr＞RCl＞RF。如果卤原子相同而烃基不同，则受电子效应影响（碳正离子越稳定，则反应活性越高），卤代烃的相对反应活泼性：卤代烯丙型＞卤代烷型＞卤代乙烯型。

$$RX + AgNO_3 \longrightarrow AgX\downarrow + RONO_2$$

四、实训内容

（一）烷烃的性质

1. 与酸性高锰酸钾溶液反应

取一支干燥试管，加入 3mL 酸性高锰酸钾溶液，然后通入甲烷气体，观察酸性高锰酸钾溶液的颜色变化，解释原因。

2. 与溴水反应

取一支干燥试管，加入 3mL 饱和溴水，然后通入甲烷气体，观察溴水的颜色变化，解释原因。

（二）鉴定烯烃、炔烃类化合物

1. 溴的四氯化碳溶液检验烯烃、炔烃

在 A、B、C 三根干燥的试管中各加入 1mL 四氯化碳。在试管 A 中加入 2～3 滴环己烷样品，在试管 B 中加入 2～3 滴环己烯样品，然后分别在 A、B 两个试管中逐滴加入 2％的溴的四氯化碳溶液，边滴加边摇动，观察褪色情况。在试管 C 中滴入 3～5 滴 2％的溴的四氯化碳溶液，再通入乙炔，观察褪色情况，解释原因。

2. 高锰酸钾溶液检验烯烃、炔烃

取 A、B、C 三支试管，在试管 A 中加入 2～3 滴环己烷，在试管 B 中加入 2～3 滴环己烯。然后在 A、B 试管中各加入 1mL 水，再分别逐滴加入 2％酸性高锰酸钾溶液，并不断振荡。当加入 1mL 以上高锰酸钾溶液时，观察褪色情况。在试管 C 中加入 1mL2％酸性高锰酸钾溶液，通入乙炔气体，注意观察现象，解释原因。

（三）鉴定炔类化合物

1. 与硝酸银的氨溶液反应

取一支干燥试管，加入 2mL2％硝酸银溶液，边振荡边逐滴加入 2％氨水直至沉淀完全溶解。将乙炔通入此溶液，观察反应现象，解释原因。

2. 与氯化亚铜的氨溶液反应

取绿豆大小固体氯化亚铜，溶于 1mL 水中，再逐滴加入浓氨水至沉淀完全溶解，通入乙炔，观察反应现象，解释原因。

（四）芳香烃的性质

1. 硝化反应

在一支干燥试管中加入 15 滴浓硫酸，并小心滴入 15 滴浓硝酸，同时用冷水冷却试管，摇匀，再边摇动试管边加入 10 滴苯，然后在 50～60℃水浴上加热 2～3min，将反应混合物倾入盛有 100mL 水的烧杯中，观察有无黄色的油状物析出，注意有无苦杏仁味。

2. 氧化反应

取两支试管，各加入 5 滴 0.02％高锰酸钾和 5 滴 10％硫酸，摇匀，然后再在管①中加入 3 滴苯，管②中加入 3 滴甲苯，用力摇动试管，放在 50～60℃水浴上加热 2～3min，比较这两种芳烃的氧化情况，并解释发生这些现象的原因。

（五）卤代烃的性质

1. 不同烃基结构的卤代烃与硝酸银的乙醇溶液反应

取三支干燥试管并编号 A、B、C，在管 A 中加入 10 滴 1-溴丁烷，管 B 中加入 10 滴溴化苄（溴苯甲烷），管 C 中加入 10 滴溴苯，然后各加入 4 滴 2％硝酸银的乙醇溶液，摇动试管观察有无沉淀析出。如 10min 后仍无沉淀析出，可在水浴上加热煮沸后再观察。记录沉淀出现时间，写出卤代烃的活泼性次序。

2. 不同卤原子的卤代烃与硝酸银的乙醇溶液反应

取三支干燥试管并编号 A、B、C，各加入 4 滴 2％硝酸银的乙醇溶液，然后分别加入 10 滴 1-氯丁烷、1-溴丁烷及 1-碘丁烷。按上述方法观察沉淀生成的速度，写出卤代烃活泼性的次序。

五、实训提示

1. 在芳香烃的氧化反应过程中，有时苯的试管也会有变色现象发生，可能的主要原因有：苯中含有少量甲苯，或者硫酸中含有微量还原性物质。水浴温度过高，加热时间过长也会导致变色现象发生。

2. 取用溴水时应注意自身防护，可以佩戴防毒面具、手套，在实训室穿专用防护服。

3. 苯、甲苯、卤代烃、硝基苯都是有毒物质，使用时注意操作安全。芳香烃以及卤代烃的实训须在通风橱中进行。

六、实训思考

1. 简述卤代烃中烃基对卤素活性的影响。
2. 能使溴的四氯化碳溶液褪色的样品是否都是烯烃或炔烃？为什么？
3. 反应介质条件对高锰酸钾氧化实训产生什么影响？

实训七　醇、酚的性质

一、实训目的

1. 掌握醇和酚的主要化学性质。
2. 掌握伯醇、仲醇、叔醇的鉴别方法。
3. 了解羟基和烃基的互相影响。

醇酚的化学性质

二、实训仪器和试剂

1. 仪器：试管、烧杯、玻璃棒、酒精灯、pH 试纸、恒温水浴锅。
2. 试剂：甲醇、乙醇、丁醇、辛醇、钠、酚酞、仲丁醇、叔丁醇、无水 $ZnCl_2$、浓盐酸、1％$KMnO_4$、异丙醇、5％$NaOH$、$CuSO_4$、乙二醇、甘油、苯酚、饱和溴水、1％KI、苯、甲苯、H_2SO_4、浓 HNO_3、0.5％$KMnO_4$、$FeCl_3$。

三、实训原理

醇和酚都含有羟基，因此化学性质有其相似之处。但由于各自的羟基所连接的烃基不同，化学性质上又有所不同。人们正是利用这种差异对它们进行鉴别。

（一）醇的化学性质

醇类的特征反应主要发生在羟基上，O—H 键和 C—O 键容易断裂发生化学反应。α-H 和 β-H 有一定的活泼性，能使醇发生氧化反应、消除反应等。

（1）羟基中的氢原子比较活泼，可被金属钠取代，生成醇钠，同时放出氢气。醇钠水解后生成氢氧化钠，可用酚酞检验。

$$RCH_2OH + Na \longrightarrow RCH_2ONa + H_2\uparrow$$

（2）醇的氧化反应中，一元醇中的伯醇易被氧化成醛，仲醇被氧化成酮，叔醇在同样条件下不被氧化。

（3）当醇与盐酸-氯化锌试剂（卢卡斯试剂）作用时，不同结构醇的反应速度表现为叔醇大于仲醇，伯醇在室温下不起反应。

（4）邻多元醇除了具有一般醇的化学性质外，由于它们分子中相邻羟基的相互影响，还具有一些特殊的性质，如甘油能与氢氧化铜溶液作用。

（二）酚的化学性质

（1）酚的羟基由于和苯环直接相连，羟基氧原子上未共用电子对与苯环的 π 电子形成 p-π 共轭体系，导致羟基中氢氧键的极性增大，酚羟基中氢原子易电离成氢离子，使酚溶液显弱酸性。

（2）羟基受苯环上大 π 键影响，C-O 键显示一定的活性，易发生氧化反应；而苯环也受羟基的影响，使得苯环上的氢原子活性增强，易发生取代反应。

（3）苯酚与溴水在常温下可立即反应生成 2，4，6-三溴苯酚白色沉淀。反应很灵敏，很稀的苯酚溶液就能与溴水生成沉淀。故此反应可用作苯酚的鉴别和定量测定。

（4）酚类可以与三氯化铁溶液反应显色，用于鉴别酚类。

四、实训内容

（一）醇的性质

1. 醇钠的生成与水解

取 1mL 无水乙醇于干燥试管中，小心加入 1 粒绿豆大小的金属钠（用镊子取金属钠，并用滤纸将煤油吸干），观察反应现象。待气体稳定放出时，用燃着的火柴头靠近试管口，观察现象并记录。冷却后，于试管中加入 5mL 纯化水，再滴入 2 滴酚酞，观察现象，解释原因。

2. 醇的氧化

取三支试管分别编号 A、B、C，各加入 5％重铬酸钾溶液 1mL 和 6mol/L 硫酸 1mL。在 A 试管中加 10 滴正丁醇，B 试管中加 10 滴仲丁醇，C 试管中加 10 滴叔丁醇，振摇试管。观察溶液颜色是否改变及反应快慢，解释原因。

3. 卢卡斯试验

将正丁醇、仲丁醇和叔丁醇（各 5 滴）分别加入 3 支干燥的试管中，再各加入 2mL 卢卡斯试剂，塞好试管摇荡后，室温静置。观察反应现象，并记录溶液变浑浊和分层所需的时间，解释原因。如不见浑浊，则放在水浴中加热数分钟，塞住管口剧烈摇荡后，静置。

4. 多元醇与氢氧化铜反应

用 6mL5％氢氧化钠及 10 滴 10％硫酸铜，配制成新鲜的氢氧化铜溶液，分装在两个试管中，然后分别加入乙二醇、甘油，观察现象，解释原因。

（二）酚的性质

1. 酚的酸性

（1）取广泛试纸两条，放在表面皿上，用玻璃棒分别蘸取苯酚和苦味酸的饱和溶液，观察试纸颜色，记录 pH 并比较。

（2）取两支试管分别编号 A、B，各加少许苯酚和 1mL 纯化水。在试管 A 中滴加 10％氢氧化钠溶液数滴，在试管 B 中滴加饱和碳酸氢钠溶液 1mL，观察现象。

2. 与溴水反应

在试管中加入 2％苯酚水溶液 1mL，滴加饱和溴水，观察现象，解释原因。

3. 酚的氧化

取苯酚、苯、甲苯溶液各 3mL，置于 3 支干试管中，苯酚中加 5％NaOH 溶液 10 滴及 1％高锰酸钾溶液 2 滴，振荡。苯和甲苯中加入 1％高锰酸钾溶液 2 滴，观察现象，解释原因。

4. 苯酚与三氯化铁作用

取苯酚溶液 1mL，放入试管中，加入几滴三氯化铁溶液，观察颜色变化，解释原因。

五、注意事项

1. 进行本次实训时，有些实训项目需要干燥试管。实训时，请妥善安排好干燥试管的使用。

2. 苯酚对皮肤有很强的腐蚀性，使用时应注意不与皮肤接触。万一碰到皮肤，应立即用酒精棉球擦洗。

3. 卢卡斯试剂与醇作用时，若室温较低，则反应较慢，可在水浴上加热。

4. 苯酚在水中的溶解度为 8g/100g H_2O，故一定量的苯酚能和水形成浑浊液。

六、实训思考

1. 何为卢卡斯试剂？用卢卡斯试剂检验伯、仲、叔醇的实训成功的关键是什么？此反应用于鉴别有什么限制？

2. 用化学方法鉴别下列各组物质：

（1）丙醇和丙三醇　　　（2）乙醇和苯酚

3. 为什么苯酚能溶于氢氧化钠溶液而不溶于碳酸氢钠溶液？

实训八　醛、酮的性质

一、实训目的

1. 掌握醛、酮的主要化学性质。

2. 熟悉醛、酮的鉴别方法。

3. 了解水浴加热的实验操作。

二、实训仪器和试剂

1. 仪器：试管、烧杯、温度计、石棉网、酒精灯。

2. 试剂：甲醛、乙醛、苯甲醛、丙酮、乙醇、2,4-二硝基苯肼试剂、碘试剂、2mol/L 氢氧化钠溶液、0.05mol/L 硝酸银溶液、0.5mol/L 氨水、斐林试剂 A 液（0.2mol/L 硫酸铜）、斐林试剂 B 液（0.8mol/L 酒石酸钾钠的氢氧化钠溶液）、希夫试剂、0.05mol/L 亚硝酰铁氰化钠溶液。

三、实训原理

由于醛和酮都含有羰基，统称羰基化合物，所以它们有许多相似的化学性质，都能发生亲核加成反应及活泼氢的卤代反应。

1. 与 2,4-二硝基苯肼的反应

醛和酮类化合物中的羰基能与 2,4-二硝基苯肼作用，生成黄色、橙色、橙红色的 2,4-二硝基苯腙的沉淀。

2. 碘仿反应

凡具有 CH_3CO—基团或其他易被次碘酸钠氧化成这种基团的化合物，即乙醛、甲基酮和具有 $CH_3CH(OH)$—R(H) 结构的醇，均能与次碘酸钠反应，生成黄色的碘仿沉淀。

3. 银镜反应

区别醛、酮的另一类反应是与氧化剂的作用。酮一般不易被氧化，只有在强氧化剂的作用下才被分解。而醛却比较容易被氧化，甚至能被弱氧化剂氧化成酸，如托伦反应、斐林反应等。不同的醛也表现出不同的活性。

一般醛都能与托伦试剂发生反应，生成黑色悬浮沉淀。银离子将醛氧化为羧酸，本身还原为金属银，反应在碱溶液中进行。

$$(Ar)RCHO+2[Ag(NH_3)_2]^+ +2OH^- \xrightarrow{\triangle} (Ar)RCOONH_4+2Ag\downarrow +H_2O+3NH_3$$

4. 斐林反应

脂肪醛能与斐林试剂发生反应，生成砖红色沉淀。铜离子将脂肪醛氧化成羧酸，本身还原为氧化亚铜。反应在碱溶液中进行：

$$RCHO+2Cu(OH)_2 \longrightarrow RCOOH+Cu_2O\downarrow +2H_2O$$

5. 与希夫试剂反应

醛能与希夫试剂发生加成作用，形成一种紫红色的醌型染料，酮则无此反应。所有醛与希夫试剂的加成反应中，只有甲醛反应所显示的颜色在加了硫酸后不消失。

6. 丙酮的鉴定

丙酮与亚硝酰铁氰化钠的氢氧化钠溶液反应生成红色的物质，可以鉴别丙酮。

四、实训内容

1. 与 2,4-二硝基苯肼的反应

分别取 2mL 2,4-二硝基苯肼试剂于 4 支试管中，分别加 3 滴样品（乙醛，丙酮，苯甲醛，苯乙酮），振荡、观察现象。若无现象，静置几分钟后，观察现象，解释原因。

2. 碘仿反应

取 4 支干燥试管，分别加入 5 滴样品（甲醛，乙醛，丙酮，95%的乙醇），然后分别加入 1mL I_2-KI 溶液，再滴加 5%的氢氧化钠溶液至碘的红色消失为止，观察有无沉淀析出。如果没有沉淀，把试管放到水浴中加热至 $50\sim60℃$，冷却后再观察现象，解释原因。

3. 斐林反应

把 1mL 斐林试剂 A 和 1mL 斐林试剂 B 在试管里混合均匀，分装到 3 支试管中，分别加入 $3\sim5$ 滴样品（乙醛，丙酮，苯甲醛）。振荡后，把试管放在沸水中加热，观察现象，解释原因。

4. 银镜反应

取一支稍大的洁净试管，在试管中放入 2mL 2%的硝酸银溶液和 1 小滴 5%的氢氧化钠溶液，一边振荡试管一边滴加 2%的氨水，直到产生的沉淀恰好全部溶解为止，此时溶液成无色透明状，即是托伦试剂。取 4 支洁净试管，各加入配好的托伦试剂，再分别滴加 2 滴样品（甲醛，乙醛，丙酮，苯甲醛），静置几分钟后观察现象。若无变化，在水浴中加热至 $50\sim60℃$，再观察现象，解释原因。

5. 希夫反应

取洁净试管 2 支，分别滴加 5 滴乙醛和丙酮，再加入 10 滴希夫试剂，观察现象，解释原因。

6. 丙酮的鉴定

取洁净试管 2 支，加入 1mL 0.05mol/L $[Fe(CN)_5NO]$ 溶液和 10 滴氨水，振荡摇匀。然后分别滴加 5 滴丙醛和丙酮，摇匀，观察现象，解释原因。

五、实训提示

1. 托伦试剂只能现用现配，因放久将可能析出具有爆炸性的黑色氮化银沉淀和雷酸银。

2. 进行银镜反应时要将试管洗涤干净，加入碱液时不要过量，否则会影响实训效果。另外反应时必须采用水浴加热，以防会生成具有爆炸性的雷酸银而发生意外。

3. 斐林试剂如果加热时间长了，会产生砖红色的氧化亚铜沉淀，不要误认为芳香醛、酮也与之发生了反应。

4. 希夫反应要在冷溶液和酸性条件下进行。

5. 苯肼毒性较大，操作时应小心，防止试剂溢出或沾到皮肤上。如不慎触及皮肤，应先用稀醋酸洗，然后用大量水洗。

六、实训思考

1. 哪些试剂可以用于醛、酮的鉴别？

2. 现有 5 瓶失去标签的有机化合物，它们可能是乙醇、甲醛、乙醛、苯甲醛、苯甲醇、丙酮。请设计一个方案，将它们的标签一一贴上。

3. 进行银镜反应时，应注意什么？

实训九　羧酸和取代羧酸的性质

一、实训目的

1. 掌握羧酸和取代羧酸的主要化学性质。
2. 掌握羧酸及取代羧酸的鉴别方法。
3. 了解羧酸和取代羧酸的酸性。

二、实训仪器和试剂

1. 仪器：试管、烧杯、酒精灯、试管夹、带软木塞的导管等。

2. 原理：冰醋酸、草酸、苯甲酸、乙醇、异戊醇、乙酰乙酸乙酯、水杨酸、乙酰水杨酸、乳酸、酒石酸、2mol/L 一氯乙酸、2mol/L 三氯乙酸、2,4-二硝基苯肼、10％甲酸、10％乙酸、10％草酸、10％苯酚、托伦试剂、5％氢氧化钠溶液、5％盐酸、0.05％高锰酸钾溶液、0.05mol/L 三氯化铁溶液、5％碳酸钠溶液、浓硫酸、溴水、饱和石灰水、甲基紫指示剂、pH 试纸。

三、实训原理

1. 酸性

羧酸均有酸性，与碱作用生成羧酸盐。羧酸的酸性比盐酸和硫酸弱，但比碳酸强，因此可与碳酸钠或碳酸氢钠成盐而溶解。饱和一元羧酸中甲酸的酸性最强，二元羧酸中草酸的酸性最强。

2. 还原性

甲酸分子中含有醛基，具有还原性，可被高锰酸钾或托伦试剂氧化。由于两个相邻羧基的相互影响，草酸易发生脱羧反应和被高锰酸钾氧化。

3. 脱羧反应

羧酸能发生脱羧反应，而且不同羧酸的脱羧条件各有不同，如草酸、丙二酸经加热即易脱羧，放出 CO_2。

4. 酯化反应

羧酸和醇在浓硫酸的催化下发生酯化反应，生成有香味的酯。

5. 与三氯化铁反应

水杨酸有两个官能团，酚羟基和羧基，水杨酸与乙酸酐作用生成乙酰水杨酸。与大多数酚类化合物一样，水杨酸可与三氯化铁形成深色配合物，而乙酰水杨酸因酚羟基已被酰化，不与三氯化铁显色。

乙酰水杨酸的乙酰基在加热条件下水解，生成水杨酸，会对三氯化铁溶液显色。

四、实训内容

1. 羧酸的酸性

（1）与酸碱指示剂作用：用干净的玻璃棒分别蘸取 10％乙酸、10％甲酸、10％草酸、10％苯酚于 pH 试纸上，观察现象，记录 pH，解释原因。

（2）与碱反应：在 2 支试管中分别加入 0.1g 苯甲酸、水杨酸和 1mL 水，边摇边逐滴加入 5％氢氧化钠溶液至恰好澄清，再逐滴加入 5％盐酸溶液，观察现象，解释原因。

（3）与碳酸盐反应：在 2 支试管中分别加入 0.1g 苯甲酸、水杨酸，边摇边逐滴加入 5％碳酸钠溶液，观察现象，解释原因。

2. 取代羧酸的酸性

（1）取代羧酸酸性比较：取 3 支洁净试管，分别加入乳酸 2 滴、酒石酸、三氯乙酸各少许，然后各加 1mL 蒸馏水，振荡，观察是否溶解。再分别用广泛 pH 试纸测其近似 pH，解释原因。

（2）氯代酸的酸性：取 3 支洁净试管，分别加入 2mol/L 醋酸、2mol/L 一氯乙酸和 2mol/L 三氯乙酸溶液各 10 滴，用广泛 pH 试纸检验每种酸的酸性，然后往 3 支试管中再各加甲基紫指示剂 1~2 滴，观察指示剂颜色的变化，解释原因。

3. 甲酸和草酸的还原性

（1）取 2 支试管，分别加入 0.5mL 甲酸、草酸少许，再加入 0.5mL 0.03mol/L 高锰酸钾溶液和 0.5mL 3mol/L 硫酸溶液，振荡后加热至沸腾，观察现象，解释原因。

（2）取 1 支洁净试管，加入 2~3 滴甲酸，用 2.5mol/L 氢氧化钠溶液中和至碱性。然后加 1mL 新制备的托伦试剂，摇匀后放进 60℃的水浴中加热数分钟，观察有无银镜生成，解释原因。

4. 脱羧反应

取 1 支干燥的大试管，放入 3g 草酸，用带有导管的塞子塞紧，试管口向下稍倾斜固定在铁架台上。如实训图 9-1 所示，另取 1 只小烧杯加入约 20mL 澄清石灰水，将导管插入石灰水中，小心加热试管，仔细观察石灰水的变化，记录、解释发生的现象并写出化学反应式。在停止加热时，应先移去装有石灰水的试管，然后移去火源。

5. 酯化反应

在一干燥的试管中加入 1mL 无水乙醇和 1mL 冰醋酸，混匀后加入 0.2mL 浓硫酸。振荡试管并放入 60~70℃水浴加热 10~15min，然后取出，放入冷水中冷却。最后向试管内加入 5mL 纯化水，再充分振荡。过几分钟观察现象，注意生成物质的气味，解释原因。

6. 与三氯化铁反应

取 2 支洁净试管并编号 A、B，分别加入 0.1mol/L 三氯化铁溶液 1~2 滴，各加水 1mL。然后在试管 A 中加少许水杨酸晶体，试管 B 中加少许乙酰水杨酸晶体，振荡，加热试管 B。观察现象，解释原因。

五、实训提示

1. 羧酸一般无还原性，但由于甲酸与草酸的结构特殊，均能被氧化而具有还原性。

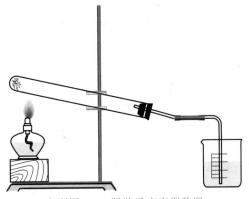

实训图 9-1　脱羧反应实训装置

2. 甲基紫本身为碱性，pH 变色范围为：0.13～0.5 时，从黄至绿；1.0～1.5 时，从绿至蓝；2.0～3.0 时，从蓝至紫，一般配制为 0.1% 的水溶液作测试。

六、实训思考

1. 做脱羧实训时，若将过量的二氧化碳通入石灰水中时，将会出现什么现象？
2. 甲酸是一元羧酸，草酸是二元羧酸，它们都有还原性，可以被氧化。其他的一元羧酸和二元羧酸是否也能被氧化？
3. 羧酸成酯反应为什么必须控制在 60～70℃？
4. 如何用实训证明乙酸的酸性比苯酚的酸性强？

实训十　糖的性质

一、实训目的

1. 掌握糖类化合物的主要化学性质。
2. 掌握鉴定糖类及区分酮糖和醛糖的方法。
3. 了解鉴定还原糖的方法及其原理。

二、实训仪器和试剂

1. 仪器：试管、酒精灯、烧杯。
2. 试剂：0.3mol/L 硝酸银溶液、3mol/L 氨水、葡萄糖溶液、果糖溶液、蔗糖溶液、麦芽糖溶液、淀粉溶液、斐林试剂 A、斐林试剂 B、班氏试剂、莫立许试剂、塞利凡诺夫试剂、碘试剂、蒸馏水、浓盐酸、2.5mol/L 氢氧化钠溶液。

三、实训原理

糖类化合物包含单糖、低聚糖和多糖。其中葡萄糖、果糖是常见的单糖，蔗糖、麦芽糖是常见的低聚糖，淀粉是常见的多糖。双糖和多糖可以水解为具有还原性的单糖。糖分子中如果有苷羟基，是还原性糖，能被托伦试剂、斐林试剂、班氏试剂氧化，生成复杂的氧化产物。同时，托伦试剂被还原生成银，出现银镜；斐林试剂、班氏试剂被还原为砖红色的氧化亚铜沉淀。单糖都是还原性糖。分子中无苷羟基的糖，如蔗糖无还原性，是非还原性糖。在多糖的分子结构中，苷羟基的数目极少，如淀粉无还原性，是非还原性糖。

直链淀粉与碘作用呈蓝色，加热蓝色消失。冷却后又重新显色，这个反应非常灵敏。

四、实训内容

1. 与托伦试剂的反应

取 5 支洁净的试管编号 A、B、C、D、E，各加入 1mL 0.3mol/L 硝酸银溶液，分别逐滴加入 3mol/L 氨水至沉淀刚好消失，即为托伦试剂。再分别滴入葡萄糖溶液、果糖溶液、蔗糖溶液、麦芽糖溶液、淀粉溶液各 5 滴，摇匀后放在水浴中加热数分钟，观察现象，解释原因。

2. 与斐林试剂的反应

取斐林试剂 A 和斐林试剂 B 各 2.5mL，混合均匀后分装于 5 支试管并编号，再分别滴入葡萄糖溶液、果糖溶液、蔗糖溶液、麦芽糖溶液、淀粉溶液各 5 滴，摇匀后放在水浴中加热数分钟，观察现象，解释原因。

3. 与班氏试剂反应

取洁净试管 5 支并编号，各加班氏试剂 1mL，再分别滴入葡萄糖溶液、果糖溶液、蔗糖溶液、麦芽糖溶液、淀粉溶液各 5 滴，摇匀后放在水浴中加热 2~3min，观察现象，解释原因。

4. 与莫立许试剂的反应

取洁净试管 5 支并编号，分别滴入葡萄糖溶液、果糖溶液、蔗糖溶液、麦芽糖溶液、淀粉溶液各 1mL，再分别加入莫立许试剂 2 滴后将试管内溶液摇匀。把盛有糖溶液的试管直立放置，沿着试管壁慢慢地加入浓硫酸 1mL（不要摇），观察现象，解释原因。

5. 与塞利凡诺夫试剂反应

取洁净试管 5 支并编号，各加塞利凡诺夫试剂 1mL，再分别滴入葡萄糖溶液、果糖溶液、蔗糖溶液、麦芽糖溶液、淀粉溶液各 5 滴，摇匀后放在沸水浴中加热 2min，观察实训现象，解释原因。

6. 与碘试剂的反应

取 1 支试管加入 20g/L 淀粉溶液 1 滴，加入 4mL 蒸馏水和 1 滴碘试剂后观察溶液变化。将此液取 1 滴稀释到蓝色很浅，将仍显色的少量溶液加热，观察现象。放冷后再观察变化，解释原因。

7. 蔗糖的水解

取试管 1 支加入 0.3mol/L 蔗糖溶液 4mL 和浓盐酸 1 滴，摇匀后放在沸水浴中加热 3~5min，对加热过的试管进行冷却。取出 2mL 溶液用 2.5mol/L 氢氧化钠溶液中和至碱性，再加班氏试剂 1mL。摇匀后放在水浴中加热。观察实训现象，解释原因。

8. 淀粉的水解

取试管 1 支加入 20g/L 淀粉溶液 4mL 和浓盐酸 1 滴，摇匀后放在沸水浴中加热至用碘溶液试验不变色为止。取出 2mL 溶液，用 2.5mol/L 氢氧化钠溶液中和至碱性，再加班氏试剂 1mL。摇匀后放在水浴中加热。观察现象，解释原因。

五、实训提示

1. 实训时蔗糖出现反应是因为蔗糖易水解生成葡萄糖和果糖，葡萄糖和果糖都可以发生银镜反应，蔗糖本身不能发生银镜反应。

2. 银镜处理：反应结束之后立即用自来水将试管进行清洗，之后滴加硝酸至与银产生反应，用试管刷刷洗。直到试管壁银镜消失后，最后用自来水冲洗干净即可。

六、实训思考

1. 列表总结和比较本实训中几种颜色反应的原理和现象。
2. 本实训提供的样品中，哪些糖具有还原性？

3. 班氏试剂和斐林试剂同为检验糖类还原剂的试剂，使用效果上有何区别？为什么？

实训十一　葡萄糖溶液旋光度的测定

一、实训目的

1. 掌握旋光仪的原理和使用方法。
2. 熟悉比旋光度的计算方法。
3. 了解旋光物质的旋光原理。

葡萄糖旋光度的测定

二、实训仪器和试剂

1. 仪器：100mL 烧杯、100mL 容量瓶、旋光管、旋光仪、分析天平、玻璃棒、擦镜纸。
2. 试剂：葡萄糖晶体、纯化水、未知浓度葡萄糖溶液。

三、实训原理

某些有机物由于分子空间结构的不对称，具有手性，表现出光学特性。当一束单一的平面偏振光透射过手性物质时，其振动方向会发生改变，偏振平面将会旋转一定的角度，这个旋转的角度称为旋光度，物质的这种使偏振光的偏振面旋转的性质就叫作旋光性。

旋光度的大小与溶液浓度、所用溶剂、温度、旋光管的长度和使用光源的波长都有关系，化合物的旋光性可用它的比旋光度来表示。比旋光度和旋光度的关系表达式如下：

$$[\alpha]_\lambda^t = \frac{\alpha}{cl}$$

上式中，$[\alpha]_\lambda^t$ 表示旋光物质在温度为 t℃，光源波长为 λ 时的比旋光度；α 为旋光仪所测得的旋光度；c 为待测溶液的浓度，g/mL；l 为旋光管的长度，dm；λ 为所使用光源的波长，nm。

比旋光度是旋光物质的物理常数之一。通过对旋光度的测量，可以分析确定物质的浓度、含量及纯度等。比旋光度广泛应用于制药、食品、香料以及化工、石油等工业生产、科研、教学部门，用于检验分析、质量控制等。

四、实训步骤

1. 仪器预热

接通电源、开启旋光仪电源开关，预热 5～10min，使光源发热稳定。

2. 旋光仪零点校正

将旋光管清洗干净，装上纯化水，使液面凸出管口，将玻璃盖沿管口边缘轻轻平推盖好，不要带入气泡，拧上螺丝帽（旋紧至不漏水，注意不要过紧，否则易产生应力引起视场亮度的变化，影响测定）。然后将旋光管外壁擦干，放入旋光仪内，罩上盖子。将刻度盘调到零点附近，轻轻左右转动螺旋纽。在视场中找到如实训图 11-1(a)、(b) 所示的两种状态。

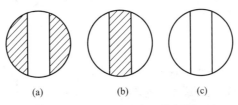

(a)　　　(b)　　　(c)

实训图 11-1　旋光仪目镜视场

在这两种状态之间，调节到整个视场亮度均匀一致，如图（c）即为零点视场。观察刻度盘是否在零点，如不在零点，应记下读数。重复操作 3～4 次，取平均值，若零点相差太大，要重新校正。

3. 测定已知浓度葡萄糖溶液的旋光度

配制一定浓度的葡萄糖溶液备用。润洗旋光管 2～3 次，然后装上样品进行测定。每隔 2min 测定 1 次葡萄糖溶液的旋光度。测定 5 次取平均值，即为葡萄糖溶液的旋光度。记下测定时样品温度和旋光管长度。测定完后用纯化水把旋光管洗净，擦干。

依据下列公式计算葡萄糖溶液的比旋光度：

$$[\alpha]_\lambda^t = \frac{\alpha}{cl}$$

4. 测定未知浓度葡萄糖溶液的旋光度

按上述同样方法测定该未知浓度葡萄糖溶液的旋光度。

5. 计算溶液的浓度

将所得旋光度读数和上述实训计算得出的比旋光度代入公式，计算得出该溶液的浓度。

数据记录表

	1	2	3	4	5
零点值					
零点平均值					
已知浓度葡萄糖的旋光度					
旋光度平均值					
差值*					
比旋光度					
未知浓度葡萄糖的旋光度					
旋光度平均值					
差值*					
未知葡萄糖溶液浓度					

差值*＝旋光度平均值－零点平均值

五、实训提示

1. 开始实训之前旋光仪需预热 5min，使光源发光稳定。
2. 待测溶液装入旋光管前要用少量待测溶液润洗 2 次。
3. 装有溶液的旋光管中应没有气泡，若有小气泡，将小气泡赶至凸颈部分即可。若有大气泡，则会对实训结果的测定有影响。

六、实训思考

1. 测定旋光物质的旋光度有什么意义？
2. 为什么在样品测定前要检查旋光仪的零点？
3. 使用旋光仪有什么注意事项？

实训十二　乙酸异戊酯的制备

一、实训目的

1. 掌握酯化反应原理，掌握乙酸异戊酯的制备方法。
2. 熟悉液体有机物的干燥，掌握分液漏斗的使用方法。
3. 熟悉带分水器的回流装置的安装与操作。

乙酸异戊酯的制备

二、实训仪器和试剂

1. 仪器：100mL 圆底烧瓶、100mL 三口烧瓶、分水器、温度计、球形冷凝管、直形冷凝管、蒸馏头、接引管、分液漏斗、锥形瓶、量筒、电热套。
2. 试剂：异戊醇、冰醋酸、浓硫酸、无水硫酸镁、饱和食盐水、10%碳酸钠溶液。

三、实训原理

乙酸异戊酯为无色透明液体，不溶于水，易溶于乙醇、乙醚等有机溶剂。它是一种香精，因具有香蕉气味，又称为香蕉油。实训室通常采用冰醋酸和异戊醇在浓硫酸的催化下发生酯化反应来制取。反应式如下：

$$H_3C-\overset{\overset{O}{\|}}{C}-OH + HOH_2CH_2C-\overset{\overset{CH_3}{|}}{\underset{H}{C}}-CH_3 \underset{\triangle}{\overset{浓硫酸}{\rightleftharpoons}} H_3C-\overset{\overset{O}{\|}}{C}-OCH_2CH_2\overset{\overset{CH_3}{|}}{C}HCH_3 + H_2O$$

酯化反应是可逆的，本实训采取加入过量冰醋酸，并除去反应中生成的水，使反应不断向右进行，提高酯的产率。

生成的乙酸异戊酯中混有过量的冰醋酸、未完全转化的异戊醇、起催化作用的硫酸及副产物醚类，经过洗涤、干燥和蒸馏予以除去。

四、实训内容

冰醋酸与异戊醇在浓硫酸作用下发生脱水缩合反应。如实训图 12-1 所示，按照从下到上、从左到右的原则，搭建实训装置。

1. 酯化

将 18mL 异戊醇、15mL 冰醋酸加入三口烧瓶中，在不断振摇下分次加入 1.5mL 浓硫酸，加入 2～3 粒沸石。安装带有分水器的回馏装置。

打开冷凝水，用电热套缓慢加热。当温度升至 108℃时，三口瓶中的液体开始沸腾。当冷凝管的第一滴液体滴下，分水器中出现油层，并不断增厚。起初油层浑浊，随着不断加热，由上而下逐渐变澄清。观察油层底部可见，有水珠从油层滴入水层。继续加热，控制回流速度，使蒸气浸润面不超过冷凝管下端的第一个球。若观察到有水流回烧瓶，则需要将分水器放水。当分水器中不再有水珠下沉，水面不再升高，即可停止反应。停止加热，待装置冷却，撤掉装置。

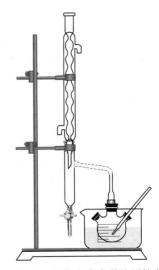

实训图 12-1　带有分水器的回馏装置

2. 洗涤

将分水器中的有机层、圆底烧瓶内的溶液合并转移到分液漏斗中，用 15mL 冷水淋洗烧瓶内壁，洗涤液并入分液漏斗。充分振摇，静置待液层界面清晰后，分去水层。再用 15mL 冷水重复操作一次。有机层用 20mL 10％碳酸钠溶液分 2 次洗涤。注意，振摇时要不时打开漏斗旋塞放气，分去水层。用 15mL 饱和食盐水洗有机层，分去水层。

3. 干燥

将有机层转移到干燥的锥形瓶中，加入适量的无水硫酸镁充分振摇，放置 30min 干燥。

4. 蒸馏

将干燥好的粗酯小心滤入干燥的蒸馏烧瓶中，放入 1～2 粒沸石。搭建普通蒸馏装置，开始加热蒸馏。用干燥的锥形瓶，收集 138～142℃馏分。量取体积，并计算产率。

5. 数据处理

依据公式计算出乙酸异戊酯的收率。

$$收率 = \dfrac{\dfrac{\rho_{乙酸异戊酯} V_{乙酸异戊酯}}{M_{乙酸异戊酯}}}{\dfrac{\rho_{异戊醇} V_{异戊醇}}{M_{异戊醇}}} \times 100\%$$

五、实训提示

1. 滴加浓硫酸时要缓慢滴加，边加边振荡，防止异戊醇被碳化或外溅。
2. 分液漏斗使用前要检漏，防止分液时漏液造成损失。
3. 碱洗时会产生二氧化碳，振荡时要不断打开阀门放气，防止溶液被气体冲出。
4. 蒸馏所用仪器必须事先干燥，不得将干燥剂放入蒸馏瓶。
5. 冰醋酸具有强烈刺激性，要在通风橱内取用。

六、实训思考

1. 制备乙酸异戊酯时，使用的哪些仪器必须是干燥的，为什么？
2. 酯化反应制得的粗酯中含有哪些杂质？是如何除去的？洗涤时能否先碱洗再水洗？
3. 酯可用哪些干燥剂干燥？为什么不能使用无水氯化钙进行干燥？
4. 怎样判断酯化反应完全了呢？

实训十三　阿司匹林的制备

一、实训目的

1. 掌握乙酰水杨酸（阿司匹林）合成的原理和方法，掌握阿司匹林的合成原理。
2. 熟悉抽滤、重结晶等有机合成中常用的操作技能。
3. 了解乙酰水杨酸的应用价值。

阿司匹林的制备

二、实训仪器及试剂

1. 仪器：锥形瓶、量筒、抽滤装置、恒温水浴锅、试管。
2. 试剂：水杨酸、乙酸酐、饱和碳酸氢钠溶液、1％三氯化铁溶液、无水乙醇、盐酸、浓硫酸。

三、实训原理

阿司匹林（乙酰水杨酸）的化学名为 2-乙酰氧基苯甲酸，为解热镇痛药，用于治疗感冒、头痛、发烧、神经痛、关节痛及风湿病等。近年来，又证明它具有抑制血小板凝聚的作用，其治疗范围又进一步扩大到预防血栓形成，治疗心血管疾患。阿司匹林化学结构式如下：

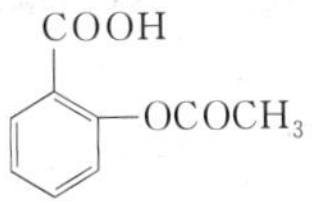

$$\text{COOH} \quad \text{—OCOCH}_3$$

阿司匹林为白色针状或者板状的结晶。熔点为 $135\sim140℃$，易溶于乙醇，微溶于水。阿司匹林是由水杨酸（邻羟基苯甲酸）与乙酸酐进行酯化反应而得的。本实训就是用邻羟基苯甲酸（水杨酸）与乙酸酐反应制备乙酰水杨酸。反应式为：

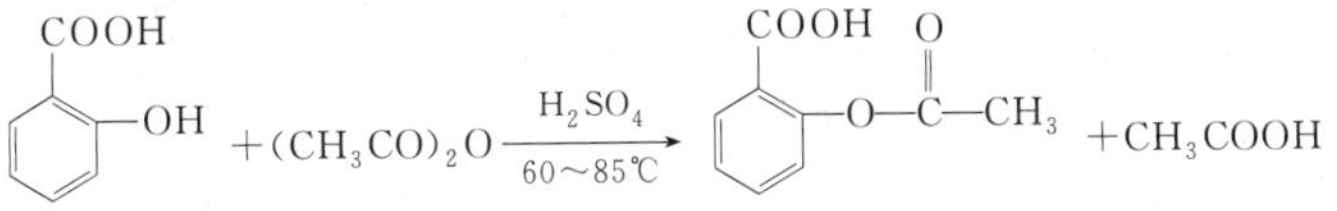

$$\text{COOH—OH} + (CH_3CO)_2O \xrightarrow[60\sim85℃]{H_2SO_4} \text{COOH—O—C—CH}_3 + CH_3COOH$$

反应过程的副反应：水杨酸会自身缩合，形成一种聚合物。

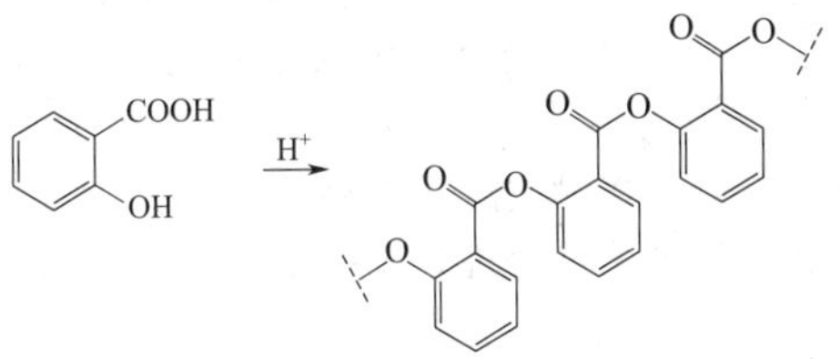

$$\text{（COOH—OH）} \xrightarrow{H^+} \text{（聚合物）}$$

乙酰水杨酸由于具有一个羧基，因此可以与碱反应成盐，从而溶于水：

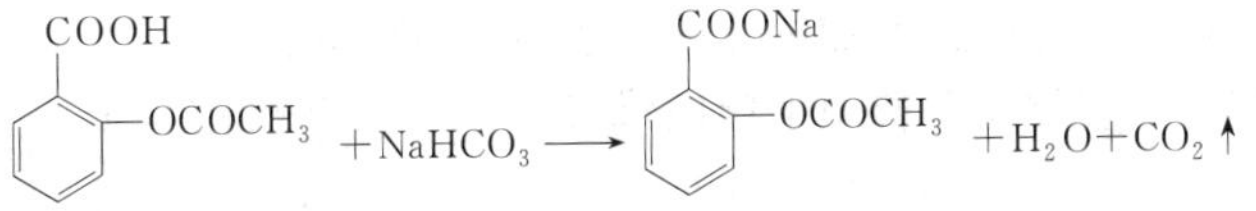

$$\text{COOH—OCOCH}_3 + NaHCO_3 \longrightarrow \text{COONa—OCOCH}_3 + H_2O + CO_2\uparrow$$

而副产物无羧基，因此本实训后处理时用饱和碳酸氢钠水溶液进行处理。副产物由于不溶解，因此通过过滤即可分离。分离后的乙酰水杨酸钠盐水溶液通过盐酸酸化即可得到产物。

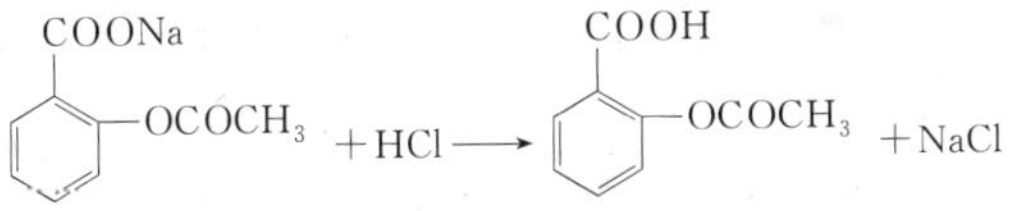

$$\text{COONa—OCOCH}_3 + HCl \longrightarrow \text{COOH—OCOCH}_3 + NaCl$$

与大多数酚类化合物一样，水杨酸可与三氯化铁形成深色配合物，而乙酰水杨酸因酚羟基已被酰化，不与三氯化铁显色，因此，产品中残余的水杨酸很容易被检验出来。

四、实训步骤

1. 乙酰水杨酸制备

（1）称取干燥的水杨酸 7.0g（0.050mol）于 50mL 锥形瓶中，在通风橱中，再加入新蒸的乙酸酐 10mL（0.100mol），加 10 滴浓硫酸，充分摇动使固体全部溶解。在 $70\sim80℃$ 水浴加热 $10\sim15min$，并经常摇动。

（2）撤去水浴，取出锥形瓶，趁热加入 2mL 蒸馏水，以分解过量的乙酸酐。稍冷后，将液体转移至盛有 100mL 冷水的烧杯中，并用冰水浴冷却 15min。

（3）待晶体完全析出后，减压抽滤，冷水洗涤几次，尽量抽干，得乙酰水杨酸粗产品。

2. 乙酰水杨酸提纯

（1）粗产品置于100mL烧杯中缓慢加入饱和碳酸氢钠液，产生大量气体，固体大部分溶解，不断搅拌至无气体产生。

（2）用干净的抽滤瓶抽滤，用5~10mL水洗（可先转移溶液，后洗）。将滤液和洗涤液合并，并转移至100mL烧杯中，缓缓加入15mL 4mol/L的盐酸。

（3）用冰水冷却10min后抽滤，2~3mL冷水洗涤几次，抽干、干燥、称量。

3. 产品纯度检验

取少量阿司匹林晶体溶解于几滴乙醇中，并加入0.1%FeCl₃溶液1~2滴，观察颜色变化。

4. 数据处理

依据实验数据计算乙酰水杨酸的产率。

$$产率 = \frac{m_{实际乙酰水杨酸}}{\dfrac{m_{水杨酸}}{M_{水杨酸}} \times M_{乙酰水杨酸}} \times 100\%$$

五、实训提示

1. 实训要在通风橱中进行，因为乙酸酐具有强烈刺激性，并注意不要粘在皮肤上。

2. 为了检验产品中是否还有水杨酸，利用水杨酸属酚类物质，可与三氯化铁发生颜色反应的特点，将几粒结晶加入盛有3mL水的试管中，加入1~2滴1%三氯化铁溶液，观察有无颜色反应（紫色）。

3. 浓硫酸具有强腐蚀性，应避免接触皮肤或衣物。

4. 仪器要全部干燥，药品也要经干燥处理，醋酐要使用新蒸馏的，收集139~140℃的馏分。

六、实训思考

1. 为什么使用新蒸馏的乙酸酐？

2. 加入浓硫酸的目的是什么？不加浓硫酸对实训有何影响？

3. 制备阿司匹林时，为什么要使用干燥的仪器？

实训十四　乙酰苯胺的制备

一、实训目的

1. 掌握苯胺乙酰化反应的原理和实训操作。
2. 熟悉分馏的方法和应用。
3. 了解固体有机物提纯的方法——重结晶。

二、实训仪器和试剂

1. 仪器：韦氏分馏柱、圆底烧瓶、电热套、烧杯、布氏漏斗、锥形瓶、酒精灯。
2. 试剂：苯胺、冰醋酸、锌粉、活性炭。

三、实训原理

乙酰苯胺可通过苯胺与冰醋酸、乙酸酐或乙酰氯等试剂作用而制备。其中苯胺与乙酰氯反应最激烈，乙酸酐次之，冰醋酸最慢。用冰醋酸作乙酰化试剂价格便宜，操作方便，适合于规模较大的制备，缺点是反应时间长。综上所述，本实训使用冰醋酸作酰基化试剂。

本实训用冰乙酸作为乙酰化试剂进行芳胺的酰化反应。该反应为可逆反应，在实际操作中，加入过量的冰乙酸，同时蒸出生成的水（含少量的乙酸），以提高乙酰苯胺的产率。

本实训包括熔点的测定、重结晶、回流、分馏、抽滤等基本操作。

四、实训内容

1. 合成乙酰苯胺粗品

在圆底烧瓶中加 5mL 苯胺、7.5mL 冰醋酸、0.1g 锌粉，摇匀。锌粉的量使溶液呈淡黄色即可。

按实训图 14-1 安装好装置后，加热微沸，保持回流 20min 后升温，控制温度计读数在 100～105℃，再反应 20min，反应生成的水和部分乙酸蒸出，当液面上方可观察到白色雾状蒸汽且温度下降时表示反应已经完成，停止加热。

趁热将反应混合物倒入盛有 100mL 冷水的烧杯中（乙酰苯胺冷却即固化，凝固在烧瓶上很难倒出），充分搅拌冷却，使乙酰苯胺结晶呈细颗粒析出，抽滤，用少量冷水（5～10mL）洗涤得乙酰苯胺粗产品。

实训图 14-1　反应装置

2. 粗产品重结晶

将粗产品转移到 250mL 圆底烧瓶中，先加 50mL 水，加热搅拌，沸腾后再少量多次加入水直至乙酰苯胺完全溶解，保证乙酰苯胺近饱和。全部溶解后，稍微冷却，加 1g 活性炭，重新加热，煮沸 1～2min，同时准备好热过滤装置。趁热在热的漏斗上过滤，过滤掉活性炭等不溶物，将滤液冷却至室温，直至结晶完全析出，抽滤，用少量冷水洗涤 2～3 次，产品烘干后称重、测熔点。

五、实训提示

1. 苯胺易氧化，本实训宜用新蒸的苯胺。
2. 锌粉在酸性介质中可防止苯胺被氧化，但要控量。
3. 乙酰苯胺在不同温度下溶解度不同。所以重结晶要加热水，控量，以免造成乙酰苯胺的损失。
4. 乙酰苯胺与水会生成低熔混合物，熔融态的低熔混合物呈油珠状；当水足够时，随温度提高，油珠会溶解并消失。
5. 加活性炭时要等沸腾液稍冷后再加，否则会引起暴沸。
6. 反应时要控制柱顶温度不宜过高，保持 105℃，可以让水蒸出，而让沸点接近 117.9℃ 的乙酸少蒸出，温度过高乙酸大量蒸出影响实训效果。

六、实训思考

1. 实训中，为什么要控制分馏柱上端的温度在 105℃ 左右？温度过高有什么影响？
2. 在本实训中，采取什么措施可以提高乙酰苯胺的产量？
3. 反应后生成的混合物中含有未作用的苯胺和过量的乙酸，如何除去？
4. 重结晶提纯的原理是什么？重结晶时，怎样才能使产品产率高、质量好？

实训十五　茶叶中咖啡碱的提取

一、实训目的

1. 掌握从茶叶中提取咖啡因的原理与方法。
2. 熟悉升华固体的提纯方法，掌握升华的原理及操作方法。
3. 了解索氏提取器连续抽提方法。

茶叶中咖啡碱的提取

二、实训仪器和试剂

1. 仪器：圆底烧瓶、索氏提取器、球形冷凝器、玻璃漏斗、电热套、蒸发皿、玻璃棒。
2. 试剂：茶叶、95％乙醇、生石灰粉、沸石。

三、实训原理

茶叶中含有多种生物碱，其中以咖啡碱（又称咖啡因、茶素）为主，占 1‰～5‰。此外还含有纤维素、蛋白质、单宁酸和叶绿素等。咖啡因是杂环化合物嘌呤的衍生物，学名为 1,3,7-三甲基-2,6-二氧嘌呤。

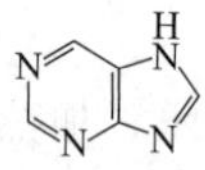

嘌呤 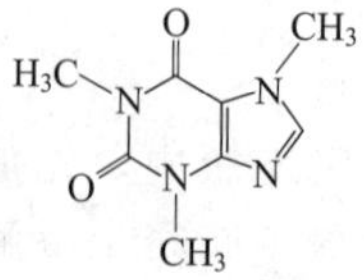　　　　　　咖啡因

咖啡因为无色针状晶体，熔点为 236℃，味苦，能溶于水和乙醇。含结晶水的咖啡因在 100℃时失去结晶水开始升华，120℃时升华明显，178℃时很快升华。

咖啡因易溶于乙醇且易升华。为提取茶叶中的咖啡因，可用适当的溶剂（乙醇等）在索氏提取器中连续萃取，将不溶于乙醇的纤维素和蛋白质等分离，然后蒸去溶剂，得到粗咖啡因。在粗咖啡因中加入石灰，与丹宁酸等酸性杂质反应生成钙盐，游离的咖啡因就可通过升华法进一步提纯。

四、实训步骤

1. 萃取

将一张方形滤纸卷成直径略小于索氏提取器提取腔内径的滤纸筒，一端用棉线扎紧。在筒内放入 10g 茶叶，压实。将滤纸筒上口向内折成凹形。将滤纸筒放入提取腔中去，使茶叶装载面低于虹吸管顶端。装上回流冷凝管，在提取器的圆底烧瓶中放入数粒沸石，将装置竖直安装在铁架台上。自冷凝管顶端注入 95％乙醇，至提取腔中的液面上升至与虹吸管顶端相平齐。

用滤纸装入 10g 研细的茶叶并折叠封住，放入索氏提取器的直筒中。在圆底烧瓶内放入 2 粒沸石，加入 120mL 95％乙醇，置于电加热套上加热回流，连续提取 1～1.5h。当提取液颜色很淡时即可停止加热。

2. 蒸馏

搭建普通蒸馏装置，如实训图 15-1 所示，将圆底烧瓶内的液体进行蒸馏，回收提取液中大部分乙醇。待烧瓶内剩余 10mL 左右溶液时，停止蒸馏。把残液趁热倒入盛有 3g 左右生石灰粉的蒸发皿中，并用少量乙醇洗涤烧瓶，洗涤液倒入蒸发皿中。小火加热至干粉状，加热期间要不断搅拌、压碎块状物，小心焙炒，除尽水分。

3. 升华

如实训图 15-2 所示，用大头针在滤纸刺上许多小孔，让孔刺朝上，盖在上述实训中的蒸发皿上。取口径合适的玻璃漏斗，在其漏斗颈部塞少许脱脂棉，然后罩在蒸发皿上。用酒精灯小火加热升华，控制温度在 220℃ 左右。当滤纸上出现许多白色毛状结晶时，停止加热，自然冷却。取下滤纸，用刮刀将纸上和器皿周围的咖啡因刮下。残渣经搅拌后用较大的火再加热片刻，使之升华完全，直至残渣变为棕色。合并两次收集的咖啡因，称重并测定熔点。

4. 数据处理

名称	理论咖啡因质量 m_1	滤纸的质量	滤纸＋产品总质量	产品质量 m_2	产率

理论上咖啡因的质量：$m_1 = 0.1 \sim 0.5 \text{g}$

产率 $= (m_2/m_1) \times 100\%$

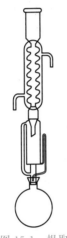

实训图 15-1　提取装置

实训图 15-2　升华装置

五、实训提示

1. 拌入的生石灰必须是粉末，否则水分不能除净（生石灰的作用除吸水外，还可中和除去部分酸性杂质，如鞣酸）。萃取液和生石灰焙炒时，水分一定要除净，若不除净，在下一步加热升华时在漏斗内会出现水珠，若遇此情况，则用滤纸迅速擦干漏斗内的水珠并继续升华，否则产率降低。

2. 滤纸孔的大小疏密要恰当，不然大量产品未能升华到滤纸上，且不能得到很好的无色针状结晶。

3. 升华过程中，始终都须严格控制温度，温度太高会使产物分解发黄，导致产品不纯和损失。

六、实训思考

1. 提取咖啡因时，用到的生石灰，起什么作用？
2. 在进行升华操作时，为什么只能用小火缓缓加热？

习题参考答案

第一章

一、名词解释

1. 有机化学：研究有机化合物的组成、结构、性质及其变化规律的科学。

2. 官能团：决定有机化合物化学特征的原子或原子团称为官能团。

3. 键能：原子形成共价键所释放的能量或共价键断裂所吸收的能量称为键能。

4. 消除反应：从一个有机化物分子中消去一个小分子（HX 或 H_2O 等）生成不饱和化合物的反应称为消除反应。

5. 聚合反应：由低分子结合形成高子化合物的反应称为聚合反应。

二、单项选择题

1. B　2. D　3. D　4. B　5. B　6. A　7. D　8. C　9. B　10. B

三、填空题

1. 碳氢化合物

2. 四

3. 大多数容易燃烧；熔点和沸点较低；难溶于水，易溶于有机溶剂；一般不导电，是非电解质；反应速率慢，副反应多；结构复杂，种类多

4. 键长、键能、键角

5. 取代反应、加成反应、消除反应、聚合反应、重排反应

四、问答题

略

第二章

一、名词解释

1. 烷烃：烷烃是指碳原子之间以单键相连成链状，其余的价键均与氢原子相连的化合物。

2. 烷基：烷基是指烷烃分子中去掉 1 个氢原子后剩余的基团。

3. 取代反应：有机化合物中的原子或基团被其他原子或基团所取代的反应称为取代反应。

4. 环烷烃：烷烃碳链首尾两端的碳原子连接在一起形成 C—C 单键，成为具有环状结构的烷烃即为环烷烃。

5. 同分异构现象：两种或两种以上的化合物，具有相同的化学式，但结构和性质均不相同，则互称同分异构体，这种现象称为同分异构现象。

二、单项选择题

1. C　2. D　3. A　4. A　5. D　6. A　7. B　8. C　9. D　10. A　11. D　12. B　13. D　14. A

15. A　16. C　17. D　18. D　19. A　20. B

三、命名下列化合物或写出其结构简式

1. 2-甲基-4-异丙基庚烷

2. 2,6-二甲基-4-乙基-3-异丙基庚烷

3. 乙基环丁烷

4. 1-甲基-3-乙基环戊烷

5. 2-甲基-3-环丙基戊烷

6. 3,3-二乙基戊烷

7. $CH_3-CH-CH_2-CH-CH_2-CH_2-CH_3$
　　　　　|　　　　|
　　　　CH_3　　CH_2
　　　　　　　　　|
　　　　　　　　CH_3

8. 　CH_3
　　CH_2CH_3

四、完成下列方程式

1.
　　　　CH_3
　　　　|
$CH_3-CH-C-CH_3$
　　　　|　|
　　　CH_3 Cl

2.
　　　CH_3
　　　|
$CH_3-C-CH_3 + HBr$
　　　|
　　　Br

3.
　　CH_3
　　Br $+HBr$

五、用化学方法鉴别下列各组物质

1.
环丙烷 ⎫　Br_2　褪色
丙烷 　⎭ ⟶ 无现象

2.
1,2-二甲基环丙烷 ⎫　Br_2　褪色
环戊烷 　　　　　⎭ ⟶ 无现象

六、推断结构

1. A. △　　　B. $CH_3-CH-CH_2-CH_2$
　　　　　　　　　　　　|　　　　　|
　　　　　　　　　　　Br　　　Br

△ $+Br_2 \xrightarrow{Br_2\ 室温} CH_3-CH-CH_2-CH_2$
　　　　　　　　　　　　|　　　　　|
　　　　　　　　　　　Br　　　Br

△ $+H_2 \xrightarrow[加热]{Ni} CH_3-CH_2-CH_2-CH_3$

七、问答题

1. 沸点由高到低的顺序是：正癸烷＞正庚烷＞正己烷＞2-甲基戊烷＞2,2-二甲基丁烷

2. 结构：
　　　　　CH_3
　　　　　|
　　CH_3-C-CH_3　系统名称：2,2-二甲基丙烷
　　　　　|
　　　　　CH_3

第三章

一、名词解释

1. 烯烃：分子中含有碳碳双键的烃，包括链状烯烃和环状烯烃，其官能团为碳碳双键。

2. 加成反应：有机分子中的共价键（主要是 π 键）断裂，加成试剂中的两个原子或原子团分别加到相应的两个原子上的反应。

3. 诱导效应：由于某一原子或基团的电负性而引起电子云沿着分子链向某一方向移动的

效应。

4. **聚合反应**：由低分子化合物聚合生成高分子化合物的过程称为聚合反应。

二、单项选择题

1. D　2. A　3. A　4. B　5. A　6. B　7. D　8. B　9. C　10. B　11. D　12. A　13. B　14. D

三、命名或写出下列化合物的结构式

1. 3,5-二甲基-3-庚烯；

2. 顺-3-甲基-2-戊烯；

3. 3-乙基-2-己烯；

4. 2-甲基-3-己烯；

5. $CH_2=CCH_2CH_2CH_3$ 上接 CH_3

6. $CH_2=CCHCH_2CH_3$ 上接 CH_3，下接 CH_3

7. H_3C 和 $CH(CH_3)_2$，下方 H 和 H（顺式结构）

8. H_3C 和 C_3H_7，C_2H_5 和 $CH(CH_3)_2$

四、写出下列方程式的主要产物

1. $CH_3CH_2\overset{CH_3}{\underset{Cl}{C}}CH_3$

2. $CH_3\overset{O}{C}CH_2CH_3 + CH_3COOH$

3. $CH_3CH_2\overset{CH_3}{\underset{Br}{C}}CH_2Br$

4. $CH_3CH_2CH_2Br$

五、鉴别

试写出鉴别乙烷和乙烯的两种化学方法。

方法一：乙烯 / 乙烷 $\xrightarrow[H^+]{KMnO_4}$ 褪色 / 无现象

方法二：乙烯 / 乙烷 $\xrightarrow{Br_2/CCl_4}$ 褪色 / 无现象

六、推测结构

1. A：$CH_3CH=C(CH_3)CH_2CH_3$　　3-甲基-2-戊烯

   B：$CH_2=CHCH(CH_3)CH_2CH_3$　　3-甲基-1-戊烯

   C：$(C_2H_5)_2C=CH_2$　　2-乙基-1-丁烯

   D：$(C_2H_5)_2CBrCH_3$　　3-甲基-3-溴戊烷

2. $CH_3CH_2CH_2C=C-CH_2CH_3$ 下接 CH_3 CH_3

第四章

一、名词解释

1. **共轭二烯烃**：两双键中间隔一单键，即单、双键交替排列的化合物，叫作共轭二烯烃。

2. **炔烃**：分子中含有碳碳三键（ —C≡C— ）的烃称为炔烃，单炔烃的分子通式为 $C_nH_{2n-2}(n \geqslant 2)$。

3. **共轭效应**：由于共轭体系的形成，使整个分子的电子云分布趋于平均化，键长也趋于平均化，体系能量降低而稳定性增加的效应。

4. **亲双烯体**：与共轭二烯烃进行反应的不饱和化合物称作亲双烯体。

二、单项选择题

1. B　2. C　3. D　4. D　5. C　6. B　7. B　8. D　9. A　10. D　11. A　12. A　13. D　14. D
15. C

三、命名下列化合物或写出化合物的结构简式

1. 4-甲基-4-己烯-1-炔；

2. 2,5-二甲基-3-己炔；

3. 5,5-二甲基-2-己炔；

4. 1-戊烯-4-炔：

5. $CH_3C\equiv C\overset{\overset{\displaystyle CH_3}{|}}{C}HCH_3$

6. $CH_2=CHCH_2CH=CHCH_3$

7. $CH\equiv C\overset{\overset{\displaystyle CH_3}{|}}{\underset{\underset{\displaystyle CH_3}{|}}{C}}CH_2CH_3$

8. $CH_2=CH\overset{\overset{\displaystyle C_2H_5}{|}}{C}HC\equiv CH$

四、完成下列反应式

1.

2.

3. $H_3C\overset{\overset{\displaystyle CH_3}{|}}{C}HCOOH+CO_2$

4. $H_3C\overset{\overset{\displaystyle O}{\|}}{C}C_2H_5$

5. $CH_3CH_2C\equiv CAg$

五、区分下列各组化合物

1. 1-戊炔和2-戊炔

1-戊炔 —银氨溶液→ 白色沉淀
2-戊炔 → 无现象

2. 2-甲基丁烷、3-甲基-1-丁炔和3-甲基-1-丁烯

3-甲基-1-丁炔 → 白色沉淀
2-甲基丁烷 —银氨溶液→ 无现象 —$\dfrac{KMnO_4}{H^+}$→ 无现象
3-甲基-1-丁烯 → 无现象 → 褪色

3. 1,3-丁二烯和1-丁炔

1-丁炔 —银氨溶液→ 白色沉淀
1,3-丁二烯 → 无现象

六、推断题

1. A：$CH\equiv CCH_2CH_3$　　1-丁炔

　B：$CH_3C\equiv CCH_3$　　2-丁炔

　C：$CH_2=CHCH=CH_2$　　1,3-丁二烯

2.

A：$CH_3CH_2CH_2CH_2C\equiv CH$

$CH_3CH_2CH_2CH_2C\equiv CH + [Ag(NH_3)_2]^+ \longrightarrow CH_3CH_2CH_2CH_2C\equiv CAg \downarrow$

$CH_3CH_2CH_2CH_2C\equiv CH \xrightarrow{\dfrac{KMnO_4}{H^+/H_2O}} CH_3CH_2CH_2CH_2COOH+CO_2$

B：$CH_3CH_2C\equiv CCH_2CH_3$

$CH_3CH_2C\equiv CCH_2CH_3 \xrightarrow{\dfrac{KMnO_4}{H^+/H_2O}} CH_3CH_2COOH$

第五章

一、名词解释

1. 芳香性：具有特殊稳定性的不饱和环状烃，容易发生取代反应，而不容易发生加成反应和氧化反应的性质。

2. 邻、对位定位基：使新引入的取代基进入其邻位和对位，同时使苯环活化（卤素除外）。

3. 间位定位基：使新引入的取代基进入其间位，同时使苯环钝化。

4. 傅-克烷基化反应：苯环上引入烷基的反应称为傅-克烷基化反应。

5. 致癌芳烃：某些由四个或四个以上苯环稠合而成的稠环芳烃有致癌作用。

二、单项选择题

1. C　2. B　3. A　4. C　5. D　6. A　7. B　8. D　9. C　10. A　11. B　12. B　13. D　14. A　15. D　16. A　17. D　18. B

三、命名下列化合物或写出其结构简式

1. 邻二甲苯　　2. 2-乙基-4-异丙基甲苯

3. 苯乙烯　　4. 硝基苯　　5. 环戊烷多氢菲

6. 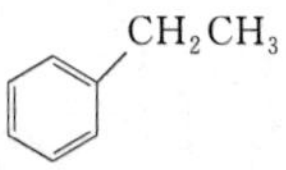

7. 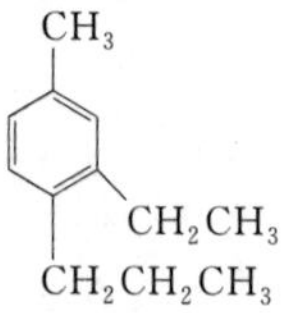

8. 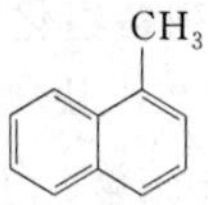

四、完成下列反应式

1. 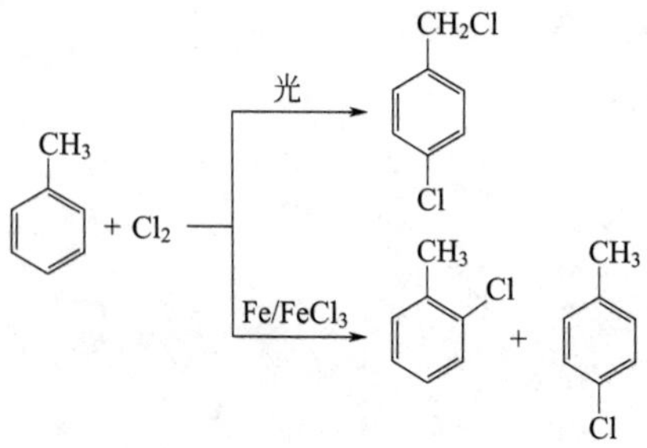

2. 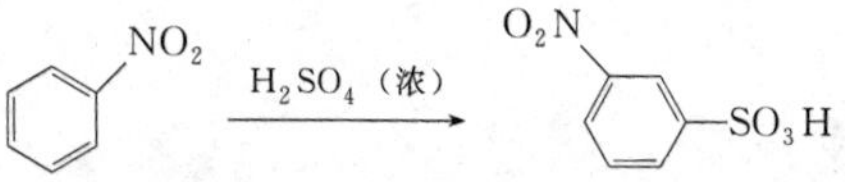

3. 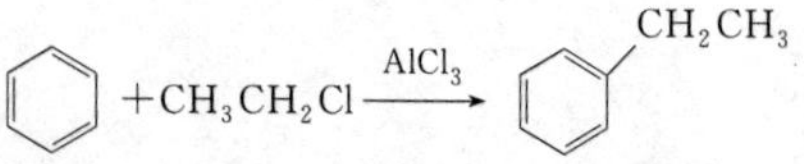

五、用化学方法鉴别下列各组物质

苯、甲苯、环己烯 $\xrightarrow[H_2SO_4]{KMnO_4}$ 苯：无变化；甲苯：紫红色褪色；环己烯：紫红色褪色

甲苯、环己烯 $\xrightarrow{溴水}$ 甲苯：无变化；环己烯：红棕色褪色

六、推断结构

1. A. 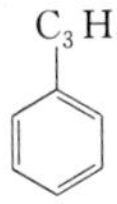   B. 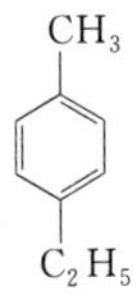   C.

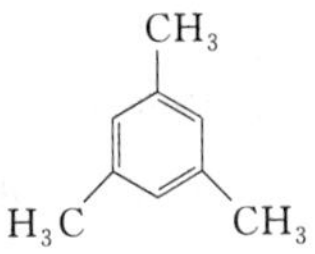

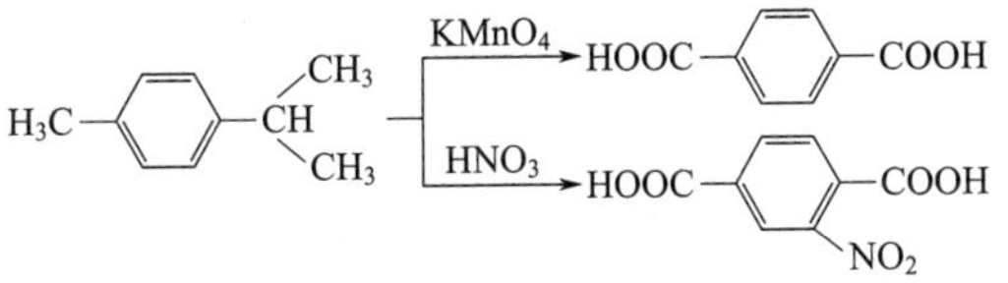

2.

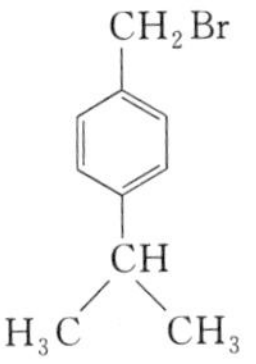

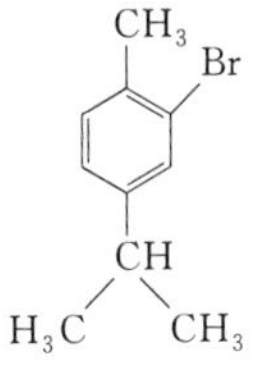

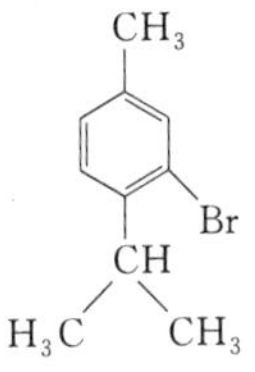

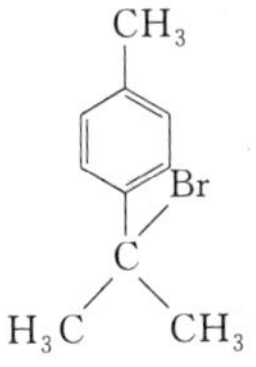

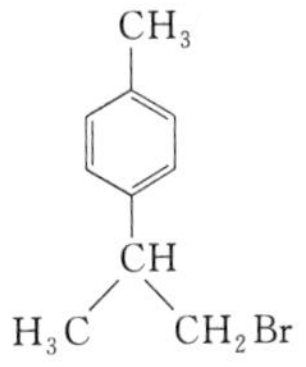

七、问答题

1.   2. 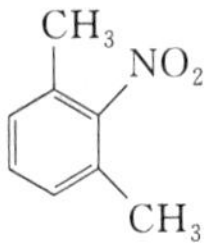   3. 取代反应

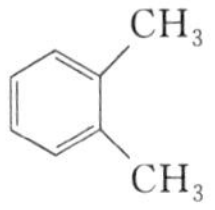

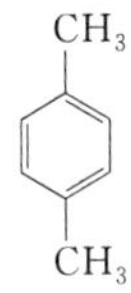

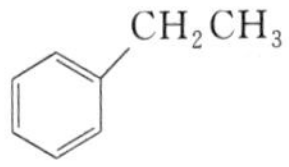

第六章

一、名词解释

1. 卤代烃：烃分子中的氢原子被卤素原子取代后的化合物称为卤代烃。

2. 亲核取代反应：由亲核试剂进攻带部分正电荷的碳原子而引起的取代反应称为亲核取代反应。

3. 消除反应：有机物分子内消去一个简单分子形成不饱和化合物的反应称为消去反应。

4. 格氏试剂：卤代烃和金属镁在无水乙醚中反应，生成性质非常活泼的有机镁化合物。

5. 烯丙型卤代烯烃：卤原子与双键相隔一个饱和碳原子的不饱和卤代烃。

二、单项选择题

1. C 2. B 3. C 4. B 5. A 6. A 7. D 8. B 9. C 10. A 11. A 12. C 13. D 14. A 15. D 16. A 17. A

三、命名下列化合物或写出其结构简式

1. 3-甲基-1-氯丁烷

2. 2-氯-3-溴丁烷

3. 4-溴-1-丁烯

4. 1-苯基-3-氯丙烷

5.

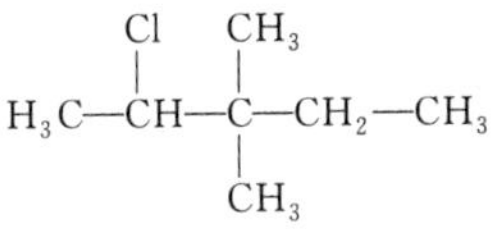

6.

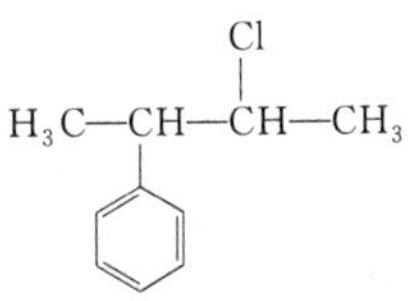

四、完成下列反应式

1.
$$CH_3-\underset{\underset{Cl}{|}}{CH}-\underset{\underset{CH_3}{|}}{CH}-CH_3 \xrightarrow{NaOH/H_2O} H_3C-\underset{\underset{CH_3}{|}}{CH}-\underset{\underset{OH}{|}}{CH}-CH_3$$

2.
$$CH_3-\underset{\underset{CH_3}{|}}{CH}-CH_2-\underset{\underset{Cl}{|}}{CH}-CH_3 \xrightarrow{KOH-乙醇} CH_3-\underset{\underset{CH_3}{|}}{CH}-CH=CH-CH_3 + HCl$$

3.
$$CH_2=CH-CH_3 \xrightarrow{HBr} CH_3-\underset{\underset{Br}{|}}{CH}-CH_3 \xrightarrow{NaCN} CH_3-\underset{\underset{CN}{|}}{CH}-CH_3 \xrightarrow{H_2O/H^+} CH_3-\underset{\underset{COOH}{|}}{CH}-CH_3$$

4.
$$\underset{\text{苯}}{\bigcirc}-CH_2Cl \underset{NaCN}{\overset{NH_3}{\rightleftarrows}} \begin{array}{l} \bigcirc-CH_2NH_2 \\ \bigcirc-CH_2CN \end{array}$$

五、用化学方法鉴别下列各组物质

1.
$$\left.\begin{array}{l} 3-氯-2-戊烯 \\ 4-氯-2-戊烯 \\ 5-氯-2-戊烯 \end{array}\right\} \xrightarrow{AgNO_3，乙醇} \begin{array}{l} 加热后也不产生沉淀 \\ 立即产生沉淀 \\ 加热后缓慢产生沉淀 \end{array}$$

2.
$$\left.\begin{array}{l} 1-丁烯 \\ 丁烷 \\ 1-溴丁烷 \end{array}\right\} \overset{KMnO_4}{\underset{H_2SO_4}{\longrightarrow}} \left.\begin{array}{l} 紫色褪色 \\ 无变化 \\ 无变化 \end{array}\right\} \xrightarrow{AgNO_3，乙醇} \begin{array}{l} 无变化 \\ 加热后缓慢产生沉淀 \end{array}$$

六、推断结构

1. A. $\bigcirc$ B. $\bigcirc$-Br   C. $\bigcirc$

方程式：A： $\bigcirc + Br_2 \xrightarrow{h\nu} \bigcirc-Br + HBr$

B： $\bigcirc-Br + KOH \xrightarrow{醇溶液} \bigcirc$

C： $\bigcirc \xrightarrow{KMnO_4/H_2SO_4} \bigcirc\begin{array}{l}COOH \\ COOH\end{array}$

2. A： $CH_2=CH-CH_2-CH_3$ B： $CH\equiv C-CH_2-CH_3$

A： $CH_3-CH_2-CH=CH_2 + Br_2 \longrightarrow CH_3-CH_2-\underset{\underset{Br}{|}}{\overset{\overset{Br}{|}}{C}}-CH$

$CH_3-CH_2-\underset{\underset{Br}{|}}{\overset{\overset{Br}{|}}{C}}=CH + NaOH \xrightarrow{醇溶液} CH_3-CH_2-C\equiv CH$

B： $CH_3-CH_2-C\equiv CH + 2Br_2 \longrightarrow CH_3-CH_2-\underset{\underset{Br}{|}}{\overset{\overset{Br}{|}}{C}}-\underset{\underset{Br}{|}}{\overset{\overset{Br}{|}}{CH}}$

$CH_3-CH_2-C\equiv CH + 2Ag(NH_3)_2^+ \longrightarrow CH_3-CH_2-C\equiv CAg \downarrow$

七、问答题

1. $ClCH=CCl_2 + HBr \longrightarrow ClCH_2-CBrCl_2$

2. $ClCH=CCl_2 + Br_2 \longrightarrow ClCHBr-CBrCl_2$

第七章

一、名词解释

1. 扎伊采夫规则：醇脱水时，如分子中含有不同的 β-H 时，氢原子从含氢较少的 β-C 上脱去，主要产物是双键碳原子上连有较多烃基的烯烃。

2. 仲醇：仲醇是羟基（—OH）所在碳（即羟基碳）连有两个碳（或取代基）的醇。

3. α-C 原子：与官能团相连的碳原子为 α-C 原子。

4. 酚：酚是指羟基与芳环直接相连的一类化合物。

5. 卢卡斯试剂：浓盐酸和无水氯化锌配制成的混合溶液称为卢卡斯试剂。

二、单项选择题

1. B　2. D　3. D　4. B　5. B　6. A　7. C　8. B　9. A　10. A　11. D　12. B　13. C　14. B
15. C　16. B　17. C　18. D　19. A　20. D

三、命名下列化合物或写出其结构简式

1. 3,4-二甲基-2-己醇

2. 7-甲基-6-乙基-5-甲氧基-2-辛烯

3. 丙烯基烯丙基醚

4. 3-硝基-4-氯苯酚

5. 5-硝基-3-氯-1,2-苯二酚

6. 乙基异丙基醚

7. $CH_3-CH-CH_2-O-\overset{\displaystyle CH_3}{\underset{\displaystyle CH_3}{\overset{|}{\underset{|}{C}}}}-CH_3$
   $\quad\;\; \underset{\displaystyle CH_3}{|}$

8.

四、用化学方法鉴别下列各组物质

1.
$$\left.\begin{array}{l}\text{邻甲苯酚} \\ \text{2-甲基环己醇} \\ \text{苯甲醚}\end{array}\right\} \xrightarrow{\text{FeCl}_3} \begin{array}{l}\text{蓝色} \\ \text{无现象} \\ \text{无现象}\end{array} \left.\begin{array}{l}\\ \end{array}\right\} \xrightarrow{\text{Na}} \begin{array}{l}\text{有气体产生} \\ \text{无现象}\end{array}$$

2.
$$\left.\begin{array}{l}\text{正丁醇} \\ \text{异丁醇} \\ \text{叔丁醇} \\ \text{甘油}\end{array}\right\} \xrightarrow{\text{新制 Cu(OH)}_2} \begin{array}{l}\text{无现象} \\ \text{无现象} \\ \text{无现象} \\ \text{深蓝色}\end{array} \left.\begin{array}{l}\\ \end{array}\right\} \xrightarrow{\text{卢卡斯试剂}} \begin{array}{l}\text{几乎无变化} \\ \text{数分钟后浑浊} \\ \text{立即变浑浊}\end{array}$$

五、完成下列反应式

1.

2. $CH_3-CH=CH-CH_3$

3. $CH_3CH_2I+CH_3OH$

4. $CH_3-CH_2-\overset{\displaystyle }{\underset{\displaystyle O}{\overset{}{C}}}-CH_3$
   $\qquad\qquad\;\; \underset{\displaystyle O}{\|}$

六、推断结构

1. A. 　　B. 　　C. CH_3I

2. A. $CH_3-\overset{\displaystyle CH_3}{\underset{\displaystyle OH}{\overset{|}{\underset{|}{C}}}}-CH_2-CH_3$　　B. $CH_3-\overset{\displaystyle CH_3}{\overset{|}{C}}=CH-CH_3$　　C. $CH_3-\overset{\displaystyle CH_3}{\underset{\displaystyle Br}{\overset{|}{\underset{|}{C}}}}-CH_2-CH_3$

第八章

一、名词解释

1. 脂肪醛：连接脂肪烃基的醛。

2. 混酮：连接两个不同烃基的酮。

3. 羟醛缩合反应：在稀酸或稀碱的作用下，两分子醛能发生加成反应，生成 β-羟基醛。

4. 羰基试剂：在药物分析中，常用氨的衍生物鉴定具有羰基结构的药物，所以将氨的衍生物称为羰基试剂。

5. 斐林试剂：斐林试剂是由硫酸铜与酒石酸钾钠的碱溶液等体积混合而成的蓝色溶液。

二、单项选择题

1. D 2. B 3. A 4. C 5. B 6. B 7. A 8. A 9. B 10. D 11. D 12. B 13. A 14. C 15. A 16. D 17. D 18. A 19. A 20. B

三、命名下列化合物或写出其结构简式

1. 3-甲基戊醛　　　　2. 5-羟基戊醛　　　　3. 丙酮

4. 2,4-戊二酮　　　　5. 苯甲醛　　　　　　6. 苯乙酮

7. $CH_3CH(CH_3)CH_2CHO$　　8. $CH_3COCH_2CH=CH_2$

四、完成下列反应式

1. $CH_3CH(OH)CN$　　2. $CH_3CH_2CH_2OH$　　3. $CH_3CH=CHCH_2OH$

五、用化学方法鉴别下列各组物质

1. 乙醛 / 丙酮 / 乙醇 → 托伦试剂 → 银镜 / 无现象 / 无现象 → 亚硝酰铁氰化钠溶液 → 血红色 / 无现象

2. 丙醛 / 丙酮 / 丙三醇 → 新制 $Cu(OH)_2$ → 无现象 / 无现象 / 深蓝色溶液 → 托伦试剂 → 银镜 / 无现象

3. 乙醛 / 苯甲醛 → 斐林试剂 → 砖红色沉淀 / 无现象

六、推断结构

1. A. $(CH_3)_2CHCHO$　　B. $(CH_3)_2CHCH_2OH$　　C. $(CH_3)_2C=CH_2$

2. $C_6H_5COCH_3$

七、问答题

1. 碳碳双键和醛基　　　　2. 不饱和芳香醛；3-苯基丙烯醛

3. 碳碳双键：加成反应、氧化反应、聚合反应等

醛基：加成反应、α-H 的反应、还原反应、银镜反应等

第九章

一、名词解释

1. 羧酸：分子中含有羧基（—COOH）的化合物称为羧酸。

2. 取代羧酸：羧酸分子中烃基上的氢原子被其他原子或原子团取代后生成的化合物称为取代羧酸。

3. 酯化反应：羧酸和醇在酸的催化作用下生成酯和水的反应，称为酯化反应。

4. 脱羧反应：羧酸分子失去羧基，放出 CO_2 的反应称为脱羧反应。

5. 羟基酸：羧酸分子中烃基上的氢原子被羟基取代后生成的化合物。

6. 酮酸：分子中既含有酮基，又含有羧基的化合物称为酮酸。

二、单项选择题

1. D 2. D 3. B 4. A 5. B 6. B 7. C 8. B 9. B 10. C 11. D 12. B 13. A 14. D 15. B 16. D 17. A 18. A 19. B 20. A 21. C

三、命名下列化合物或写出其结构简式

1. 3,5-二甲基己酸（β，δ-二甲基己酸）
2. 2-甲基丁二酸
3. 3-苯基丙烯酸
4. 环己基乙酸
5. 2-羟基丙酸（α-羟基丙酸）
6. 3-甲基-5-己酮酸（β-甲基-δ-己酮酸）

7.

8. $CH_3CHCH_2CHCOOH$
    $\quad\quad |CH_3\quad\quad |CH_3$

9. CH_3CCH_2COOH
    $\quad\quad \|O$

四、写出下列各反应的主要产物

1.

2.

3.

4.

5. $CH_3CH=CCOOH$
    $\quad\quad\quad\quad |CH_3$

6. $CH_3CH=CHCH_2OH$

五、用化学方法鉴别下列各组物质

1.
丙酸 ─┐
甲酸 ├ 托伦试剂 → 无现象
乙醛 ─┘ 能生成光亮的银 ── NaHCO₃ 溶液 → 有气泡冒出
能生成光亮的银 无现象

2.
水杨酸 ─┐ FeCl₃ 溶液 → 显紫色
丙酮酸 ─┘ 无现象

3.
苯酚 ─┐ FeCl₃ 溶液 → 显紫色
苯甲醇 ├ 无现象 ── NaHCO₃ 溶液 → 有气泡冒出
苯甲酸 ─┘ 无现象 无现象

六、推断结构

1. 分子式 $C_4H_8O_2$

可能结构式 $CH_3CH_2CH_2COOH$、$CH_3CH(CH_3)COOH$

2. 结构简式为：

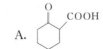

A.   B.

七、问答题

1. $CH_3COOH + CH_3CH_2OH \underset{\triangle}{\overset{浓\ H_2SO_4}{\rightleftharpoons}} CH_3COOCH_2CH_3 + H_2O$

浓硫酸起催化作用和脱水作用。

2. 一方面，根据化学平衡移动的原理，增加反应物乙醇的量，可以增大乙酸的转化率，提高乙酸乙酯的产率；另一方面，乙醇在此条件下有副反应发生；从经济上看，乙醇比乙酸便宜。

3. 粗产品中含有的少量乙酸可以用饱和碳酸钠溶液洗涤除去。

$$2CH_3COOH + Na_2CO_3 \longrightarrow 2CH_3COONa + CO_2\uparrow + H_2O$$

第十章

一、名词解释

1. 偏振光：只在一个平面上振动的光称为平面偏振光，简称为偏振光。

2. 手性：实物和镜像不能重合的特性称为手性。

3. 比旋光度：在一定的温度下，光的波长一定时，待测物质的浓度为 $1g/mL$，盛液管长度为 $1dm$ 的条件下测得的旋光度。

4. 手性碳原子：连接四个互不相同的原子或基团的碳原子。

5. 外消旋体：等量的一对对映体所组成的混合物称为外消旋体。

二、单项选择题

1. A 2. B 3. B 4. D 5. B 6. D 7. A 8. B 9. A 10. B 11. C 12. B

三、用 *R*、*S* 构型标记法标记下列化合物的构型

1. *R* 2. *R* 3. *S* 4. *S* 5. *R* 6. *R*

四、计算题

$+165°$（过程略）

五、推断结构

第十一章

一、名词解释

1. 羧酸衍生物：羧酸分子中羧基上的羟基被其他原子或基团取代后的产物。

2. 油脂：是由 1 分子甘油与 3 分子高级脂肪酸所形成的甘油酯。

3. 必需脂肪酸：指在人体内不能合成或合成不足，但营养上不可缺少，必须由食物供给的脂肪酸，故称为必需脂肪酸。

4. 皂化反应：油脂在碱性条件下的水解反应又叫作皂化反应。

5. 油脂的酸败：油脂在空气中放置过久，就会变质产生难闻的气味，这种现象称为油脂的

酸败。

二、单项选择题

1. C　2. D　3. A　4. B　5. A　6. B　7. A　8. C　9. C　10. D　11. A　12. B　13. C　14. C
15. C　16. A　17. C　18. B　19. D　20. B

三、命名下列化合物或写出其结构简式

1. 丙酰氯　　　2. 甲酸乙酯　　　3. N-甲基乙酰胺　　　4. 乙酸酐

5. 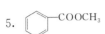　　　6. CH_3—苯环—$C(=O)Cl$

四、完成下列反应式

1. $CH_3\overset{O}{\overset{\|}{C}}Cl + CH_3OH \longrightarrow CH_3COOCH_3 + HCl$

2. $CH_3\overset{O}{\overset{\|}{C}}OCH_3 + CH_3CH_2OH \longrightarrow CH_3COOCH_2CH_3 + CH_3OH$

3. $CH_3\overset{O}{\overset{\|}{C}}O\overset{O}{\overset{\|}{C}}CH_3 + H_2O \longrightarrow 2CH_3COOH$

4. $CH_3CH_2\overset{O}{\overset{\|}{C}}NH_2 \xrightarrow{Br_2, NaOH} CH_3CH_2NH_2$

五、用化学方法鉴别下列各组物质

1. 甲酸乙酯 / 乙酸乙酯 ｜托伦试剂 → 能生成光亮的银 / 无现象

2. 乙酰氯 / 乙酸乙酯 / 乙酸 ｜水→ 冒白烟 / 无现象 / 无现象 ｜羟胺，$FeCl_3$ → 红紫色 / 无现象

3. 硬脂酸甘油酯 / 油酸甘油酯 ｜溴水 → 无现象 / 溴水褪色

六、推断结构

1.
A：CH_3CH_2COOH　　　B：$HCOOCH_2CH_3$　　　C：CH_3COOCH_3

2.
A：$CH_3COOCH_2CH_3$　　　乙酸乙酯
B：CH_3COOH　　　乙酸
C：CH_3CH_2OH　　　乙醇

七、问答题

1. 制取阿司匹林的反应式为：

$$\text{(邻羟基苯甲酸)COOH,OH} + (CH_3CO)_2O \xrightarrow[\triangle]{\text{浓硫酸}} \text{COOH,OCOCH}_3 + CH_3COOH$$

浓硫酸在反应中起催化作用。由于水杨酸分子中的羧基与酚羟基之间易形成分子内氢键，影响水杨酸的酰化，常加入浓硫酸破坏氢键，以保证水杨酸的酰化反应顺利进行。

2. 由于乙酸酐容易水解，所以在酰化反应过程中，应使用干燥的仪器、设备，保证乙酸酐不发生水解反应。

3. 阿司匹林在潮湿空气中易水解变质，应存于干燥处。

阿司匹林潮解变质生成水杨酸，可以用三氯化铁溶液检验。

第十二章

一、名词解释

1. 硝基化合物：烃分子中的氢原子被硝基取代后的衍生物称为硝基化合物。

2. 胺：胺是氨的烃基衍生物，即氨（NH_3）分子中的一个或几个氢原子被烃基取代后的产物。

3. 酰化反应：有机物分子中氢或者其他基团被酰基（RCO—）取代的反应。

4. 重氮化反应：芳香伯胺与亚硝酸反应，在低温及强酸溶液中下生成重氮盐，称为重氮化反应。

5. 偶联反应：酸或弱碱性溶液中，重氮盐正离子作为亲电试剂可以与连有强供电子基的芳香族化合物（例如酚类、芳胺等）发生亲电取代反应，生成有颜色的偶氮化合物，该类反应称为偶联反应。

二、单项选择题

1. B　2. D　3. C　4. A　5. D　6. B　7. B　8. A　9. B　10. C　11. A　12. A　13. A　14. B　15. B

三、命名下列化合物或写出其结构简式

1. N, N-二甲基苯胺

2. 甲乙胺

3. 邻甲苯胺

4. CH_3NH_2

5.

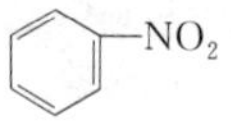

6.

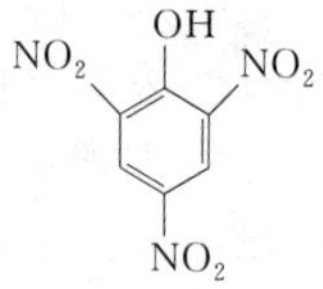

四、完成下列反应式

1.

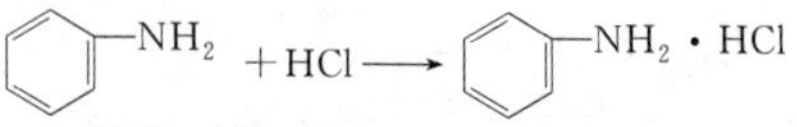

2. $CH_3-NH_2 + (CH_3CO)_2O \longrightarrow CH_3NHCCH_3 + CH_3COOH$

3.

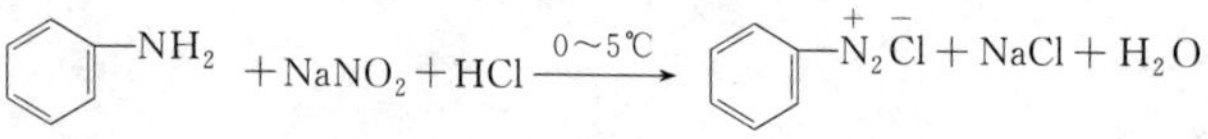

4.

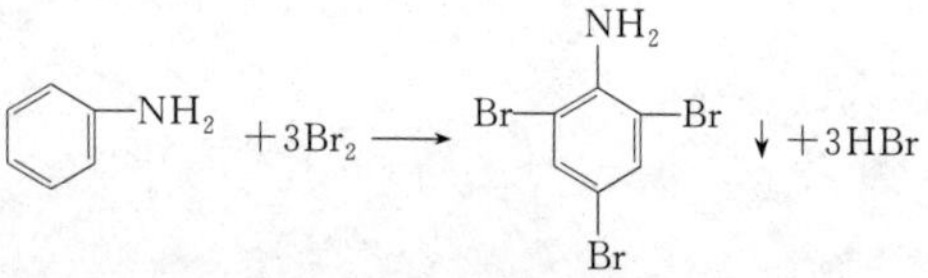

五、用化学方法鉴别下列各组物质

1.

2.

六、推断结构

A: 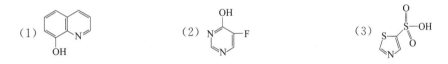苯甲酸铵结构 B: 苯甲酰胺结构 C: 苯胺结构

（上方三个结构式）

第十三章

一、名词解释

1. 生物碱：是存在于生物体内的一类具有明显生理活性的碱性含氮有机化合物。

2. 杂环化合物：是指由碳原子和其他原子共同组成的环状化合物。

3. 吡啶：是含有一个氮杂原子的六元杂环化合物。

4. 杂环稠杂环化合物：由两个或两个以上杂环稠和形成的杂环化合物。

5. 吡咯：是含有一个氮杂原子的五元杂环化合物，其分子式为 C_4H_5N。

二、单项选择题

1. A　2. C　3. A　4. A　5. B　6. D　7. C

三、命名下列化合物

（1）2,3,4,5-四溴吡咯　　　（2）1-乙基-4-巯基咪唑

（3）2-醛基噻唑　　　　　　（4）3-吡啶乙酸

四、写出下列化合物的结构式

（1）　　　　　　　　（2）　　　　　　　　（3）

五、写出下列反应的主要产物

（1）　　　　　　　（2）　　　　　　　（3）

六、指出下列化合物的分子结构中各含有哪些杂环母核

（1）吡咯环　（2）吡喃环　（3）呋喃环　（4）咪唑环

第十四章

一、名词解释

1. 由碳、氢、氧三种元素组成，且分子中氢和氧的比例都为 2：1（与水分子式相同），通式可表示为 $C_m(H_2O)_n$，此类化合物称为碳水化合物。

2. 是指不能水解的多羟基醛或多羟基酮，如葡萄糖、果糖等。

3. 是指水解生成 2～10 个单糖分子的糖。

4. 是指水解后生成 10 个以上单糖分子的糖，如淀粉、纤维素、糖原等。

5. 是指环状单糖的旋光度由于其 α-和 β-端基差向异构体达到平衡而发生变化，最终达到稳定平衡值的现象。

二、单项选择题

1. D 2. A 3. A 4. C 5. C 6. A 7. A 8. D 9. B 10. A

三、填空题

1. α-D-葡萄糖、α-1,4-苷键

2. 非还原、葡萄糖、果糖、半缩醛

3. 蓝、紫红

4. 直链、支链、均多糖、杂多糖

四、用化学方法鉴别下列各组物质

（1）、（2）、（3）、（4）中可用 Tollens 试剂鉴别，其中葡萄糖、麦芽糖有还原性，而蔗糖、麦芽糖酸、葡萄糖酸不具有还原性；（5）中可用 $NaHCO_3$ 溶液鉴别，葡萄糖酸可使其放出二氧化碳气体。

五、简述直链淀粉和支链淀粉的异同点

当淀粉胶悬液用微溶于水的醇如正丁醇饱和时，则形成微晶沉淀，称直链淀粉，向母液中加入与水混溶的醇如甲醇，则得无定形物质，称支链淀粉。

① 物理和化学性质方面的差别：纯的直链淀粉仅少量地溶于热水，溶液放置时重新析出淀粉晶体（退行现象）。支链淀粉易溶于水，形成稳定的胶体，静置时溶液不出现沉淀。

② 结构不同：直链淀粉是 D-吡喃葡萄糖通过 α-1,4 糖苷键连接起来的链状分子，但是从立体结构上来看，它并非线性，而是由分子内的氢键使链卷曲盘旋成左螺旋状。在溶液中可呈螺旋结构、部分断开的螺旋结构和不规则的卷曲结构；支链淀粉是 D-吡喃葡萄糖通过 α-1,4 和 α-1,6 糖苷键连接成的带分枝复杂的大分子。其结构呈树枝状，也可呈螺旋状但螺旋很短。

③ 性质不同：直链淀粉易老化，支链淀粉不易老化；支链淀粉易糊化，直链淀粉不易糊化。

第十五章

一、名词解释

1. 萜类化合物是一类结构多变，数量很大，生物活性广泛的一大类重要的天然药物化学成分。其骨架一般以五个碳为基本单位，可以看作是异戊二烯的聚合物及其含氧衍生物。

2. 甾体化合物，是广泛存在于动植物体内的一类天然化合物，包括植物甾醇、胆汁酸、C_{21} 甾类、昆虫变态激素、强心苷、甾体皂苷、甾体生物碱、蟾毒配基等。

3. 分子可以看作是两个或两个以上的异戊二烯分子基本骨架单元，以头尾相连或互相聚合的方式结合起来的，这种结构特征称为异戊二烯规律。

4. 吉拉德（Girard）试剂是一类带有季铵基团的酰肼，常用的 Girard T 和 Girard P。

二、单项选择题

1. A 2. C 3. D 4. A 5. C 6. B 7. B 8. C 9. B 10. C 11. B 12. B 13. D

三、填空题

1. 液、挥发、极、提高。   2. 氧、抗疟疾。   3. 强、弱。

4. 异戊二烯、$(C_5H_8)_n$。   5. 植物、油状液体。   6. 异戊二烯、20。

7. 脑、薄荷脑。   8. Girard T(P)、邻苯二甲酸酐。

四、问答题

分类是根据分子中包含异戊二烯的单元数进行的。将含有两个异戊二烯单元的称为单萜；含有三个异戊二烯单元的称为倍半萜；含有四个异戊二烯单元的称为二萜；含有五个异戊二烯单元的称为二倍半萜；含有六个异戊二烯单元的称为三萜，依次类推。并根据各萜类分子中具有碳环的有无和多少，进一步分为链萜、单环萜、双环萜、三环萜、四环萜等。

第十六章

一、名词解释

1. 氨基酸：羧酸分子烃基中的氢原子被氨基取代而生成的化合物称为氨基酸。

2. 蛋白质：蛋白质是由不同的 α-氨基酸按一定顺序以肽键连接而形成的生物高分子化合物。

3. 等电点：当溶液的 pH 调节到某一特定值时，氨基酸（或蛋白质）的酸式电离和碱式电离程度相等，分子中的阳离子数和阴离子数正好相等，氨基酸（或蛋白质）主要以电中性的偶极离子存在，在电场中既不向正极移动又不向负极移动，这个特定的 pH 就称为氨基酸（或蛋白质）的等电点，常用 pI 表示。

4. 盐析：向蛋白质溶液中加入大量的中性盐，使蛋白质发生沉淀的现象称盐析。

5. 变性：蛋白质分子受某些物理因素和化学因素的影响，使蛋白质分子的空间结构发生改变，从而导致生物活性的丧失和理化性质的异常变化，这种现象称为蛋白质的变性。

二、单项选择题

1. D　2. A　3. B　4. C　5. D　6. B　7. C　8. B　9. B　10. C

三、命名下列化合物或写出其结构简式

1. H_2N—CH_2—$\overset{\displaystyle O}{\overset{\|}{C}}$—OH

2. HO—$\overset{\displaystyle O}{\overset{\|}{C}}$—$CH_2$—$\underset{NH_2}{CH}$—$\overset{\displaystyle O}{\overset{\|}{C}}$—OH

3. H_2N—$\cdots$—$\underset{NH_2}{CH}$—$\overset{\displaystyle O}{\overset{\|}{C}}$—OH

4. γ-氨基戊酸

5. α-氨基丁二酸

四、完成下列反应式

1. NH_2—CH_2—$\overset{\displaystyle O}{\overset{\|}{C}}$—OH $+H_2N$—CH_2—COOH $\xrightarrow{\triangle}$ NH_2—CH_2—$\overset{\displaystyle O}{\overset{\|}{C}}$—$\overset{H}{\underset{}{N}}$—$CH_2$—COOH $+H_2O$

五、用化学方法鉴别下列各组物质

1. 丙氨酸 ⎱ 茚三酮水溶液 → 蓝紫色
   丙酸 ⎰ → 无现象

2. 尿素 ⎱ $NaOH/CuSO_4$ → 无现象
   蛋白质 ⎰ → 紫红色

六、问答题

1. 谷胱甘肽的结构具有氨基、羧基、肽键、巯基。

2. 它属于三肽，由谷氨酸、半胱氨酸、甘氨酸发生成肽反应得到。

3. 根据谷胱甘肽的结构特点，它具有两性电离和等电点；与 NaOH、$CuSO_4$ 反应，溶液变为紫红色；与茚三酮水溶液反应显蓝紫色；含有巯基易氧化等。

参考文献

［1］ 邢其毅，裴伟伟，徐瑞秋，等．基础有机化学．第 4 版．北京：北京大学出版社，2016.

［2］ 国家药典委员会．中华人民共和国药典（2020 年版）．北京：中国医药科技出版社，2020.

［3］ 陆涛．有机化学．第 9 版．北京：人民卫生出版社，2022.

［4］ 刘斌，卫月琴．有机化学．第 3 版．北京：人民卫生出版社，2018.

［5］ 高琳．基础化学．第 5 版．北京：高等教育出版社，2021.

［6］ 石从云．有机化学．北京：化学工业出版社，2023.

［7］ 王萍．有机化学（含实验）．北京：化学工业出版社，2023.

［8］ 张韶虹，李峰，王丽．医用化学．北京：高等教育出版社，2021.

［9］ 宋海南，罗婉妹．有机化学．第 2 版．北京：人民卫生出版社，2020.

［10］ 赵骏，康威．有机化学．第 3 版．北京：人民卫生出版社，2021.

［11］ 杨艳杰，彭裕红．医用化学．西安：第四军医大学出版社，2015.